普通高等教育新工科人才培养地理信息科学专业“十四五”规划教材

GIS 工程与应用

李光强　张宝一　编著

·长 沙·

内容简介

本书是总结了笔者多年GIS工程开发、研究、教学和实践经验，参考国内外研究成果和相关著作，编著完成的GIS工程实用教程。全书结合城市基础地理信息建库、城市地下管线地理信息系统、燃气管线巡检等实际GIS工程案例，深入浅出地、系统地讲述了GIS工程的基本概念、原理、方法、过程和工具，包括GIS工程前期调研与可行性分析、结构化软件分析与设计、面向对象软件分析与设计、软件编码与测试、数据库设计与数据工程、GIS工程实施与验收、GIS工程维护、GIS工程管理等内容。

通过学习本书，初学者可以掌握GIS工程的建设和实施过程，熟悉GIS工程各项活动管理的原理和方法，能够使用结构化或面向对象理论分析和设计GIS软件，掌握GIS工程数据库设计和建库的方法、流程、常用工具，熟悉GIS工程管理的相关理论。本书还可以指导GIS工程建设人员开展项目实施与管理工作。

本书内容详实、重难点突出，所选案例均是笔者实际主持的GIS工程项目，具有较强的代表性和借鉴性。本书注重理论性和实践性的结合，适合大中专院校本科生和硕士生、GIS工程建设人员学习和阅读。

前　言

地理信息系统(GIS)科学与技术经过多年发展，已经广泛应用在城市管理、重大工程管理、资源规划、生态环境保护、防灾救灾、社会生活等诸多领域。GIS是多学科与技术相互交叉的产物，能够有效采集和管理地理空间要素信息和人类生产活动变化产生的大量空间信息，利用空间分析模型，将这些空间数据和空间决策过程综合为业务管理与决策支持技术。地理信息系统工程项目是地理信息系统与具体业务领域结合，为了完成具体的目标，在一定的时间、经费、人力、资源等条件约束下，综合使用网络、数据库、软件开发、系统管理等技术完成的一次性任务。地理信息系统项目面向具体的业务应用，具有很强的功能性，受到建设单位业务流程、技术背景、使用环境等诸多因素的制约。地理信息系统项目的建设内容不仅包括软件开发、空间数据建库，还包括规范制订、信息化集成等工作，建设内容覆盖面广，建设过程复杂。

地理信息系统项目的建设经历了项目型、管理型、社会型等管理阶段，为了有效管理地理信息系统项目的建设过程，需要从系统管理的高度抽象出符合一般地理信息系统项目建设的管理思路和模式，用以指导各类地理信息系统项目的建设。地理信息系统工程就是用工程化思想和系统化原理管理地理信息系统项目的方法论，针对地理信息系统项目的目标和要求，综合运用系统分析、设计与综合评价等工程化管理方法，保证地理信息系统项目能够顺利开展，以及项目目标的实现。工程化的管理理论与方法能够合理规划地理信息系统项目的工作计划，妥善协调项目建设部门和人员的关系，解决项目建设的质量保证、时间管理、成本管理、人力管理、风险管理、采购管理、沟通管理等问题，使用科学的分析与设计工具，能够高效地完成项目的软件设计与数据库设计工作，从而高质量地完成软件开发和空间数据库建设工作。

近年来，随着我国城市建设与管理进程的不断加速，大型地理信息系统项目的建设也比比皆是，这对我国地理信息系统工程人才的培养提出了新的要求。为了适应这一要求，笔者结合团队多年从事地理信息系统工程管理、研发、教学的经验，特编著此教材。本教材共包括10章。

第1章叙述了GIS基本概念、GIS工程的概念及其特点、GIS工程生存周期，以及GIS工程与其他学科的关系；第2章介绍了GIS工程分析的内容、常用方法和工具；第3章详细讲述了 GIS 工程的结构化设计理论，介绍了系统的总体设计和详细设计所用的方法和工具；第4章介绍了 GIS 工程面向对象的分析与设计理论，结合 UML 技术，详细叙述了面向对象分析与设计的方法和工具；第5章讲解了 GIS 软件编程与测试相关的方法和工具；第6章介绍了 GIS 工程数据库设计的理论、方法和工具，详细阐述了当前 GIS 工程管理空间数据的常用模式，重点介绍了空间数据库设计的方法和工具；第7章是本教材最具特色的部分，结合实际项目案例，详尽叙述了空间数据库建设与实施的流程及相关技术，介绍了空间数据质量保证的措施；第8章介绍了 GIS 工程实施与验收的内容，包括项目实施的内容、组成与计划，项目验收的流程与形式；第9章叙述了 GIS 工程维护的类型及内容，重点介绍了 GIS 工程数据的维护方法；第10章介绍了 GIS 工程管理的基本内容，包括时间管理、工程组织、质量管理、配置管理、安全管理、人力管理、沟通管理和风险管理等内容。

本教材由李光强、张宝一两位老师合作完成，李光强老师负责全书框架结构和章节安排，并对全书进行了统稿、修订和定稿。本教材在编写和修改过程中，得到了中南大学地理信息系许多同事的关心和帮助，特别是刘兴权教授给予了精心指导和热忱鼓励，为本教材提出了许多宝贵的意见；中南大学地理信息系硕士研究生蒋正文、佟勇强、浣雨柯等参与了教材的资料整理、图表绘制、书稿校对等工作。在此，向所有为本教材付出了辛勤劳动的老师、同学表示衷心感谢。

本教材相关教学视频请搜索网址 https：//space. bilibili. com/1099711947/channel/series-detail？sid＝2629834，或点击“哔哩哔哩”搜索笔者主页“夕林泉石”。

地理信息系统工程涉及学科众多、建设内容庞杂、类型多样、工具繁多，限于笔者知识和水平，书中难免出现不足和疏漏之处，恳请读者批评指正。本书编写过程中，引用和参阅了大量国内外文献及网站资料，若未能列注，敬请见谅，并向作者表示感谢！

笔　者

2021 年 8 月

目 录

第1章 GIS工程概述

地理信息系统工程(GIS工程)是以建设和管理空间数据为主要特征的、面向业务应用领域而实施的复杂性信息系统工程，横跨多学科，既具有一般性工程的共性，又具有特殊性。本章主要介绍GIS工程的概念、研究内容和特点，以及GIS工程的生存周期和标准化的意义。

1.1 GIS概述

1.1.1 GIS概念

人类在与自然界共存和斗争的过程中，为了记录现实世界事物或现象的空间位置及其相互关系，发明了文字、符号、图形等多种形式的地理空间表达与描述方法。其中，地图是依据数学法则、按照比例建立的符号模型，已成为地理信息的重要载体与传输工具。地图符号系统能够表达人类对地理环境的认识，综合分析自然与社会现象的空间分布和内在联系。20世纪以来，随着科学技术的不断发展，人类社会逐渐从工业时代进入信息时代，在信息技术和工具的帮助下，人类开始使用数字化记录方式存储和表达现实世界的事物和现象，开始建立空间模型分析世界演化规律，从而产生了地理信息系统(geographic information system, GIS)。在此基础上发展起来的"数字地球""数字城市"等系统工程，也已经在人类的生产和生活中发挥着重要作用。

地理信息系统是在地理科学、计算机技术、遥感技术和信息科学等基础上发展起来的一门综合性学科，在计算机软、硬件系统支持下，能够对整个或部分地球表层(包括大气层)空间的地理要素(feature)及其信息进行采集、储存、管理、运算、分析、显示和描述。随着GIS技术与理论的发展，也有学者将GIS理解为"地理信息科学"(geographic information science)和"地理信息服务"(geographic information service)。总之，GIS是一种基于计算机的系统，可以管理空间信息，并对空间信息进行分析和处理，从而把空间分析功能和地图展示集成在一起。

随着计算机技术的不断发展和地理信息系统技术的逐渐完善与丰富，GIS在社会生活、经济生产、城市管理、环境保护等诸多领域得到广泛应用。GIS已由早期的空间数据管理与数字制图，逐渐应用到许多业务领域。作为地理信息系统核心功能的空间查询与分析工具也迅速发展起来，不仅能够完成空间数据的检索、运算，而且提出了一系列综合分析方法和建模工具，为应用领域提供了解决各种复杂空间问题的方法。例如在流行病病例管理中，利用GIS的时空建模和趋势分析工具，可以协助流行病学家和公共卫生管理人员分析流行病发生的原因和传播方式。针对一些领域问题的复杂性，GIS技术与专家系统结合，形成了一套空间决策理论与方法，进一步拓展了地理信息系统空间数据的各项分析功能。空间决策是结合空间分析中的各种技术手段，使空间数据的处理与转换更加方便、快捷，能够快速找出深层的空间数据关系，进而以图文方式加以展示，为业务领域决策提供科学依据。

当今，互联网和移动通信技术以前所未有的动力改变着社会，也给 GIS 的发展提供了新方向，进一步促进了 GIS 的泛在化应用。伴随 Web 服务技术的发展，GIS 也逐渐以空间数据为中心向空间信息服务应用过渡，也由专业领域推广到社会民生领域。这些转变不仅成了 GIS 发展的新动力，也产生了海量的时空数据。为了发掘时空数据隐含的价值，GIS 与数据挖掘、大数据分析相结合，产生了一系列基于知识的 GIS 应用，能够更好地发现和表示时空数据中隐含的时空知识。面对时空大数据场景，GIS 学者还需要发展新一代高性能的智能化地学计算模式，开发大规模复杂地理数据的可视化引擎，融合"现实世界-地理世界-虚拟世界"，为人类提供一体化的、高度真实的地理信息服务模式。

1.1.2 GIS 组成

地理信息系统和其他信息系统一样，在计算机硬、软件系统支持下，通过管理地理空间数据，利用特有的空间运算、分析、地图展示等功能，解决业务领域中的地理空间问题。GIS 由计算机硬件、软件、数据、模型、用户五个部分组成(图 1-1)。

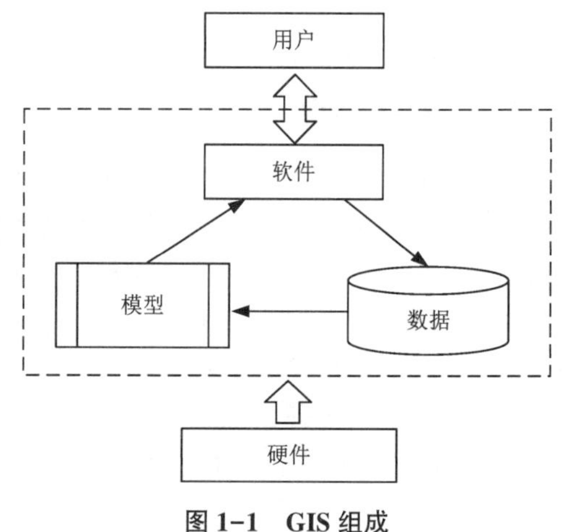

图 1-1　GIS 组成

(一)用户

用户是 GIS 中最重要的组成部分，包括 GIS 最终用户、平台管理员、系统维护人员、开发人员等。

(1)最终用户是使用 GIS 软件的业务人员，他们通过 GIS 提供的操作界面，调用 GIS 模型组件，完成业务需求的空间分析与展示工作。

(2)平台管理员是管理 GIS 系统的人员，GIS 系统的管理工作包括部署、升级、部门信息管理、用户信息管理、权限管理和系统日志管理等。

(3)系统维护人员是保证 GIS 系统正常运行的维护人员，维护工作包括硬件维护、数据库维护、支撑软件维护等。硬件维护包括对服务器、网络系统、桌面应用计算机等的维护。数据库维护包括对 GIS 空间数据库、业务数据库和相关文件的维护，具体包括数据备份和恢复、账号管理、安全性管理、日志管理、数据迁移等。支撑软件维护包括 GIS 运行所需的系统软件的管理工作，如操作系统、基础 GIS 软件的管理等。

(4)开发人员是指 GIS 软件的开发人员，他们往往通过调用基础 GIS 软件提供的模型和组件，根据业务需求设计并研发业务应用系统。例如，在 MapGIS 的软件平台上，通过二次开发研制城市地下管线管理系统。

(二)数据

地理信息系统由一系列有组织的数据和程序组成，其中数据处于核心地位。地理信息系统管理的数据称为地理数据或空间数据。地理数据是各种地理事物或现象以及它们之间关系的数字化和符号化表达，用于描述地理事物或现象的空间定位、形状、大小、范围、分布特征、运动状态、空间关系及其属性等。这些有具体位置及其相关属性的地理事物或现象称为地理要素或空间要素(feature)，例如，现实世界中的一个建筑物、一次自然灾害等都是空间要素。

在GIS中，现实世界的事物或事件可以被抽象为点、线、面和体等基本空间数据，在信息世界中使用不同的数据结构表达和存储这些空间数据。空间数据的采集、表达和存储都依赖于坐标系，坐标系可以是大地坐标系、直角坐标系、极坐标系、自定义坐标系等。在特定坐标系中，点状要素表示为(x, y)坐标对的数据结构，线状要素表达为一系列有序的坐标对的数据结构，面状要素使用首尾相同的一系列有序坐标对的数据结构。

在利用GIS管理具体业务领域数据时，业务属性数据就成为GIS管理的另一类重要数据，是对空间要素的业务主题特征进行抽象、概括、分类、命名、量算、统计结果的定性或定量表达。例如，在房产管理信息系统中，房屋除了具有位置、形状、拓扑关系等空间属性外，还包括建筑年代、权属人、面积、结构等与房产管理相关的属性数据。

(三)硬件

硬件是GIS软件安装、运行、数据存储和传输的必要环境，直接影响GIS软件运行和空间数据处理、显示的能力。GIS使用的硬件系统包括服务器、桌面计算机、移动设备、网络、扫描仪和打印机等输入/输出设备。

(1)服务器是为GIS提供系统发布、数据管理等功能的专用计算机系统，包括WEB服务器、数据库服务器、文件服务器、地图服务器、应用服务器、备份服务器等。

(2)桌面计算机是用户操作和使用GIS系统的终端设备。例如，借助桌面计算机，业务人员可以操作GIS系统办理业务，系统管理员可以远程维护GIS服务器系统，软件开发人员可以完成软件开发。

(3)移动设备是用户利用移动网络连接和操作GIS系统的终端设备，包括移动应用终端、数据采集终端和数据传输终端等。移动应用终端是业务人员和管理员使用或管理GIS系统的移动设备。数据采集终端是获取GIS业务数据的采集设备，包括物联网传感设备、视频监控设备、GPS接收设备、手持数据上报设备等。数据传输终端用于数据收集和上传，例如在城市排水物联网系统中，数据传输终端用于收集水位仪传感器的测量数据并将其上传到数据主站。

(四)软件

地理信息系统涉及的软件包括系统软件、基础软件、应用软件等。

(1)系统软件包括服务器、桌面计算机和移动终端上安装的操作系统和硬件驱动程序等，例如Windows、Linux、MacOS、Android、IOS等。

(2)基础软件包括通用的GIS通用软件和数据库管理系统(data base management system，简称为DBMS)。GIS通用软件是由GIS专业公司研发的可用于创建、编辑和管理空间数据的专业型软件，如MapGIS、ArcGIS等。数据库管理系统用于管理空间数据和业务领域数据，如Oracle、SQLServer等。

(3)应用软件包括面向业务开发的应用系统，以及各种文本编辑、绘图、统计、影像处理等系统。

(五)模型

模型包括GIS基础软件自带的数据处理、分析或工具模型，以及开发人员进行二次开发制作的业务应用模型。这些模型多以组件或插件形式存在，能够被GIS基础软件或业务应用软件编排、集成和调用。例如，ArcGIS 工具箱中的数据管理、空间分析工具等。模型还包括在业务领域里，为了分析业务领域中的空间问题而设计研发的各类分析模型，例如在市政排水管理系统中的流水汇聚模型、淹没模型等。

GIS 模型库不仅为业务应用的二次开发人员提供基础组件支持，提高软件开发效率，还可以让用户直接使用 GIS 软件调用模型库，以管理和分析空间数据。例如在 ArcGIS 中，用户可以调用 ModuleBuilder 编排 ArcGIS 工具箱中的组件，完成空间分析工作。

1.1.3 GIS 软件功能和分类

(一)GIS 软件功能

GIS 软件功能包括空间数据管理、空间数据处理及其可视化、图形图像处理、空间分析、空间信息服务管理、空间数据挖掘与大数据分析等。

(1)空间数据管理是 GIS 的基础功能，是 GIS 运行和应用的基础，主要包括数据采集与入库、数据质量检查、数据转换、数据检索等。

(2)空间数据处理及其可视化功能用来进一步加工和处理空间数据，处理结果使用一定的图式进行展示。例如，可以把空间数据使用一定的图例符号制作成电子地图，或者制作成专题图(如人口密度图)等。

(3)图形图像处理功能为用户提供数据编辑和处理工具，例如城市房屋空间数据的编辑、删除等操作。

(4)空间分析功能是 GIS 的核心功能，包括覆盖分析、缓冲区分析、最短路径分析、聚类分析等。

(5)空间信息服务功能包括空间数据服务和空间数据处理服务等，前者用于发布地理空间数据或业务数据，能够为其他应用系统提供空间数据服务；后者将空间数据处理或分析模型发布成功能服务，其他应用系统可以快速调用并获取处理结果。

(6)空间数据挖掘与大数据分析是挖掘隐藏在海量地理空间数据或业务数据中有用空间知识的工具。例如，使用空间聚类分析方法可以从空间数据中识别某类空间要素的空间分布特征。

(二)GIS 软件分类

GIS 软件可以从功能、体系结构、管理内容等不同角度进行分类，分类情况如表 1-1 所示。

表 1-1 GIS 软件分类一览表

分类依据	类型	说明
功能	通用 GIS	具有普适性的通用功能，包括空间文件管理、空间数据编辑、查询等
	专题 GIS	针对具体业务开发的 GIS 软件，如水文 GIS 软件等
	区域 GIS	面向具体地理区域研发的 GIS 软件，可用于区域综合研究和全面的信息服务，如湖南省 GIS 软件
	工具类 GIS	针对空间数据管理或分析目的，而专门开发的工具，如数据转换工具、数据质量检查工具等
	服务类 GIS	仅用于空间数据或模型发布，如 GeoServer 等

续表1-1

分类依据	类型	说明
体系结构	单机版 GIS	GIS 软件的所有组件均安装在同一台计算机上，管理的空间数据也存储在该计算机中，如 MapGIS6.7
	分布式 GIS	GIS 软件的功能组件安装在同一计算机或不同计算机上，要操作的空间数据使用数据库方式存储在其他计算机上，如 ArcGIS Pro
	Web GIS	运行在 Web 环境中的 GIS 软件，通常使用 HTTP 协议传输 GIS 程序和空间数据，如 Openlayers
	云 GIS	运行在云环境中的 GIS 软件，功能模型和空间数据都可以存储在云环境中，如 ESRI 的 CloudGIS
内容	城市基础 GIS	管理城市基础地理数据的 GIS 软件
	城市部件 GIS	管理城市部件空间数据和属性数据的 GIS 软件
	地下管线 GIS	管理城市地下管线空间数据和属性数据的 GIS 软件
	规划 GIS	管理城市规划空间数据和业务数据的 GIS 软件
	房产 GIS	管理房产空间数据和业务数据的 GIS 软件
	环保 GIS	管理环境保护相关的空间数据和业务数据的 GIS 软件
	交通 GIS	管理交通相关的空间数据和属性数据 GIS 软件，集成路网分析、交通设施维护等功能
	土地利用 GIS	管理土地利用相关的空间数据和属性数据 GIS 软件，集成丰富的土地变化分析、现状统计分析等模型
	矿产资源 GIS	管理矿产资源的空间数据和属性数据 GIS 软件，集成矿产储量统计、资源规划等管理和分析模型
	……	

1.2　GIS 工程概述

1.2.1　GIS 工程概念

进入 21 世纪以来，社会管理、社会生活与 GIS 的结合越来越密切。GIS 在一些业务领域（如城市规划）中发挥着举足轻重的作用，已融入业务管理的方方面面。作为城市基础性工程和城市信息化建设的标志，许多城市都在建设“数字城市”“智慧城市”工程项目，并已取得丰硕成果。在“数字城市”工程中，建设空间数据基础设施是基础性工程，包括空间数据标准建设、城市基础数据采集、数据分类、数据建库、管理运行机制，以及共享数据服务发布等内容。在城市基础地理空间数据成果的基础上，城市规划、国土资源、环保、交通等部门也以城市管理为目标，开发并衍生出许多 GIS 应用系统。为了支持“数字城市”和“智慧城市”的建设，在大型数据库和 GIS 基础平台的基础上，面向各类业务应用的 GIS 项目便应运而生。

GIS 项目是一项艰巨而复杂的信息系统工程，涵盖了信息化系统安装调试、地理空间数据库建设、地理信息系统软件开发、人员培训和标准规范制定等内容。工程建设目标宏大、建设周期长、建设内容繁杂、建设人员众多、建设成果具有明确的目的性和实用性。为了高效管理 GIS 项目建设活动，协调建设各方关系，保证项目目标的顺利实现，就需要一套科学的管理方法指导项目实施。

GIS 工程是使用工程化思想管理 GIS 项目的方法论，以系统论、控制论为基础理论，综合运用系统分析、设计与综合评价等工程化管理方法，以保证 GIS 项目的顺利开展和目标的实现。利用 GIS 工程方法，可以合理设计 GIS 项目工作计划，妥善协调项目建设部门关系，解决项目建设中复杂的管理问题，使用科学的管理工具和先进的技术方法高效、高质量地完成项目任务和建设目标。

1.2.2　GIS 工程特点

GIS 工程具有以下特点：

(1) 目标具体，成果实用。GIS 工程以解决业务领域问题和应用为目的，建设目标具体，适应用户知识背景、应用能力、领域需求，建设成果能够帮助用户做好业务信息化工作，提高业务工作的效率和准确性。

(2) 周期长、复杂性高。GIS 工程硬件配置繁多，软件开发功能复杂，数据采集、整理、处理和建库工作艰巨，数据结构及表达方式多样，空间数据体量巨大，项目参与人员众多，因此项目建设周期长、管理较为困难。

(3) 具有数据依赖性。GIS 工程的数据来源多、结构复杂、格式多样，既包括空间数据和时空数据，又包括大量的业务数据，而且 GIS 工程数据要具有很强的现势性、严格的质量要求。只有这样，GIS 工程建设成果方具有实用性。

(4) GIS 工程建设模式具有不可复制性。由于 GIS 工程具有明显的个性化需求特点，每个项目的建设单位的业务流程和原始数据均不相同，因此 GIS 工程很难形成统一的设计思路和建设模式。

(5) GIS 工程表达方式具有多样性。GIS 工程不仅要操作和显示空间数据，还要将业务数据与电子地图融合并制作成丰富、复杂的专题图，甚至还要进行时空演化过程的模拟和对比分析。

(6) GIS 工程维护量大。快速发展的信息化技术极大地促进了 GIS 技术的发展和应用，GIS 工程采用的技术也是日新月异；快节奏的人类活动也对 GIS 工程数据的现势性提出了更高要求；GIS 数据来源和结构均具有较高的复杂性。这些都为 GIS 工程的维护和管理增添了许多困难和工作量。

(7) GIS 工程接口复杂。GIS 工程需要对接的部门多、应用系统多、数据结构多、功能需求多，这决定了 GIS 工程需要设计和研发的接口繁多且复杂。

1.2.3　GIS 工程研究内容

GIS 工程是将工程化和系统化的管理知识、技能、工具应用于 GIS 项目建设全过程，以满足建设单位的需求和期望，因此 GIS 工程主要研究 GIS 项目的各个建设活动中的管理理论和方法，具体内容包括：

(1) GIS 工程项目启动活动。通过调研和分析项目可行性，确定和定义 GIS 工程项目目标、范围、可用资源、交付物、时间进度表等内容；制定 GIS 工程项目章程，组织项目建设团队，任命项目经理，明确项目团队成员分工。

(2) GIS 工程项目规划活动。根据项目启动活动确定的信息，进一步收集和审查现有资源，确定和分析潜在风险，制定管理计划，包括时间计划、资金计划、研发方案、数据建库方案、质量管理计划、沟通计划、验收计划等。

(3) GIS 工程项目执行活动。这项活动是项目建设的具体过程，是完成项目计划的全部过程，也是 GIS 工程项目持续最长的活动。GIS 项目执行活动包括项目需求分析、项目设计、软件开发、数据建库和质量检查、系统测试、试运行等活动。

(4) GIS 工程项目控制活动。通过观察项目执行进展与计划的差异，分析潜在问题，提出改正措施和方法，保证项目顺利进行。控制活动包括项目范围控制、时间控制、质量控制、资金控制、风险控制等，这些进程通常与执行活动同时进行。

(5) GIS 工程项目关闭活动。GIS 工程项目关闭活动在上述四个活动结束以后所进行的活动，包括 GIS 项目移交交付物、编写验收文档、组织项目验收等。

GIS 工程除了研究上述项目活动的管理理论和方法外，还要研究为保证项目活动的实施所采用的方法和工具，包括 GIS 项目集成管理方法、软件开发规范、质量管理标准、人力资源绩效考核、沟通管理方式、采购管理流程等。

1.3 GIS 工程生存周期

按照 GIS 工程建设的时间顺序，可以把项目的生存周期分为 4 个阶段，分别是项目定义、项目设计、项目实施和项目维护。项目定义包括项目调研与可行性分析、项目需求分析两个阶段；项目设计包括系统总体设计、系统详细设计和数据库设计 3 个阶段；项目实施包括软件编码、软件测试、数据入库和质量检查 4 个阶段。在 GIS 开发单位，经常将 GIS 工程实施定义为项目开发完成后的部署活动。GIS 工程的各阶段依序进行，形成一个瀑布模型，如图 1-2 所示。

(1) 项目调研与可行性分析

在这个阶段，建设单位（或建设方）和承建单位（或承建方）都会从本单位技术实力、信息化环境、项目收益等方面，分析 GIS 工程的可行性。建设方通过调研要明确是否需要建设 GIS 工程，而承建方通过调研明确是否承建该项目。

①建设方调研和可行性分析。这一过程主要是对建设方业务工作和已有信息化工作进行充分调研，并从工作需求、经费预算、技术和人才等方面，深入分析 GIS 项目建设的可行性。在调研和分析过程中，建设单位需要确定项目建设的基本目标和方案，明确项目是升级改造现有系统，还是全新开发新系统。建设方可自行组织开展调研和可行性分析工作，也可以委托第三方单位，如信息技术咨询公司。

②承建方调研和可行性分析。这一过程通常是建设方完成了 GIS 工程可行性分析，并确定建设该项目时，建设方组织潜在的承建方展开项目的调研与可行性分析。根据建设方提出的项目目标和建设方案，承建方系统分析员进一步深入建设方进行调研，采用访问、座谈、填表、抽样、查阅资料、深入现场、与建设方一起工作等形式，掌握建设方数据现状、信息化现状和存在的问题等内容。最后，承建方结合自身技术、人才、项目收益等情况，确定是否承接该 GIS 工程。

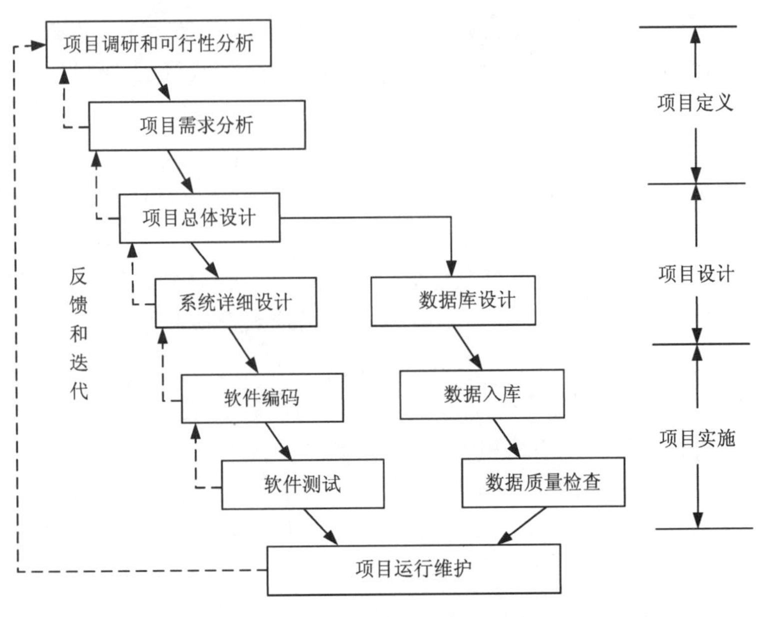

图 1-2　GIS 工程生存周期示意图

(2)项目需求分析

根据前期获取的 GIS 工程建设的初步目标、现状和问题，梳理和优化建设方的业务流程，进一步确定项目的建设目标、范围、解决方案，定义项目功能，提出数据建设的技术路线，制定项目时间计划等。

(3)项目总体设计

承建单位要设计项目体系结构，分解系统目标，划分各子系统或模块，设计子系统或模块之间的连接关系和接口，规划项目所需的硬件、软件配置，以及网络环境等。

(4)系统详细设计

承建单位要对总体设计中的每个子系统或模块进行细化，详细描述各模块的功能和实现算法/流程，进而完成各功能模块的界面设计和程序描述。

(5)数据库设计

GIS 项目中一般包含两类数据库，即空间数据库和业务数据库。空间数据库的设计要对数据分层、要素属性字段、空间索引等做出明确的定义，业务数据库设计要完成数据表名称、数据结构和表关系的定义。

(6)软件编码

这一阶段的任务是将详细设计产生的每一模块用特定计算机程序语言加以实现，并检验程序的正确性。

(7)软件测试

软件编写完以后，承建方测试部门对软件进行组装、集成和确认测试，以便全面测试和检验项目产品是否能够正确运行，是否符合项目需求分析所规定的功能要求，发现系统中的错误，保证产品的质量和可靠性。

(8)数据入库

数据入库是将项目收集到的需要入库的数据进行预处理、转换，并存入数据库的过程。

(9)数据质量检查

数据库建设完成以后，承建方要根据相关规范和标准，检查数据库的完整性、一致性、数据精度、空间拓扑关系等质量指标。

(10)项目运行和维护

承建方在完成软件开发和数据库建设以后，要向建设方移交项目产品，包括用户手册、测试说明和报告、设计文档等；还要按建设方要求，安装部署项目产品软件和迁移数据。建设方正式使用项目产品以后，GIS 工程开始进入运行维护期。

虽然 GIS 工程生存周期的各阶段按时间的先后顺序，依次排列执行，但是各阶段交付物都要进行评审。评审通过以后才能开始下一阶段工作，如果评审不通过，则需要重新进行上一阶段的工作，直到评审通过。因此，整个 GIS 工程生存周期是一个不断迭代递进的过程，直到项目产品满足建设方需求且能顺利运行。

1.4 GIS 工程的标准化

1.4.1 GIS 工程标准化发展

当前，随着信息技术、遥感技术、全球定位系统、互联网和云计算、数据挖掘与大数据分析等高新技术的迅速发展，社会对地理信息系统的应用与共享提出了越来越高的要求，也促进了 GIS 工程标准化工作进程。主要体现在以下几点：

(1)GIS 工程标准化是解决 GIS 软件开发、地理信息共享、服务互操作的基础，是实现跨部门、跨地区信息资源整合、集成、交换、共享和服务的基本保障。

(2)GIS 工程标准化是 GIS 系统集成、资源重用、协同管理的关键，只有遵循一定标准才能保证各软、硬件顺利连接。

(3)GIS 工程标准化是推动 GIS 软件建设与应用的重要前提，也是促进整个地理信息化产业发展的基础。

(4)GIS 工程数据标准化是 GIS 数据库建设的依据，也是评价数据质量的重要依据。

由于 GIS 工程标准化工作的重要性，当前国际地理信息标准的发展非常迅速。1994 年，国际标准化组织成立了地理信息标准技术委员会 ISO/TC211。随后，开放地理空间联盟(Open Geospatial Consortium，缩写为 OGC)也相继成立。

ISO/TC211 是目前最具国际权威性的标准化组织，主要针对与地球上位置相关的事物、现象，制定一套能够确定地理信息数据管理、采集、处理、分析、查询、表示等流程的标准体系。ISO/TC211 将数字信息技术标准与地理信息应用进行集成，建立地理信息参考模型和结构化参考模型，制定地理数据集和地理信息服务等方面的标准。利用这些标准，推进地理信息的实用性、访问、集成和共享。

OGC 由 490 多个来自世界各地的商业组织、政府机构、非营利组织和研究性机构合作组成，致力于发展和执行地理信息的开放式标准，规范地理空间的内容和服务。OGC 已制定了一系列开放式地理信息规范，目标是把分布式计算、中间件软件技术、对象技术等用于地理信息领域。OGC 研制的 GIS 行业标准包括空间数据模型、空间数据处理、空间数据共享和空间服务模型等内容，目的是满足空间数据的互操作需要。

为了推进我国地理信息产业的发展和应用，我国在 1997 年 12 月成立了全国地理信息标准化委员会(CSBTS/TC230)。CSBTS/TC230 负责我国地理信息国家标准的立项建议、协调组织、编写标准、上报审查，提出国家地理信息标准化的政策、方针、技术措施，提出制定、修订我国地理信息国家标准、地理信息领域行业标准的规划以及年度计划，负责对地理信息国家标准进行解释和宣传，调查和分析已颁布地理信息标准的贯彻实施情况，评估我国地理信息标准范围内的产品和服务质量等。

1.4.2 GIS 工程标准化体系

(一) ISO/TC 211 标准

ISO/TC 211 组织制定的标准涵盖了地理数据表达和相关操作，具体包括地理空间数据管理的工具和服务及其请求、处理、分析、获取、表达，以及在不同用户之间的数据转换操作等。ISO/TC211 部分标准及说明见表 1-2。

表 1-2 ISO/TC211 部分标准及说明

标准名称	中文名称	说明
Reference Model	参考模型	描述地理信息系统标准的使用环境和基本原则
Spatial Shema	空间模式	从几何和拓扑关系的角度定义空间要素的概念
Rules for Application Schema	要素分类	定义了对空间要素、属性和关系的分类方法
Spatial Referencing by Coordinates	坐标空间参考系统	定义了坐标空间参考系统的概念化模式
Quality Principles	质量原则	定义了应用于地理数据的质量模式
Metadata	元数据	定义地理信息和服务的描述性信息的标准
Positioning Service	空间信息定位服务	定义定位系统的标准接口协议
Encoding	编码	定义概念模式语言及编码规则之间的映射方式
Service	服务	定义地理信息的服务接口及其开放环境
Imagery and Gridded Data	图像和栅格数据	定义图像和栅格数据格式
Functional Standards	功能标准	定义地理信息系统功能标准
Schema for Coverage Geometry and Functions	覆盖几何和功能的模式	定义了描述覆盖的空间特征的概念模式
Simple Feature Access-SQL option	简单要素的访问-SQL 选项	定义了一个结构化查询语言(SQL)模式

(二) OGC 规范

OGC 组织定义了数据访问、传输、服务接口和编码等一系列建议性规范，部分内容见表 1-3。

表 1-3　OGC 部分标准及说明

标准名称	常用简称	说明
CatalogueService	CS	提供发现、浏览服务器上数据、服务的元数据
CityGML		定义表达和传输城市 3D 模型数据
Coordinate Transformation Service	CT	定义坐标系统转化服务
Filter Encoding	FES	基于 XML 编码的过滤表达方式
Geographic Objects	GOS	基于 UML 定义地理对象
Geography Markup Language	GML	基于 XML 编码的地理数据集
Grid Coverage Service		栅格服务
Keyhole Markup Language	KML	定义基于 XML 编码的地理数据集
Location Services	LS	位置服务
Simple Features	SFS	简单要素对象的通用描述
Simple Features SQL		简单要素对象在 SQL 语句中的描述
Styled Layer Descriptor	SLD	定义地理数据符号化表示方法
Symbology Encoding	SE	符号编码
Web Coverage Processing Service	WCPS	栅格处理 Web 服务
Web Coverage Service	WCS	栅格 Web 服务
Web Feature Service	WFS	要素 Web 服务
Web Map Context	WMC	地图 Web 服务的组合
Web Map Service	WMS	地图 Web 服务
Web Map Tile Service	WMTS	切片地图 Web 服务
Web Processing Service	WPS	地理处理 Web 服务
Web Service Common	OWS	描述了 OGC Web 服务的通用规范

(三) 国内标准

国内的 GIS 标准体系既有国家强制标准，也有城市管理、城市规划、住房建设等职能部门制定的行业规范，国内部分标准及说明见表 1-4。

表 1-4　国内部分标准及说明

标准名称	编号	说明
地图学术语	GB/T 16820—2009	规定了地图学的基础理论与地图制作技术的术语及其定义
1 : 500 1 : 1 000 1 : 2 000 地形图数字化规范	GB/T 17160—2008	规定了以 1 : 500、1 : 1 000、1 : 2 000 地形图为信息源，采用地形图扫描数字化手段获取地形图数据的方法和要求

续表1-4

标准名称	编号	说明
城市地理信息系统设计规范	GB/T 18578—2008	规定了城市地理信息系统的设计原则、内容、方法和要求
基础地理信息城市数据库建设规范	GB/T 21740—2008	规定了基础地理信息城市数据库建设的总体要求以及数据库系统设计、建设、集成、安全保障与运行维护的内容和要求
基础地理信息标准数据基本规定	GB 21139—2007	从数学基础、数据内容、生产过程和数据认定4个方面规定了基础地理信息标准数据的基本要求
国家基本比例尺地图图式第1部分：1∶500 1∶1 000 1∶2 000地形图图式	20064579-T-466	规定了基本比例地图图式和规范
地理信息 质量原则	GB/T 21337—2008	规定了地理信息质量指标
基础地理信息要素分类与代码	GB/T 13923—2006	规定了基础地理信息要素分类与代码
地理信息 元数据	GB/T 19710—2005	规定了地理信息元数据内容、格式和作用
地形数据库与地名数据库接口技术规程	GB/T 17797—1999	规定了地图形与地名库之间访问接口格式与调用方法
地理空间数据交换格式	GB/T17798—2007	规定了地理空间数据交换的格式
地理空间数据库访问接口	GB/T 30320—2013	规定了空间数据库访问接口格式和调用方法
地理信息 基于网络的要素服务	GB/T 30169—2013	规定了地理信息空间要素服务内容、接口调用等
地理信息 基于坐标的空间参照	GB/T 30170—2013	规定了地理信息中常用的坐标系参数
地理空间框架基本规定	GB/T 30317—2013	规定了地理信息中常用的空间框架参数和适用范围

国家地理信息标准或规范大致分成以下几大类：

（1）基础通用领域标准。描述了测绘地理信息标准化指南，包括术语定义、时空基准、图示符号、地理实体编码与要素分类代码、地理信息参考模型、本体及语义、地理信息本体、地理信息语义等内容。

（2）重点工程领域标准。包括测绘基准体系建设、基础地理信息资源建设、基础地理信息数据库建设、地理国情监测、应急测绘、航空航天遥感测绘、全球地理信息资源开发、智慧城市时空信息基础设施建设、不动产测绘等标准。

（3）产业发展领域标准。包括移动测量、导航与位置服务、地理信息数据共享与利用、公开地图数据产品与服务、信息融合应用等标准。

（4）管理类标准。包括安全管理、质量管理、项目管理、成果管理、归档管理等标准。

国内颁布的部分行业标准及说明见表1-5。

表 1-5　国内行业部分标准及说明

标准名称	编号	说明
省、地、县地图图式	CH/T 4004—1993	规定了省、地、县三级行政区普通地图上各种地物、地貌要素的符号、注记和颜色标准
1∶500 1∶1 000 1∶2 000 地形图质量检验技术规程	CH/T 1020—2010	规定了 1∶500、1∶1 000、1∶2 000 地形图质量检验及质量评定的基本要求、检验工作流程、检验方法和质量评定方法
地图符号库建立的基本规定	CH/T 4015—2001	规定了建立各类地形图符号库的基本原则
基础地理信息数据库测试规程	CH/T 9007—2010	规定了基础地理信息数字产品数字线划图、数字高程模型等测试评价与报告内容
地理信息公共服务平台 地理实体与地名地址数据规范	CH/Z 9010—2011	规定了地理信息公共服务平台地理实体及地名地址数据的坐标系统、概念模型、数据组织、几何表达基本规则、地理实体数据的多尺度表达与地理实体数据内容
地理信息公共服务平台电子地图数据规范	CH/Z9011—2011	规定了地理信息公共服务平台电子地图数据的坐标系统、数据源、地图瓦片、地图分级及地图表达。 本标准适用于地理信息公共服务平台电子地图数据的制作、加工、处理及地图瓦片的制作，也可用于地图瓦片文件数据交换
基础地理信息数字成果数据组织及文件命名规则	CH/T 9012—2011	规定了基础地理信息数字成果数据目录组织及文件命名规则
矢量地图符号制作规范	CH/T 4017—2012	规定了国家基本比例尺地图图式中点、线、面三类矢量地图符号的制作方法、基本图元及分类、符号构成、制图表达与绘制的通用接口
数字城市地理信息公共平台建设要求	CH/T 9013—2012	规定了数字城市地理信息公共平台建设总体要求、建设流程、立项申请、需求调研、总体设计、方案评审、项目实施、系统测试以及项目验收等环节的原则性要求和具体内容
数字城市地理信息公共平台运行服务规范	CH/T 9014—2012	规定了数字城市地理信息公共平台运行过程中在数据、功能、日常维护等持续运行服务方面应支撑的内容、形式及达到的要求
三维地理信息模型数据产品规范	CH/T 9015—2012	规定了三维地理信息模型数据产品的内容、分类、分级及可视化表达等方面的要求
基础地理信息数字成果 1∶500 1∶1 000 1∶2 000 生产技术规程 第 1 部分：数字线划图	CH/T 9020. 1—2013	规定了基础地理信息数字成果 1∶500、1∶1 000、1∶2 000 数字线划图的生产技术方法、流程和技术要求
地理信息系统软件验收测试规程	CH/T 1035—2014	规定了地理信息系统软件验收测试的目的和基本要求、测试内容及方法、测试流程、测试准备、测试实施、质量评价以及报告编制内容

续表1-5

标准名称	编号	说明
管线要素分类代码与符号表达	CH/T 1036—2015	规定了管线要素分类原则与具体编码以及符号表达，用以标识和表示数字形式的管线要素
管线信息系统建设技术规范	CH/T 1037—2015	规定了管线信息系统建设的基本要求和编码、管线数据分层、数据结构设计、数据库建立、系统设计及安全保密等内容
城市政务电子地图技术规范	CH/T 4019—2016	规定了城市政务电子地图的分类与数据内容、获取与处理、地图可视化表达元数据要求更新维护成果验收与质量评定等
时空政务地理信息应用服务接口技术规范	CH/T 1038—2018	规定了时空政务地理信息服务接口的模型、定义和方法描述

1.4.3 软件工程相关标准

GIS 工程中软件开发是一个重要的活动过程，因此在 GIS 工程建设中必须遵循软件工程相关标准。我国软件工程标准分为六大类，包括专业基础标准、过程标准、质量标准、技术与管理标准、工具与方法标准和数据标准，标准名称及编号见表 1-6。

表 1-6　国内软件工程部分标准

分类	标准名称	编号
专业基础	软件工程术语	GB/T 11457—1995
	计算机软件分类与代码	GB/T 13702—1992
	软件工程标准分类法	GB/T 15539—1995
软件过程	信息技术软件生存周期过程	GB/T 8566—2001
	计算机软件产品开发文件编制指南	GB/T 8567—1988
	计算机软件需求说明编制指南	GB/T 9385—1988
	计算机软件测试文件编制规范	GB/T 9386—1988
	计算机软件配置管理计划规范	GB/T 12505—1990
	软件维护指南	GB/T 14079—1993
	计算机软件单元测试	GB/T15532—1995
	软件文档管理指南	GB/T 16680—1996
	信息技术软件生存周期过程指南	GB/Z 18493—2001
软件质量	计算机软件质量保证计划规范	GB/T 12504—1990
	信息技术软件包质量要求和测试	GB/T 17544—1998
	信息技术软件测量功能规模测量	GB/T 18491. 1—2001
	信息技术系统及软件完整性级别	GB/T 18492—2001

续表1-6

分类	标准名称	编号
技术与管理	工业控制用软件评定准则第 1 部分：概念定义	GB/T13423—1992
	计算机软件可靠性和可维护性管理	GB/T 14394—1993
	信息技术软件产品评价质量特性及其使用指南	GB/T 16260-96
	软件工程产品评价第 1 部分：概述	GB/T 18905. 1—2002
	软件工程产品评价第 2 部分：策划和管理	GB/T 18905. 2—2002
	软件工程产品评价第 3 部分：开发者用的过程	GB/T 18905. 3—2002
	软件工程产品评价第 4 部分：需方用的过程	GB/T 18905. 4—2002
	软件工程产品评价第 5 部分：评价者用的过程	GB/T 18905. 5—2002
	软件工程产品评价第 6 部分：评价模块的文档编制	GB/T 18905. 6—2002
工具与方法	软件支持环境	GB/T 15853—1995
	信息技术软件工程 CASE 工具的采用指南	GB/Z 18914—2002
	信息技术 CASE 工具的评价与选择指南	GB/T 18234—2000
数据	信息处理数据流程图、程序流程图、系统流程图、程序网络图和系统资源图的文件编制符号及约定	GB/T1526—1989
	信息处理程序构造及其表示的约定	GB/T 13502—1992
	信息处理系统计算机系统配置图符号及约定	GB/T 14085—1995
	信息处理单命中判定表规范	GB/T 15535—1995
	信息处理按记录组处理顺序文卷的程序流程	GB/T 15697—1995

1.5　GIS 工程与其他学科的关系

GIS 工程是在计算机科学的理论、方法、原理和技术支持下，运用系统工程学理论与方法，管理特定领域内 GIS 工程项目的一门工程性学科。因此，GIS 工程涉及系统工程学、计算机科学、地理学、测量学、遥感学、地图学和特定领域学科等知识。GIS 工程与其他学科的关系如图 1-3 所示。

(一) GIS 工程与计算机科学的关系

GIS 工程数据管理、系统开发与运行都离不开计算机的支持，计算机图形学、数据库原理与技术、数据结构、计算机制图学、云计算等学科为 GIS 工程的数据处理、存储管理和表示提供技术和方法；软件工程、计算机语言为 GIS 工程软件设计与开发提供方法和实现工具；计算机网络、现代通信技术为 GIS 工程提供数据传输、共享和服务的技术保障；人工智能、知识工程、数据挖掘与大数据分析为 GIS 工程提供智能建模方法和技术。

(1) GIS 工程与数据库技术。数据库技术能够为 GIS 工程提供数据存储和管理、查询、检索技术和方法，GIS 工程又可以在数据库管理系统的基础上，进行改造或扩展，引入空间数

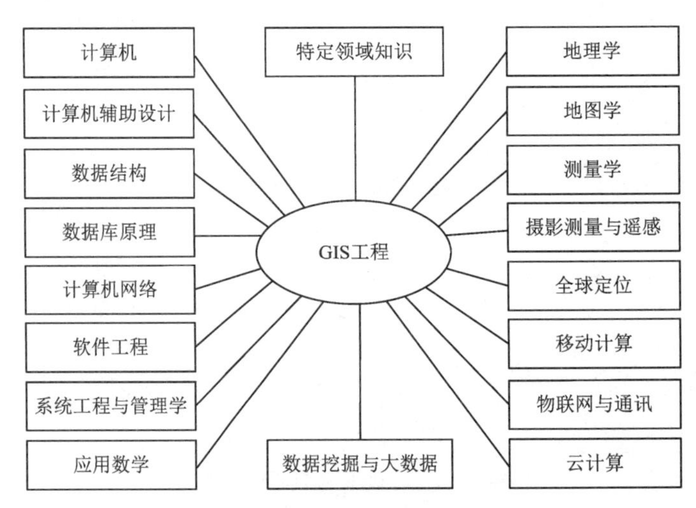

图 1-3 GIS 工程与其他学科之间的关系

据结构和类型，增加空间结构化查询算子，从而高效管理地理空间数据，方便空间数据的共享和互操作。

(2) GIS 工程与计算机制图。计算机制图技术的出现，打破了传统的制图方式，产生了计算机地图制图学。地图工作人员使用计算机，能够方便地进行各种空间分析，并用颜色、符号和文字说明完整地表达现实世界的事物及其关系。GIS 工程借助计算机制图学方法，可以提高地图编制能力，能够为 GIS 工程的推广和应用起到有力的促进作用。

(3) GIS 工程与计算机辅助设计(computer aided design，CAD)。CAD 软件以其强大、丰富的图形绘制功能，得到工程设计人员的青睐。随着测量信息化技术的发展，测绘部门也引入 CAD 技术，研发了基于 CAD 软件的数字测图等软件，诸多测量成果也以 CAD 数据格式存储和共享。在 GIS 工程建设中，一方面建设人员可以直接在 CAD 软件中对测量成果数据进行整理与预处理，另一方面 GIS 工程的建设成果也需要转换并导出到 CAD 软件，方便工程设计人员使用。尽管 GIS 与 CAD 联系密切，都是在坐标空间中绘制和显示地理事物、描述事物的空间关系，甚至可以处理属性数据，但是 CAD 处理的多为规则几何图形及其组合图形，属性数据管理能力较弱，缺乏空间计算与分析工具。

(4) GIS 工程与网络技术。网络技术的发展，尤其是现代通信技术、移动通信技术和 WEB 技术的高速发展和新成果的不断涌现，为 GIS 工程数据的存储、共享、互操作提供了安全、可靠、高效的技术支持。与网络新技术结合，GIS 的体系结构与开发技术也在不断发展变化，诸如 WebGIS、CloudGIS 等产品已得到广泛应用。

(5) GIS 工程与数据挖掘、大数据分析。数据挖掘和大数据分析技术是从海量数据中发现隐藏在其中的有用知识的方法。GIS 工程产生的海量、异构、多源的空间数据和业务数据，使用数据挖掘技术可以发现隐含在其中的与空间相关的有用知识，协助管理人员做出科学决策。

(二) GIS 工程与软件工程

软件工程是在 20 世纪 60 年代，为了解决“软件危机”而产生的一门管理软件开发的工程方法。经过半个多世纪的技术实践，软件工程领域积累了大量的研究成果。在学术界和产业界的共同努力下，软件工程已发展成为一门专业学科。软件工程定义了软件开发所需的知识，使用工程管理理论来管理软件开发过程。我国标准《信息技术 · 软件工程术语》将软件工程定义为"应用计算机科学理论和技术以及工程管理原则和方法，按预算和进度，实现满足用户要求的软件产品的定义、开发和维护的工程或进行研究的学科"。

由于软件开发是 GIS 项目建设的主要内容之一，因此 GIS 工程须借鉴和使用软件工程理论和方法管理 GIS 软件开发，用软件工程方法划分 GIS 软件开发过程，再使用软件工程工具管理开发各阶段的活动，产生各阶段的产出物。另一方面，由于 GIS 工程具有鲜明的空间信息特色，GIS 软件开发模式与过程又有别于一般软件，因此需要研究一套体现 GIS 特点的软件开发管理方法，这样会促进软件工程学的发展，也是对软件工程学的补充和扩展。

(三) GIS 工程与地图学

GIS 工程将空间数据与管理业务知识相结合，产出多种专题地图，需要地图学知识为制作专题地图提供方法和技术。因此，GIS 工程与地图学有着极密切的关系，两者都是地理学的信息载体，同样具有存储分析、表达和显示的功能。地图学研究的图形表达理论和方法，可以直接用于 GIS 工程成果的展示，而 GIS 软件的处理结果又会促进地图学理论的发展。

(四) GIS 与测绘学

测绘学是测量地球表面自然形态和人工设施的几何分布，编制各种比例尺地图的理论和技术的学科，包括大地测量、工程测量、矿山测量、地籍测量、航空摄影测量和遥感等技术。测绘学科可以为 GIS 工程提供丰富的数据源，并促使 GIS 向更高层次发展。GIS 工程技术的发展又要求测绘学科能及时、快速提供数字化产品，促使常规的测量仪器向数字化测量仪器发展，也推动了数字化测绘技术的产生。

(五) GIS 工程与地理学

地理学是一门古老且应用范围广泛的学科，研究地球表面要素，通过综合分析地理要素及其空间组合，获取地理要素之间的相互作用、相互关系以及地表综合体的特征和时空变化规律。地理学科理论是 GIS 工程的理论基础，为 GIS 工程提供空间计算与分析的基本观点与方法。GIS 工程的发展也为地理问题的解决提供了全新的技术手段，并使地理学研究理论在 GIS 工程中得到充分应用。

(六) GIS 工程与领域知识

GIS 与许多业务领域结合，产生许多专业型 GIS 软件。业务领域需要 GIS 软件来管理业务数据、解决业务中的空间问题、展示业务相关的专题图件。GIS 工程的建设目标也是为了解决业务领域的问题，为业务领域提供基于地理空间的解决方案，因此 GIS 工程需要业务领域知识的支持，为 GIS 工程建设提供业务指导。

思考题

1. 简要叙述 GIS 产生的背景及其意义。
2. 简要叙述 GIS 的定义及其组成。
3. GIS 功能有哪些？举出 GIS 的实际应用示例，并说明 GIS 在示例中的作用。
4. 什么是 GIS 工程？GIS 工程有哪些特点？

5. GIS 工程的研究内容有哪些？结合具体业务，简要介绍 GIS 工程包括哪些建设内容。
6. 什么是 GIS 工程生存周期？包括哪些阶段？并简要说明每个阶段的任务。
7. GIS 工程标准化的意义有哪些？当前 GIS 工程标准化涉及哪些内容？
8. 结合信息技术、测量学发展的最新技术，试说明 GIS 工程前沿技术有哪些？

参考文献

[1] Harvey F. A Primer of GIS, Fundamental Geographic and Cartographic Concepts (Second Edition)[M]. London: The Guilford Press, 2015.

[2] Harmon J E, Anderson S J. The design and implementation of geographic information systems [M]. New York: John Wiley & Sons, Inc, 2003.

[3] Sharma R, Kamble S S, Gunasekaran A. Big GIS analytics framework for agriculture supply chains: A literature review identifying the current trends and future perspectives[J]. Computers and Electronics in Agriculture, 2018, 155(12): 103-120.

[4] 白易. 地理信息标准化系统管理和标准模块化研究[D]. 武汉：武汉大学，2011.

[5] 毕硕本，王桥，徐秀华. 地理信息系统软件工程的原理与方法[M]. 北京：科学出版社，2003.

[6] 高小力，许晖. ISO/TC211 与我国地理信息技术的标准化测绘标准化[J]. 测绘标准化，1997，33(13)：4-7.

[7] 龚健雅. 地理信息共享技术与标准[M]. 北京：科学出版社，2008.

[8] 龚健雅. 地理信息系统基础[M]. 北京：科学出版社，2019.

[9] GB/T11457—2006. 信息技术 软件工程术语[S].

[10] 何建邦，蒋景瞳. 我国地理信息标准化工作的回顾与思考[J]. 测绘科学，2006，31(3)：9-13.

[11] 吴立新，邓浩，赵玲，等. 空间数据可视化[M]. 北京：科学出版社，2019.

[12] 邬伦，刘瑜，张晶，等. 地理信息系统——原理、方法和应用[M]. 北京：科学出版社出版，2019.

[13] 张海藩，牟永敏. 软件工程导论[M]. 第 6 版. 北京：清华大学出版社，2013.

[14] 张新长，任伏虎，郭庆胜，等. 地理信息系统工程[M]. 北京：测绘出版社，2019.

[15] 中国标准化研究院. 标准化若干重大理论问题研究[M]. 北京：中国标准出版社，2007.

[16] 周成虎，杨崇俊，景宁，等. 中国地理信息系统的发展与展望[J]. 中国科学院院刊，2013，28(增刊)：84-91，95.

第2章 GIS工程分析

GIS工程项目在建设之前，建设单位和承建单位都会从不同角度分析项目的可行性，确认项目是否需要启动。在决定启动以后，承建单位开始进行项目需求分析，获取项目清晰的建设目标和项目边界，使用建模工具准确表达建设单位期望的概念模型。这个阶段编写的需求分析规格说明书将成为项目建设的目标和开发活动的重要依据。

2.1 GIS工程调研

GIS工程调研的目的是使用系统调查的方法，了解建设单位业务现状及其存在的问题，提出初步的解决方法，形成项目建设的最初目标，这是GIS工程的发起阶段。由于建设单位业务水平高，而信息技术相对较弱，很难提出准确的信息化解决方案，因此需要信息化技术水平高的承建单位或第三方介入工程调研工作。

2.1.1 调研内容

GIS工程调研工作包括建设单位的调研工作和承建单位的调研工作，目标大致相同，调研内容略有不同。建设单位调研的目的是要明确在现有状况和约束条件下，要建设的GIS项目能否解决现存问题、值不值得建设。承建单位调研的目的是了解现状，思考在约束条件下能否实现项目目标、帮助建设单位解决现存问题。

(一)建设单位调研内容

GIS工程建设单位主要从当前政策背景、本单位信息化现状、业务流程、人员状况、现存问题等方面展开调研，总结问题，提出建设需求。具体调研内容包括：

(1)调研国家和地方政策对GIS工程的影响，明确GIS工程的建设内容是否符合政策要求。

(2)调研本单位信息化现状和使用程度，分析现存问题能否通过GIS工程的建设得到改善或解决。

(3)调研本单位工作对GIS技术的依赖程度，分析单位工作人员信息化水平和他们对GIS技术的接受程度。

(4)调研GIS工程建设和运维所需的费用，重点考虑本单位经费的承受能力，必要时可以分期次建设、急用先建。

(5)调研GIS工程对本单位产生的效益，分析GIS工程的建设能否提高业务办理效率。

(二)承建单位调研内容

GIS工程承建单位在项目建设之前，要从技术角度分析建设单位的数据现状、技术现状等，为后期分析是否承接GIS工程项目提供依据。具体调研内容包括：

(1)调研建设单位已有资料的存储格式、生产时间、内容完整度、准确度，资料使用目的与方式，资料之间的关系，以及资料使用中存在的问题等。

(2)在掌握建设单位现有资料状况的基础上，进一步了解建设单位各部门对资料的使用方式，尤其需要了解资料在多部门之间的流通、共享与互操作情况。

(3)调研建设单位人员的年龄结构、知识层次和信息技术水平，分析这些因素对 GIS 工程项目建设的影响，重点分析使用人员对软件界面设计及其操作方式的要求。

(4)调研建设单位现有系统存在的问题，了解现有系统与拟建的 GIS 工程项目之间的关系，确定项目使用升级方案还是全新建设方案。

(5)调研建设单位组织机构、组织分工、工作任务、职能范围、业务运作流程、信息处理方式、资料使用情况、工作负荷、人员配置等情况，总结建设单位的业务流程。

2.1.2 调研方式

GIS 工程在开展调研之前，建设单位和承建单位都需要成立调研团队，制定调研计划，确定调研方式。建设单位的调研团队可以由主管信息化建设的领导担任调研组组长，成员可以由信息化管理人员和业务科室负责人组成。承建方调研团队可以由单位负责人担任组长，成员由系统分析师、架构师、数据库管理员和程序员组成。调研计划是调研工作有序开展的保证，调研计划需要规定调研时间、参加人员、目的要求和调研方式等内容。GIS 工程常用的调研方式包括：

(1)召开会议。会议类型包括动员会议、座谈会议、总结会议、评审会议等。动员会议设置在正式调研活动开始之前，目的是向调研人员介绍调研目的、部署调研任务和时间安排、强调纪律要求等。座谈会议的目的包括了解业务流程、听取操作要求、获取项目建设建议等。总结会议在调研阶段结束或调研工作完成以后召开，汇总调研成果、总结存在的问题等。评审会议是对调研成果或报告的评估和审核。

(2)参观。调研人员到建设单位实地参观工作过程，观看现有系统流程和相关操作，收集使用人员的操作习惯、处理过程等。

(4)参与管理。调研人员直接参与业务办理工作，了解实际工作中存在的问题，以及对项目建设的需求。

(5)访谈。调研人员针对特定专题或问题召集少数人员，询问问题、听取意见或建议。

(6)调查问卷。调研人员根据调研内容，设计简单、易填写的调研问卷，发放给业务人员填写。问卷可以是纸质形式或电子文档，可以线下填写或线上填写。

(7)电话或网络沟通。这种调查方式往往是对一些关键问题进行电话咨询，多用于访查问题的补充。

(8)原型法。为了让用户快速了解 GIS 项目，可以快速研发原型系统，演示给用户观看，以便让用户对系统功能和建设内容有直观具体的认识，有助于更准确地获取用户想法。

2.2 GIS 工程可行性分析

GIS 工程建设是在一定条件制约下、使用大量人力、物力完成项目目标的过程，因此在项目开始之前，建设单位和承建单位都必须分析项目的可行性，以降低项目建设风险。

2.2.1 建设单位可行性分析

建设单位在提出GIS工程项目之前，首先要在单位内部进行调研，评估项目对现行业务的影响，以决定是否启动项目。项目可行性分析工作可以由建设单位自行完成，也可以委托第三方进行。可行性分析工作包括以下内容：

(1)分析政策法规可行性。当前许多GIS工程项目建设单位为政府机关或事业单位，在建设GIS项目之前，首先要分析项目的建设目标和内容是否符合政策和法规制度。例如，国家土地资源调查就是为查清国家、地区或单位的土地数量、质量、分布及其利用状况而进行的量测、分析和评价工作，该工程目标明确、中心任务突出，地方政府都必须按照政策规定进行该项目的建设，项目建设目标和国家政策要保持一致。

(2)分析单位发展战略的可行性。建设单位要结合本单位中长期发展规划和目标，兼顾单位组织结构、业务办理、文化背景等因素，深入分析GIS工程项目是否符合单位的发展战略，再决定项目是否需要建设。

(3)分析业务流程可行性。信息化项目都会涉及建设单位已有业务流程的改造或再造，这就要求在分析项目可行性时，要重点考虑流程改造对单位工作的影响，坚持流程改造要服务于业务办理的原则。

(4)分析效益可行性。建设单位既要分析项目建设所需的费用，包括业务流程改造成本、软件开发成本、数据建设成本、新增软硬件设备成本和维护成本等，还要分析项目运行产生的经济效益，以及可节约的人力需求量、降低的劳动强度、可提高的工作效率、统计分析的及时性和准确性、决策的科学性等方面的社会效益。

(5)分析使用人员知识结构可行性。建设单位的GIS工程成果使用人员的知识结构和素质是影响GIS工程发挥作用的关键，因此既要分析使用人员的信息技能，还要考虑业务办理人员对新业务流程的接受程度。

(6)分析运维可行性。GIS工程维护内容包括支撑环境的维护、研发软件的维护和数据库的维护等，这些工作都会投入巨大的人力和财力，也是GIS工程可行性必须要考虑的因素。

(7)信息安全可行性分析。由于GIS工程的数据产品大多为国家规定的保密数据，因此必须依据相关安全规定，考虑在数据采集、信息传递、信息存储、信息处理、业务办理等过程中的数据安全问题，必要时需要邀请有资质的单位对信息安全进行分级评估，提前做好安全应对方案。

2.2.2 承建单位可行性分析

GIS工程承建单位在接受项目之前，应组织人员根据建设单位的建设目标及初步方案，深入分析拟承建的GIS工程的可行性，即确定是否承接GIS工程。承建单位可行性分析内容包括：

(1)分析法规制度可行性。

①分析国家对GIS工程承建单位资质的相关要求，明确本单位是否可以承接GIS工程。

②收集国家法规对GIS工程建设内容的相关规定，分析本单位是否具备建设GIS工程所需的硬、软件环境，是否具备国家规定的安全保护环境。

③分析GIS项目所用技术的合法性，避免抄袭、盗用别人软件而产生侵权行为。

(2)分析技术可行性。GIS工程在建设之前，目标、功能、性能、数据内容等不确定，这也给项目技术因素的分析带来巨大困难。承建单位需要从以下几方面分析技术可行性：

①总结 GIS 技术发展现状，包括技术参数、成熟度、可维护度等因素，分析现有技术能否支撑 GIS 工程建设。

②收集 GIS 工程是否要对接建设单位已有的系统，并分析对接技术的可行性。

③调查 GIS 工程中数据库建设的复杂性，分析数据库建设技术的可行性。

④调查和收集建设单位各部门的数据需求意愿，结合建设单位网络环境和保密要求，分析数据在多部门之间流通、共享与互操作的可行性。

⑤分析 GIS 工程对现有工作流程的影响，明确业务流程改造技术的可行性。

(3)分析经济可行性。

①估算建设成本。GIS 工程的建设成本包括：工程前期调研、咨询、评审、招投标等费用，硬件、软件购置与安装调试费，GIS 软件开发费用，数据库建设费用，外部产品/服务的采购费用，人员培训费用，系统运行维护费用等。

②效益分析包括有形效益和无形效益的分析。有形效益可以用货币的时间价值、投资回收期和纯收入等指标度量，无形效益主要从社会价值方面分析 GIS 工程对业务管理、社会治理、人民生活等方面产生的良性影响。

(4)分析其他因素的可行性。

①分析本单位开发人员知识和技能是否满足 GIS 工程建设的技术要求。

②分析 GIS 工程是否符合本单位的发展目标。

③分析 GIS 工程研发产品的市场前景，确认产品能否得到更大的推广和应用。

④分析本单位是否有足够的经费支持项目建设。

⑤分析方案可行性，考虑可用资源和建设时间等对项目建设的影响。

⑥分析项目的建设风险，要论证在可控和不可控因素影响下，能否顺利完成项目全部建设任务。

2.2.3 项目经费预算

(一)项目经费预算概述

在可行性分析阶段，GIS 项目的建设目标基本明确，但是项目的具体建设内容还未确定，此时的项目经费预算主要是依据相关标准，概要性地估算项目建设所需费用，多用于建设单位进行财政评审，也是上级主管部门审批项目所需材料之一。

一般来说，GIS 项目的预算支出主要由以下几个科目组成：

(1)硬件采购费用。用来采购项目产品运行所需要的计算机、服务器、网络设备、办公设备等支出的费用。

(2)支撑软件采购费用。用来采购项目产品运行所需支撑软件而支出的费用，例如，购买服务器操作系统、数据库管理系统、基础 GIS 软件、软件开发使用的第三方组件等费用。

(3)软件开发费用。支付给承建单位开发项目所需软件的费用。

(4)数据建库费用。支付给承建单位进行数据收集、整理、数据库建设、数据质量检查等工作的费用。

(5)服务发布与对接费用。支付给承建单位发布数据、与其他系统对接等工作的费用，如地理信息服务发布产生的人力费用。

(6)系统集成费用。支付给承建单位用于集成项目各单元产生的各项费用，主要是系统集成与调试所需的人力费用、购买第三方服务支出的费用等。

(7)培训费用。支付给承建单位用于培训建设单位使用人员等工作的费用，培训内容包括项目产品的使用、维护等。

(二)项目预算方法

GIS项目预算方法主要有：

(1)上溯法。上溯法是在基本掌握项目建设内容的基础上，将项目划分为多个任务并估算每个任务的费用，再汇总合成项目的总预算费用。

(2)下溯法。下溯法是在项目建设总费用已固定的情况下，确定项目建设内容，划分项目任务，再将费用分摊到各个任务上。

(3)单价法。单价法是指以项目支出科目的单价和数量为依据，计算单个科目预算费用。单价法适合于任务比较固定、重复性较大的项目类型，例如估算地形图入库费用时，可以参照国家相关标准，确定单幅地形图的入库费用(单价)，再乘以入库地形图幅数，即可得到入库预算费用。

项目预算通常要编制项目预算表，这是一种直观、简洁表达项目预算费用的方法。

2.2.4 可行性研究报告

GIS项目可行性研究报告是在项目调研和可行性分析的基础上，对GIS工程的技术、财务、经济和环境等方面进行系统整理，并编写成文档的过程，是GIS工程启动和建设的重要依据。虽然GIS工程建设单位和承建单位编写可行性研究报告的目的和格式略有不同，但目的基本类似，都是通过报告的评审确定是否开展项目建设或承接项目工程。可行性报告的内容大致包括：

(1)项目概述。概要介绍GIS工程的建设背景、建设单位情况、存在的问题等。

(2)项目目标和建设原则。具体、准确、简明扼要地描述GIS工程的建设目标、指导思想和建设过程应遵循的原则。

(3)项目建设内容。结合建设单位业务办理实际情况，系统分解GIS工程建设目标，逐项阐述建设内容及要求。

(4)项目建设计划。阐明GIS工程建设的技术路线和建设时间等要求。

(5)总投资估算及依据。依据相关预算法规和标准，估算GIS工程建设所需的费用。

(6)效益和风险分析。列出GIS工程产生的经济和社会效益，详细分析项目建设中可能存在的风险，并给出风险应对或规避策略。

(7)可行性分析结论。明确说明GIS工程建设是否可行。

(8)附件。与此报告相关的图表、标准等。

GIS工程可行性研究报告在编制完成以后，建设单位还要进行技术和财政评审，再送呈主管单位审批。

2.3 GIS工程立项和启动

GIS工程可行性报告通过审批以后，主管单位下达GIS工程建设同意书或任务书，标志着项目可以启动。建设单位启动项目的起点是选择项目承建单位，承建单位启动项目的起点是制订内部项目立项报告。

2.3.1 选择项目承建单位

由于不同的承建单位拥有不同的建设经验、技术积累等，不同的承建单位会影响工程建设进度和质量，所以建设单位必须采用流程化、规范化的方式选择承建单位，以达到降低成本、提高工程质量的目的。GIS 项目常用招标方式选择承建单位，招标过程包括制定采购计划、编制采购合同、招标、选择承建单位等。

(一)制定采购计划

采购计划是根据 GIS 工程建设需求，结合建设单位现有软硬件设施和其他条件，明确工程建设所需要的建设单位外部的产品和服务，以及采购形式、采购数量、采购时间等。

GIS 工程采购计划包括：

(1)采购范围。用于明确工程项目所要采购的产品、服务及验收准则。

(2)产品/服务说明书。详细说明采购过程中应予考虑的产品和服务的技术规范、数量或注意事项。

(3)采购策略。说明采购使用的方式，包括询价采购、招标采购等。

(4)市场环境。是指要采购的产品/服务可能存在的潜在的承建单位，并详细了解每家承建单位的产品规格、质量，以及售后服务等。

(5)采购管理。规定从采购的合同编制到合同收尾全过程的管理活动，包括合同形式、验收标准、进度控制、采购变更控制等。

(二)编制采购合同

采购合同编制过程包括准备招标或询价所需的文件、确定合同签订的评估标准。采购文件通常包括投标邀请函、建议请求书、报价请求书、磋商邀请函和合同方回函等。建议请求书是征求潜在承建单位建议的文件，报价请求文件是依据价格选择承建单位时，用于征求潜在承建单位报价的文件。

合同评估标准是用来对请求书进行评价和打分的标准，包括承建单位对需求的理解、总成本、技术能力、技术方案、管理方式、资金能力、生产能力、知识产权、售后服务等内容。

(三)招标/询价

确定采购计划和采购合同文件以后，可以通过询价或招标方式确定项目承建单位。如果是依法必须进行招标采购的项目，则必须通过招标活动确定承建单位。招标是一种市场交易、搜寻商业对象的行为，是在一定范围内公开货物、工程或服务、采购的条件和要求，并邀请众多投标人参加投标，然后按照原先规定程序，从中选择合适的供应商作为交易对象。

GIS 项目的招标活动可以由建设单位主持，也可以委托代理机构主持，即委托招标。委托招标是建设单位委托招标代理机构，在招标代理权限范围内，以建设单位的名义组织招标工作。

(四)承建单位选择

承建单位选择的流程为接收标书或建议书、评估标书或建议书、确定承建单位。评估方法包括加权打分、独立评估等。加权打分是对标书或建议书逐项进行打分再加权计算得出总分，通常选定总分最高的承建单位为最终承建单位。

在确定了承建单位以后，建设单位要以合同形式确立双方的权利与责任，接下来进入合同谈判环节。合同谈判是合同签订之前的重要活动，主要是解释、澄清合同结构和要求。最终的合同文本应反映所有达成的协议，内容包括双方责任和权利、适用法律条款、技术和商业方案、价格和付款过程及形式、交付进度等。

2.3.2　项目启动

承建单位获得 GIS 工程建设资格以后，开始内部立项并启动项目。项目启动过程包括编写内部立项报告、任命项目经理、召开项目启动会议等。GIS 工程的立项报告是项目启动阶段的重要文档，内容涵盖项目建设目标与内容、方案论证、产品功能、软硬件选型、组织机构、经费计划、管理制度等。立项报告经过承建单位审批以后，便成为 GIS 工程建设活动的主要依据。

GIS 工程管理制度是项目启动文件中最为重要的内容，是项目顺利实施的保障。项目管理制度包括项目考核管理制度、项目费用管理制度、项目例会管理制度、项目通报制度、项目计划、项目文件管理等。项目计划包括整体计划、阶段计划、周计划、检查计划等，项目文件管理要规定文件流转过程、文件命名规范、各类文档的标准模板等，例如汇报模板、例会模板等。

GIS 工程启动工作准备完成以后，建设单位会同承建单位召开项目启动会议，宣布项目启动。与会人员包括项承建单位领导、项目经理、项目参加人员、供应商代表、建设单位代表、项目监理等。项目启动会内容包括项目建设背景和原则、项目建设目标和交付物、项目组织机构及主要成员职责、项目汇报和沟通计划、项目建设初步计划与风险控制、项目管理制度等。

2.4　GIS 工程的需求管理

2.4.1　需求管理内容

GIS 工程需求是指建设单位对 GIS 工程产出物的目标和要求，包括功能性需求和非功能性需求。功能性需求是建设单位希望 GIS 工程产出物所能提供的功能，规定了承建单位必须实现的工作内容。非功能性需求规定了 GIS 工程产出物应当遵从的标准和规范，以及界面体验、性能、设计、约束和质量等要求。GIS 工程需求约束是指项目产出物的设计和研发等方面的限制条件，包括技术条件、产品运行的软件和硬件环境、政策限制等。质量要求定义了 GIS 工程产出物的特点，包括结果正确性、可靠性、运行效率、处理能力、并发访问量、吞吐量、访问延时、CPU 和存储等计算机资源消耗量等。

GIS 工程需求管理的目的是为实现项目目标而实施的一系列管理活动，贯穿于从需求获取到项目关闭整个项目生命周期，包括项目需求开发、记录、组织、跟踪和控制等过程。具体内容有：

(1)定义需求基线。GIS 工程承建单位在充分调研的基础上，进一步细化项目产出物的目标，使用建模工具准确表达和定义产出物，帮助项目开发人员更好地理解项目目标。需求基线定义了项目不同阶段产出物的特征，包括软件版本、软件性能、数据库内容等。

(2)需求评审和确认。在完成 GIS 工程需求分析以后，要将需求定义编制成“GIS 工程需求分析规格说明书”(简称“需求规格说明书”),并开展“需求规格说明书”的评审工作。评审组可以由项目干系人和领域专家组成。项目干系人是与项目建设、实施、运行、使用相关的人员,包括建设单位人员、承建单位开发人员、项目监理代表人员等。《需求规格说明书》通过审核以后,建设单位需向承建单位递交需求确认书,从而固定 GIS 工程的目标和建设内容。

(3)需求跟踪。在整个 GIS 工程建设过程中,建设单位和承建单位都要进行需求跟踪活动,目的是保证建设的不同阶段产出物要符合需求基线定义的产出物特性,确保所有产出物都要满足建设单位需求。

(4)需求变更。随着 GIS 工程的实施和推进,建设单位和承建单位对产出物的定义更加深入和明确,最初的需求内容会有所改动;或者在建设过程中,由于法规制度、业务流程、技术体系等发生变化,项目产出物定义也会随之改变,这些都是需求变更的主要原因。需求变更会对 GIS 工程的进度、人力资源配置、建设成本等产生很大影响,因此必须对需求变更进行合理的控制。需求变更控制是指通过评估变更发生的原因及其影响,进而修改需求定义、调整实施过程等进行的一系列活动。需求变更控制的目的不是控制变更的发生,而是对需求变更进行管理,确保 GIS 工程建设范围可控。当 GIS 工程需求发生变更时,承建单位既不能无条件接受所有变更,使得需求不断膨胀,造成建设成本提高、工期延长、项目风险增加,也不能完全不接受变更,使得项目产出物偏离建设单位的期望。

2.4.2 需求开发

GIS 工程需求开发是收集、分析、整理、编写和验证项目需求,进而以需求规格说明书的形式定义建设单位需求的过程。整个 GIS 工程需求开发过程包括制定工作计划、获取需求、分析需求、编写报告等过程。

(1)制定工作计划。需求开发要有计划、有组织地安排,这样才能有序开展工作。工作计划包括:①工作目标;②工作机构和人员设置;③工作方式,如会议、访谈等;④工作时间、地点和参加人员;⑤文档模板等。

(2)获取需求。获取需求是通过 GIS 工程干系人的协同工作,将项目目标转化为具体需求的过程。

(3)分析需求。分析需求是用抽象描述的方法建立 GIS 工程的目标概念模型的过程。需求分析过程可以与需求获取过程同步,即在获取需求的同时,建立需求模型,更好地与建设单位沟通和交流。需求分析方法包括结构化分析方法、原型法和面向对象分析方法等。分析过程包括:

①承建单位系统分析员在深入调研的基础上,首先定义 GIS 工程的目标、规模、界限、软件功能、组织机构、业务流程、数据存储、与其他系统关系等;然后概括抽象出业务流程模型图,设定业务办理结点的职能及其相互关系;最后初步界定 GIS 工程可实现的业务内容和可改进的职能。

②收集承建单位业务办理过程中每个结点工作所需填写的表格、文档、图纸等信息,整理每个办理结点的数据加工和处理过程,概括抽象出 GIS 工程的数据流程图;然后对数据流程图中出现的所有空间数据、属性数据进行描述与定义,形成数据字典,列出有关数据流条目、文件条目、数据项条目、加工条目的名称、组织方式、取值范围、数据类型、存储形式、存储长度等。

(4)编制报告。根据 GIS 工程的建设目标和前期分析结果，准确地编写需求分析规格说明书。GIS 工程需求规格说明书主要组成要素如表 2-1 所示。

表 2-1　GIS 工程需求分析规格说明书主要组成要素

序号	要素	说明
1	项目名称	名称要能准确表达 GIS 工程的任务和性质
2	项目建设单位	GIS 工程建设成果的使用单位
3	项目承建单位	GIS 工程承接建设的单位
4	项目背景	介绍 GIS 工程产生的政策背景、技术现状和存在的问题
5	项目目标	GIS 工程的期望、建设工期、总投资等
6	项目干系人	与 GIS 工程建设、运行等有直接关系的人员
7	制约因素	GIS 工程建设或运行中可能受到的影响和制约条件
8	假设前提	GIS 工程需求定义或建设应当满足的条件假设
9	产品基线	GIS 工程产出物名称、版本及计划产出时间
10	数据内容	GIS 工程需要建库和入库的资料、图表等
11	风险控制	GIS 工程可能存在的风险及控制措施
12	项目管理内容	包括 GIS 工程时间计划、沟通计划、质量控制计划等

GIS 工程需求规格说明书编写提纲示例如图 2-1 所示。

1. 引言
1.1　编写的目的
1.2　背景说明
1.3　术语定义
1.4　参考资料
2. 任务概述
2.1　功能概述
2.2　约束条件
2.3　假设前提
3. 数据流图与数据字典
3.1 数据流图
3.1.1 数据流图图形
3.1.2　加工说明
3.2　数据字典
3.2.1 数据项说明
3.2.2　数据结构说明
3.2.3　文件说明
4. 系统接口
4.1　用户接口
4.2　硬件接口
4.3　软件接口
5. 性能需求
5.1　精度要求
5.2　时间特征
5.3　灵活性
6. 软件属性
6.1　可使用性
6.2　系统安全性
6.3　可维护性
6.4　可移植性
7. 其他需求
7.1　数据库需求
7.2　系统操作要求
7.3　故障及其处理
8. 附录

图 2-1　需求报告提纲示例

(5)需求验证。需求验证也称为需求评审，是确认 GIS 工程需求规格说明书的重要方式。项目相关干系人应组织召开需求评审会，邀请相关专家、外部相关单位等对需求分析规格说明书进行评审，确保需求定义没有偏离用户期望的目标。

2.4.3 需求跟踪

GIS 工程需求跟踪的目的是保证项目建设各阶段的产出物都与需求分析规格说明书规定的基线保持一致，确保项目最终产出物能够符合建设单位的需求。GIS 工程的需求跟踪有正向跟踪与逆向跟踪两种形式。正向跟踪是以“需求分析规格说明书”为依据，检查每个需求是否都能在产出物中找到对应功能点；逆向跟踪是检查设计文档、代码、测试用例等是否都在“需求分析规格说明书”中进行了定义。GIS 工程需求跟踪的作用包括：

(1)评审阶段产出物，确保需求基线可以按计划完成，有利于做好项目计划管理工作。

(2)分析需求变更影响因素，保证在需求发生变更以后，项目产出物也能随之对应修改。

(3)协助做好设计、代码等资源的重用，避免重复工作。

(4)控制因人力资源调整而产生的开发风险。

(5)能够在项目产出物出现问题时，对照需求跟踪矩阵，快速做好问题定位和发现工作。

当 GIS 工程规模较小时，项目管理人员可以使用数据表格管理需求跟踪信息，而对于大型复杂的项目，需要建立需求跟踪能力矩阵管理需求过程。需求跟踪能力矩阵是用来管理需求跟踪能力信息的重要工具，应用在项目需求定义、项目实施、项目产品交付等环节，可以表示需求和项目产出物之间的联系。例如，表 2-2 列出了地图操作的需求跟踪能力矩阵。

表 2-2 地图操作的需求跟踪能力矩阵

使用实例	功能需求	设计元素	代码	测试实例
全图显示	地图操作	Design. map. full	Map. full( )	Test. map. 01
地图平移	地图操作	Design. map. pan	Map. pan( )	Test. map. 02
地图放大	地图操作	Design. map. zoomin	Map. zoomin( )	Test. map. 03
地图缩小	地图操作	Design. map. zoomout	Map. zoomout( )	Test. map. 04
要素查询	地图操作	Design. map. identify	Map. identify( )	Test. map. 05

2.4.4 需求变更控制

在 GIS 工程建设过程中，项目需求变更时常发生，从而引起项目建设范围、功能、进度和成本等随之发生变化。如果不对需求变更进行控制，将使项目陷入混乱状态，影响项目进度，降低产品质量，增加建设成本，甚至导致项目无法按期完成。因此，在需求发生变更时，需要坚持以下原则：

(1)谨慎对待变更申请，尽量控制变更。当收到需求变更申请时，要充分论证和评估变更可能引起的影响。

(2)需求变更申请单位可以是建设单位、承建单位和监理单位，但变更申请要使用书面形式提出，且要经过申请单位负责人签字。

(3)需求变更申请必须经过变更控制委员会或小组同意后，才能启动变更。

(4)需求变更控制委员会或小组同意变更申请后，必须修改需求基线，并及时向建设单位、监理单位、设计人员、开发人员等发出变更通知。

在 GIS 工程需求变更控制活动中，需求变更跟踪表是控制变更的常用工具。变更跟踪表用来记录变更申请单位、收集时间、变更内容、变更确认、审批过程等信息，表 2-3 给出了需求变更跟踪表示例。

表 2-3　GIS 工程需求变更跟踪表示例

<table>
<tr><td>需求名称</td><td colspan="3">地图操作</td><td>需求编号</td><td>SRS-Map-01</td></tr>
<tr><td>变更内容</td><td colspan="5">增加按要素类型和名称组合查询，查询结果在地图页面中高亮显示</td></tr>
<tr><td rowspan="2">需求确认</td><td colspan="3" rowspan="2">变更申请人：张三
建设单位主管：王五
承建单位主管：赵六
工程监理人：孙七</td><td>提出时间</td><td>2020-2-9</td></tr>
<tr><td>计划工期</td><td>5 天</td></tr>
<tr><td>需求属性</td><td colspan="3">合同内☐　　合同外☑</td><td>预计费用</td><td>1 万元</td></tr>
<tr><td>需求分析结论</td><td colspan="5">在地图查询中，不仅要有查询和显示空间要素属性的功能，还需要有根据属性查询要素空间位置的功能。而且，属性查询应当设计成用户可自定义组合查询，查询结果既要以表格方式显示，同时还要在地图上高亮显示查询到的空间要素。当查询结果为多个要素时，应以列表方式让用户选择要素</td></tr>
<tr><td>需求分析人</td><td colspan="3">吴兴</td><td>分析时间</td><td>2020-2-10</td></tr>
<tr><td>是否变更</td><td>是☑　否☐</td><td>执行人</td><td>张春礼</td><td>变更时间</td><td>2020-2-20</td></tr>
<tr><td>变更结果</td><td colspan="5">修改需求基线，编写需求分析规格说明书 V2.0。
修改系统设计，编写系统设计说明书 V2.2。
在程序中，添加属性查询要素功能。
已经通过模块功能测试，符合需求基线要求</td></tr>
<tr><td>完工确认</td><td colspan="3">需求申请人员：张三(签字)
建设单位主管：王五(签字)
承建单位主管：赵六(签字)
工程监理人：孙七(签字)</td><td>确认时间</td><td>2020-2-25</td></tr>
</table>

GIS 工程需求变更控制的成果包括变更后的需求基线及需求分析规格说明书、需求跟踪能力矩阵、更新后的项目管理计划等。

2.5　GIS 工程结构化分析方法

结构化分析(structured analysis，SA)是软件工程中用于获取、分析工作流程与数据处理过程的重要工具，是系统分析与设计最常用的技术之一。结构化分析方法是在 1960 年代发展起来的一种系统分析方法，在 1980 年开始广为使用。结构化分析方法使用业务流程图表示业务办理的物理模型、数据流图表示业务控制模型、数据字典表达业务流中的数据模型。

2.5.1 业务流程图

（一）流程图概述

流程(flow)是指组织为了满足工作需求而设定的具有逻辑关系的系列操作过程。现实生活中的所有工作均可以抽象为特定的操作流程，例如要写一篇论文，可以归纳为“构思—列提纲—撰写—修改—发表”流程。在信息世界里，可以把计算机处理的作业分解成多道任务，每个任务又可以分解成多条进程，然后让计算机有序地执行并完成进程，这就形成了计算机的操作流程。例如，基于 Web 应用系统的登录功能可以分解成：①前端用户输入账号信息；②前端验证账号信息完整性；③前端向后端验证服务发送账号信息；④后端验证服务请求数据库用户信息；⑤后端验证账号合法性；⑥验证结果返回前端；⑦前端接收验证结果，并向用户显示登录结果。这些逻辑上互相关联的操作步骤组成了登录流程。

由此可以看出，流程可以是现实世界工作过程的概括，是人们在总结长期工作经验的基础上，形成的一套高效的、固定的工作模式。流程也可以是信息世界操作过程的抽象，是现实世界工作流程在信息世界里的逻辑映象。

流程图(flow chart)是一种表示流程的图形化语言，使用一系列的标准符号表示动作，用带有箭头的线条连接动作符号，描述动作的执行顺序，说明动作执行的输入条件、输出结果。因此，流程图有时也称作输入-输出图，因为除了开始结点只有输出、结束结点只有输入以外，其他所有结点都有输入和输出。流程图通常使用一些标准符号代表不同类型的动作，如表 2-4 所示。

表 2-4 流程图常用符号

符号	名称	意义
	任务开始或结束	流程图的开始结点或结束结点
	操作处理	具体的处理步骤或操作
	判断	根据输入条件判断要执行的路径
	路径	连接符号要素，表示流程方向或执行顺序
	文件	输入或输出的文件
	子流程	重复使用已定义的处理流程/程序
	归档	文件和档案的存储，也可以表示数据库
	备注	对符号的注释和说明

流程图能够显性化和书面化地表达、存储模式化的、规律性的任务工作过程，有利于工作流程的浏览和传播，能够揭示任务执行过程与操作条件，辅助业务管理决策，业务管理人员可以从中发现现有任务操作过程中可能存在的问题，帮助管理人员优化业务管理流程。例如，上述 Web 系统登录流程如图 2-2 所示。

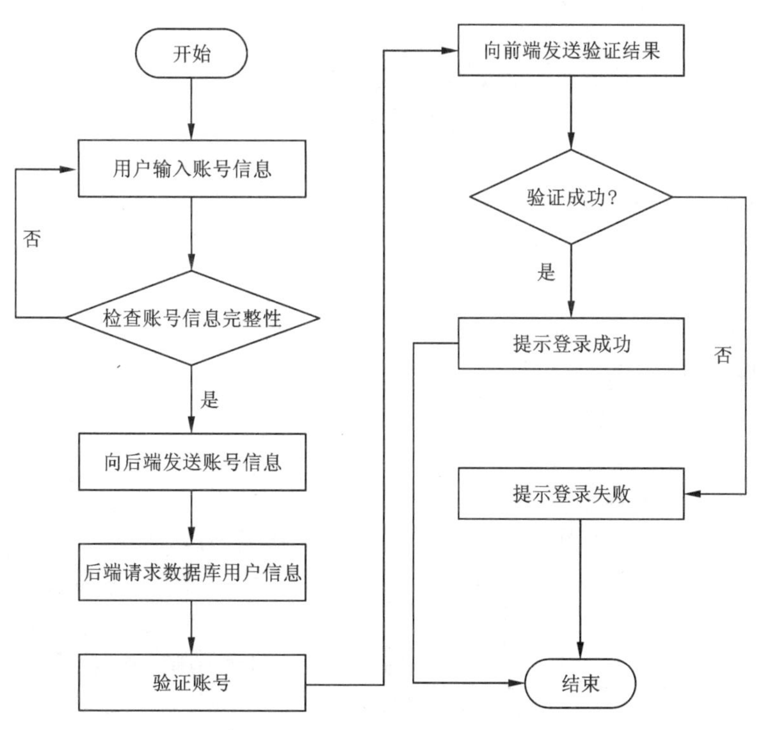

图 2-2　Web 系统登录流程图

(二) 业务流程图概述

业务流程图(transaction flow diagram，TFD)是流程图的一种，它是使用一系列特定的符号和有向连线，描述组织内部各机构、人员之间的业务关系、办理顺序和信息流方向的图表。业务流程图是按业务办理的实际处理步骤和过程而绘制的图件，是一种用图形方式反映实际业务办理过程的物理模型。在 GIS 工程领域，业务流程图是建设单位规定的业务办理过程的图示，也可以用于描述各科室的职责与功能，还是系统分析人员进行系统分析最常用的工具。业务流程图的主要作用包括：

(1)业务流程图可以直观地、书面式地表达建设单位业务办理流程，以及组织机构的职责，描述业务流转的过程，有利于监控和考核业务办理状态。

(2)业务流程图可以帮助系统分析人员找出业务办理顺序和办理结点职能，定义信息流的传输方向，有利于系统分析人员快速把握业务办理角色的定义及其功能。

(3)业务流程图是系统分析人员、项目管理人员、业务操作人员之间交流、沟通的工具，有助于系统分析人员分析业务流程的合理性，找出业务流程中的不合理路径，进而提出优化或改造业务流程的方案。

(4)业务流程图是系统分析员进一步抽象化系统逻辑模型的基础，分析员可以从中直接拟出需要进行信息技术处理的结点和操作步骤。

(5)业务流程图是需求文档的起点，清晰的业务流程图有利于之后原型图的编制、需求文档的编写，以及需求评审等环节的工作。

(三)业务流程图绘制

业务流程图绘制步骤包括梳理业务逻辑、找出开始与结束结点、定义工作结点的角色与任务、明确操作顺序、寻找异常情况、优化调整、输出文档等。

(1)梳理业务逻辑。业务流程图是在业务逻辑的基础上，分解出具体的功能并用图示加以表达。在绘制业务流程图之前，首先要收集建设单位的业务类型，然后分类梳理业务办理过程。

(2)找出开始与结束结点。针对不同类型的业务，找出业务办理的起点位置和结束位置，以及它们应该满足的工作条件，即开始结点在什么条件下才开始执行，结束结点在什么条件下才能结束。

(3)定义工作结点的角色与任务。根据建设单位机构设置和人员职责，将业务办理过程划分为多个办理阶段/结点，分析每个办理阶段/结点的责任人及其工作内容，然后将责任人映射为业务办理角色，将工作内容抽象为办理操作。

(4)明确操作顺序。根据建设单位实际办理过程，将分解后的办理阶段/结点连接成有序的操作步骤，定义每个办理阶段/结点的输入条件与输出结果。

(5)寻找异常情况。在实际业务办理中，经常会出现个别办理环节条件不满足要求的情形，比如在规划审批业务中缺少某项资料。针对异常情况的处理，需要设置异常流转的路径。

(6)优化调整。在初步绘制完成业务流程图以后，针对图中的一些不足进行调整优化，包括美化图纸、调整符号位置、修改业务流程等。

(7)输出文档。就是输出确定后的业务流程图及其说明，分发给项目干系人评审。

业务流程图有基本流程图、泳道图和自定义图等类型，其中基本流程图最常用。例如，图 2-3 是利用基本流程图表示的城市燃气管道巡检与隐患处置的业务流程。

基本流程图虽然能够清晰、直观地表达业务办理过程，也能表示多种异常条件的分支路径，但是不能表示每个办理结点的机构或岗位。因此，在基本流程图的基础上，添加横向或纵向机构或岗位标识区(如矩形)，将办理结点归入对应的办理机构或岗位标识区中，就形成了泳道流程图，简称泳道图。城市燃气管道巡检与隐患处置的泳道图如图 2-4 所示。业务泳道图中添加了机构或岗位，从中可以看出每个操作过程由哪些岗位负责，有利于业务的分析和角色职责的定义。

然而，这种用流程图表达业务办理流程的方法相对较为专业，在实际 GIS 工程项目中，通常使用更加直观的图例符号表达业务操作。这些符号可以根据工作性质、业务操作类型等自行定义，而不需要遵循流程图的基本规范，这就是自定义的业务流程图。城市燃气管道巡检与隐患处置业务流程可以表示为图 2-5 所示的自定义流程图。可以看出，业务流程图的目的是能够直观地表示建设单位的实际业务办理过程，图式多样，并不一定要遵循标准的流程图样式。

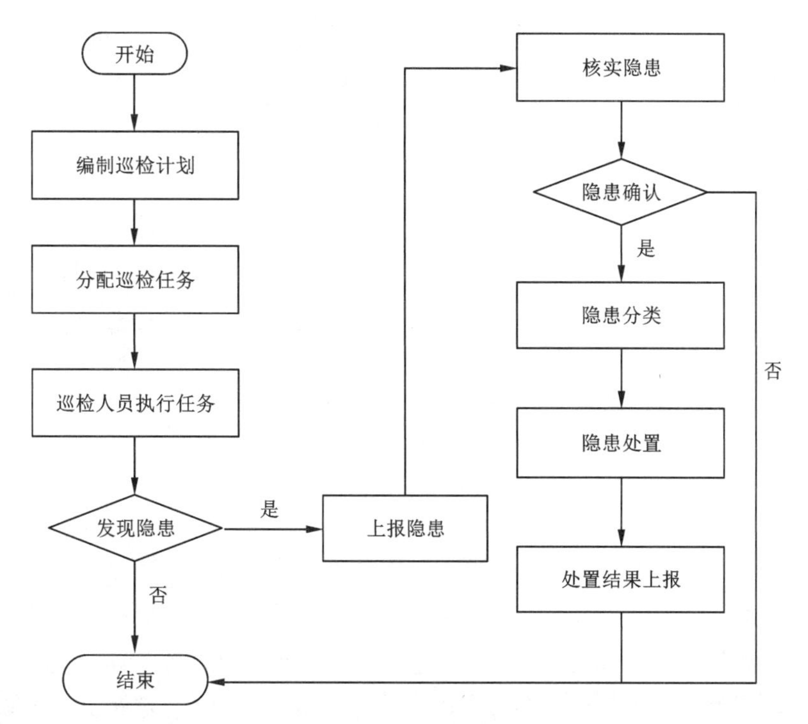

图 2-3 城市燃气管道巡检与隐患处置业务流程

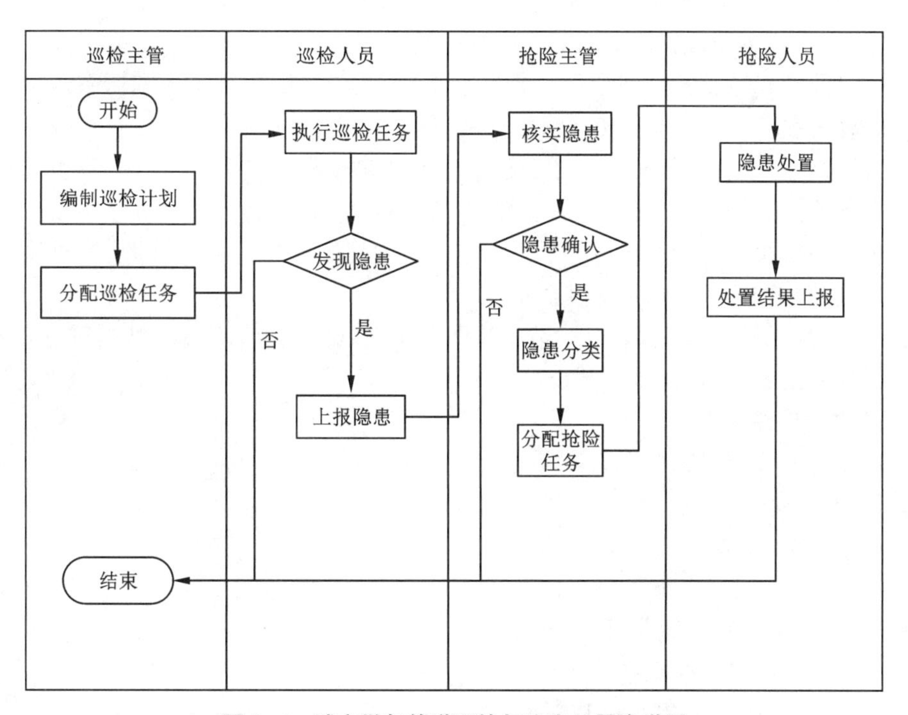

图 2-4 城市燃气管道巡检与隐患处置泳道图

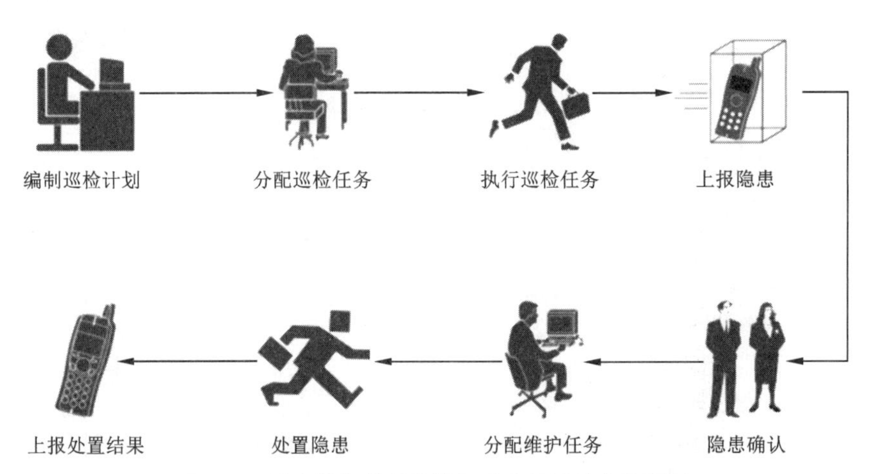

图 2-5 城市燃气管道巡检与隐患处置简化流程图

2.5.2 数据流图

(一)数据流图定义

数据流图(data flow diagram, DFD)是描述系统中数据流的图形工具，也是表示信息流和信息变换过程的图解方法。数据流图将系统表达成一组逻辑输入、逻辑加工和逻辑输出，逻辑加工是将逻辑输入转换为逻辑输出的处理过程。数据流图把软件系统看成是由数据流连接的一系列功能组合，能够直观地描述业务的动态逻辑模型。数据流图的作用包括：

(1)在需求分析的阶段，数据流图在项目干系人之间提供语义桥梁。系统分析人员使用数据流图可以准确表达业务处理流程，建设单位业务人员能够很明了地掌握系统分析人员对业务流程的理解程度，有助于发现问题并及时纠正。

(2)在程序设计和代码编写过程中，数据流图也发挥着重要作用。数据流图是 GIS 应用系统模块划分的依据，数据流图中的一条业务办理流程可以对应一个子系统，数据加工可以映射为一个程序模块，数据流描述了子系统或模块之间的耦合关系。因此，数据流图不仅是系统设计的基础，也能够指导后续程序编写工作。

(3)在数据库设计、建库过程中，数据流图是建立概念模型的依据，数据对应实体，数据流可以映射为数据表之间的联系。

(二)数据流图绘制方法

数据流图分析与绘制过程多采用“自顶向下、由外到内、逐层分解”的思想，系统分析人员要先画出系统顶层的数据流图，然后再逐层画出下面各层的数据流图。顶层数据流图定义系统范围，描述系统与外界的数据联系，是对系统架构的高度概括和抽象。底层的数据流图是对系统特定部分的精细描述，图 2-6 是自顶向下分析的示意图。

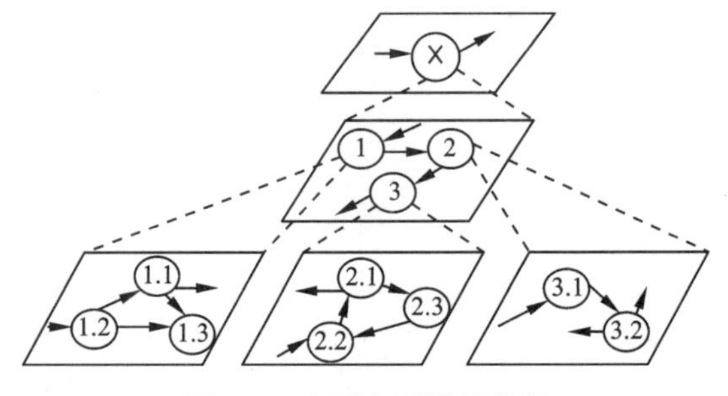

图 2-6 自顶向下逐层分析

绘制数据流图时，使用的基本符号有 4 种(图 2-7)，箭头表示数据流，圆或椭圆表示加工。双杠或者单杠表示数据存储，矩形框表示数据的源点或终点，即外部实体。

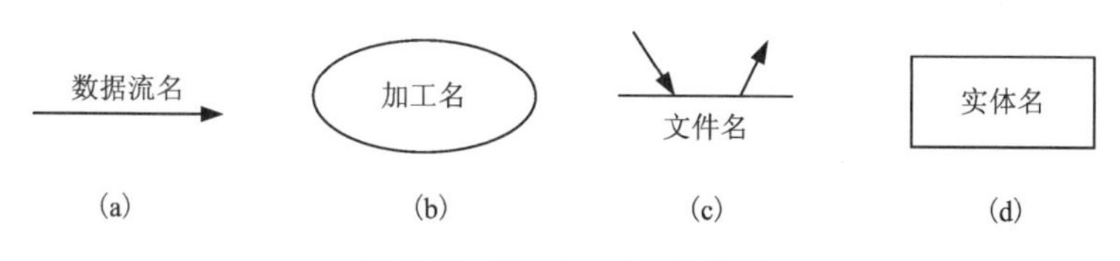

图 2-7 数据流图 4 种符号

(1)数据流是数据在系统内传播的路径，由一组固定的数据项组成。除了加工与数据存储(文件)之间的数据流不用命名外，其余数据流都应当用名词或名词短语命名。数据流可以从一个加工流向另一个加工，也可以从加工流向文件或从文件流向加工，还可以从源点流向加工或从加工流向终点。

(2)加工也称为数据处理，是数据流操作或变换的过程，通常使用动词短语命名加工，如“多边形裁切”。在分层的数据流图中，加工还要有编号，可以清晰表达各层之间的对应关系。

(3)数据存储是按照一定格式暂时或长久保存数据的存储空间，可以是数据库或者任何形式的数据文件。流向数据存储的数据称为写入文件或存储数据，从数据存储流出的数据称为读取数据或查询数据。

(4)数据源点和终点是软件系统外部环境中的操作实体，可以是人员、组织或其他硬软件系统，只出现在数据流图的顶层图中。

例如，在 WebGIS 系统中的矩形查询是一种常用的地图查询操作，操作过程可以表达为：①用户在地图上绘制矩形框；②将矩形框左下和右上角坐标传送到后台空间查询服务接口；③服务接口向空间数据库发起覆盖分析；④将查询结果返回前端；⑤显示查询结果。图 2-8 是该功能的数据流图。

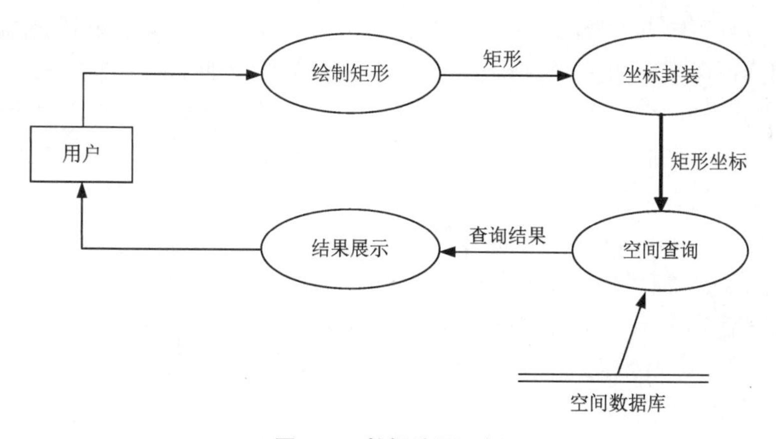

图 2-8 数据流图示例

通常数据流图是对业务流程图的进一步概括和抽象，从中抽取计算机所要处理的工作结点，再按照数据流程图的绘制方式输出数据流图。例如，2. 5. 1 节里中的燃气管道巡检业务流程图可以映射成图 2-9 所示的数据流图。

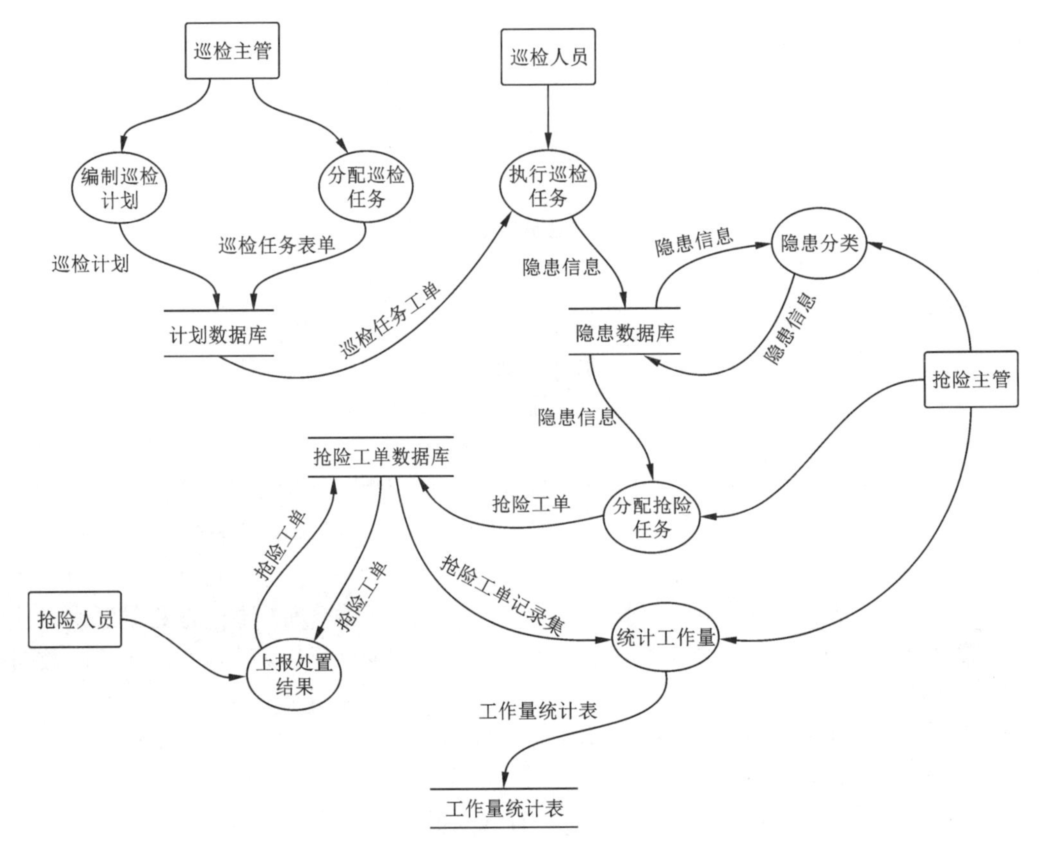

图 2-9　燃气管道巡检与抢险数据流图

在数据流图中，加工通常使用简单的动词进行命名，不能完全、准确地表达数据处理的全部内容。随着自顶向下逐层细化，功能越来越具体，加工逻辑也越来越精细。在最底层，加工逻辑详细到可以实现的程度，软件工程中将其称为原子加工或基本加工。最后，将每个基本加工的全部逻辑过程，再自底向上综合分析，就能够完全描述业务处理流程。因此，数据流图还需要辅助信息描述基本加工，详细说明输入数据流转变为输出数据流的加工细节。基本加工的逻辑说明方法包括：

(1)结构化语言(structured language)。这是一种介于自然语言和形式化语言之间的半形式化语言，用有限的词汇和有限的语句来描述加工逻辑。结构化语言的词汇可以是命令动词、数据词典中定义的名称、控制性关键词等。语言可以使用汉语、英语等，也可以使用中英文混合方式。例如，在地图上绘制点要素的加工可以描述如下：

```
IF 坐标值超出工作区范围 THEN
RETURN 错误提示；
ELSE
绘制红色实心点；
END IF
```

(2)判定表(decision table)。这是用于描述一个加工依据一组条件选择处理方式的表格。例如，表 2-5 是市政排水 GIS 系统中绘制管线要素判定表。

表 2-5　绘制管线要素判定表

规则		1	2
判定条件	要素类型	点	线
	要素图层	雨水	污水
功能	绘制褐色点	√	
	绘制褐色线	√	
	绘制棕色点		√
	绘制棕色线		√

(3)判定树(decision tree)。这是用于描述一个加工依据一组条件选择处理方式的树状结构图。例如，图 2-10 是市政排水 GIS 系统中绘制管线要素的判定树。

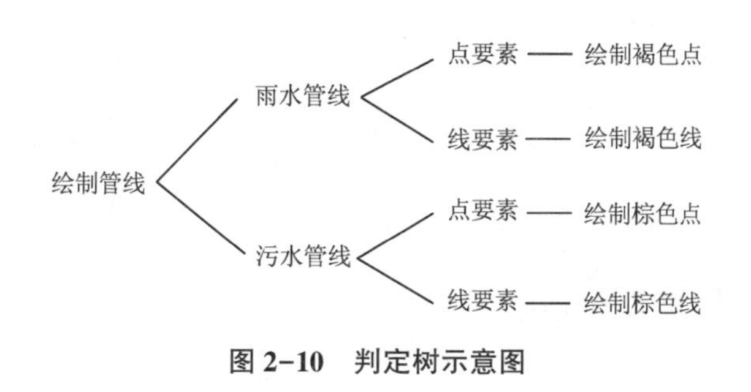

图 2-10　判定树示意图

2.5.3　数据字典

虽然数据流图可以直观清晰地表示系统的业务逻辑和数据流转、加工过程，但是缺少数据细节的描述。因此，结构化分析方法还要按照一定的规则将数据流图中的数据流、数据存储、数据项和数据加工 4 类图元的定义组织起来，进行详细描述和说明，从而构成数据字典(data dictionary，DD)。数据字典是用来定义和描述数据流图中数据结构和处理过程的文档，能够对数据流图中出现的图形元素做出确切、详细的解释。数据字典的内容包括数据项、数据结构、数据流、数据存储、处理过程等。数据项是数据的最小组成单位，若干个数据项可以组成一个数据结构。数据字典通过对数据项和数据结构的定义来描述数据流、数据存储的逻辑内容。

数据字典的作用包括：

(1)数据字典和数据流图共同构成系统的逻辑模型。数据流图表达数据的处理和流转过程，是一种动态模型；数据字典收集、分析和定义每个图元的数据细节，是一种静态模型。没有数据字典，数据流图难以准确表达数据定义和加工逻辑；没有数据流图，数据字典不能表示数据动态处理过程。

(2)数据字典是后期数据库设计的依据。数据流和数据名称可以直接映射成数据库概念模型的实体，数据结构可以映射成实体的属性集，数据加工则是获取实体关系的重要途径。

(3)数据字典是程序设计和编码的基础。数据字典中的数据结构描述可以快速转换为程序的数据结构，数据加工可以转换成为模块中的函数或方法。在面向对象的开发方法中，数据字典可快速映射为类图，数据结构和数据加工可封装为类的属性和方法。

为了清晰表达数据字典，系统分析人员常使用一些特定的符号来描述数据结构和加工逻辑。表 2-6 列出了数据字典常用的符号及含义。

表 2-6　数据字典常用符号及含义

符号	含义	示例
=	被定义为	
+	与	$X=a+b$ 表示 X 由 a 和 b 组成
[⋯|⋯]	或	$X=[a\|b]$ 表示 X 由 a 或 b 组成
$m\{\cdots\}n$	重复	$X=2\{9\}10$，表示 X 是由 2~10 个数字 9 组成
{⋯}	重复	$X=\{a\}$ 表示 X 由 0 个或多个 a 组成
(⋯)	可选	$X=(a)$ 表示 a 在 X 中可能出现，也可能不出现
“⋯”	基本数据元素	X=“a”表示 X 是取值为字符 a 的数据元素
..	连接符	X=1..9 表示 X 可取 1 到 9 中的任意一个值

例如，在图 2-8 中，假设查询的要素均为点状类型，则数据字典可表示成表 2-7 所示形式。

表 2-7　数据字典示例

DD 编号	DD-101	DFD 编号	DFD-006
序号	数据模型	说明	
1	矩形=2{坐标}2	矩形由左下和右上角两个坐标组成	
2	点要素=1{坐标}1+1{属性}1	点要素由坐标对和属性组成	
3	坐标=经度+纬度	坐标由经度和纬度组成	
4	经度=0{0..9}3+“.”+6{0..9}6	经度是由 0~3 位整数和 6 位小数组成	
5	纬度=0{0..9}2+“.”+6{0..9}6	经度是由 0~2 位整数和 6 位小数组成	
6	属性=编号+名称	属性包括编号和名称	
7	编号=10{0..9}10	编号由 10 位数字组成	
8	名称=2{汉字|a..b|A..B|0..9}50	名称由 2~50 个汉字或字母或数字组成	
编制人	张文远	编制日期	2020-01-10

2.6 GIS 工程其他分析方法

GIS 工程分析方法除结构化分析方法外，还有面向对象分析方法、原型分析方法、敏捷分析方法等，面向对象分析方法将在第 4 章介绍。

2.6.1 原型分析方法

GIS 工程的复杂性决定了系统分析工作很难准确把握建设单位的项目需求和建设目标，另外建设单位人员的知识结构、计算机能力等因素也影响了需求分析模型的理解和表述。为了解决这些问题，承建单位可以快速构建原型化系统，帮助建设单位了解未来项目建设成果，这就是原型分析法。

原型分析法(prototyping analysis)是在初步了解建设单位需求以后，承建单位快速构建原型化系统，通过演示或操作原型化系统，帮助建设单位明确项目建设的具体任务，了解项目建设成果。原型分析法通过不断地改进原型系统，从而不断地补充和细化项目需求，直到完全准确地获取建设单位需求，因此它是一个不断获取和迭代演化的需求分析过程。

原型分析法的基本思想是在 GIS 工程大规模启动建设之前，在最短的时间内，以最经济的方式开发出可运行的原型化系统模型。建设单位在运行使用原型化系统的基础上，提出改进意见，承建单位再对原型进行修改；之后再评价、再修改，如此反复，直到完全满足建设单位的需求为止。图 2-11 给出了原型分析方法的分析过程。

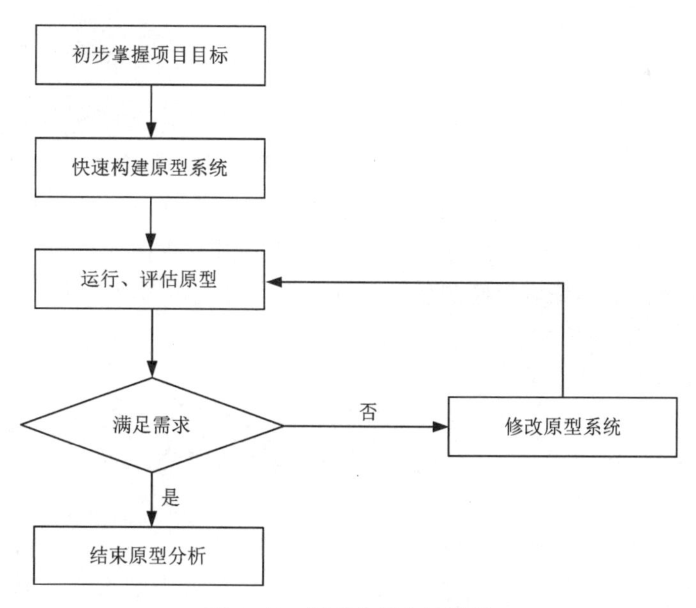

图 2-11 原型分析方法流程

(1)初步掌握 GIS 工程目标。在建设单位提出项目目标和需求以后，系统分析师要快速分析系统功能、界面的基本形式、所需的数据、应用范围、运行环境等，建立简明的系统概念。

(2)快速构造原型化系统。系统开发人员根据系统分析师建立的简明模型，以尽可能快的速度和尽可能多的开发工具来建造一个仿真型的原型化系统。

(3)运行和评估原型化系统。快速原型化系统框架建造以后，可以提交建设单位运行，或给建设单位演示讲解。建设单位评估原型化系统，提出修改意见。如果原型系统能够满足需求，则将其作为正式原型，并结束原型分析过程。

(4)修改原型系统。根据建设单位的评估意见和修改建议，承建单位补充、完善原型化系统中的不足或问题，再提交建设单位评估。

原型分析法是一种循环往复、螺旋式上升的系统分析方法，它更多地遵循了人们认识事物的规律，因而更容易被人们掌握和接受。原型分析法强调建设单位的参与，特别是对模型的描述和对系统需求的检验，强调了建设单位的主导作用。通过承建单位与建设单位之间的相互协作，及时交换想法，使潜在问题能尽早发现并得到解决，能够快速达成一致意见，GIS 工程的目标和要求能得到准确定义。原型分析法将系统调查、系统分析和系统设计合而为一，使建设单位一开始就能预见到 GIS 工程的建设成果，能够消除建设单位的担心，提高建设单位参与项目建设的积极性，有利于后期项目成果的移交、运行和维护。尽管如此，原型分析法也存在一些不足，其适用范围相对有限，适合小型、简单、处理过程明确、无大量运算和逻辑处理过程的 GIS 工程，难以直接在大型复杂的 GIS 工程中使用。原型分析法虽然通过强化建设单位参与项目建设过程，引导建设单位准确表达项目需求，但是在获取需求分析以后，承建单位仍需要选用合适的工具和方法(如数据流图、用例图)建立业务模型、编制需求分析说明书。

2.6.2 敏捷分析方法

(一)敏捷开发的概念

敏捷化软件开发(agile software development)方法是从 1990 年开始发展起来的新型软件开发思想，能够应对快速变化的软件需求状况。敏捷开发方法要求开发团队能够很好地适应需求变化，从而快速做出分析、编写程序代码；也强调开发团队与用户之间的紧密协作、面对面沟通、频繁交付新版软件，主张适度的计划、进化开发、提前交付与持续改进，鼓励快速处理需求变更，及时做出程序并持续更新。敏捷开发方法包括需求分析、设计、编码、测试、评估 5 个阶段，如图 2-12 所示。

敏捷开发方法具有以下特点：

(1)能够适应快速的用户需求变化，增强用户信心，保证项目的竞争优势。

(2)频繁交付持续迭代更新的软件，不仅能缩短交付周期，而且可以增加开发人员的信心。

(3)面对面交流是软件开发中最有成效的沟通方式。

(4)开发过程中可以随时修改技术方案，鼓励开发人员不断追求新技术与良好的设计方法。

(5)尽可能减少各阶段工作量，团队要定期总结高效开发经验，相应地调整自己的工作方式，避免不必要的开销。

(二)敏捷需求分析

传统的需求分析通常集中在项目前期，遵循前期“调研—分析—需求定义”的分析过程。

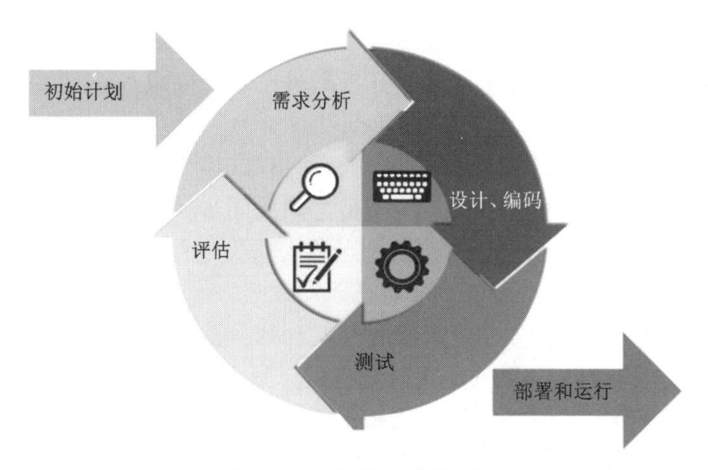

图 2-12 敏捷开发模型

如果在项目实施过程中发现问题，则需要重复上述过程，就会影响需求分析效率。而敏捷开发的原则是增强人与人的面对面交流，使项目干系人可以快速从多个角度把握目标和需求。敏捷需求分析方法也是一个随着开发进程而持续改进的过程，虽然面对面交流会增加项目干系人的沟通时间，但是频繁的产品交付也会提升用户对项目产品的信心，从而能够主动从业务角度审视自己的需求。因此，迭代是敏捷开发方法最显著的特点，需求开发和定义也是一个不断迭代变更的过程，贯穿于项目的整个生命周期。

敏捷需求分析方法将目标系统划分为多个用户故事(user story)，每个用户故事是很小颗粒的业务特征集，以用户为中心，描述了用户需求以及要达到的业务价值。敏捷迭代是以用户故事为基础的演进过程，每一次迭代的结果都是最终产品的一部分。迭代过程的重要工作就是价值和目标分解，以及实现每个价值目标。

敏捷需求分析过程主要使用需求文档和设计文档，其他文档可选。敏捷分析方法的文档往往是在某次迭代之中进行编写和修改，也就是在该次开发之前补充完善相关需求和设计内容。暂时不进行的开发工作不需要做详细定义，以节省开发时间。

虽然敏捷分析方法有许多优点，可以加快项目进度，但是敏捷分析方法仍然存在许多缺点。敏捷分析方法适用于需求不明确并且快速改变的情况，不适用于可靠性和安全性等方面有较高要求的项目；敏捷分析方法要求团队成员都要有较高的综合素质，不仅要有良好的程序开发能力，还要具备文档编写、人际沟通等能力，有时普通开发人员难以胜任；敏捷开发在项目初期没有经过详细调研，而是根据一些假定或者快速收集的需求就开展开发工作，很难从总体上把握项目目标和系统概况，在后期开发中可能导致项目走入误区；敏捷迭代开发过程中，需求和产品开发都是以用户故事为单元，每个成员都仅仅关注自己的工作内容，很难思考总体开发目标，也很少顾及其他成员开发工作，可能会造成重复开发，或者各单元之间很难衔接，甚至造成最终成果严重偏离用户需求；敏捷开发强调开发人员与用户之间面对面沟通，每次迭代产品均以单元用户的评估为判定标准，有时开发单元能够满足当前用户需求，但忽视了整个业务流程。

(三)敏捷分析方法与瀑布模型的对比

(1)开发阶段的划分。瀑布模型要求遵循开发计划，依次完成需求、分析、设计、编码、测试、运行和维护等工作，评审是控制开发进度和开发质量的重要活动。这种严格的分级和评审降低了开发人员的创造性，很难及时根据变化调整需求。敏捷分析方法没有严格的阶段划分，只要初步掌握用户需求，就可以开始开发软件。敏捷需求分析是一个迭代过程，贯穿整个软件生命周期。

(2)文档管理。瀑布模型以文档为中心，开发过程产生大量正式文档，文档管理工作量巨大，很难保持同一文档在不同阶段、不同人员之间的同步，难以维护和跟踪。敏捷开发模型不是以文档主导，需求文档和设计文档都是在每次迭代过程中编写和修改，文档与系统开发过程同步。

(3)管理计划。瀑布模型需要制定严谨的开发计划，一个阶段任务的推迟可能会影响整个开发周期。敏捷方法有时候可看成是无计划性的开发方法，具有较强的适应性。

(4)沟通管理。瀑布模型中需要建立周密的沟通计划，而且在阶段结束以后，都会召开评审会议，影响开发效率。敏捷开发方法关注面对面互动沟通，减少了中间过程的资源消耗。

(5)系统分析负责人。传统瀑布模型的系统分析由系统分析师负责，分析师要制定需求开发计划、定义需求。敏捷开发方法的分析过程是开发团队一起参与，每个成员都是需求分析和定义的人员。

(6)需求模型。瀑布模型使用数据流图和数据字典描述业务流程，注重功能的划分和数据的流转。敏捷开发方法注重业务价值，使用用户故事模板描述业务目标。

2.7 GIS 工程分析应用示例

现有一公司要承接市政排水 GIS 系统建设项目，公司安排系统分析师李华负责项目调研与需求分析工作。

2.7.1 项目调研

李华在收到系统调研和分析任务以后，首先收集和阅读项目相关资料，查阅项目建设单位的基本情况，制订调研总体计划。内容如下：

(1)项目名称：××市市政排水 GIS 系统建设

(2)建设单位：××市水务局

(3)调研目的：①掌握项目建设目标；②获取水务局机构设置及职责分工；③绘制市排水业务办理流程图；④收集现有资料基本信息，包括资料类型、名称、存储形式等；④记录现有硬件和软件清单；⑤总结当前业务办理中存在的问题。

(4)调研时间：2020 年 3 月 1 日—20 日

(5)调研负责：李华

然后，根据团队成员情况，结合项目的初步要求，制订了项目调研的详细人员与时间计划(表 2-7)。为了详细记录调研工作过程，团队还制订了一系列调研文档模板：

(1)访谈记录模板。

市政排水 GIS 项目访谈记录

访谈主题：项目建设目标
访谈人：李华，张硕文，李辉
访谈时间：2020-02-12
被访谈人员：水务局刘燚副局长，信息中心王耀光主任
访谈方式：座谈会
访谈记录(略)：
1. 收集市政排水管网数据和资料基本信息。
2. 重点区域是否已建有水深测试仪，如何接入本项目。
3. 系统要有决策支持功能，可以快速分析可能发生内涝的区域。
访谈总结(略)：
掌握了领导对项目的要求。

表 2-7　××市市政排水 GIS 项目调研安排表

序号	调研内容	水务局部门或人员	时间计划	调研方式	负责人	输出物	备注
1	调研动员		2020-02-25	会议	李华	参与调研人员明确各自的调研任务和时间安排	与会人员：公司领导和所有参与调研的人员
2	项目目标和内容	业务主管和信息化建设主管副局长、信息中心主任	2020-03-01 上午	①会议 ②访谈 ③电话或社交软件	张硕文 李辉	文档	简明扼要、准确列举建设目标和建设内容
3	水务局机构设置及职责	办公室	2020-03-01 下午	访谈	张硕文	编制水务局机构和职责一览表	
4	业务办理流程	办公室负责人、业务科室负责人、信息中心负责人	2020-03-02 至 2020-03-10	①会议 ②访谈 ③参观 ④电话或社交软件	张硕文 李辉	绘制业务办理流程图，描述每个办理结点的办理活动	收集办理结点办理填写的纸质表格
5	现有资料情况	业务科室、信息中心、档案室	2020-03-01 至 2020-03-05	①会议 ②访谈 ③参观	吴极品	编制资料一览表	
6	硬件资源	信息中心	2020-03-01	①访谈 ②参观	王文艺	编制硬件配置一览表	

续表2-7

序号	调研内容	水务局部门或人员	时间计划	调研方式	负责人	输出物	备注
7	软件清单	信息中心	2020-03-02 至 2020-03-10	①访谈 ②参观	王文艺	编制软件配置一览表	收集现有软件存在的问题
8	问题清单		2020-03-11	会议	李 华	项目急需解决的问题文档	参与调研的全体人员
9	调研报告		2020-03-12 至 2020-03-15		张硕文 王文艺	调研报告文档	
10	调研报告确认	业务主管和信息化建设主管副局长、信息中心和业务科室负责人	2020-03-16	会议	李华	评审意见	
11	调研报告修改和完善		2020-03-17 至 2020-03-20		张硕文 王文艺	调研报告文档终稿	根据评审意见补充调研工作，修改报告

计划编制人：李华　　　　编制时间：2020-02-24

（2）机构与职责调研模板。

水务局机构与职责调研表

机构名称：水污染治理处

上级机构：水务局

机构职责：

参与编制排水管网的建设规划工作；审核湖库、河道排污口的设置、改建和扩建；审批全市城市排水许可证。

使用项目成果：是☑　否☐

信息化现状：

当前使用 AutoCAD 管理排水管网现状数据，审批流程使用打印图纸。

存在的问题：

没有全市排水专题图，审批时查询档案困难。

期望项目解决的问题：

1. 建成全市排水管网空间数据库；

2. 提供审批相关的空间分析功能。

调研人：张硕文，李辉　　　　调研时间：2020-03-01

(3)现有资料调研记录模板：

> **水务局现有资料记录**
>
> 资料名称：市排水管线图纸
> 存储格式：AutoCAD格式
> 生产时间：2005年，后续有部分更新
> 资料描述：单个项目保存成一个CAD文件，2005年以前管网数据没有数字图纸，只有档案，保存在档案室。
> 资料用途：规划、设计时查询，应急处置时查看
> 入库需求：是☑ 否☐
> 共享需求：是☑ 否☐
> 调研人：吴极品　　　　调研时间：2020-03-05

(4)现有硬件设备调研记录模板。

> **水务局信息化设备调研记录**
>
> 设备名称：服务器
> 品牌名称：联想
> 设备型号：X8543M2
> 购买时间：2015年
> 硬件配置：CPU Xeon2.5G*2/内存16G/存储SCSI 2T/Raid-5
> 目前用途：文档管理与共享
> 其他说明：存储空间剩余500M左右
> 用于项目：是☐ 否☑
> 调研人：王文艺　　　　调研时间：2020-03-01

(5)现有软件调研记录模板。

> **水务局信息化软件调研记录**
>
> 软件名称：OA办公系统
> 研发单位：××信息技术有限公司
> 部署时间：2015年
> 功能描述：主要完成水务局内部公文流转
> 其他说明：本项目生成排水管网报表，可以直接导入OA系统
> 对接本系统：是☑ 否☐
> 调研人：王文艺　　　　调研时间：2020-03-01

2.7.2 数据流图

(一)顶层数据流图

市政排水 GIS 系统的顶层数据流图包括：①数据库管理员、业务办理人员、系统管理员三个外部实体；②数据管理、业务办理、运维管理三个加工；③入库资料、数据库两个数据存储。顶层数据流图及说明如表 2-8 所示。

表 2-8 顶层数据流图说明

<table>
<tr><td>DFD 编号</td><td colspan="4">DFD-0</td></tr>
<tr><td>DFD 名称</td><td colspan="4">顶层数据流图</td></tr>
<tr><td>DFD 模型</td><td colspan="4"> 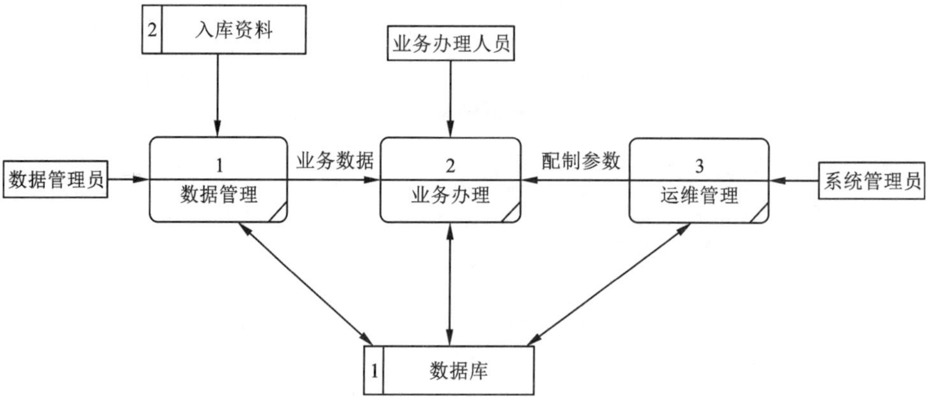2 入库资料
业务办理人员
数据管理员
1 数据管理
业务数据
2 业务办理
配制参数
3 运维管理
系统管理员
1 数据库</td></tr>
<tr><td rowspan="4">数据加工</td><td>加工名称</td><td>编号</td><td colspan="2">描述</td></tr>
<tr><td>数据管理</td><td>P1</td><td colspan="2">1. 数据入库；2. 数据管理包括修改、删除；3. 专题图操作</td></tr>
<tr><td>业务管理</td><td>P2</td><td colspan="2">业务办理相关功能</td></tr>
<tr><td>运维管理</td><td>P3</td><td colspan="2">1. 系统管理、设置；2. 机构和人员管理；3. 角色和权限管理；4. 日志管理</td></tr>
<tr><td>编制人</td><td colspan="2">张硕文</td><td>编制日期</td><td>2020-04-09</td></tr>
</table>

(二)数据管理数据流图

数据管理数据流图(编号 DFD-01)是对数据管理加工(编号 P1)的细化，包括：①数据入库、数据更新、图层管理、属性管理、专题图管理、数据权限管理 6 个加工；②入库资料和数据库 2 个数据存储；③数据库管理员 1 个外部实体。数据管理数据流图说明见表 2-9。

表 2-9 数据管理数据流图说明

<table>
<tr><td>DFD 编号</td><td colspan="4">DFD-01</td></tr>
<tr><td>DFD 名称</td><td colspan="4">数据管理数据流图</td></tr>
<tr><td>DFD 模型</td><td colspan="4">数据库管理员
1.1 数据入库
1.2 数据更新
1.3 图层管理
1.4 属性管理
1.5 专题图管理
1.6 数据权限管理
2 入库资料
1 数据库</td></tr>
<tr><td rowspan="7">数据加工</td><td>加工名称</td><td>编号</td><td colspan="2">描述</td></tr>
<tr><td>数据入库</td><td>P1. 1</td><td colspan="2">1. 读取入库资料；2. 检查资料质量；3. 导入数据库</td></tr>
<tr><td>数据更新</td><td>P1. 2</td><td colspan="2">1. 读取更新资料；2. 检查资料质量；3. 导入并更新数据库</td></tr>
<tr><td>图层管理</td><td>P1. 3</td><td colspan="2">1. 添加图层；2. 删除图层；3. 修改图层</td></tr>
<tr><td>属性管理</td><td>P1. 4</td><td colspan="2">1. 添加字段；2. 修改字段；3. 删除字段</td></tr>
<tr><td>专题图管理</td><td>P1. 5</td><td colspan="2">1. 全图显示；2. 地图平移；3. 地图放大；4. 地图缩小；5. 要素标识</td></tr>
<tr><td>数据权限管理</td><td>P1. 6</td><td colspan="2">添加和修改图层数据操作权限</td></tr>
<tr><td>编制人</td><td colspan="2">张硕文</td><td>编制日期</td><td>2020-04-09</td></tr>
</table>

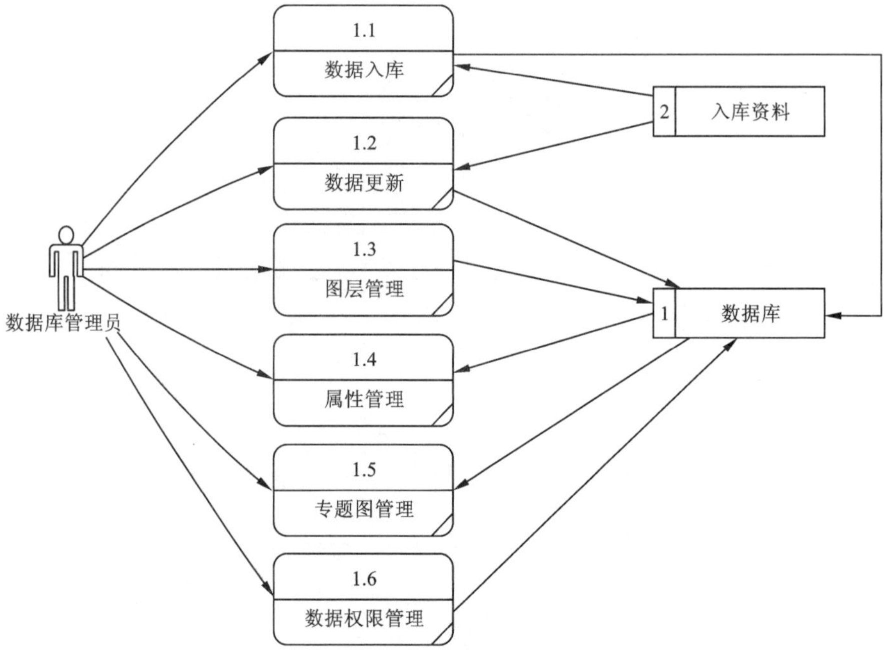

(三) 专题图管理数据流图

专题图管理数据流图(编号 DFD-1-5)是对专题图管理加工(编号 P1. 5)的细化，包括：①全图显示、地图平移、地图放大、地图缩小、要素标识 5 个加工；②数据库 1 个数据存储；③用户 1 个外部实体。专题图管理数据流图说明见表 2-10。

表 2-10　专题图管理数据流图说明

<table>
<tr><td>DFD 编号</td><td colspan="4">DFD-1-5</td></tr>
<tr><td>DFD 名称</td><td colspan="4">专题图管理数据流图</td></tr>
<tr><td>DFD 模型</td><td colspan="4"> 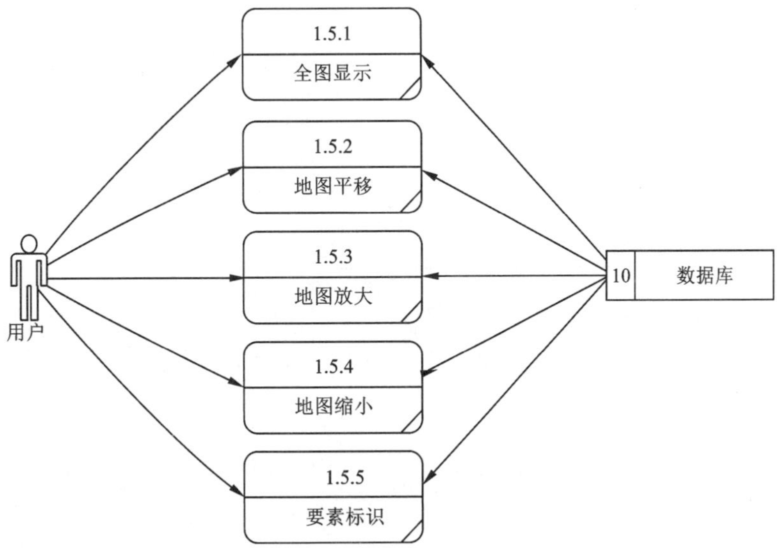1.5.1 全图显示
1.5.2 地图平移
1.5.3 地图放大
1.5.4 地图缩小
1.5.5 要素标识
用户
10 数据库</td></tr>
<tr><td rowspan="6">数据加工</td><td>加工名称</td><td>编号</td><td colspan="2">描述</td></tr>
<tr><td>全图显示</td><td>P1. 5. 1</td><td colspan="2">显示全部地图范围</td></tr>
<tr><td>地图平移</td><td>P1. 5. 2</td><td colspan="2">1. 鼠标拖动平移；2. 将地图移至指定坐标</td></tr>
<tr><td>地图放大</td><td>P1. 5. 3</td><td colspan="2">1. 双击放大；2. 鼠标滚轮放大；3. 拉窗放大</td></tr>
<tr><td>地图缩小</td><td>P1. 5. 4</td><td colspan="2">鼠标滚轮缩小</td></tr>
<tr><td>要素标识</td><td>P1. 5. 5</td><td colspan="2">1. 点击标识；2. 矩形标识；3. 根据编号标识</td></tr>
<tr><td>编制人</td><td colspan="2">张硕文</td><td>编制日期</td><td>2020-04-09</td></tr>
</table>

(四) 矩形查询数据流图

假设矩形查询是专题图管理数据流图(编号 DFD-1-5)中的加工(编号 P1. 5. 5)，矩形查询数据流图(编号 DFD-1-5-6)包括：①绘制矩形、坐标封装、空间查询、结果展示 4 个加工；②空间数据库 1 个数据存储；③用户 1 个外部实体。矩形查询数据流图说明见表 2-11。

表 2-11　矩形查询数据流图说明

<table>
<tr><td>DFD 编号</td><td colspan="4">DFD-1-5-6</td></tr>
<tr><td>DFD 名称</td><td colspan="4">矩形查询数据流图</td></tr>
<tr><td>DFD 模型</td><td colspan="4">用户
绘制矩形
矩形
坐标封装
矩形坐标
空间查询
查询结果
结果展示
空间数据库</td></tr>
<tr><td rowspan="5">数据加工</td><td>加工名称</td><td colspan="3">描述</td></tr>
<tr><td>绘制矩形</td><td colspan="3">用户在地图(或专题图)中，使用鼠标在要查询的区域绘制矩形，设定要查询的矩形范围</td></tr>
<tr><td>坐标封装</td><td colspan="3">获取用户绘制的矩形框的左下角和右上角坐标，封装成 JSON 数据</td></tr>
<tr><td>空间查询</td><td colspan="3">接收 JSON 格式的矩形坐标，生成空间查询 SQL 语句，在空间数据库中执行 SQL，获取查询结果数据集；然后，将结果集封装成 JSON</td></tr>
<tr><td>结果展示</td><td colspan="3">接收空间查询加工传过来的 JSON 格式的结果集，利用 HTML 语句展示查询结果</td></tr>
<tr><td>编制人</td><td colspan="2">张硕文</td><td>编制日期</td><td>2020-04-09</td></tr>
</table>

思考题

1. 简要叙述调研工作在 GIS 工程中的作用，以及常用的方式有哪些。
2. GIS 工程可行性分析的目的是什么？可行性分析工作包括哪些内容？
3. 承建单位内部的项目启动活动有什么作用？
4. 简要叙述 GIS 工程需求管理的主要内容有哪些。
5. 什么是 GIS 工程的需求分析？包括哪些工作内容？
6. GIS 工程中需求变更控制有哪些作用？需要坚持哪些原则？
7. 什么是结构化分析方法？结构化分析方法使用哪些模型工具表达业务流程？
8. 试列举 3 种常用的分析方法，并简要说明方法的基本原理。
9. 根据你的理解，请使用数据流图表达外业地形图测量到数据库成果的业务流程，并给出数据流图中的数据字典。

参考文献

[1] Pressman R S. Software Engineering: A Practitioner's Approach (7th edition)[M]. New York: McGraw-Hill Education, 2009.
[2] Martin R, Martin M. 敏捷软件开发：原则、模式与实践[M]. 北京：人民邮电出版社, 2013.
[3] 麻志毅. 面向对象分析与设计[M]. 2 版. 北京：机械工业出版社, 2013.
[4] 李满春, 陈刚, 陈振杰, 等. GIS 设计与实现[M]. 2 版. 北京：科学出版社, 2011.
[5] 史济民, 顾春华, 郑红. 软件工程：原理、方法与应用[M]. 3 版. 北京：高等教育出版社, 2009.
[6] 苏选良. 管理信息系统[M]. 北京：电子工业出版社, 2003.
[7] 肖来元, 吴涛, 陆永忠. 软件项目管理与案例分析[M]. 北京：清华大学出版社, 2009.

第 3 章　GIS 工程结构化设计方法

GIS 工程的需求分析过程确定了项目建设目标和任务，接下来需要考虑 GIS 工程“怎么建”的问题。GIS 工程设计就是寻找和规划项目建设方案的过程，首先将项目建设目标分解成许多功能部分，然后设计各功能部分之间的连接结构，进而详细描述各功能部分的实现方法。本章首先介绍 GIS 工程设计的基本概念，然后讲解结构化设计常用方法和工具。

3.1　GIS 工程设计概述

GIS 工程设计工作的启动标志着 GIS 工程开始进入建设阶段，这一阶段做出的决策决定了项目其他建设阶段的工作方法和过程，所以设计阶段是从需求定义向项目建设过渡的关键阶段，也是保证 GIS 工程质量的重要步骤。

GIS 工程设计是在软件工程原理与方法的指导下，结合 GIS 工程的特点、规律与项目的具体要求，将项目建设目标分解成许多功能部分，详细定义和说明每个功能部分的实现方案。GIS 工程设计通过制定一系列方案，保证项目需求分析定义的目标能够按时保质实现。

3.1.1　GIS 工程设计的目标与原则

(一) GIS 工程设计的目标

GIS 工程设计就是为项目建设规划最佳的实施方案，即在可能的候选方案中选择费用最节省、资源消耗最低、建设时间最短的方案。具体而言，GIS 工程设计的目标是依据需求分析规格说明书中的需求定义，通过抽象和概括项目建设的功能与数据产品，应用多种成熟的技术、方法和工具，详细定义项目采用的体系结构，描述目标系统的组成，确定各功能部分的连接方式，明确各功能部分的实施方法，使项目能够在最高效、最节省的情况下得以实施。

(二) GIS 工程设计的原则

GIS 工程的设计应当遵循以下原则：

(1) 可跟踪性。GIS 工程设计内容一方面可以在需求分析规格说明书中找到对应需求和任务，另一方面设计内容在后续开发过程中可以跟踪，即后续开发的程序都对应设计中的功能定义，数据库的结构也能在设计内容中找到相应描述。

(2) 成熟度。GIS 工程设计描述和使用的体系结构、开发技术、数据库管理系统等，应当在兼顾高成熟度的前提下，考虑技术的先进性。信息技术的快速发展，新体系结构和开发技术等也日新月异，新技术由于没有经过很多项目的测试，可能存在诸多问题，贸然使用会影响项目建设质量，所以设计过程要使用高成熟度的技术框架和开发技术。

(3) 可靠性。可靠性是要求 GIS 工程设计中的结构划分、过程描述和文档要合理、准确，这样才能保证项目建设成果的可靠性，以及产品运行的正确性。设计评审是寻找设计缺陷、提高设计可靠性的常用方法。

(4)可扩展性。GIS 工程设计要考虑建设单位的政策法规和业务流程可能在未来发生变化，系统需求和运行环境也会随之变化，因此承建单位在进行设计时要考虑使用低耦合、高内聚的系统划分方法，提高数据接口灵活性、数据库兼容性和适用性，从而保障项目产品能够适应各种变化并快速做出调整。

(5)可维护性。GIS 工程设计要坚持可理解、清晰的功能和模块划分方法，当软件出现故障时，要能快速定位故障原因。GIS 工程数据可维护性还表现在图层和数据表的划分既要遵循国家标准和行业规范，同时也要兼顾可理解性。

(6)一致性。GIS 工程设计使用的同一名词表示的语义要保持一致；功能相近的模块要使用相同的名词。在数据库设计中，表示相同属性的字段名称也要保持一致。

(7)可评估性。GIS 工程设计文档的描述要具体、详细，方便设计成果的评估；在后续开发过程中，设计文档也可以用来评估程序和数据质量。

(8)安全性。GIS 工程项目涉及保密数据，在设计过程中，要重点考虑安全因素，设计的每个环节都要遵循安全保密规定，特别是在软硬件选型、数据传输过程中，需要根据国家分级保护的规定，设计安全的数据传输方式。

(9)标准化。GIS 设计过程要遵循软件工程的原理，设计成果要符合现行的国家标准和行业规范。

3.1.2 GIS 工程设计内容

根据 GIS 工程建设的内容，可以将 GIS 工程设计的内容归纳为项目规范设计、GIS 软件设计、GIS 数据设计、运行环境设计等。

(一)项目规范设计

GIS 工程建设活动首先要遵循国家、行业和地方标准或规范，当现行的标准或规范未覆盖全部实施活动时，项目团队可以通过制定项目规范约束项目活动。GIS 工程设计人员要在充分理解和熟悉现行标准、规范的基础上，梳理项目建设活动缺少的标准或规范，归纳要补充的规范类型，设计规范之间的关系，编制项目规范目录。项目规范设计的目的是要保证 GIS 工程建设的所有活动都有标准、规范可以遵循。项目规范涵盖系统设计、数据库设计、程序编写和测试过程等诸多方面，包括①制定与设计相关的编制规范，约束设计模型的图形画法、图元尺寸及其元素名称、详细程度、报告文档格式等；②制定模块之间、软硬件之间的接口规约、数据通信规程、命名规则等。

(二)软件设计

软件设计是整个 GIS 工程设计的核心和主要任务，目的是把 GIS 工程要开发的软件“做什么”的逻辑模型变换为“怎么做”的物理模型，即把 GIS 工程前期需求分析中的软件功能目标转换为软件结构和实现过程的定义，并编写软件设计说明书。

(三)数据设计

GIS 工程中的数据设计是对数据存储方式和存储结构的定义，存储方式是指 GIS 工程保存数据的方式，可以是文件或数据库保存方式，存储结构是指文件或数据库中的数据结构。当前，GIS 工程大多采用数据库管理系统存储和管理业务数据、空间数据，所以 GIS 工程的数据设计可以特指数据库设计。

(四)运行环境设计

运行环境是指 GIS 工程建设成果将来运行时所需的软件、硬件配置需求，软件包括操作系统、数据库管理系统、基础 GIS 软件和其他支撑软件，硬件包括客户端操作计算机、服务器、网络设备和网络配置等。

3.1.3　GIS 工程的软件设计方法

软件设计方法包括结构化设计方法、面向对象设计方法、微服务设计方法、原型设计方法、敏捷设计方法、Jackson 设计方法、Warnier 设计方法、Booch 设计方法、Coad 设计方法、OMT 设计方法等，其中 Jackson、Warnier、Booch、Coad、OMT 设计方法主要用于模块内部的程序设计方法，属于详细设计的方法，而且现在较少使用；原型设计方法和敏捷设计方法在第 2 章已做介绍，不再赘述，本节重点介绍结构化设计方法、面向对象设计方法和微服务设计方法。

(一)结构化设计方法

结构化设计方法(structured design，SD)又称为面向过程设计方法，是一种面向数据流的设计方法。结构化设计方法以数据流图为中心，把软件系统视为一系列数据流的转换和传输的过程，进而将数据流图的加工映射为功能模块，数据流的输入与输出映射为模块之间的关联和调用。因此，结构化设计方法借助数据流图的分层，可以将系统抽象成层次化的软件结构。软件结构包括程序的模块结构及其算法、数据结构，其中数据结构描述程序的数据组织形式，算法描述模块具体的处理过程。

可以看出，模块化是结构化设计方法的重要特征。结构化设计方法将软件结构自顶向下逐层分解，对各个层次的过程细节和数据细节逐层细化，形成不同层次的模块，从而将软件功能分解成若干个模块。每个模块实现特定的、简单的功能，模块之间通过接口传递信息，实现模块之间的互相调用，从而实现软件系统的全部功能。由于模块相互独立，模块之间关联较为松散，在设计其中一个模块时，不用考虑其他模块的影响，所以结构化设计方法可以降低软件设计和开发的复杂性，提高软件的可维护性和可扩展性。

结构化设计方法从 20 世纪 60 年代中期开始发展，到 80 年代得到广泛应用，一直延续至今。经过半个多世纪的使用和发展，结构化设计方法已形成了一整套软件设计理论，建立了一系列方法和工具，是计算机软件开发中最有影响力的设计方法。

(二)面向对象设计方法

面向对象设计(object-oriented design，OOD)是把对象作为程序的基本单元，将程序和数据封装其中，以提高软件的重用性、灵活性和扩展性。与结构化设计方法不同，面向对象设计方法以数据为中心，将实体的属性数据和施加在数据上的各种方法封装成一个对象。对象通过方法向外部提供数据操作服务，服务的使用者只需了解方法使用的参数结构，不用了解方法的实现细节。即使改动了对象内部的方法实现细节或数据结构，只要方法输入的参数不改动，所有使用该方法的程序代码均无须改变。同样地，对象作为服务提供者，不用关注服务的使用者如何使用，只需确保服务能正确处理数据。

面向对象设计方法用对象来表现软件的功能领域问题，对象是由数据(描述事物的属性)和作用于数据的操作(体现事物的行为)组成的封装体，描述客观事物的一个实体。对象之间通过服务建立相互依赖关系，从而协同运作，实现软件的功能。对象的高度封装性和稳定性屏蔽了软件开发的易变因素，能够增强系统的应变能力。因此，面向对象设计方法的核心任务就是设计各种对象，并定义对象的数据和操作。

面向对象方法起源于面向对象的编程语言，而面向对象的编程语言发展于 20 世纪 50 年代后期，是为了解决大型程序中变量名冲突问题而产生的新型开发语言。20 世纪 60 年代中后期，在开发语言的基础上，逐渐形成了对象和类的概念，并通过继承来复用程序代码。直到 20 世纪 80 年代，面向对象开发理论才开始成熟起来，并被广大软件开发人员所接受。面向对象方法现已广泛应用于程序设计语言、形式定义、设计方法学、操作系统、分布式系统、人工智能、实时系统、数据库、人机接口、计算机体系结构以及并发工程、综合集成工程等。

(三)微服务设计方法

微服务(micro service)是一种微小紧凑的业务功能的服务单元，服务就是代表特定功能的软件实体，可以不依赖于任何上下文或外部服务的自治构件。微服务设计方法将服务构件作为程序的基本单元，以系统的功能为中心，将系统的功能按照一定的功能粒度划分为一系列的服务构件，每个服务构件拥有自己的数据结构、存储、运行体系。这些微服务构件可以部署在单个或多个服务器上，通过网络通信协议为外部程序提供简捷的 API 调用接口。微服务是一种特殊的面向服务的体系结构(service-oriented architecture，SOA)，是一种开发技术架构。微服务开发技术使用一系列微服务来替代业务功能单元，这些服务围绕业务功能进行构建，通过全自动的部署机制进行独立部署，并能够运行在独立的进程空间中，通常用 HTTP RESTful API 为外部程序提供服务。这些微服务可以使用不同的语言来编写，也可以使用不同的数据存储技术。

微服务设计方法把一个庞大的系统拆分成多个服务单元，每个服务单元都可独立部署和运行，每个微服务允许使用不同的技术来开发，且数据可以不再单独地保存在一个数据库中，允许多种数据库技术。微服务设计方法真正实现了高内聚低耦合的设计理念，组成应用系统的微服务都拥有自己的功能领域边界和完整的业务逻辑。当某个微服务发生故障时，能够快速检测出故障，且能够自动恢复或快速修复。微服务架构的基础设施(如服务器、数据库、中间件等)能够弹性且自动化分配资源，微服务可以单独更新升级，还可以实现自动化代码检查、自动化测试、自动化部署以及监控等。

3.2 GIS 工程结构化设计

结构化设计方法是在软件领域中使用最广泛的一种方法，是 E. W. Dijikstra 在 1960 年提出的。结构化设计方法面向软件过程和功能，坚持“怎样做”的思想和原则，开发思想清晰，易学易用，模块层次分明，便于分工，在系统整合、部署和维护方面都有明显优势。大型 GIS 工程项目使用结构化设计方法，可以帮助开发人员理清功能关系，有助于做好项目阶段计划的制定，有效控制项目风险。

3.2.1 结构化设计概述

结构化设计(stuctured design，SD)是结构化分析之后的一个重要阶段，它以数据流图为基础，将数据流转换过程映射为一系列数据处理模块。结构化设计方法利用层次化和模块化方法，自顶而下逐层细化设计方案，设定了一系列设计的原理、方法和工具。结构化设计方法的目标是将整个系统设计成相对独立、功能单一的模块，设计过程包括：

(1)研究、分析和审查结构化分析阶段建立的数据流图，结合项目目标与任务需求，深入理解数据流加工过程。

(2)分析数据流加工类型，将其划分成变换类型和事务类型，然后分别进行设计。

(3)逐层分解数据流图，生成系统的层次结构图，然后分析、修改和测试结构图。

(4)对照系统结构图，修改结构化分析的数据流图和数据字典。

(5)制订测试计划和测试方案。

结构化设计方法将系统划分成一系列模块，每个模块都有唯一入口和唯一出口，模块之间有良好的独立性，方便并行开发。总体来说，结构化设计的特点包括：

(1)结构化设计方法坚持自顶向下、逐层分解细化的原则，整体思路清楚、目标明确，能够保证设计结果最大限度满足需求。

(2)设计工作的阶段划分明确，有利于总体管理和控制项目建设进度。

(3)结构化设计方法属于瀑布型开发模型的一个阶段，要在分析阶段结束以后才能开始，设计中存在的缺陷可能会在项目建设完成后才暴露出来。

(4)结构化设计方法很难适应需求变化较快的项目。

3.2.2　结构化设计的内容

GIS 工程设计要在项目需求分析规格说明书的基础上，根据项目建设要具备的技术条件和运行环境，使用系统论方法分解项目建设目标，选择合适的体系结构组织项目各单元，然后细化、定义各单元的实现方法。因此，根据设计内容的详细程度，GIS 工程设计可以分成总体设计和详细设计两个阶段。

(一)总体设计的内容

GIS 工程总体设计又称概要设计或结构设计，是将项目目标分解成软件工程、数据工程等目标单元，并分别进行软件结构、数据结构、硬件环境方案的设计。对于软件工程单元来说，总体设计就是划分程序的功能模块，确定模块的结构，以及这些模块之间的连接关系，定义软件体系结构、构件、接口，规划每个构件的时间和大小。对于数据工程单元来说，总体设计就是确定数据存储方案，划分数据类型，分别设计每类数据的存储结构。对于硬件环境来说，总体设计要确定未来 GIS 工程产品运行所需的硬件资源配置方案。具体来说，这一阶段的设计内容包括以下几个方面：

(1)设计体系结构。体系结构是指 GIS 工程各功能单元的连接方式，对未来项目产品的运行性能产生直接影响。建设单位期望的项目产品运行环境、操作习惯等决定了项目体系结构的选择，而项目的体系结构又制约着项目设计、开发、运行和维护等过程。因此，选择和设计合适的体系结构比程序算法设计和数据库设计更重要。

(2)设计软件结构。GIS 工程设计人员要从需求定义的功能出发，将整个系统划分为不同子系统和模块，确定每个模块的功能；建立划分结果与需求分析的对应关系，保证每个需求都能在划分结果中找到对应的功能模块，也要保证所有的功能模块都能在需求定义中找到对应的目标；设计模块之间的调用关系，规定模块之间的接口和传递数据流的格式。在划分系统功能时，既要明晰各构件之间的界线，又要明确构件之间的联系(接口)。

(3)设计处理方式。由于 GIS 工程既要处理海量的空间数据，又要处理业务领域的专题数据，不仅处理数据量大、数据关系复杂，而且数据传输和处理时间都较长，是一个时间和空间复杂度都巨大的过程。这就要求设计人员要选择高性能的数据结构、处理算法、数据存储和传输方式，提高系统数据处理性能。

(4)编写总体设计文档。总体设计文档包括：①总体设计说明书，描述GIS项目目标、体系结构、功能结构、模块结构、处理方式、运行方式、出错处理等内容；②数据库设计说明书，叙述所用数据库名称，定义数据表关系及字段结构等；③制定初步的测试计划，说明测试策略、方法和步骤。

(二)详细设计的内容

由于GIS工程的总体设计只是概要地说明了工程建设包括的目标单元、功能模块的划分及其连接方式等内容，不能直接指导程序员编写程序代码。因此，还需要详细解释总体设计文档，在系统设计人员与程序员之间建立信息沟通渠道，把总体设计中没有说明的实现细节进一步阐述清楚，帮助程序员快速理解系统设计人员的意图，高效实现模块代码功能。

GIS工程详细设计又称过程设计，是连接GIS工程需求分析、总体设计与程序开发的沟通工具，细化GIS工程中的软件产品模块，详细定义模块的算法、接口规则、数据结构、交互操作等内容，以及对GIS工程数据产品的功能进行详细说明，包括数据库自定义函数、存储过程、计划任务等。详细设计要完成的工作内容包括：

(1)写出GIS工程总体设计中的每个软件功能模块的详细过程性描述，为每个模块设计实现算法，选择适当的方式表达算法。根据总体设计定义的模块功能，详细设计人员可以选用程序流程图、伪语言、判定树或判定表等方式表达算法。

(2)确定软件模块的输入数据、输出数据及局部数据的全部细节，包括系统外部的接口和系统内部其他模块的接口。

(3)为每一个功能模块设计一组测试用例，以便在编码阶段测试模块代码，检验模块的输入与输出是否与设计定义的数据结构一致，测试模块算法是否稳定等。模块的测试用例包括输入数据和期望输出、处理性能指标等内容。

(4)定义软件功能模块的内部数据组织、结构。软件模块中的数据结构是指模块处理所需的、相互之间存在特定关系的数据元素的集合，包括数据的逻辑结构、数据的存储结构和数据运算结构。数据结构的选择是详细设计需要考虑的关键因素，它决定着程序实现的困难程度和软件的质量，良好的数据结构可以提高程序编写效率、运行效率和存储效率。

(5)选定适当的方式描述数据结构。数据结构的描述可以使用自然语言、形式化符号、表格、图形等方式，设计人员可以根据数据复杂程度和业务处理特点，选择易理解、易读的描述方式来表达数据结构。

(6)定义数据产品中功能模块的实现过程。为了提高GIS工程数据建设和数据访问使用的效率，GIS工程数据产品中会大量使用存储过程、自定义函数、计划任务等，这些功能都需要编写程序脚本(如Transaction SQL)。因此，详细设计时也需要对这些功能实现算法、调用接口等进行详细定义和说明。

(7)编写详细设计说明书。详细设计文档的内容包括各个模块算法设计、接口设计、数据结构设计、交互设计等的详细说明，以及各个模块/接口/公共对象的定义，详细说明各个模块运行的条件与期望结果，另外还包括运行异常处理方式等。

3.3　GIS 工程体系结构设计

GIS 工程体系结构设计是定义 GIS 工程各组成部分之间连接方式的过程，是 GIS 工程总体设计最基础的工作，是进行其他设计的前提。

3.3.1　体系结构概述

(一)体系结构定义

GIS 工程是由相互联系、相互作用的要素组成的有机整体，要素之间的连接关系和连接规则制约了项目开发效率和产品质量。GIS 工程体系结构是组成构件、连接件及其连接模式和连接约束的集合，还包括构件属性和方法。图 3-1 是 GIS 工程体系结构示意图。

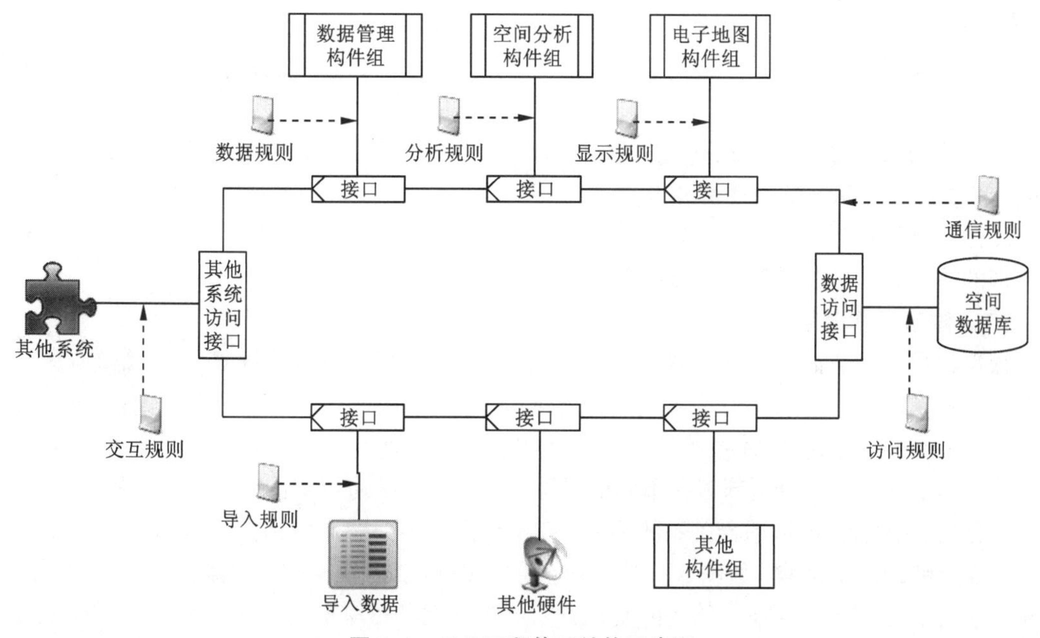

图 3-1　GIS 工程体系结构示意图

(1)构件

GIS 工程构件是可预制、可重用的软件部件，具有一定功能和明确范围，是组成 GIS 工程体系的基本单元。构件具有完整的语义、通信接口和实现代码，包含多种属性，如接口、类型、语义、约束、演化、非功能属性等。构件能够独立完成一个或多个特定功能，通过接口为其他构件提供服务。构件的功能大小称为粒度，也是软件设计中需要考虑的重要因素。一个软件系统里，粒度划分越大，每个构件实现的代码量也就越大，软件的构件数就会越少，系统的体系结构就越简单，但是每个构件的开发量就越大，开发难度也会提升。因此，在设计软件时需要选择合适的构件粒度，权衡体系结构设计与构件开发的复杂度。

(2)连接件

GIS 工程连接件是建立构件之间交互活动的单元，定义了交互活动的消息格式和传递方式、构件间功能调用方法、数据的传送和转换规则、构件之间的依赖关系等。最常用的连接件是基于计算机网络协议设计的构件通信协议或通信机制。连接件允许动态改变被关联构件的集合和交互规则，为连接的构件提供直接或间接互操作能力，对所连接的构件实施不同的处理方法。

(3)约束

GIS 工程约束是用来描述构件拓扑关系的一组规则和配置参数，定义了 GIS 工程体系结构构件与连接件的连接关系。约束通过限制和规则来确定构件是否正确连接、接口是否匹配、连接件的通信是否正确。

GIS 工程体系结构指定了系统的组织结构、拓扑结构和构件元素之间的连接关系，适用于大型的 GIS 工程项目。体系结构在 GIS 工程中的作用包括：

①利用体系结构，项目干系人可以更好地理解 GIS 工程的分析和设计，也有利于项目干系人之间的交流。

②体系结构决定了 GIS 工程的设计、开发、编码、运行和维护的方式，影响 GIS 工程的使用寿命。

③体系结构规定了构件和连接件必须满足一定的功能、语义和接口约束，直接决定了 GIS 工程项目开发和维护的技术和方法。

④体系结构在很大程度上确定了 GIS 工程产出物与用户需求的达成度，分析、选择和设计合理的体系结构，有利于控制项目质量。

(二)体系结构分层

根据构件组织方式和连接方式，可以将 GIS 工程体系结构划分为独立体系、客户/服务器(client/server，C/S)体系、浏览器/服务器(browser/server，B/S)体系、面向服务(service-oriented architecture，SOA)体系等风格。独立体系是系统所有功能构件全部由一个独立的软件完成，其余体系结构分别部署在不同的机器上，通过通信协议协同完成软件功能。

根据构件作用与逻辑耦合关系的不同，GIS 工程的多个功能构件又可以分为多个逻辑层次，形成分层的体系结构，如图 3-2 所示。多层的逻辑架构为软件开发提供了一种范式，通过将应用分成多层，可以提高软件的复用性、可扩展性和可维护性。开发人员只需按照连接规则编写特定层里的特定构件，不用关注其他构件的影响，可以提高软件开发效率，降低沟通成本。在系统维护过程中，维护人员只要按需设计、开发或修改特定层的构件，再部署到对应逻辑层中即可，而不需要重写整个应用。

当前，最常用的体系架构是三层架构，包括表现层、业务逻辑层和数据管理层，各层逻辑连接、物理分离，如图 3-3 所示。表现层是系统应用的最高层，主要包括用户操作构件(界面)和处理结果的显示构件，用于表现用户与系统的交互操作与处理结果。业务逻辑层接收表现层提交的用户请求(包括操作码和操作数)，根据用户请求进行业务数据分析和处理，然后将处理结果发送给表现层。数据管理层包括数据访问构件和数据持久构件。数据访问构件用于连接和访问数据，并向业务逻辑层提供一套数据访问 API，对逻辑层屏蔽数据存储机制的依赖关系。当数据持久层修改了数据存储方式时，只需要修改数据访问的连接引擎就可以快速使用新的数据存储。数据持久构件用于存储数据，如数据库管理系统等。

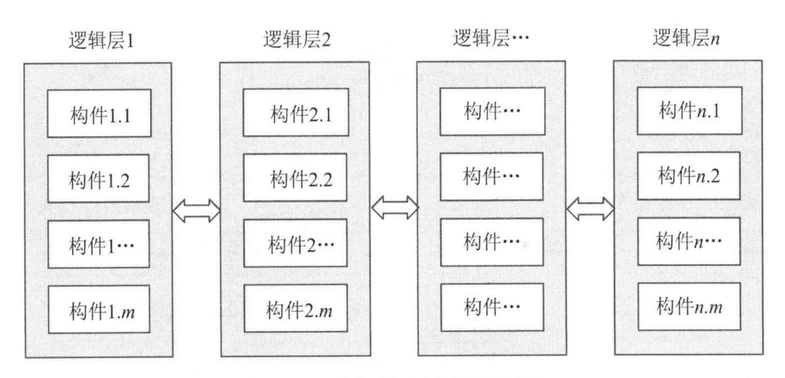

图 3-2　多层体系结构示意图

例如，在互联网地图应用中，WEB 端显示的地图就是表现层的构件。用户可以在地图构件中查看地图或者标注兴趣点或者输入关键词查询兴趣点等。当用户要查询从甲地到乙地的驾驶路线时，用户在表现层输入起止点坐标或地名，将坐标或地名发送到业务逻辑层；逻辑层请求数据管理层并获取路网数据，然后调用网络分析构件，规划甲地到乙地的驾驶路径，生成表现层支持的数据格式，发送到表现层；表现层接收规划路线结果数据，将其展示在地图构件中。

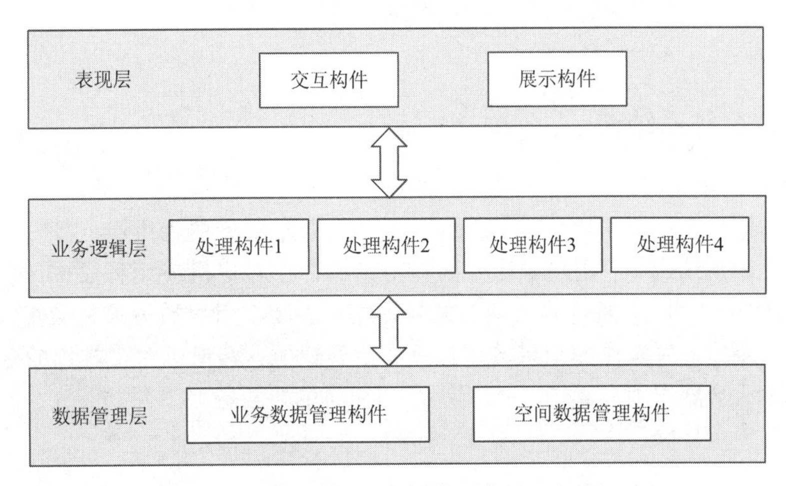

图 3-3　三层架构示意图

在一个复杂的大型 GIS 工程应用中，系统设计人员可以将业务逻辑层、数据管理层细分成多个层次，如业务应用层、业务分析层、空间数据分析层、数据访问层、数据持久层等，从而构成更多层的体系结构。图 3-4 所示为城市防风、防汛、防地灾（“三防”）系统的多层体系结构图。

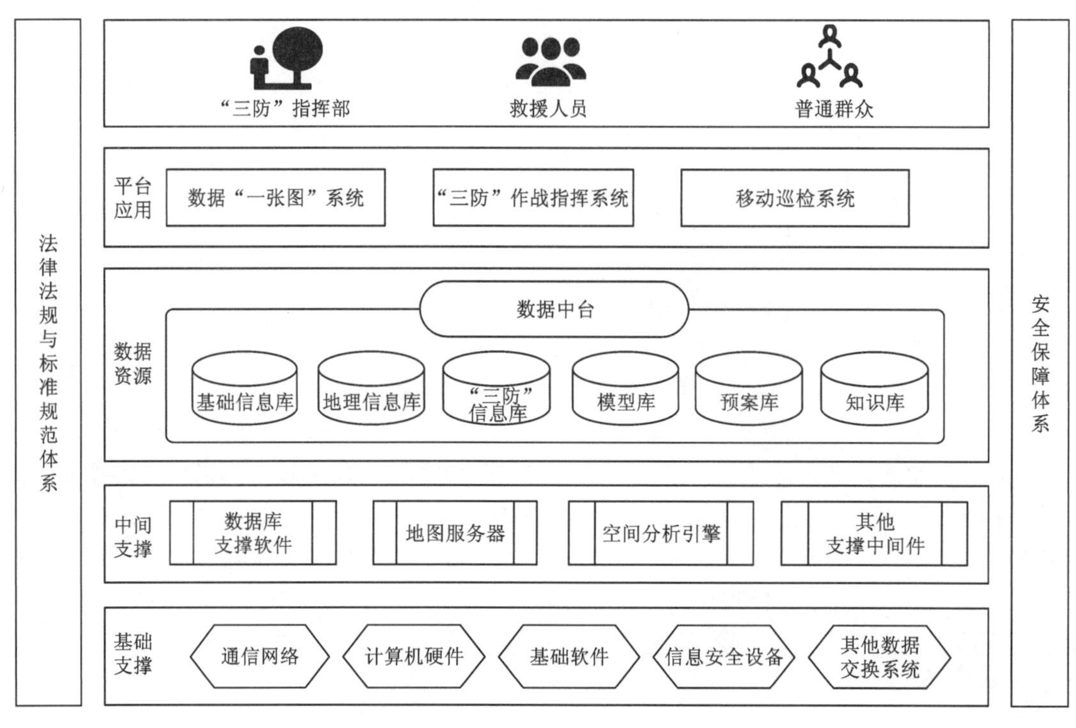

图 3-4　多层 GIS 工程应用体系结构示例

3.3.2　C/S 体系结构

(一) C/S 体系结构概念

C/S 体系结构是在计算机网络环境支持下，以数据库服务器为中心、客户机应用程序为工作主体。C/S 体系结构中，用户操作界面和功能部署在客户机应用程序中，数据存储在服务器上的数据库中，客户机通过局域网与服务器相连，接收用户的请求并操作数据库。服务器接收客户机的请求，将操作的结果数据集提交给客户机；客户机对接收到的数据集进行处理，并将结果显示给操作用户。图 3-5 所示是一种简单的两层 C/S 结构。

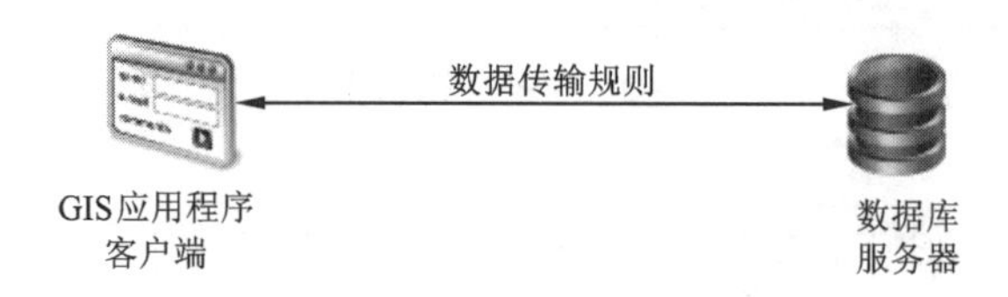

图 3-5　两层 C/S 结构示意图

在两层 C/S 结构中，服务器执行后台服务并为多个用户提供共享的信息或功能，服务器既要提供完善的安全保护和数据完整性处理等操作，还要控制数据库的共享、并发访问等操作。客户机负责执行前台应用功能，为用户提供操作界面，并处理大量的逻辑计算和数据分析等操作。虽然两层 C/S 结构简单易用，但也存在一些不足，主要表现在：①系统的可伸缩性差；②难以支持多个异构数据库；③客户端都要安装数据库驱动程序和数据访问部件；④客户端程序和服务器端交互频繁，网络通信量大，服务器负载较重，对服务器的硬件要求高。

为了解决两层 C/S 结构的不足，在中间件技术的支持下，多层 C/S 结构应运而生。多层 C/S 结构利用中间件技术，将应用功能分为表现层、业务逻辑层、数据访问层、数据存储层等多个处理层次(图 3-6)。

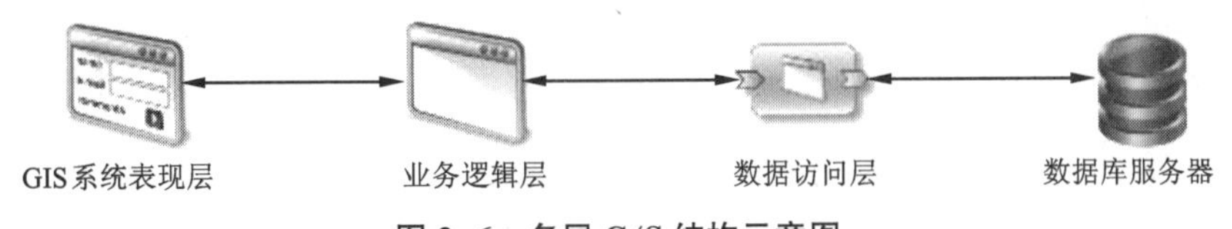

图 3-6　多层 C/S 结构示意图

多层 C/S 结构的各层均具有良好的开放性、灵活性、可伸缩性、可扩展性、可维护性，除了表现层必须安装在客户端计算机上、数据库必须安装在服务器上以外，其余各层既可以安装在客户机上，也可以安装在服务器上，还可以安装在其他应用服务器上。因此，多层 C/S 结构可以减少整个系统的设计、开发、运维成本，方便维护升级，可支持异种数据库，具有严密的安全管理功能。

(二)C/S 体系结构的优缺点

无论是两层还是多层 C/S 结构，往往均安装在局域网中，主要在建设单位内部使用，能充分发挥客户端计算机的处理能力，很多工作可以在客户端处理后再提交给服务器。对于需要处理和显示海量空间数据的 GIS 工程而言，C/S 结构的客户端响应速度快、安全性高。C/S 结构的优点包括以下几点：

(1)由于大量的数据处理计算和显示功能构件部署方式灵活，可以有效均衡空间数据处理压力，提升 GIS 应用系统的工作效率。

(2)数据访问中间件可以屏蔽低层数据存储方式的差异，客户端应用程序可以透明地访问数据，从而忽略数据存储结构和管理技术。

(3)数据传输协议既可以使用网络传输层的 TCP 协议，也可以使用应用层的 HTTP 协议，或者其他高层协议，传输方式灵活。

(4)数据传输可以在标准的网络协议基础上自定义传输协议和数据格式，也可以自定义数据加密规则，能够有效保护数据安全。

随着互联网的飞速发展，移动应用和互联网应用越来越普及，C/S 结构也暴露出一系列缺点：

(1)客户端需要安装专用的客户端软件(如使用 GIS 二次开发技术开发的应用程序)，有时还要安装特定的 GIS 组件(如 Supermap 的 iObject 等)，这就要求客户端具有特定的计算机软件、硬件环境，很难实现跨平台移植。

(2)当客户端程序升级时，有时不仅要升级客户端应用程序，还需要升级 GIS 支撑软件，维护困难且成本较高。

(3)C/S 结构主要工作在建设单位的局域网中，很难适应互联网环境的业务需求。

(4)C/S 应用程序中的信息内容和表现形式较为单一，基本上遵循业务数据结构解释的原则，展示的信息多是单纯字符和数字，界面风格单调。

3.3.3 B/S 体系结构

(一) B/S 体系结构概念

随着 Web 技术的不断成熟，B/S 体系结构应运而生。B/S 结构可以看成是对 C/S 体系结构的改进，用户只需用浏览器就可以操作业务管理系统，简化了客户端的处理方式。客户端应用程序在超级文本传输协议(hyper text transfer protocol，HTTP)的支持下，通过服务器上的中间件连接和访问数据库。因此，简单的 B/S 结构是一个三层模式(图 3-7)。

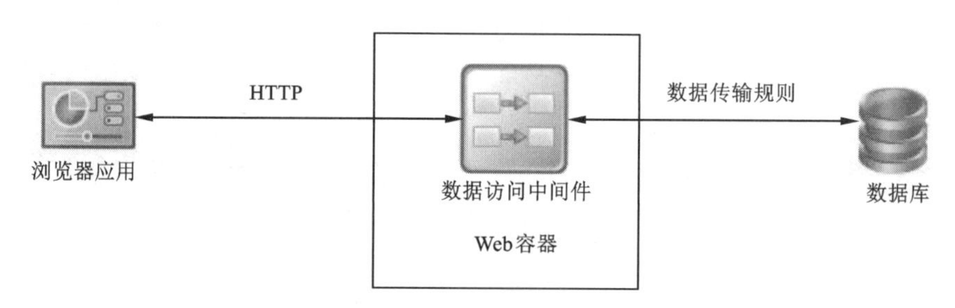

图 3-7　三层 B/S 结构示意图

在三层 B/S 结构中，基于浏览器开发的业务管理程序通过浏览器向部署在 Web 服务器上的数据访问中间件发送请求，数据访问中间件再与数据库交互，经 Web 容器中的中间件返回给浏览器应用程序。服务器上的 Web 容器是发布服务组件的软件平台，即开发人员开发的服务组件都部署在 Web 容器中。图 3-7 中的数据访问中间件在浏览器与数据库之间起到数据服务和操作代理的作用，接收浏览器请求、访问数据库，再向浏览器转发请求结果。数据库管理系统可以和 Web 服务器安装在同一台服务器上，也可以安装在不同服务器上，能够提高 B/S 结构的灵活性、可扩展性和响应速度。

在复杂的大型应用系统中，B/S 结构也可以扩展为表现层、业务逻辑层、数据访问层和数据存储层等多层体系架构，如图 3-8 所示。

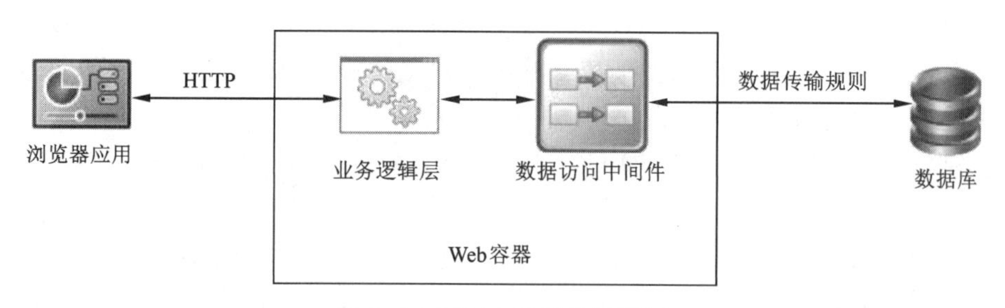

图 3-8　多层 B/S 结构示意图

(二) B/S 体系结构的优缺点

B/S 结构的优点包括：

(1)除特殊应用程序需要插件外，用户几乎不需要安装客户端程序，在访问服务器 Web

应用时自动加载程序，使用方便，升级容易，提高了系统的可维护性。

(2) 应用系统可以划分成多个层次，分别部署在不同服务器上，能提升用户访问量较大时的响应速度。

(3) 客户端可以使用不同操作系统上的不同浏览器操作业务管理系统，称之为客户无关性访问，支持客户跨平台访问。

(4) 业务管理系统既可以部署在局域网中，也可以部署在互联网中，部署灵活、方便。

B/S 结构的缺点包括：

(1) Web 应用系统只能使用 HTTP 或 HTTPS 协议，数据传输量大，网络负载较重。由于 HTTP 协议是公开协议，不适宜涉密数据的传输。

(2) 当 Web 应用系统部署在互联网环境中时，访问远程服务器受到广域网性能的制约，有时会降低数据处理和传输性能，影响用户体验效果。

(3) 复杂的 Web 应用系统有时需要开发一些浏览器插件，而插件往往通用性差，不能兼容所有浏览器。

3.3.4 SOA 体系结构

(一) SOA 体系结构概念

面向服务的体系结构发展于 20 世纪 90 年代中期，与面向过程、面向对象、面向组件一样，是一种软件设计与开发的思想、方法和技术。SOA 是以服务为基本元素来组建软件架构，从而将业务管理所需的功能映射成可操作的、规范的服务集合，并能重新组合实现新的应用。SOA 结构使用一个服务替换另一个服务时，只需考虑服务接口的不同，而不用关注服务底层的实现技术。因此，SOA 是一组松耦合的服务构件，更能适应业务的变化。SOA 结构如图 3-9 所示。

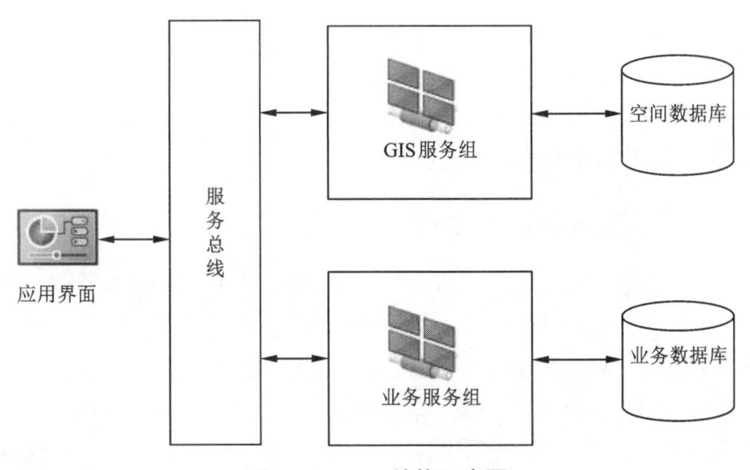

图 3-9 SOA 结构示意图

SOA 结构的核心是服务，服务也是精确定义、封装完善、独立运行的构件，带有定义明确的接口，能够以定制化的方式组合各种服务形成业务流程。SOA 结构本质上是服务的集合，服务之间彼此通信，这种通信可以是简单的数据传送，也可以是多个服务协调完成特定业务活动。因此，SOA 系统设计方法中的业务流程由一系列产生有价值结果的活动组成，业务流程中的数据是一系列业务活动的输入和输出。SOA 将业务活动抽象成服务组，是对业务流程进行分解的业务组件，每个业务组件具有独特的业务用途。

(二) SOA 体系结构的优缺点

SOA 体系结构将业务流程分解成一组业务服务组件，再经过业务编排工具按照一定的顺序连接和组织，完成业务软件的设计和开发。这种设计方法具有以下优点：

(1)服务是一个独立的、有明确功能和接口定义的组件，一个服务创建后能用于多个应用和业务流程，提高了构件的利用率。

(2)服务之间是松耦合关系，服务请求者不需要知道服务提供者实现的技术细节，所以业务服务的开发技术更加灵活、多样，能够满足不同用途的程序开发。

(3)服务使用 Web 服务描述语言(web services description language，WSDL)描述服务接口和服务能力，服务请求者就可以快速实现服务调用。借助 WSDL，还可以设计、开发一套服务自动发现和智能编排软件，实现业务流程的自动化编制。

(4)SOA 架构依靠规范化的接口，可以分离业务模型和实现技术，从而使得系统分析设计工作和系统开发工作相分离，设计人员和开发人员都能更加关注业务流程建模，而不是开发技术。

(5)由于服务可以单独开发、部署和发布，不受开发技术和发布环境限制，因此 SOA 结构具有良好的可移植性和扩展性。

SOA 结构的缺点包括：

(1)SOA 结构是以服务为中心，服务是一个独立的业务活动单元，业务活动又来自业务流程的划分，而实际业务活动关联紧密、界线模糊，有时很难分清服务单元之间的界线。

(2)作为业务流程管理(business process management，BPM)解决方案的核心，业务编排系统的开发较为困难，是影响 SOA 定制业务流程的一个重要因素。

(3)SOA 结构选用 WebService 时，SOA 的分布性、Web 服务协议和技术的标准化工作都会增加系统的额外开销，影响系统的稳定性和性能。

(4)在业务系统调用服务组件时，服务运行是原子级的，当调用成功以后，服务的运行具有不可撤回性，影响了 SOA 结构操作的灵活性。

3.3.5 GIS 工程体系结构的选择

在 GIS 工程设计阶段，选择合适的体系结构可以决定项目的技术路线，影响着项目的许多关键质量属性，如可用性、可修改性、性能、安全性、易用性等。一个合适的架构风格能减少项目开发测试的难度，提高系统的稳定性，使项目开发达到事半功倍的效果。不良的架构风格会增加项目的复杂性，降低系统的性能，增加测试的难度，给项目带来很多风险。因此，GIS 工程的总体设计阶段应尽早分析和选择一个合适的体系结构。GIS 工程体系结构的选择可以考虑以下几个因素：

(1)体系结构的技术适用性。GIS 工程首先要考虑项目的目标和功能需求、隐性需求，对于建设单位内部使用、用户并发访问量大、即时性要求强、空间数据处理复杂的项目，可以选用 C/S 结构。对于使用人员分散在不同的地理位置、即时性要求不高、空间数据处理量偏小的项目，可以采用 B/S 结构。如果建设单位业务流程变更较快、数据结构差异较大且变更频率高的项目，可以使用 SOA 结构。

(2)体系结构的安全性。安全性是 GIS 工程的一个重要特点和要求，也是制约 GIS 工程建设和使用的重要因素。GIS 工程对安全性要求高时，可以考虑对数据使用分级保护的策略，将高安全等级的数据及其应用系统部署在局域网中，选用 C/S 结构。安全等级低的数据及其应用系统可以在一定安全措施的基础上，部署在 Web 环境中，选择 B/S 或 SOA 结构。

(3)人才技术结构。承建单位在设计 GIS 工程时，还要考虑本单位开发团队的技术实力，尽量选取有开发经验的体系结构，继承前期积累的开发经验，指导 GIS 工程的设计和研发。

在实际 GIS 工程中，系统架构师要从多方面综合考虑和权衡体系的影响，然后确定合适的架构，或者采用多种架构的组织，以满足不同的应用场景。例如，在市政排水 GIS 项目中，数据管理工作量大、数据复杂、变更频繁、保密性强，使用人员单一，所以可以选用 C/S 结构开发数据管理系统；排水管网决策支持系统使用人员多、分散在多个部门、技术水平参差不齐、年龄结构差异大，而且业务流程经常发生变化，因此可以选用 SOA 结构。

3.4　GIS 工程的软件结构设计

GIS 工程的软件结构设计是利用结构化方法构筑软件的逻辑模型和物理模型的过程，是总体设计的重要内容。软件结构用于清晰表达软件划分的层次结构，确定软件各功能单元的连接和调用关系。软件结构设计最常用的两种工具是系统层次图和结构图，前者用来表达软件的层次结构，后者用来表达软件功能划分及连接、调用关系。

3.4.1　系统层次图

层次图(hierarchical chart，HC)是软件总体设计中最常用的工具之一，主要用来表示软件的层次结构。HC 用矩形框代表一个模块，用矩形间的连线表示调用关系。HC 适用于自顶向下的设计过程，与 IPO(input processing output)图一起使用，形成 HIPO(hierarchy IPO)图。IPO 图是一种描述系统结构和模块内部处理功能的工具，其特征是能够表示输入/输出数据与软件之间的关系。HIPO 图是表示软件结构的图形，既可以使用层次 H 图描述软件总的模块层次结构，又可以使用 IPO 描述每个模块输入/输出数据、处理功能及模块调用的详细情况。HIPO 示意图如图 3-10 所示。

HC 图用于描述软件的层次结构，说明了软件系统由哪些模块组成，以及其控制层次结构，但未指明调用顺序，也未说明模块间的信息传递及模块内部的处理情况。IPO 图使用基本符号简单明了地表达模块的处理过程，图 3-11 描述了图 3-10 中的要素标识模块。IPO 图的基本形式是在左框中列出输入数据，在中间框内列出处理步骤，在右框内列出输出数据，处理框中的处理次序表示了执行的顺序。

系统设计阶段必须将数据流图上的各个处理模块进一步分解，确定系统模块层次结构关系。HIPO 图的层次功能分解是以模块以及模块分解的层次为基础，将一个大的功能模块逐层分解，得到系统的模块层次结构，然后进一步把每个模块分解为输入、处理和输出的具体执行模块。HIPO 图进行模块层次功能分解应遵循以下步骤：

(1)总体 IPO 图：它是数据流图初步分层细化的结果，根据数据流图，将最高层处理模块分解为输入、处理、输出三个功能模块。

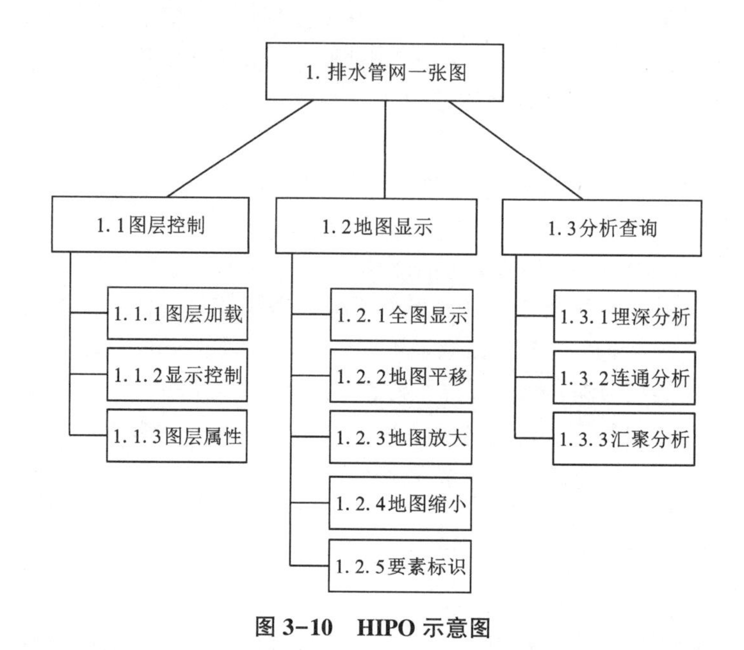

图 3-10　HIPO 示意图

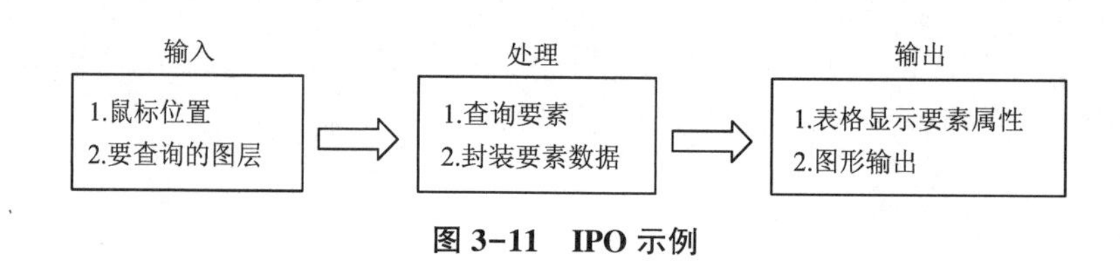

图 3-11　IPO 示例

(2)HIPO 图：根据总体 IPO 图，对顶层模块逐层进行分解，得到组成顶层模块的层次结构图。

(3)IPO 图：详细描述底层主要模块。

3.4.2　软件结构图

结构化设计方法的中心任务就是把数据流图表示的业务模型转换为软件结构的设计模型，利用结构图(structured chart，SC)确定软件结构与接口，表达软件的总体结构。结构图是指以模块的调用关系为线索，用自上而下的连线表示调用关系并注明参数传递的方向和内容，从宏观上反映软件层次结构的图形。

(一)模块

结构化设计方法先从最上层总目标开始设计，逐层具体化功能目标，最终将一个复杂的系统分解成功能单一的、易于编程实现的部件，称为模块。每个模块可以使用简单的顺序、选择、循环三种基本结构进行构造和开发。结构图中的模块功能和目标大小不一，上层模块目标较大、功能较复杂，称为非原子模块，主要用来控制和协调下层模块。最底层模块是功能单一的模块，称为原子模块，用来完成数据加工。在结构化设计中，模块可分为传入模块、传出模块、变换模块、源模型、终模型和控制模块(又称协调模型)，如图 3-12 所示。

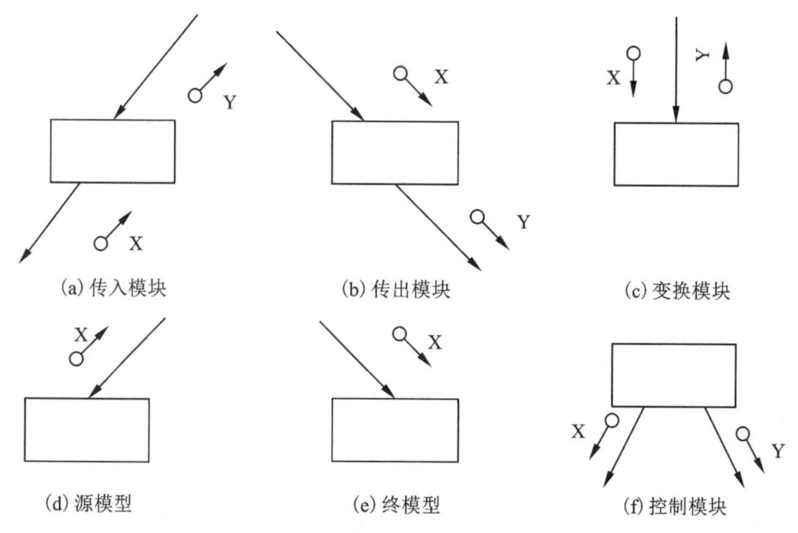

图 3-12　模块示符号(据李晶洁)

(二)结构图设计

结构图可以分成两种类型，即变换型结构图和事务型结构图。

(1)变换型结构图设计方法

变换型数据处理的工作过程包括输入数据、变换数据、输出数据，这三个过程反映了变换型数据流图的基本思想。其中，变换数据是数据处理过程的核心，输入数据是准备工作，输出数据是处理结果。变换型结构图设计方法又称为变换分析设计方法，是系统结构设计的一种策略。这种设计方法首先建立初始的变换型系统结构图，然后对它做进一步的改进，最后得到系统的结构图。下面以坐标转换变换型数据处理过程为例，介绍变换型结构图的设计过程。

例如，坐标转换功能是用户输入原始西安 54 坐标(x_1，y_1)数据，经转换加工处理后输出北京 80 坐标(x_1，y_2)，坐标转换数据流图如图 3-13 所示。

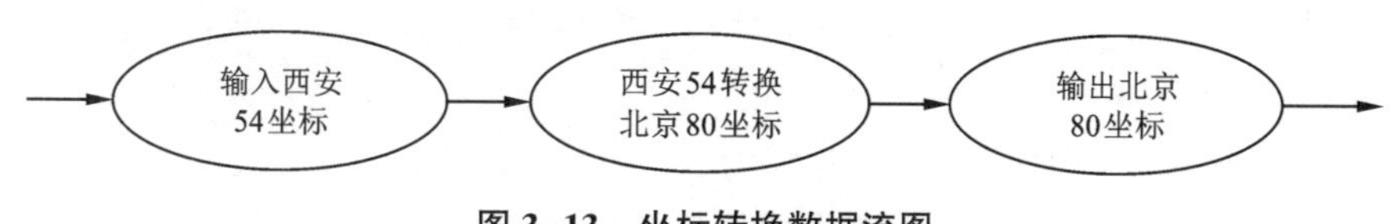

图 3-13　坐标转换数据流图

1)重画数据流图。

由于需求分析阶段得到的数据流图侧重于描述系统如何加工数据，省略了许多数据处理细节，因此在设计时需要重新绘制带有更多细节的数据流图，以描述系统中数据流动与转换的细节。图 3-14 是重新绘制以后的坐标转换数据流图，新数据流图中增加了坐标检验和读取转换参数等加工。

2)在数据流图上区分系统的逻辑输入、逻辑输出和中心变换部分。

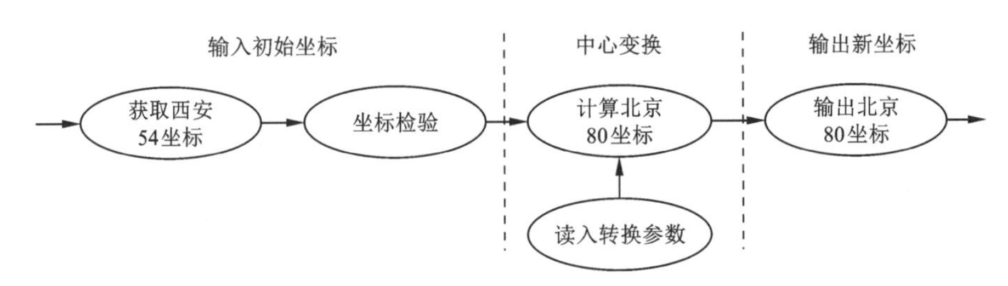

图 3-14 重画后的数据流图

图 3-14 中使用虚线将数据流图分成用 3 个部分，从左向右依次为输入部分、中心变换部分和输出部分。中心变换部分是系统的中心加工分部，从输入部分获取数据，经过处理计算以后，产生结果数据，由输出部分输出。

3）绘制结构图。

从图 3-13 和图 3-14 可以看出，在重画数据流图时，可以不考虑系统的开始和结束，也可以忽略数据存储，控制流也不必绘制在新图中；如果有必要时，可以使用逻辑运算（逻辑与 *、逻辑或⊕）表示加工之间的关系。最后，将重画后的数据流图映射为坐标转换结构图，如图 3-15 所示。

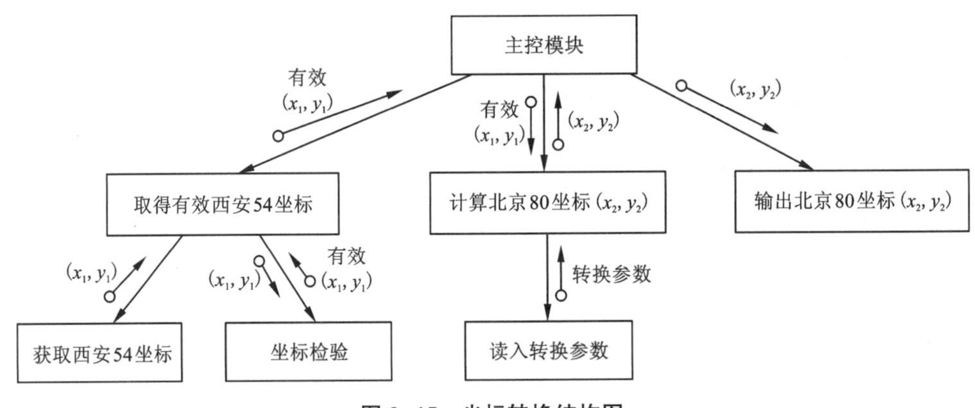

图 3-15 坐标转换结构图

图 3-15 中的计算顺序表述如下：

①顶层主控模块沿着结构图的左支调用下属“取得有效西安 54 坐标”模块；

②“取得有效西安 54 坐标”模块调用“获取西安 54 坐标”模块得到坐标（x_1，y_1），然后调用右支下属模块“坐标检验”，检查坐标有效性并将检查后的有效坐标（x_1，y_1）回传给“取得有效西安 54 坐标”模块；

③“取得有效西安 54 坐标”模块将有效数据（x_1，y_1）回传给主控模块；

④主按模块调用“计算北京 80 坐标（x_2，y_2）”模块，并将有效的（x_1，y_1）数据传给该模块；

⑤“计算北京 80 坐标（x_2，y_2）”模块调用“读入转换参数”模块，读取转换参数并将转换参数传给该模块；

⑥“计算北京 80 坐标(x_2，y_2)”模块计算新坐标(x_2，y_2)，并将(x_2，y_2)数据加传给主控模块；

⑦主控模块调用“输出北京 80 坐标(x_2，y_2)”模块，并将(x_2，y_2)数据传给该模块。

(2)事务型结构图设计方法。

事务型数据流图用于描述系统接受一项事务，选择性地分派给适当的处理单元，然后输出结果，这类数据流图称为事务型数据流图，它是由一个输入引发一个或多个处理过程，这些处理过程一起完成一项事务。事务型数据流图映射而成的结构图称为事务型结构图。事务型结构图的特点是：数据沿着接收分支把外部数据转换成一个事务项，计算该事务的值；然后将该事务值分解成一条或多条数据流，发送给处理模块。发出多条数据流的处理单元称为事务中心。

例如，图 3-16 是某市政排水管线设计审批数据流图。图中，“接收材料”加工是接卷窗口人员接收申报材料，是一个带有“请求”性质的动作，是事务源；“材料预审”具有事务中心的性质，一方面要完成材料完整性和格式审查，另一方面审查完成以后，要将材料分发给后续多个事务办理结点；“发许可证”加工是将前续办理结果汇总，并整理输出。图 3-17 是数据流图映射生成的结构图。

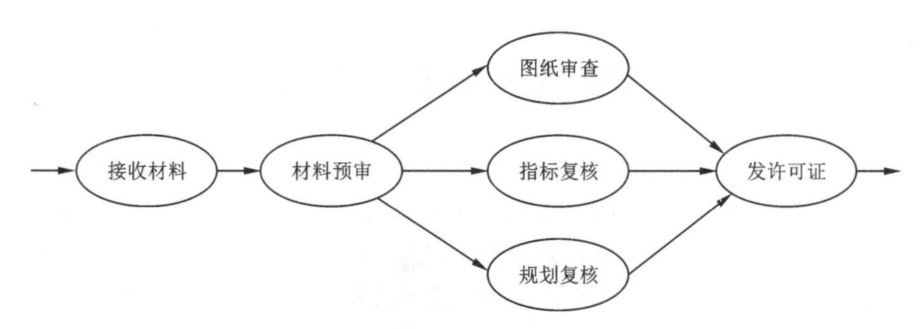

图 3-16　某市政排水管线设计审批数据流图

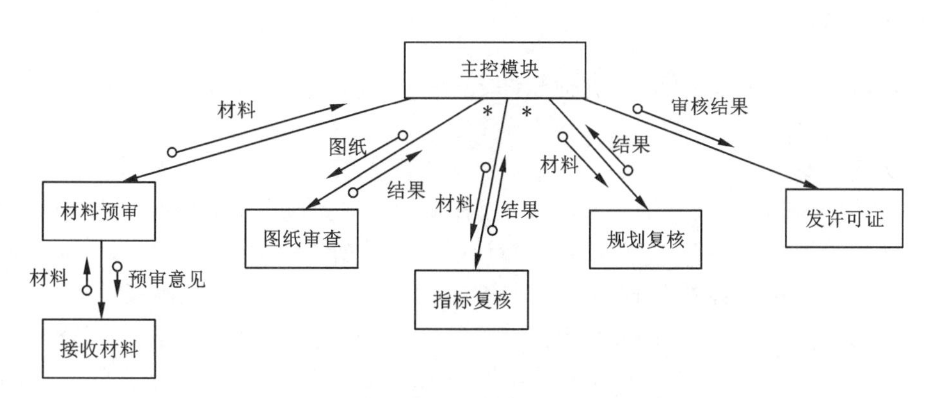

图 3-17　某市政排水管线设计审批结构图

图 3-17 所示结构图的主控模块代表整个事务加工，其他事务模块分别负责特定事务。最后当“图纸审查”“指标复核”和“规划复核”三个模块全部办理完成以后，主控模块再将审核结果传给“发许可证”模块。

(三)结构图改进

在初步绘制完软件结构图以后，还需要对其不断修改和完善，包括以下几方面：

(1)一个完整的结构图能够描述完整的系统功能和完成的指标，而且还应当说明完成任务的状态。也就是，一个结构图不仅能够完成规定的功能，而且还必须返回处理结果，包括成功执行的返回数据，以及出错不成功的错误标志或说明。

(2)分析和审查结构图中的功能模块是否重复，检查是否存在结构相似、传入数据和传出数据都相似的模块，如果存在则需要合并模块。合并可以采取：①完全相同取其一；②划分成多个小模块，部分功能相同的模块合并成一个模块。

(3)检查每个模块的扇入(传入数据流)与扇出(传出数据流)数量，当扇入、扇出数量较大时，模块连接关系较为复杂，不利于模块的设计和编写，所以需要将高扇入、扇出的模块再分割成若干个小模块，降低模块的连接复杂度。扇入、扇出代表模块之间的耦合度，低扇入、扇出的模块遵循了模块低耦合的原则。

(4)评估每个模块的粒度，尽可能把每个模块的代码量控制在一定范围内，通常一个模块的代码量为 50~100 行，最多不超过 300 行。

(5)检查每个模块的可控性，因为模块内部蕴藏着一些特殊的功能，这些功能都应隐藏在模块内部，调用模块无须了解模块内部细节，这是模块高内聚原则的要求。

3.5 GIS 工程软件接口的设计

GIS 工程体系架构和软件结构设计完成以后，还需要设计不同构件之间的连接规则、数据通信规程，以及软件模块之间的调用规则或数据约束等。接口设计就是定义这些连接规则或数据传输、交换规则的过程，是软件总体设计的一项活动。GIS 工程需要设计的接口包括软件接口、数据接口、硬件接口、人机接口等。其中人机接口设计又称人机交互界面或软件界面设计。

3.5.1 软件接口

软件接口包括 GIS 工程产品与其他软件之间的外部接口，以及项目开发软件的各组成单元之间的内部接口。

(一)外部接口

GIS 工程的外部接口是指项目产品使用或开发软件与其他支撑应用程序之间的连接方式和规则，属于应用程序级接口。外部接口设计起始于数据流图中的每个外部实体，用于定义项目产品与这些外部实体的数据传格式和控制规则。外部接口主要表现为外部实体 API (application programming interface，应用程序接口)的调用规则，包括外部实体 API 调用的函数名称和参数数量、参数类型。由于外部实体提供的 API 是一系列预先定义的函数，能够为应用程序开发人员提供访问例程，不需要理解内部工作机制。例如，GIS 工程需要访问其他应用程序的服务接口时，可以采用这种方式。

当其他软件要访问 GIS 工程研发的软件时，项目团队也可以按一定的规则开发对外开放的 API 接口，供其他软件调用。这时，设计人员就要设计供外部实体访问的 API 函数名称、参数数量和参数类型。

（二）内部接口

内部接口是指 GIS 工程开发的软件内部各模块之间的接口，用于描述一个模块和另一个模块之间的交换请求和响应。模块内部程序接口的设计也被称为模块接口设计，是由模块间传递的数据和程序设计语言的特性共同决定的。一般来说，分析模型中已包含了足够的信息，可以用于模块间的接口设计。比如，数据流图描述了数据对象在系统中流动时发生的变换（即模块），每个变换的输入和输出数据流可以映射为变换（模块）之间的接口。

在设计接口时，设计人员要明确定义接口的调用方式、输入参数和输出参数。表 3-1 给出了点要素查询模块接口描述示例。

表 3-1　模块接口说明

模 块 名	identify	
模块说明	根据坐标查询点要素	
输入参数		
参数名	类型	说明
X	float	点坐标 *X* 值
Y	float	点坐标 *Y* 值
输出参数		
参数名	类型	说明
result	List<Point>	返回点要素集合，返回集合为 NULL 时，没有查询结果
异常处理	模块运行异常时，抛出异常代码： -10001：空间数据库连接失败 -10002：查询要素图层不存在 -10003：SQL 语句执行异常，DBMS 未响应 -10004：SQL 语法错误 -10005：其他未知异常错误	
调用示例	List<Point> result = identify(100.0, 100.0)	

3.5.2　数据接口

GIS 工程项目涉及的数据接口包括与其他应用程序的数据接口、与数据库的数据接口、与网络的数据接口等。

（一）与其他应用程序的数据接口

GIS 工程项目经常要使用多种应用程序管理和分析空间数据，分析结果再使用项目开发的软件进行显示，这就需要在多种应用程序之间交换数据。交换数据的方式可以使用直接访问、格式转换、互操作等，如图 3-18 所示。

（1）直接访问方式[图 3-18(a)]是指 GIS 软件直接读写其他格式的文件，这种方式对于程序开发人员来说，需要熟悉被访问文件的格式，开发难度较大，而且当第三方文件格式不公开时，很难实现直接访问。

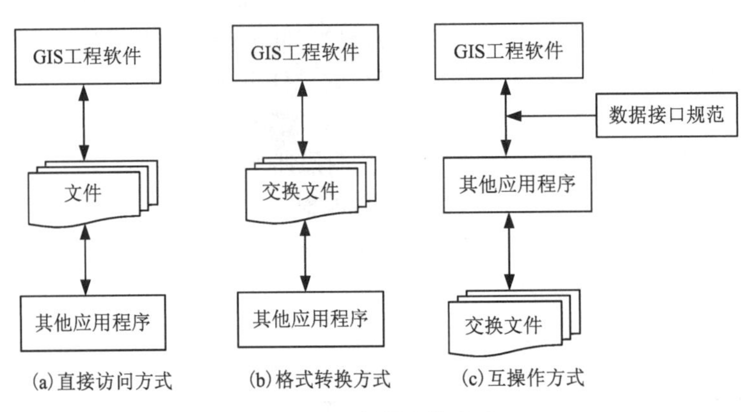

图 3-18　数据交换方式

(2)格式转换方式[图 3-18(b)]是其他应用程序先将数据格式转换为公开的明文交换文件格式(如 AutoCAD 的 DXF 文件),然后 GIS 软件再访问交换文件。这种方式实现较为容易,但是当文件转换为中间交换格式时,有时会发生信息损失,而且交换文件较大时,读写性能较差。

(3)互操作方式[图 3-18(c)]是所有应用程序必须使用统一的、开放的数据规范管理数据,并提供实现数据访问的接口,GIS 软件利用这些接口访问数据。这是当前数据访问最常用的方式。

(二)与数据库的数据接口

GIS 工程中的数据库访问接口是项目软件访问数据库的连接方式和规则。通常,项目开发人员调用 DBMS 驱动程序,利用结构化查询语言(structure query language,SQL)完成数据库的访问。例如,图 3-19 给出了 JAVA 程序访问数据库示例。当前,在一些大型 GIS 工程中,更多的使用数据中间件或数据服务的方式,为上层应用程序提供数据库访问接口,如 3.3.1 节里叙述的数据访问层。

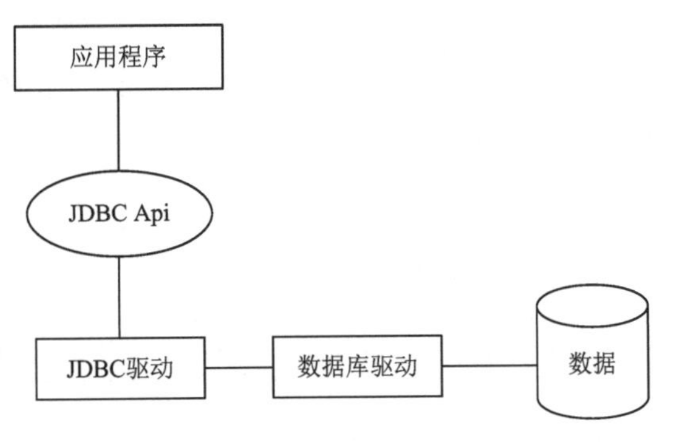

图 3-19　JAVA 程序访问数据库示例

(三)与网络的数据接口

GIS 工程的网络数据接口是指 GIS 软件与其他软件或硬件进行网络数据传输的规则,常用的接口方式有:

(1)网络套接口方式。套接口(socket)是一个抽象层,应用程序可以通过它发送或接收数据。套接口允许应用程序将 I/O 插入网络中,由 IP 地址与端口组成(如 192.168.8.8:80),并与网络中的其他应用程序进行通信。基于 socket 的数据通信方式多用于物联网、工业生产、监控等对数据实时性要求较高、需要远程操控的应用,在一些与物联网有关的 GIS 工程项目中,也经常使用这种通信方式。

（2）Web Service 方式。Web 技术指的是开发互联网应用技术的总称，随着 Web2.0 和动态网页技术的发展，Web Service 技术应运而生，也为数据传输与交换提供了新的方式。Web Service 具有良好的封装性、松散耦合、使用标准协议规范、高度可集成能力。Web Service 传输的数据格式可以使用 XML、JSON、自定义格式等，XML 技术是一种可扩展标记语言，它为 Web 页面上的结构化文档和数据定义了一套通用格式，具有很强的数据表现能力和强大的自描述能力。KML（Keyhole XML）是最常用的空间数据 XML 方式，如图 3-20 所示。JSON 格式除了具有和 XML 一样的特性外，还具有结构简单、数据冗余少等优点。图 3-21 给出了空间数据的 JSON 示例。

```
<? xml version="1.0" encoding="UTF-8"? >
<kml xmlns="http://earth.google.com/kml/2.2">
  <Placemark>
    <name>XX 超市</name>
    <description>兴趣点</description>
    <Point>
      <coordinates>117.0822035425683, 37.42228990140251, 0</coordinates>
    </Point>
  </Placemark>
</kml>
```

图 3-20 KML 示例

```
{
  Placemark:
  {
    name:"XX 超市",
    description:"兴趣点",
    Point:
      coordinates:[117.0822035425683, 37.42228990140251, 0]
  }
}
```

图 3-21 JSON 示例

3.5.3 硬件接口

硬件接口就是 GIS 工程中的软件与硬件之间、硬件与硬件之间的数据通信规程。GIS 工程开发人员按照硬件设备的通信规程，编写接收或发送数据的程序，实现软件与硬件之间的通信，其中以太网是实现 GIS 软件与硬件连接最常用的一种方式。硬件之间的接口是按照通信规程通信时的物理连接器，用来发送或接收信号，常用的接口包括串口、USB、IEEE 1394、并口、Mobus 等。例如，一个物联网硬件通信接口的上行数据帧格式设计如下：

DTUID	帧类型	时间戳	令牌	数据

①DTUID：终端编号，作为终端的唯一标识，由定长 11 个字节的全部数字组成。

②帧类型：长度为 4 的数字，规定如下：

1000：系统上线

1001：心跳包

1003：上传数据，格式={流速}+{水位}

③时间戳：是在发送数据帧时，系统赋给的数据帧生成时间，并以 YYYYMMDDHHmmss 的 16 进制数值表示，长度为 12 字节，如 20140322000000 的时间戳为 125148BD0C80。若时间戳与服务器即时时间相差 X 分钟，则丢弃之。X 分钟由前置机配置文件给出。

④令牌：是检测数据帧有效性和可用性的凭据，由 5 位十六进制数字组成。

3.6 GIS 工程软件的详细设计

3.6.1 详细设计概述

(一)详细设计的任务

从软件开发的工程化观点来看，在使用程序设计语言编写模块代码之前，需要分析、设计并表达模块的实现过程，用于指导模块程序代码的编写，这个阶段称为详细设计、过程设计或程序设计。具体来说，详细设计的目标是细化总体设计，准确定义总体设计的各个模块的局部结构、实现算法和对外接口；实现对目标系统的精确描述，从而在编码阶段可以把实现过程的描述直接翻译成特定程序设计语言书写的程序代码；在逻辑上正确表达每个模块的实现过程，简明易懂地记录设计出的处理过程。

详细设计的基本任务包括：细化总体设计的体系流程图，绘出程序结构图；为每个功能模块选定算法；确定模块使用的数据组织、数据结构；确定模块的接口细节，以及模块间的调度关系；描述每个模块的流程逻辑(如程序流程图)；编写详细设计文档，包括细化的系统结构图及逐个模块的描述，如功能、接口、数据组织、控制逻辑等。

(二)详细设计的基本原则

结构化程序设计的基本原则包括：

(1)自顶向下、逐步求精的设计方法。在详细设计功能模块的内部细节时，可以采用逐步求精的方法，降低处理细节的复杂度。例如在设计地图点击查询功能模块时，可以先将模块算法设计为：①输入鼠标点击的地理位置点 p；②生成点 p 的缓冲区 a；③获取 a 覆盖的空间要素 f；④输出空间要素 f。然后，对步骤②、③再详细描述算法过程，如将步骤③再分解成：①调用 *Overlay* 算子，查询出覆盖的空间要素集 F；②如果 F 为空，则退出程序；③如果 F 非空，则计算 F 中距离 p 最近的要素 f。

(2)使用三种基本的程序控制结构设计模块算法。由于任何程序开发语言都只包括顺序、选择、循环三种基本控制结构，所以在设计模块算法时，也只能使用这三种基本结构。设计模块算法使用顺序结构分析顺序执行的计算步骤，使用选择结构设计不同执行条件的程序路径，使用循环结构设计可以重复执行的程序块。

(3)限制使用 goto 语句。为了提高程序的可读性和软件的可维护性，当前许多开发部门都限制或禁止使用goto语句。因此，在设计模块算法时，也应当尽量少用或禁止使用goto语句。

(三)详细设计的步骤

详细设计是从分析总体设计的软件结构图开始，最后得到模块详细说明的过程，包括以下几个步骤：

(1)分析软件体系架构和软件结构图，根据每个模块的接口和功能描述，设计模块功能实现过程。这个步骤是详细设计的首要工作，只有充分理解了软件的功能，才能根据模块的输入与输出，思考数据转换过程，从而得出正确的实现过程。

(2)使用详细设计工具为每个模块定义实现的算法、数据结构等。根据步骤(1)思考的模块实现过程，使用合适的工具表达实现过程，详细表述算法步骤和数据结构。算法的表达图表不仅是模块单元测试设计的基础，也是详细设计说明书评审的依据，也将成为程序员编写代码的指导。

(3)拟定模块的单元测试计划，确定单元测试的范围。测试计划包括模块程序设计的要求、测试哪些模块、测试的方法、测试结果如何记录等。详细设计阶段的模块测试常采用推理演绎法测试，即阅读模块设计算法，经过推理演绎方法来检查算法是否能够正确执行，这也是详细设计评审最常用的方法。

(4)按照详细设计说明书的规范要求，编制详细设计说明书。

(5)详细设计说明书的评审和确认。设计人员编制完详细设计说明书以后，由承建单位、建设单位、监理单位和专家一起组成评审小组，对详细设计说明书进行评审，提出修改意见。设计人员根据评审意见修改详细设计说明书，提交建设单位、监理单位确认。

3.6.2 详细设计的工具

详细设计算法表达的工具称为详细设计工具，常用的工具包括以下三类：

(1)图形工具：把过程的细节用图形表达出来的工具，常用的有程序流程图、N-S图、PAD图等。

(2)表格工具：用表格表达过程的细节，如判定表。

(3)语言工具：用某种高级语言(如伪码语言)描述过程细节，如PDL。

(一)程序流程图

程序流程图是使用图形表示算法的一种工具，它独立于任何程序设计语言，具有直观、清晰、易于学习等优点。程序流程图又称为程序框图，以不同类型的框代表不同的操作步骤，步骤之间用带箭头的线条连接，可以图形化地描述系统中信息流动的过程。程序流程图中的图框表示各种操作类型，图框中的文字和符号表示操作内容，流程线表示操作的先后次序。程序流程图中图框包括代表开始/结束的圆角矩形、代表处理操作的矩形框、代表逻辑判断条件的菱形框。利用这些图框的组合，流程图可以表达3种基本的程序结构，如图3-22所示。

流程图虽然使用广泛，优点较多，但也存在一些缺点，例如流程图符号不够规范。实际应用中，有时为了流程图的美观性，设计人员常常添加额外的符号，或者经常使用一些业内习惯使用的符号。

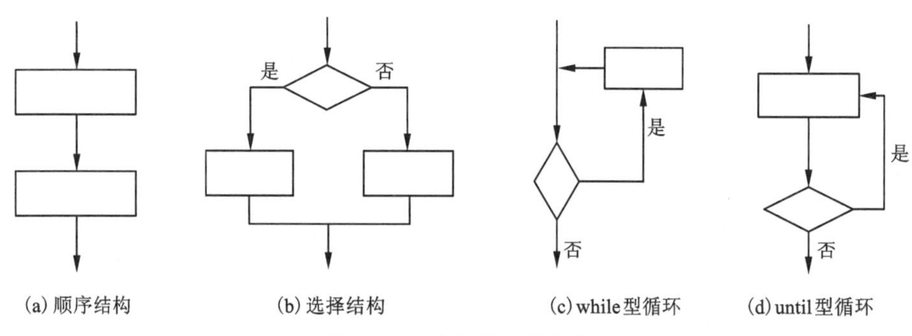

图 3-22　流程图 3 种结构

(二) N-S 图

N-S 图又称为盒图，所有的程序结构均使用矩形框(盒)来表示，可以清晰地表达程序结构中的嵌套关系及模块的层次关系。N-S 图是 Nassi 和 Shneiderman 共同提出的一种图形工具，所以得以命名。在 N-S 图中，基本控制结构的表示符号如图 3-23 所示。

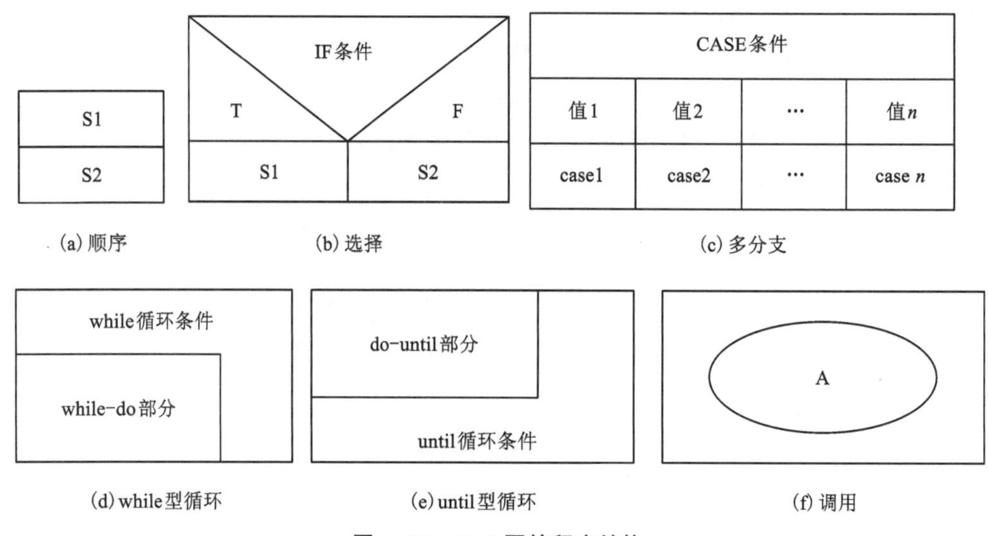

图 3-23　N-S 图的程序结构

(三) PDL 语言

PDL(program design language)是一种用于描述功能模块的算法设计和加工细节的语言，称为程序设计语言或伪语言。PDL 的语法规则分为“外语法”和“内语法”，外语法应当符合一般程序设计语言的语法规则，内语法可以用自然语言(如汉语、英语等)中的一些简单句子、短语和通用的数学符号描述程序过程。PDL 可以定义控制结构和数据结构。下面举一个地图上空间点要素点击查询的示例：

```
//点要素点击查询算法
FUNCTION identify(Point)
  //参数：Point是鼠标点击的图上坐标(空间坐标)
  BEGIN
    以Point为中心生成长、宽为ε的矩形Rect;
    生成Rect与点要素集覆盖查询的SQL语句;
    执行SQL并获取结果;
    RETURN 结果;
  END identify;
```

下面是描述点坐标Point数据结构的示例：

```
TYPE Point IS STRUCTURE DEFINED
      FLOAT X;
      FLOAT Y;
   END Point TYPE;
```

下面是描述矩形Rect数据结构的示例：

```
TYPE Rect IS STRUCTURE DEFINED
       FLOAT X1; //左下角X坐标值
       FLOAT Y1; //左下角Y坐标值
      FLOAT X2; //右上角X坐标值
      FLOAT Y2; //右上角Y坐标值
   END Rect TYPE;
```

下面是获取查询结果以后在地图上高亮显示点要素的PDL示例：

```
PROCEDURE display IS
      BEGIN
        SET Result=identify( ); //调用identify函数
        IF Result=NULL THEN //如果结果为空
                显示"查询结果为空"提示;
        ELSE   //如果查询结果不为空
          DO FOR i=1 TO Result数量
               高亮显示Result[i]要素;
          ENDFOR;
        ENDIF;
      END display;
```

PDL语言可以使用IF…ELSE… ENDIF语句或者CASE… WHEN… ENDCASE表示分支结构，也可以使用DO WHILE…ENDDO或DO FOR … ENDFOR或REPEART UNTILE…ENDREP等表示循环结构。

从上述示例中还可以看出，PDL语法较为自由，并不一定要遵循严格的语法要求，原则是能够清晰表达算法。因此，在一个软件项目详细设计之前，项目负责人应制定一套PDL语法规则，在详细设计期间所有设计人员共同遵守，而且后续程序员也可以按照该语法读懂模块的算法。

3.6.3 详细设计说明书

详细设计书编制的参考提纲如下：

1 引言

1.1 编写目的

说明编写这份详细设计说明书的目的，指出预期的读者。

1.2 背景说明

待开发软件系统的名称；

本项目的任务提出者、开发者、用户和运行该程序系统的组织。

1.3 术语

列出本文件中用到专门术语的定义和外文首字母组词的原词组。

1.4 参考资料

列出有关的参考资料，可以包括本项目的经核准的计划任务书或合同、上级机关的批文，属于本项目的其他已发表的文件，本文件中各处引用到的文件资料，包括所要用到的软件开发标准，并列出这些文件的标题、文件编号、发表日期和出版单位，说明能够取得这些文件的来源。

2 程序系统的结构

用一系列图表列出本程序系统内的每个程序（包括每个模块和子程序）的名称、标识符和它们之间的层次结构关系。

3 程序 X（标识符）设计说明

从本章开始，逐个给出各个层次中每个程序的设计细节。

3.1 程序描述

给出对该程序的简要描述，主要说明设计本程序的目的意义，还要说明本程序的特点。

3.2 功能

说明该程序应具有的功能，可采用 IPO 图（即输入—处理—输出图）的形式。

3.3 性能

说明对该程序的全部性能要求，包括对精度、灵活性和时间特性的要求。

3.4 输入项

给出每一个输入项的特性，包括名称、标识、数据的类型和格式、数据的有效范围、输入的方式、数量和频度、输入媒体、输入数据的来源和安全保密条件等。

3.5 输出项

给出每一个输出项的特性，包括名称、标识、数据的类型和格式、数据的有效范围、输出的形式、数量和频度、输出媒体、对输出图形及符号的说明、安全保密条件等。

3.6 算法

详细说明本程序所选用的算法、具体的计算公式和计算步骤。

3.7 流程逻辑

用图表（例如流程图、判定表等）辅以必要的说明来表示本程序的逻辑流程。

3.8 接口

用图的形式说明本程序所隶属的上一层模块及隶属于本程序的下一层模块、子程序，说明参数赋值和调用方式，说明与本程序直接关联的数据结构（数据库、数据文卷）。

3.9 存储分配

根据需要，说明本程序的存储分配。

3.10 注释设计

说明准备在本程序中安排的注释，可以包括加在模块首部的注释，加在各分枝点处的注释，对各变量的功能、范围、缺省条件等所加的注释，对使用的逻辑所加的注释等。

3.11　限制条件

说明本程序运行中所受到的限制条件。

3.12　测试计划

说明对本程序进行单体测试的计划，包括对测试的技术要求、输入数据、预期结果、进度安排、人员职责、设备条件驱动程序及桩模块等的规定。

3.13　尚未解决的问题

说明在本程序设计中尚未解决而设计者认为在软件完成之前应解决的问题。

4　程序X(标识符)设计说明

内容与上一章相同。

3.7　GIS工程软件界面设计

GIS工程中的软件界面是用户操作和使用项目成果的人机接口，是用户与项目成果交换信息的界面，集成了计算机科学、心理学、设计艺术学、认知科学和人机工程学等多领域知识。用户界面(user interface，UI)设计又称用户界面工程，是指用户操作计算机设备的交互界面设计，使得用户能够尽可能简单和高效地操作计算机软件。

3.7.1　界面设计的任务与原则

GIS软件界面不仅是用户操作软件的可视化接口，也是用户键入指令、提交任务的入口，还是软件将执行结果反馈给用户的终端。因此，界面设计的目的是使软件功能与用户的操作相匹配，符合数据流图加工的基本要求。

(一)界面设计的任务

(1)确认目标用户。要根据用户的操作习惯，设计用户喜爱的操作方式和交互方式。

(2)界面结构设计。界面结构是软件功能组合的结果，是软件内部活动的展示。界面结构设计可以采用自顶向下、逐步求精求细的分解方法。

(3)界面交互设计。界面交互设计的目的是让用户能简单地操作软件，设计人员要考虑：①模块入口或模块的执行过程需要哪些参数，如果参数需要用户干预或输入，则需要给用户提供操作界面。②模块出口输出的结果或模块执行产生的中间结果是否需要告诉用户，如果需要则要设计结果输出界面。③模块出错或异常信息是否需要提示给用户、以什么方式提示给用户。

(4)界面视觉设计。界面视觉设计是指设计界面的色彩、字体、页面、图面、元素等，以达到较高的用户体验效果。

(5)界面测试。初步完成界面设计以后，需要对照需求分析规格说明书，确认GIS工程目标的所有功能是否都有对应的操作界面，反之需要检查所有界面是否都能在需求分析中找到对应功能需求。其次，对照数据流图、系统结构图，测试每个业务流程是否都能找到一组界面操作流程。最后，还需要模拟操作系统界面，测试界面结构是否能够正常完成一组流程化的操作。

(二)界面设计的原则

(1)实用性原则。界面设计的目的是支持软件功能的实现，切实帮助用户使用软件完成工作任务。界面设计必须以直观、明了、清晰展示用户操作动作和执行结果为最高原则。

(2)易用性原则。界面元素名称或提示应该使用用户易懂、简单、准确的术语，尽量能望文生义、知义，通过界面文字，用户很容易知道界面的功能并完成正确操作。另外，还要尽可能减少用户记忆负担，利用图形界面中的图形符号，提示用户操作。

(3)一致性原则。同一软件的不同界面的文字提示语义要保持一致，图标指示的意义也要保持一致。

(4)可控制性原则。良好的界面可以增强软件的交互，用户可以控制操作行为。例如，在执行费时较长的操作中，界面可以提供进度条提示当前进度。可控制性还包括功能模块异常报错时，允许用户采取不同的操作措施。

(5)安全性原则。GIS 软件要根据不同的角色和操作权限设计界面，控制用户操作的权限。

(6)灵活性原则。界面设计要满足不同用户的要求，可以提供用户自定义工具，允许用户按照个人喜好设计界面风格、操作快捷方式等。

3.7.2 GIS 软件界面常用样式

GIS 软件界面可以分成启动界面、登录界面、框架界面、功能界面、异常界面、系统设置界面等。

(1)启动界面多用于单机桌面版或 C/S 结构的客户端或移动应用程序，是程序在启动时显示的带有软件名称、版权信息、组件加载进度等的界面。启动界面通常设置为模式、无标题栏对话框，不需要用户交互操作的按钮、输入框等组件，常用标签显示程序名称、版本等信息。当加载文件较多时，可以使用进度条显示加载进度。

(2)登录界面是用户输入登录账号和密码，进行身份验证的界面。通常在程序加载完成以后，首先打开登录界面，判识用户的使用权限。

(3)框架界面。框架界面是指系统主界面或子系统的界面，是系统功能操作的主要界面。桌面版 GIS 应用程序的框架界面通常包括操作菜单、图层列表、地图、状态栏等控件，图层列表是当前地图加载图层的清单，在其中可以进行图层属性的设置等操作；地图控件是显示地图的区域，也是用户编辑空间数据的主要区域。在 Web 版的应用程序中，为了适应互联网应用的特点，框架界面往往做成 3 层式，从上到下分别是标题栏、地图控件和状态栏，功能菜单经常悬浮放置在地图控件中。

(4)功能界面。GIS 软件的功能界面是用户为实现具体功能而进行操作的界面，又可以分为数据输入操作界面和数据显示界面。

①数据输入操作界面是用户录入所需数据的界面，是系统的重要组成部分，通常也是用户使用最多的界面。数据输入操作界面设计的目标是尽可能简化用户操作，尤其尽可能减少用户输入的工作，所以在设计界面时要尽可能减少用户录入数据的记忆负担，多使用下拉框、复选框、单选框等方式。

②数据显示界面包括屏幕查询、文件浏览、图形显示和报告等界面。在设计数据输出显

示时，应当了解数据显示的要求，分析要显示哪些数据、要以什么样式显示数据。

(5)异常错误界面。GIS 软件在运行过程中不可避免会出现异常错误，系统设计时需要考虑各类异常错误出现时所要采取的措施，比如是否要提示异常、以什么方式显示异常等。

(6)系统设置界面是为用户提供系统参数设置的界面，包括显示风格、运行参数等的设置。

3.7.3　软件界面设计工具

设计软件界面的工具较多，本节简要介绍 Visio 和 Mockplus 界面设计工具。

(一) Visio 界面设计工具

Microsoft Visio 是 Windows 操作系统下运行的图形绘制软件，是 Microsoft Office 软件的一部分。Visio 提供了各种模板，包括业务流程图、网络图、工作流图、数据库模型图和软件图等，这些模板能提高图件的绘制效率。打开 Visio 以后，在创建向导界面(图 3-24)中，点击“线框图表”功能打开界面设计窗口，如图 3-25 所示。

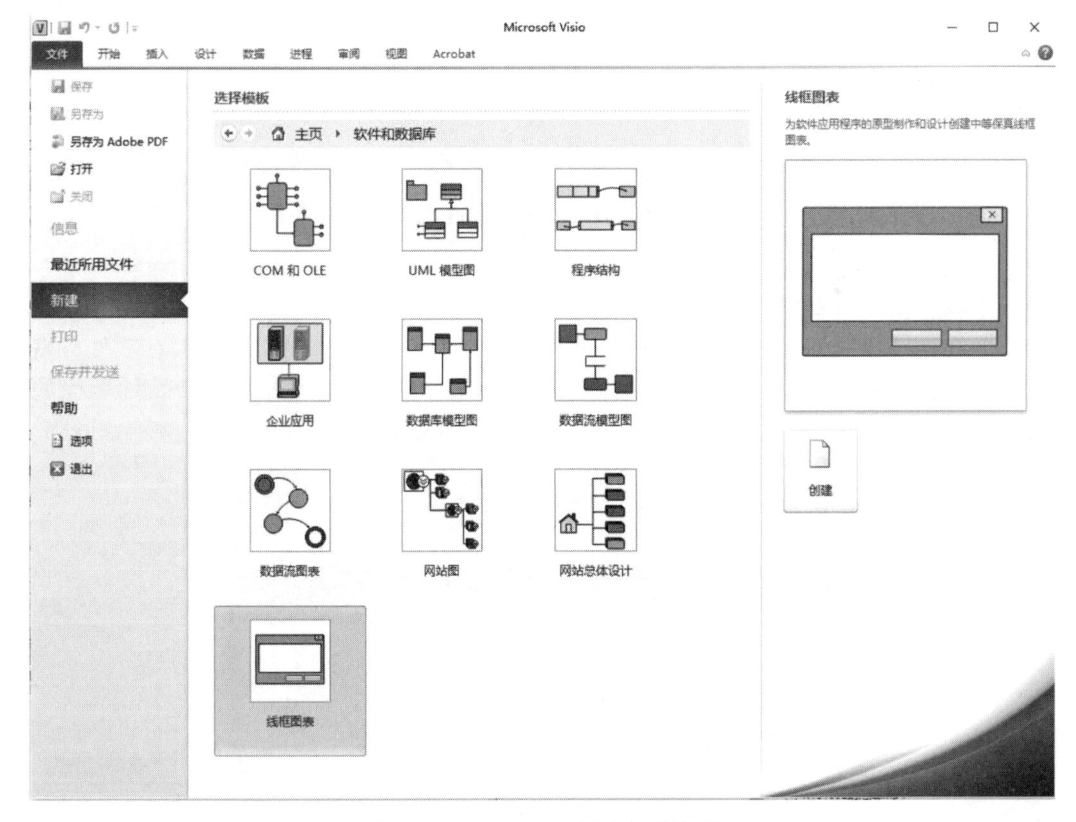

图 3-24　Visio2010 创建向导界面

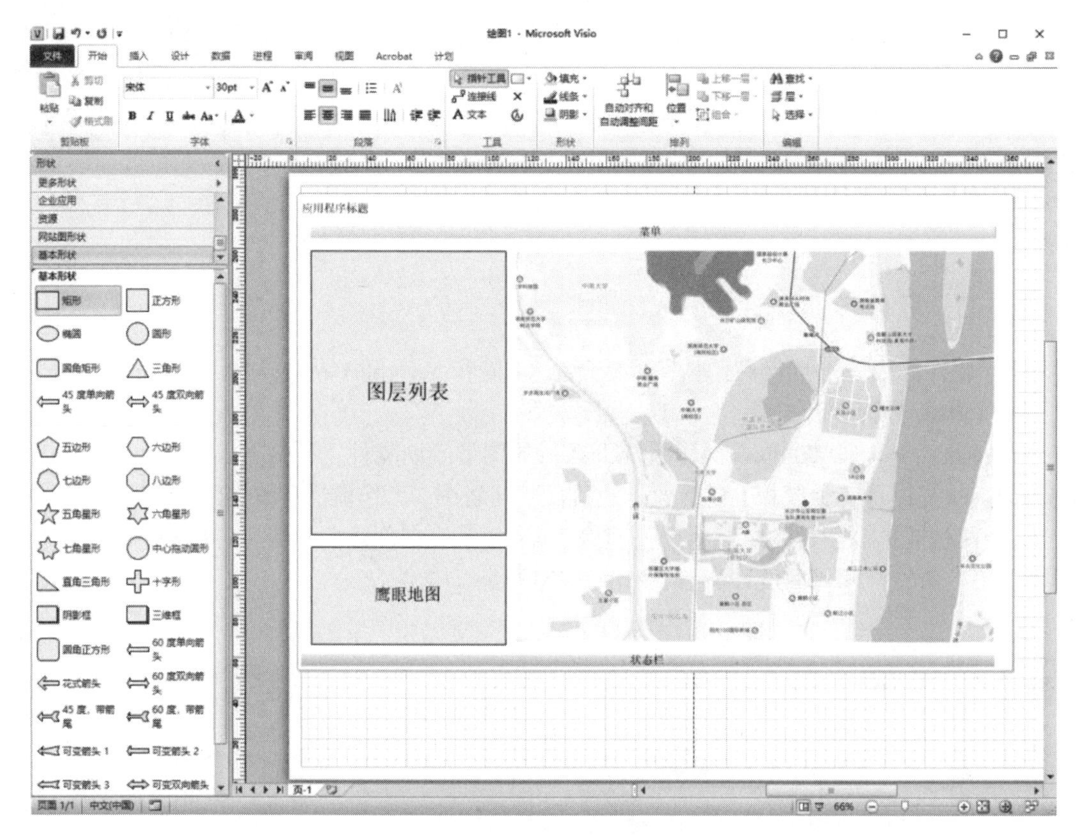

图 3-25　Visio2010 界面设计示例

(二) Mockplus 界面设计工具

Mockplus(摹客)是一款简洁快速的原型图设计工具，适合软件团队、个人在软件开发的设计阶段使用。Mockplus 支持桌面版应用、移动端应用、Web 应用等多类型软件界面的设计，设计成果可以在线演示运行。Mockplus 创建的项目界面如图 3-26 所示，根据设计向导打开界面设计窗口，如图 3-27 所示。

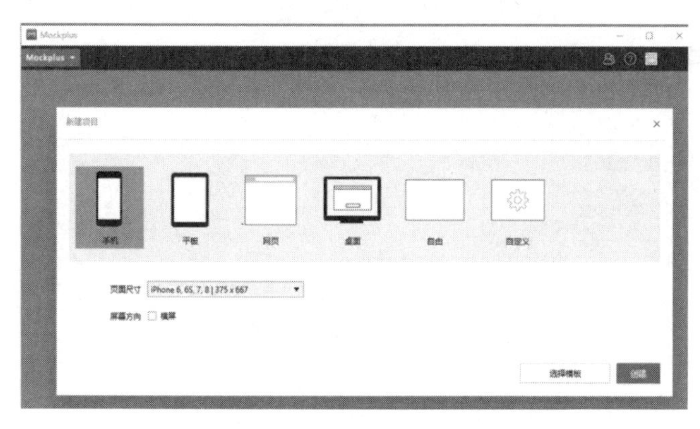

图 3-26　Mockplus 创建向导

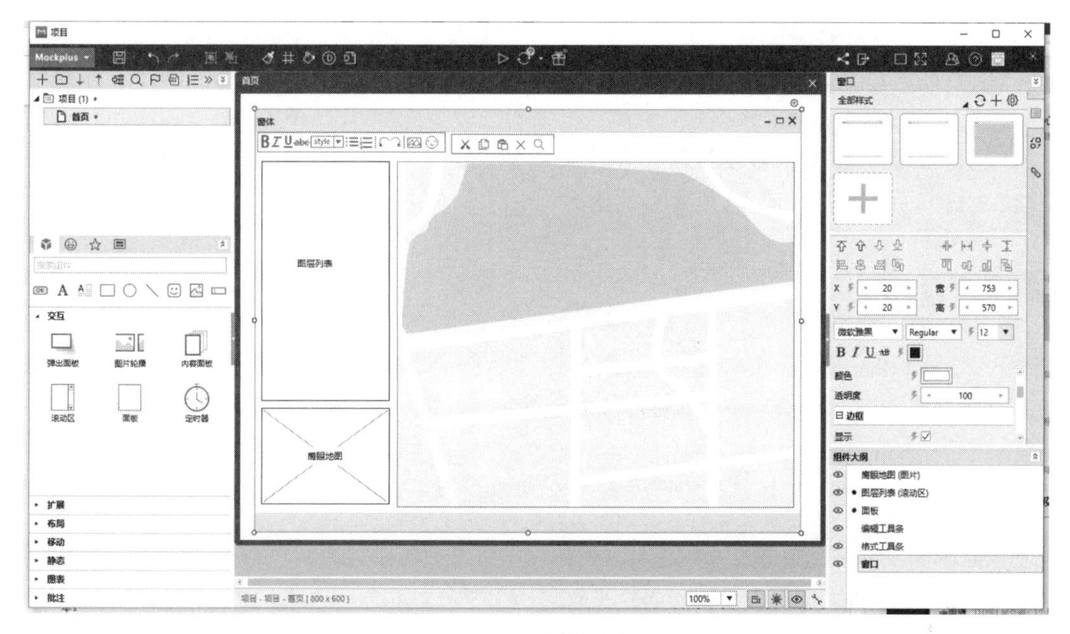

图 3-27　界面设计窗口

思考题

1. 什么是 GIS 工程设计？GIS 工程设计需要遵循哪些原则？

2. GIS 工程设计的主要任务有哪些？

3. GIS 工程设计的方法有哪些？各有什么优缺点？

4. 什么是 GIS 工程的体系结构？GIS 工程可采用的体系结构有哪些？在设计 GIS 体系结构时需要考虑哪些因素？

5. 什么是 SOA 体系结构？有什么优缺点？

6. 什么是结构化设计？结构化设计的主要工具有哪些？

7. 按照结构化设计的理论，GIS 工程概要设计的任务有哪些？

8. GIS 工程中软件详细设计的方法有哪些？

9. GIS 工程接口的概念是什么？包括哪些类型接口？

10. 现要设计互联网共享位置的应用程序，其中位置显示功能模块描述如下：好友甲向好友乙发送当前坐标(WGS84)位置，好友乙接收好友甲坐标，并用地图标注甲的位置。精简的数据流图如下：

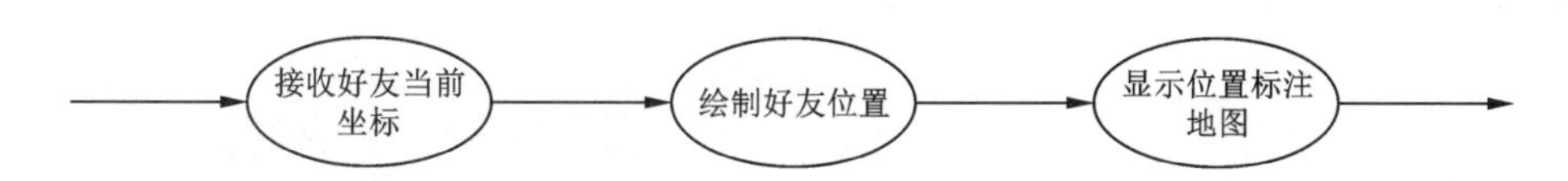

提示：“接收好友当前坐标”加工又可以分解为：①监听网络端口；②接收数据；③检查

坐标数据完整性；④检查坐标数据正确性。“绘制好友位置”加工的操作过程：①读取位置图标；②平移地图，将好友位置放在地图中心；③在好友坐标处绘制图标。

请结合你的经验，细化上述 DFD 图，标出输入加工、处理加工和输出加工，并绘制模块图。

11. GIS 工程中软件界面设计的任务与原则有哪些？

12. GIS 工程的运行环境包括哪些内容？

参考文献

[1] Erl T. Service-Oriented Architectural Concepts, Technology, and Design[M]. India: Prentice Hall PTR, 2006.

[2] Kindler E, Krivy I. Object-Oriented Simulation of systems with sophisticated control[J]. International Journal of General Systems, 2011.

[3] Newcomer E, Lomow G. Understanding SOA with Web Services [M]. London: Addison Wesley Professiona1, 2005.

[4] 陈韶健. Spring Cloud 微服务架构实战[M]. 北京：电子工业出版社，2020.

[5] 崔铁军，等. 地理信息系统工程概论[M]. 北京：科学出版社，2019.

[6] 李晶洁. 现代软件工程应用技术[M]. 北京：北京理工大学出版社，2017.

[7] 梅宏，申峻嵘. 软件体系结构研究进展[J]. 软件学报，2006，17(6)：1257-1275.

[8] 潘伟. 计算机网络理论与实验[M]. 厦门：厦门大学出版社，2013.

[9] 普雷斯曼. 软件工程实践者的研究方法[M]. 北京：机械工业出版社，2011.

[10] 施奈德曼. 用户界面设计[M]. 北京：电子工业出版社，2010.

[11] 孙昌爱，金茂忠，刘超. 软件体系结构研究综述[J]. 软件学报，2002，13(7)：1228-1237.

[12] 武强. 基于 B/S 三层架构下的基层连队管理信息系统的设计与实现[D]. 长春：长春工业大学，2018.

[13] 杨永崇. 地理信息系统工程概论[M]. 西安：西北工业大学出版社，2016.

[14] 张莉，高晖，王守信. 软件体系结构评估技术[J]. 软件学报，2008，19(6)：1328-1339.

第 4 章　GIS 工程面向对象分析与设计

面向对象开发方法通过理解和抽象现实世界，把事物的数据和方法组织为一个对象，利用对象之间的联系和协作建立系统抽象模型，符合人们思考问题和事物运行的模式。面向对象方法的应用已超越了程序设计和开发，广泛应用在数据库设计、界面设计、网络设计、人工智能等领域，甚至扩展到了一些非信息化行业。本章首先介绍面向对象的概念，然后介绍 UML 基本知识，最后介绍面向对象的分析与设计方法。

4.1　面向对象基础

4.1.1　概述

结构化分析与设计方法从数据和数据处理(功能)的角度分析问题，基于数据转换与流转过程将问题域分解成相互联系的模块集合。结构化分析与设计方法虽然是以数据流为中心，但是它将数据与程序分隔开来进行分析和设计，不仅增加了程序分析、设计、开发的复杂程度，而且不符合人们观察和解决问题的思维模式。结构化分析与设计方法适用于具有稳定需求的小型软件项目，难以适用于灵活多变的复杂项目，也不适用于快速敏捷的开发场景。为了解决结构化分析与设计方法中存在的诸多问题，面向对象分析与设计(object-oriented analysis and design，OOAD)便应运而生。

面向对象(object-oriented，OO)的思想最初起源于 20 世纪 60 年代中期的仿真程序设计语言 Simula67，20 世纪 80 年代初出现的 Smalltalk 语言及其程序设计环境促进了面向对象技术的推广应用。对象(object)是人类观察问题和解决问题的主要目标和出发点，可以是具体的、现实生活中客观存在的事物，也可以是主观抽象的概念。在面向对象的程序分析与设计中，对象是计算机系统中的组成要素，由数据和动作组成。数据是描述对象特征的属性集合，称为对象属性(attribute)。动作是对象可以实施的操作集合，又称方法(method)或行为(activity)，在程序中表示为类的成员函数。例如，在市政排水地理信息系统中，一段雨水管道就是一个对象，管道编号、直径、材质、埋深、流向、敷设时间、权属单位等信息就是管道对象的属性，系统对管道进行的新建、编辑、废弃等操作属于管道对象的方法。

面向对象方法使用对象的抽象概念模拟人类的思维过程，将客观世界中的抽象问题转化为具体的问题对象，让系统分析和设计过程更符合人类的认知模式，表达的知识更接近客观世界，解决方案更加自然、更易于理解。面向对象方法还具有唯一性、抽象性、封装性、继承性、多态性和复用性等优点。

(1)唯一性。每个对象都有唯一的标识，而且在对象的整个生命周期中，标识不会改变。软件系统利用这个标识能够找到并激活需要的对象。

(2)抽象性。抽象是指面向对象方法将具有相同数据结构(属性)和方法(操作)的对象抽象成类，即类是这类对象的更高抽象，表达了与应用系统有关的重要性质。类的抽象与划分具有主观性，受到系统分析设计人员的认知和经验等主观因素的影响。

(3)封装性。封装是将对象的属性数据和方法集成在一起，通过控制对象属性和方法的可见性来设置对象属性和方法的访问权限。面向对象方法的封装性比结构化方法更为清晰、简单，实现了对象属性和方法的包装和信息隐藏。

(4)继承性。继承是指子类自动复制和共享父类属性和方法的机制，是类之间的一种关系。继承不仅将父类的属性和方法复制成子类的内容，还允许在子类中添加自己的新属性和方法。

(5)多态性(多形性)。多态性是指相同的方法或函数可作用于多种类型的对象，这些不同的对象收到同一消息可以产生不同的操作结果。多态性允许每个对象以适合自身的方式去响应和处理相同的消息，能够增强软件的灵活性和重用性。

(6)复用性。对象的抽象、封装和继承等特性使对象属性和方法的复用变得更加简单，能够提高程序的复用性，增强软件的可维护性。

4.1.2 面向对象软件开发过程

面向对象的软件开发过程划分为计划阶段、需求定义阶段、分析阶段、设计阶段、编码阶段、测试阶段、交付和验收阶段等。

(1)计划阶段是软件开发的开始阶段，是项目可行性调研与开发计划制订的阶段。这个阶段初步获取项目的建设目标和范围，确定项目的可行性，制订项目开发计划，分析项目风险，编制项目可行性研究报告。

(2)需求定义阶段进一步深入调查和分析建设单位的软件需求，获取明确的项目目标和建设范围，使用规范化的模型视图表达建设单位的项目需求。此外，还要分析和获取领域概念，用于后期对象的识别。

(3)分析阶段也称为面向对象分析(object-oriented analysis，简称 OOA)。在这个阶段，系统分析人员进一步全面检验和分析需求定义，使用一系列的模型视图明确定义项目的需求。

(4)设计阶段也称为面向对象设计(object-oriented design，简称 OOD)。此阶段使用面向对象方法对分析阶段编制的模型视图(如类图)进行细化，设计系统的结构模型、过程模型等。

(5)编码阶段也称为面向对象开发(object-oriented program，简称 OOP)。此阶段使用面向对象的程序开发语言将设计模型视图转换成系统程序，这个阶段重点关注软件代码编写的质量，以及软件代码是否实现了设计阶段的所有模型。

(6)测试阶段也称为面向对象测试(object-oriented test，简称 OOT)。此阶段检查编写完成的软件是否存在问题和缺陷，以及建设单位的需求目标是否都得到了正确实现。

(7)交付和验收阶段是承建单位将软件部署在建设单位，交付建设单位使用，建设单位对交付成果出具验收意见的过程。

面向对象开发过程与结构化开发过程一样，都将软件划分成若干个开发阶段，组成软件的生命周期，但是二者又存在明显的区别。结构化开发过程的阶段划分界限明显，阶段产出物有明确的定义；每个阶段完成以后，都要经过评审才能进入下一阶段。而面向对象开发过程的阶段划分界限不明显，整个开发过程是模型视图不断细化和迭代的过程；各阶段虽然也要编制模型视图，但是一些模型视图的编制贯穿了整个开发过程，很难给出明确的阶段产出物定义；由于阶段结束标志模糊，一般不进行阶段评审。因此，面向对象开发方法是典型的迭代开发方法(rational unified process，RUP)，开发过程也可以概括为初始化、细化、构造和发布 4 个步骤。

4.2　UML 基础

4.2.1　UML 概述

20 世纪 90 年代中后期是面向对象技术发展的重要阶段，此阶段诞生并迅速成熟的统一建模语言(unified modeling language，UML)为软件用户和开发人员提供了丰富的图形视图和词汇表，用于系统可视化建模，是软件产品需求分析说明、设计方案表达、文档编制的标准化语言。UML 能够让软件分析和设计人员更加专注于软件模型和结构的建立，而不用关注程序的语言开发和算法的实现。虽然 UML 不是特定的编程语言，但是 UML 工具可以将 UML 模型生成多种编程语言代码，这也是其深受程序员青睐的主要原因。

UML 定义了一系列通用的、标准化的建模语言，具有详细描述系统分析与设计的方法论，能够帮助设计人员按照软件应用场景和业务需要对系统进行可视化建模，有助于软件项目干系人之间的交流与理解。UML 的具体作用包括以下几方面：

(1)为软件系统建立可视化模型。UML 符号具有良好的语义，能够避免分析与设计表达的歧义性。UML 通过一组可视化视图来分析和设计系统，这些可视化视图使系统结构更加直观、易于理解，有利于沟通与交流，有利于充分把握用户的需求。

(2)为软件系统建立构件。UML 不是面向对象的编程语言，但它的模型可以直接生成多种编程语言的程序代码。例如，它可以使用代码生成器将 UML 模型转换为 C++、XML、DTD、JAVA、Visual C#等语言的代码，或者生成关系数据库中的数据表，或者使用反向生成器将程序源代码转换为 UML 模型。

(3)为软件系统建立文档。UML 提供了丰富的模型视图来描述软件开发各个阶段的产出物，为系统开发文档的编写提供了系列建模模板。此外，一些 UML 工具也可以直接将设计人员制作的模型视图转换并生成设计报告。

4.2.2　UML 模型视图

UML 共定义了 10 种模型视图，每种视图在软件开发各阶段的作用见表 4-1。

表 4-1　UML 视图及其作用

开发阶段	所用视图	作用
需求定义阶段	用例图	定义系统功能，描述系统目标
分析阶段	类图、顺序图、协作图、状态图、活动图	构造类-对象模型和动态模型，帮助理解系统模型，初步描述每个对象类的属性和操作

续表4-1

开发阶段	所用视图	作用
设计阶段	对象图、包图、构件图、部署图	描述系统的划分，定义软件的控制结构
实现阶段	类图、对象图	使用编程语言实现类和对象
集成与交付	构件图、包图和部署图	定义系统的集成过程
测试阶段	类图、包图、构件图、协作图、用例图	单元测试使用类图和类的规格说明书，集成测试阶段使用类图、包图、构件图和协作图，确认测试使用用例图检验系统功能。

UML 视图元素和概念之间没有明显的界线，为了描述方便，有时会将 UML 模型视图划分为不同的类型。本书将 UML 模型视图划分为用例图、静态图、行为图和实现图。

(一)用例图

用例图(use case diagram)又称为用户案例图，是描述软件用户与系统交互关系的视图，展示了哪些用户使用哪些用例(功能)来操作系统。用例图是从业务需求描述出发，深入分析应用场景，对场景进行分类和抽象，形成一系列用例，然后确定执行者与用例、用例与用例之间的关系。

用例图主要用于面向对象需求定义阶段的需求表达，详细描述领域内的业务流程和功能需求。用例图将系统与执行者描述为系统与一个或多个执行者之间的消息序列，来定义和表达业务流程，图 4-1 表述了空间要素框选查询的用例图。用例图由执行者、用例、范围和连接关系等元素组成。

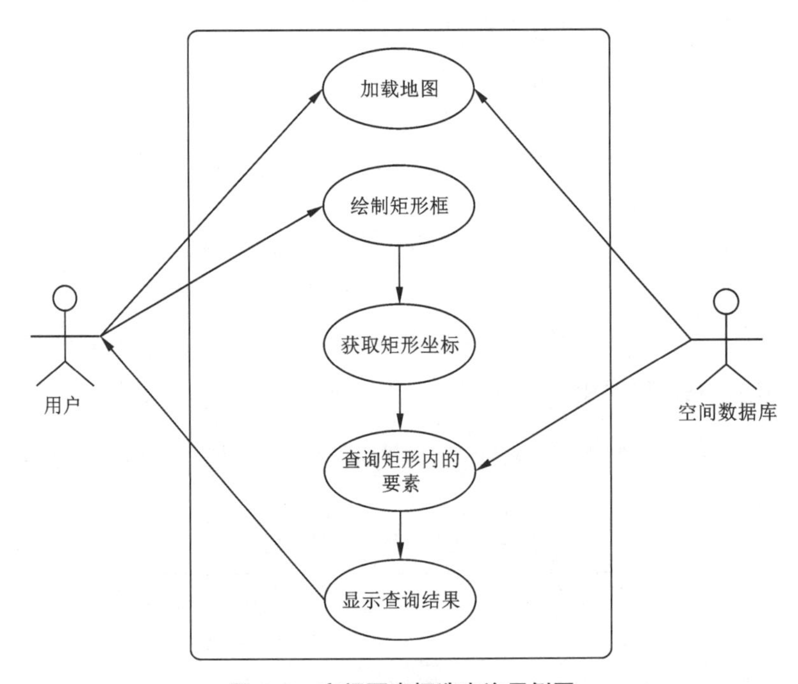

图 4-1　空间要素框选查询用例图

(1)执行者又称为参与者或行动者，是与系统或子系统发生交互操作的外部用户、进程、文件、数据库或其他系统，代表了一类与系统交互的抽象角色。执行者不是系统开发的目标，其内部实现与系统开发没有关系。执行者在用例图中用符号表示。图 4-1 中“用户”是一个执行者，代表使用软件的人员；“空间数据库”也是一个执行者，代表为用例提供数据支持的外部系统。

在绘制用例图时，准确分析和把握执行者需要注意几点：①执行者本身不是开发软件的一部分，位于开发软件之外；②执行者代表的是一类角色，而不是具体的对象；③执行者并不一定是操作软件的人，可以是外部的系统、设备或进程等。

(2)用例是外部执行者与系统交互的功能单元，可以是主体类/对象提供的方法。用例是系统功能模块的逻辑描述，每个用例都要映射到类的一个方法，其行为通常会引起类状态的转变。在用例图中，用例使用椭圆表示，在其中标明用例的名称。有时为了描述方便，在用例中也可以加入用例标识(如编号)。

(3)用例之间的连接关系。用例之间有 4 种连接关系用于表达用例与执行者或与其他用例之间交换消息的序列，包括关联关系、扩展关系、包含关系、泛化关系，详见表 4-2。其中关联关系是最简单、最常见的连接关系，使用带箭头或无箭头的线表示，带箭头的连接可以表示命令施加方向、数据流动方向或操作的先后顺序。

表 4-2　用例的连接关系

关系	功能描述	符号	示例(以图 4-1 为例)
关联	执行者与用例之间或用例之间的通信路径	⟶	用户与用例之间的关系
扩展	在一个已有用例的基础上扩展新的功能而产生的关系，常用于特殊情况的补充	<<extend>> ⟶	查询要素可能为空或多个要素的情况
包含	用例包含子用例，常用于子用例重复使用的场景	<<include>> ⟶	显示查询结果用例可以包含要素标注和属性显示用例
继承	继承又称泛化，是一般用例和特殊用例之间的关系，特殊用例继承了一般用例的特征	——▷	点要素、线要素、面要素的显示用例可以继承要素显示用例

(4)范围用来定义和描述软件开发功能的内容，用矩形框表示，矩形框内的用例都是软件开发要实现的功能。

由于用例图仅使用用例名称表示功能，所以在面向对象分析与设计过程中，每个用例还要在开发文档中进行详细说明，包括用例名称、用例的执行者、用例的前置条件、用例的后置条件、用例的操作流程和用例性能上的特殊需求或者拓展功能。

(二)静态图

静态图是描述应用领域的概念以及与系统实现有关的内部概念的建模视图，它不描述与时间有关的系统行为和过程。静态图将行为描述成离散的模型元素，但是不包括动态行为的细节。静态图的关键图元是类及它们之间的关系，类是描述事物的建模元素，是应用领域或应用解决方案中的概念单元。

静态图包括类图(class diagram)、对象图(object diagram)和包图(package diagram)。类图描述系统的静态结构，类图的节点表示系统中的类及其属性和方法，类图的连线表示类之间的联系，包括继承、关联、依赖、聚合等关系。

对象图是类图的一个实例，它描述在某种状态下或在某一时段，系统的对象及其关系。包图是描述系统总体结构的重要视图，包由一系列类、接口、组件、节点、协作、用例等元素组成，具有高内聚、低耦合特性，包的访问具有严密的控制。包图表示包(package)和包之间的关系，由子包及类组成。包之间的关系包括继承、构成与依赖关系。

(三)行为图

行为图是描述系统动态模型和对象之间动态关系的模型图，UML 使用交互图(interactive diagram)、状态图(statechar diagram)与活动图(activity diagram)从不同的侧面刻画系统的动态行为。

交互图描述对象之间的消息传递过程，又可分为顺序图(sequence diagram)与协作图(collaboration diagram)两种形式。顺序图强调对象之间消息发送的时间序列，协作图强调对象间的动态协作关系。

状态图描述类对象实例的动态行为，包含对象所有可能的状态、在每个状态下能够响应的事件、事件发生时的状态迁移和响应动作等。

活动图描述系统为完成某项功能而执行的操作，包含控制流和信息流。控制流表示一个操作完成后对后续操作的触发，信息流表示操作之间的信息交换过程。

(四)实现图

实现图(implementatin diagram)用来描述系统实现的模型视图，包括硬件的组成和布局、软件系统组成单元及其关系，以及组成单元的功能实现。实现图包括构件图(component diagram)与部署图(deploymetn diagram)。

构件图描述软件实现的各组成部件及其之间的依赖关系，一个部件可以是一个资源描述文件、一个二进制文件或一个可执行文件。

部署图描述项目运行环境的硬件和网络的物理连接结构，节点表示实际的计算机或其他设备，边表示节点之间的物理连接关系。部署图对于项目实施人员有着重要的参考价值。

4.3 GIS 工程面向对象的需求定义方法

GIS 工程需求定义阶段完成项目目标与项目需求的收集和分析以后，使用 UML 模型视图来描述业务流程和功能需求。

4.3.1 UML 业务流程分析

业务流程分析方法首先分析业务领域问题，通过抽象、分解获得对象的关键要素，然后用图形、符号和文字绘制出模型视图。UML 业务建模方法就是使用 UML 的标记语言，从静态和动态两个方面抽象和描述业务流程。

由于业务流程涉及人员、信息、活动和流程，因此 UML 建模元素可以抽象为业务角色、业务实体、业务活动和业务流程等。业务角色(role)是在业务流程中负责特定业务活动并和其他业务角色进行交互的人或系统；业务实体(entity)是由业务角色使用和处理的事物；业务活动(activity)是由业务角色操作并具有明确输入和输出的任务；业务流程(process)是由一组角色执行一系列有序活动及操作实体的集合。

(一)活动图

UML 的业务流程模型可以采用活动图(activity diagram)描述业务角色所进行的特定业务活动，以及每个活动的输入与输出，并通过输入与输出将角色、实体、活动连接起来，形成一条业务流程。当业务流程涉及的业务活动较多时，可以把相关的连续执行的业务活动封装成为一个业务活动，从而让业务流程活动图具有层次性。

图 4-2 是业务活动图示例，即市政管线事件处置流程的活动图。业务流程包括：巡检人员发现问题并上报，巡检负责人核实上报事件；如果事件存在，则转由管线维修人员维修，维修完成以后上报维修结果；如果事件不属实或暂不需要处理，则直接转到结束。

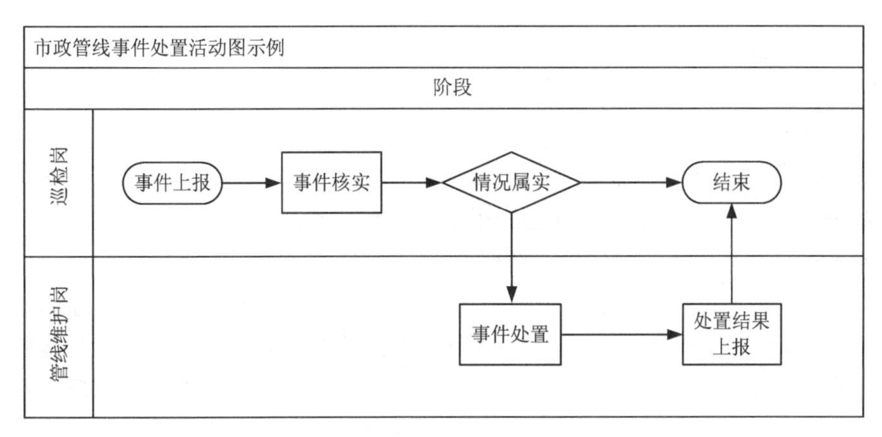

图 4-2　业务活动图示例

(二)状态图

为了跟踪、控制和统计业务流程的执行过程，有时还需要描述业务流程关键对象的状态转换过程。状态是业务流程对象在执行操作以后的某种特性，可以是对象生命期中的某个条件或状况，是对象执行了一系列活动的结果，即当事件发生后，对象的状态会发生变化。业务流程控制是指只有完成特定的业务活动后，即对象处于某种状态时，才能进行后续的业务活动。

状态图(state diagram)用来描述业务对象所有可能的状态，以及由于某种事件或活动的发生而引起状态之间的转移和变化。图 4-3 为业务状态图示例，即管线巡检事件处置流程的状态图，其中节点表示状态，箭头表示状态转换动作。当巡检人员上报事件时，事件的状态为“新建”，核实以后事件状态转为“确认”，维修过程中事件的状态为“维修中”，维修完成以后事件状态为“维修完成”；如果检查后事件不属实或暂不需要维修，则转为“废弃”状态。

4.3.2　UML 功能分析

(一)用例图的绘制

UML 用例图是用来描述软件功能需求的模型视图，用于详细说明需求中用户与系统的交互活动，以及为完成用户的活动所需的系列操作。用例图绘制过程包括划定系统边界、寻找执行者、确定用例、连接用例。

(1)划定系统边界就是要确定系统的功能范围，也就是当前用例图所要描述的功能范围。

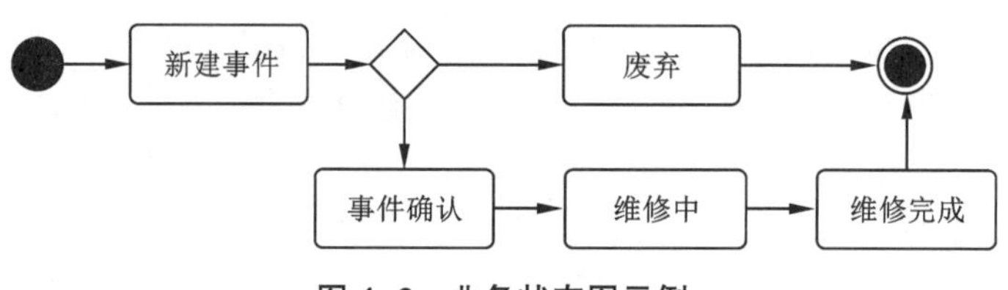

图 4-3　业务状态图示例

(2)寻找执行者可以从几个方面考虑：①系统用户有哪些人员；②系统从哪儿读取数据；③系统产生的数据如何保存；④系统与其他系统的关系；⑤系统运维由哪些人员负责；⑥系统需要哪些硬件设备支持；等等。

(3)确定用例主要是考虑系统用户希望系统提供哪些功能或服务，这些功能或服务可能由哪些动作结点组成。确定用例可以从几个方面考虑：①用户希望的系统目标是什么；②系统为了实现用户希望的目标，需要哪些步骤或动作；③系统对数据的操作有哪些，如创建、修改、删除、查询、存储等；④系统处理结果是否要展示给用户，展示方式有哪些；⑤系统与其他设备或软件的交互功能有哪些；等等。

(4)连接表述执行者和用例之间或用例之间的关系，可以从几个方面考虑：①用户与用例、用例之间的控制关系或数据传输关系；②用例之间是否存在包含关系；③用例之间是否存在层次关系；④用例之间是否存在使用/调用关系；⑤用例之间是否存在组成关系；等等。

在绘制用例图时，需要注意：不同业务系统的用例图描述的重点可能存在差异，不同的分析人员设计的用例图也会不同，因此绘制用例图的重点在于清晰表达系统的功能需求，表达的形式可以灵活多样。当系统需求和功能较复杂时，用例图也可以采取"自顶向下"的分层绘制策略，即首先从顶层绘制用例的组成，然后再逐步细化。城市燃气管道巡检系统的顶层用例图和抢险任务调度用例图如图 4-4 所示。

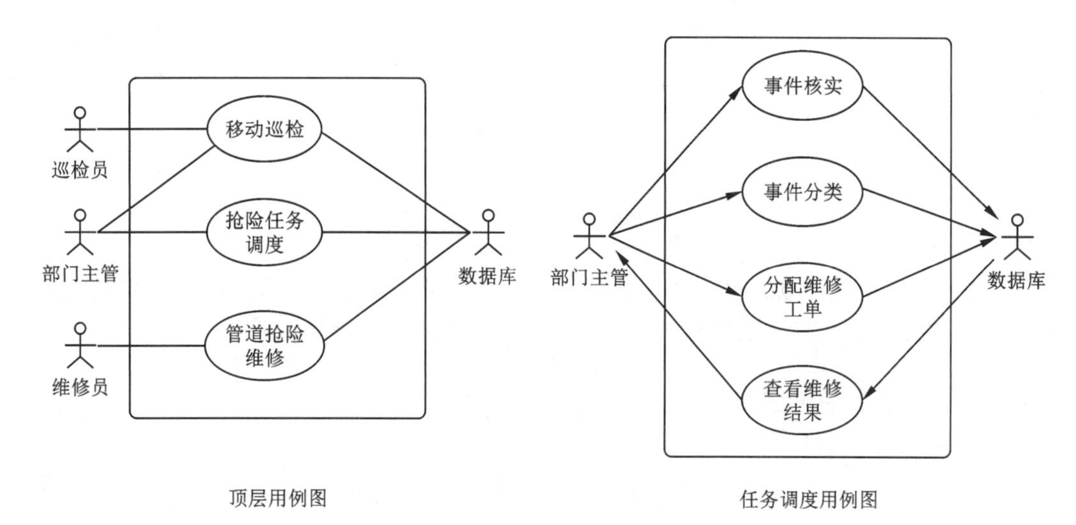

图 4-4　城市燃气管道巡检系统用例图

(二)用例图的描述

由于用例图仅表示系统功能范围、活动、用户和外部组件，不能描述用例细节，因此，在绘制用例以后，还需要详细描述用例图及每个用例。用例的描述内容包括用例接收的指令或数据、用例中的操作流程、可选操作流程、前置条件、后置条件、规则与约束等。操作流程可以用自然语言描述操作步骤和顺序，要求语言简洁、准确。可选操作流程是在用例中可能存在不同条件，需要根据不同条件判定要执行的操作。前置条件是指当前用例执行需要满足的条件，后置条件是指当前用例完成操作以后可能产生的条件。

用例图说明表示例如表 4-3 所示，用例说明表示例如表 4-4 所示。

表 4-3　用例图说明表示例

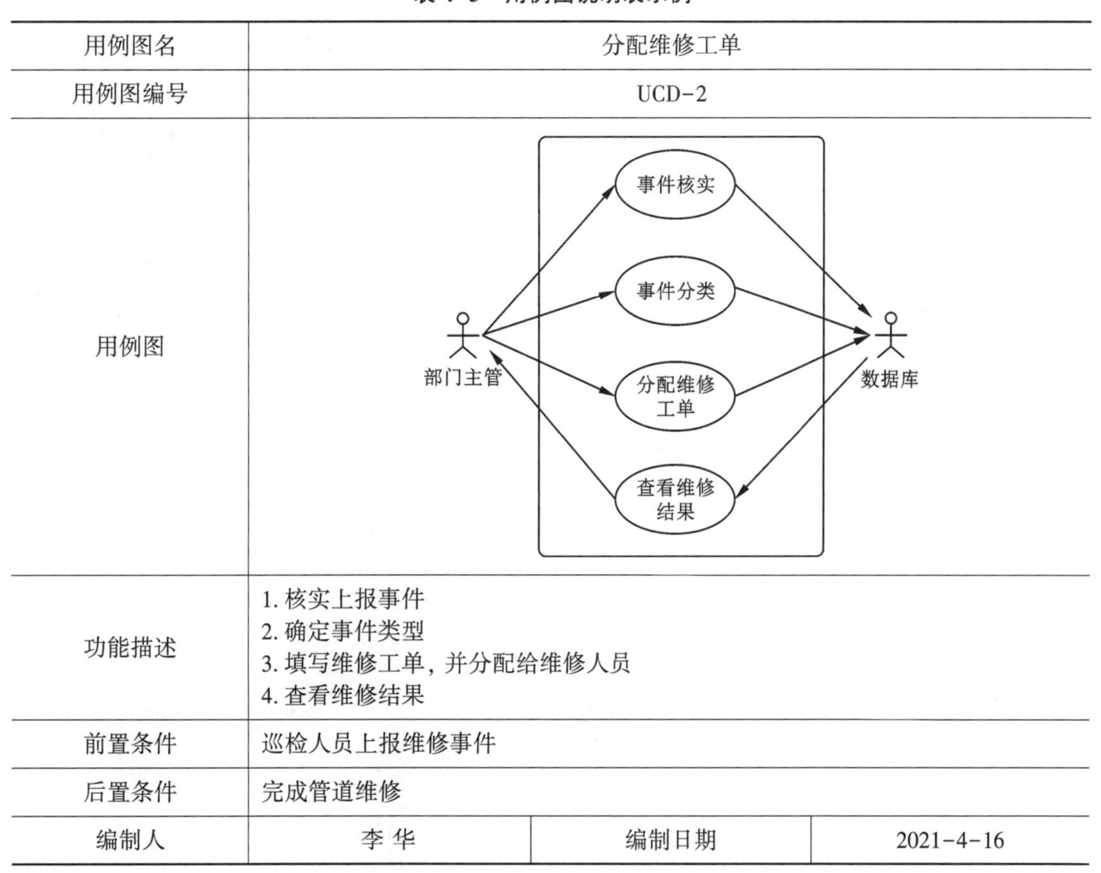

用例图名	分配维修工单		
用例图编号	UCD-2		
用例图			
功能描述	1. 核实上报事件 2. 确定事件类型 3. 填写维修工单，并分配给维修人员 4. 查看维修结果		
前置条件	巡检人员上报维修事件		
后置条件	完成管道维修		
编制人	李 华	编制日期	2021-4-16

表 4-4　用例说明表示例

用例名称	事件分类
用例编号	UC-2-3
用例图编号	UCD-2
执行者	部门主管，数据库
简要说明	对上报事件进行分类，确定事件维修类型及紧急程度

续表 4-4

前置条件	已核实事件		
基本事件流	1. 查看事件描述 2. 根据事件分级规则，确定事件类型及紧急程度		
异常事件流	1. 事件描述缺失，要求重新核实 2. 如果事件特殊，不能正常分类时，需要特殊处理		
后置条件	给事件标定类型及紧急程度		
编制人	李　华	编制日期	2021-4-16

（三）功能分析示例

在市政排水 GIS 系统里，顶层用例图包括数据管理、排水决策、后台管理等用例，如图 4-5(a)所示。数据管理用例图包括图层管理、属性管理、数据导入、专题图浏览、数据权限管理等用例，如图 4-5(b)所示。专题图浏览用例图包括全图显示、地图平移、地图放大、地图缩小、要素标识等用例，如图 4-5(c)所示。

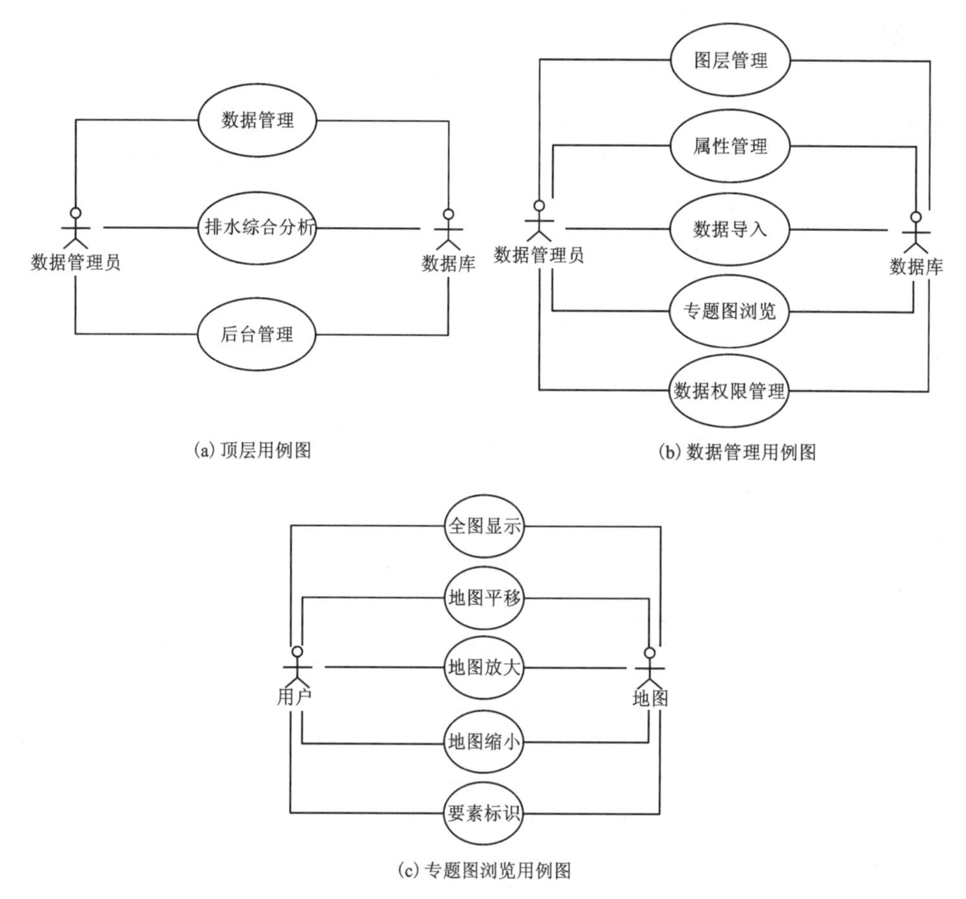

图 4-5　市政排水 GIS 系统用例图

在面向对象分析方法中，常用表格形式描述用例图及其中的用例。专题图显示用例可以描述成表 4-5 的形式，要素标识用例可以描述成表 4-6 的形式。

表 4-5　专题图显示用例图说明

用例图名	市政排水专题图显示用例		
用例图编号	UCD-01-02		
用例图	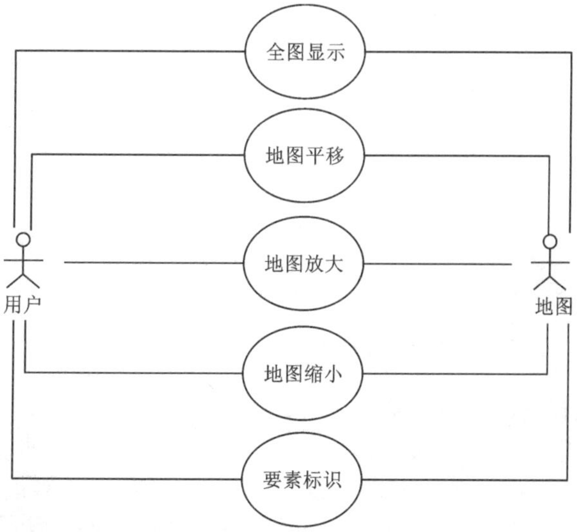 全图显示 地图平移 用户　地图放大　地图 地图缩小 要素标识		
功能描述	1. 加载地图数据，显示地图 2. 全图显示用例将地图缩小至能够显示全部地图 3. 地图平移用例：鼠标拖放移动地图 4. 地图放大用例：鼠标向上滚轮放大或双击放大地图 5. 地图缩小用例：鼠标向下滚轮缩小地图显示 6. 要素标识用例：鼠标点击要素，显示要素属性		
前置条件	排水管线专题地图已生成，而且已发布为 WMS 服务		
后置条件			
编制人	李 华	编制日期	2020-2-10

表 4-6　要素标识用例说明

用例名称	要素标识
用例编号	UC-01-0205
用例图编号	UCD-01-02
执行者	用户，地图
简要说明	用户点击要素，查询并显示要素属性
前置条件	已加载排水专题地图

续表 4-6

基本事件流	1. 用户点击要素 2. 后台服务调用空间分析用例(UC-04-0508)查询要素 3. 显示要素的属性列表		
异常事件流	1. 用户没有点中要素，不做任何操作 2. 没有查询到要素，返回 NULL 3. 接收到 NULL，显示“没有查询到要素”		
后置条件	显示要素属性或提示错误信息		
编制人	李 华	编制日期	2020-2-10

4.4 GIS 工程面向对象分析方法

4.4.1 面向对象分析概述

(一)面向对象分析任务

面向对象分析(object oriented analysis，OOA)是进一步分析用户需求并建立应用领域模型的过程，即面向对象分析是在深入分析建设单位用户需求的基础上，把业务模型转换成分析模型。系统分析员根据用户需求和已设计的用例图，概括并抽象出目标系统的本质特性，并用模型视图准确地表示出来，为后续设计阶段提供基础和依据。因此，分析模型向上概括了用户需求，且可以回溯用户需求；向下为计算机的实现定义了高层抽象模型。

面向对象分析阶段的主要工作是建立模型视图，即在细化需求定义用例图的基础上，建立 3 种形式的模型视图，包括类对象(静态)模型、动态行为模型和物理实现模型。面向对象分析阶段是从不同的角度进一步描述目标系统，使得项目干系人对系统的认识更加全面。因此，面向对象分析的关键任务是识别出问题域内的类与对象，分析它们相互间的关系，建立起问题域的简洁、精确、可理解的类和对象模型。类和对象模型是其他模型的基础，行为模型的动态过程表现为类/对象之间传递和处理消息的过程，物理实现模型也是由一系列相互联系的类/对象组成。面向对象分析的主要任务包括：

(1)修改和细化用例模型。系统需求定义阶段使用一组用例图描述了用户和系统之间的交互，详细表达了全部系统功能行为。随着分析的深入，系统目标和功能逐渐具体化，早期建立的用例模型需要修改和调整，粒度较大的用例要进一步划分和细化，使用例功能更加具体、单一。

(2)建立类-对象模型。使用类-对象模型描述系统所涉及的全部类和对象，描述类-对象之间的静态关系，定义系统中所有重要的消息路径，以及类-对象的属性、操作和交互。进而设计系统的概念层次模型，包括类图和对象图。

(3)建立对象-行为模型。使用对象-行为模型描述系统的动态行为，包括状态图、顺序图、协作图和活动图等。

(二) 面向对象分析过程

面向对象分析过程是循环迭代的过程，如图 4-6 所示。分析从细化需求定义开始，依次完成对象和类模型的定义、行为模型定义和原型研发，利用原型系统检查分析模型，并对分析模型进行调整和修改。

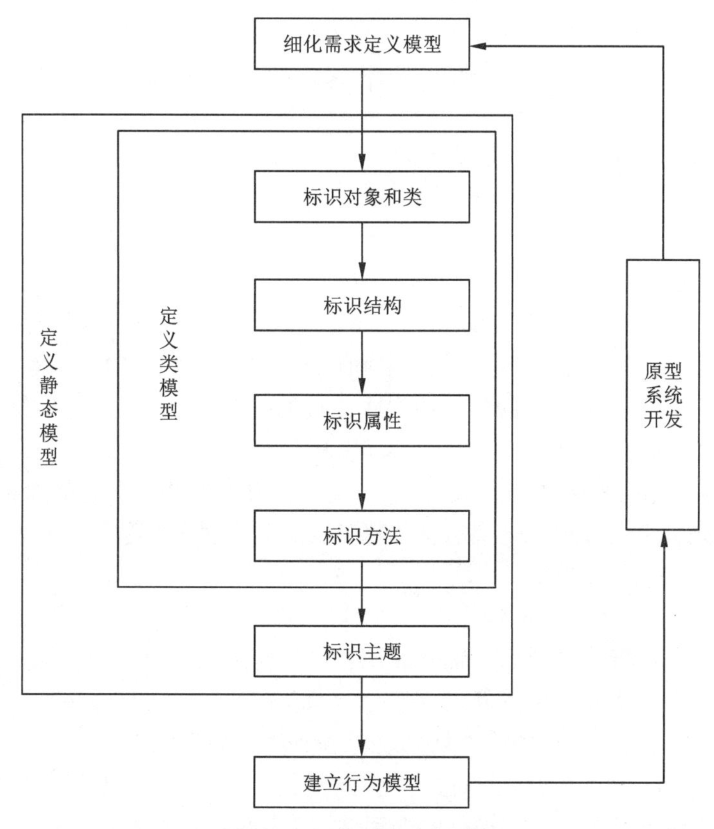

图 4-6　面向对象分析过程

具体来说，面向对象分析的步骤包括标识类和对象、标识结构、标识属性、标识服务、标识主题、建立行为模型、原型开发等。

(1)标识对象和类。面向对象分析首先从已获取的需求定义开始，分析应用领域问题，调查系统的环境，逐步形成整个应用的基础类和对象(或称为分析类和对象)。标识对象和类是从领域问题中发现结构和行为存在共性的一组事物，为此系统分析人员可以先从领域问题描述词汇表中识别出关键概念，构成候选对象和类。例如，4. 3. 2 节的用例图及用例描述表中出现的名词有管道、事件、工单、巡检员、部门主管、数据库管理系统等，都是候选对象和类。此后还要进一步根据系统目标和范围，遴选出系统对象和类。例如，“巡检员”是系统的执行者，系统的一些行为(如事件上报)需要由“巡检员”来“执行”，因此“巡检员”成为系统的一个类；而同是执行者的“数据库管理系统”在系统中只是负责数据的外部存储和管理，在系统中没有执行任何“行为”，所以“数据库管理系统”不是系统的类。

(2)标识结构。结构描述对象-类之间的关系，包括一般和特殊结构、整体和部分结构。

一般和特殊结构是由概念在问题域中抽象层次的高低决定的，一般类是基类，处于更高的抽象层；特殊类是派生类，处于较低的抽象层。例如，在城市地下管线地理信息系统里，管线是燃气管线的基类，管线是高层抽象概念，属于一般类，燃气管线是具有特殊属性和功能的管线，属于特殊类。整体和部分结构表示对象-类之间的聚合关系，即一个对象或类可以由其他对象或类聚合而成。例如，燃气管线类由管段类和管线附属物类组成。

(3)标识属性。属性描述对象-类在特定问题域中特定状态的性质，例如管线的名称、编码等。同一个对象-类在问题域中有许多特性，在不同的问题领域中特性也会不同。例如，城市基础地理信息系统中的房屋要素类仅具有要素编码、要素名称、房屋结构等基本特性；而在城市规划地理信息系统中，房屋要素除了具有基础地理信息系统领域的基本特性外，还包括权属人、建筑年代、建筑面积、楼层数、用途等。对象是类的实例，属性值表示该对象的特定状态的值。在标识属性时，首先要找出对象-类在问题领域中所有可能的特性，给出每个属性的名称和描述，指定该属性的访问限制和取值范围(值域)。

(4)标识方法。方法是对象-类的又一个重要内容，是对象-类在收到消息后执行的相应操作，描述了对象或类的功能。标识对象或类的方法是为了定义对象-类之间通信的方式，以及消息处理的行为。目标系统的整体功能通过对象-类之间的信息交互和消息处理得以实现，因此标识方法在面向对象分析阶段就显得非常重要。

(5)标识主题。当目标系统包含大量对象-类时，为了更好地理解概念模型，而对对象-类模型进行主题划分，进而建立模型的整体框架，划分出对象-类的层次结构。面向对象分析阶段通常使用包来表示主题。

(6)建立行为模型。在对象-类定义完成以后，为了表达对象-类在目标系统中的交互过程和功能实现过程，分析阶段利用系统交互图、状态机图或活动图来反映系统的动态行为。在分析较小的系统时，系统分析员可以直接分析对象-类模型之间的交互活动，而在分析大中型系统时，可以按需求先把对象-类划分成若干个包，然后用包来组织行为模型。

(7)原型开发。在获取了系统的对象-类并分析了系统行为模型以后，开始研发增量式的原型系统，用于检查静态和动态模型的合理性、完备性，及时发现分析模型中的问题并予以解决。在面向对象开发方法中，原型开发贯穿整个软件开发周期，即开始于需求定义阶段，结束于系统交付阶段。

4.4.2 类-对象模型

(一)类的概念

类(class)定义了一类事物的抽象特点，包括这类事物的属性和可以施加的行为。举例来说，地理要素类包含空间几何特征和业务领域特征，以及相关的操作(方法)。地理要素类的空间坐标、要素编码、要素名称等是属性，要素绘制、高亮显示等是地理要素类的行为能力(即操作或方法)。因此，类是具有相同属性、操作、关系的对象集合的统称，封装了一类对象的属性和行为，是面向对象的重要元素，能够为程序提供模板和结构。类的属性是类状态的抽象，使用特定的数据结构来描述。类的操作是类行为的抽象，是指类要执行哪些操作、或接收哪些消息并做出什么样的处理动作。

在 UML 中，类使用矩形表示，包括类的名称或标识、属性和方法等 3 个部分。图 4-7 所示为管点的类符号，类的名称是“管点”，属性包括“编号”“类型”“X”和“Y”，方法包括“Draw”和“Equal”。

管点
+ 编号：string + 类型：string + X：float + Y：float
+ Draw () + Equal ()

图 4-7　管点的类符号

（二）对象的概念

对象（object）是一个具体的事物，是类的实例，可以表示现实世界的具体事物，也可以是人们意识中的抽象事物。例如，“中南大学地学楼”对象是房屋类的一个实例，指示现实世界的具体房屋；“空间要素查询器”是空间要素查询类的一个实例，不是现实世界的具体事物，而是在系统中抽象的、具有特定功能类的实例。

在面向对象程序分析中，对象是计算机系统的一个具体目标，是类派生的实例，继承并包含了类的属性和动作。对象的属性是对象在特定时刻所具有的特征值，可以随着对象行为的执行而发生改变。例如，“中南大学地学楼”对象的“用途”属性为“办公楼”，是指当前对象的“用途”特征，在其他时刻，该对象的“用途”可能为“教学楼”“实验楼”等值。对象的方法是指对象能够进行的操作，是类函数的继承。对象的方法是目标系统功能实现的具体表现，不仅能够进行操作，还能够及时存储操作结果，形成对象的不同状态特性。

（三）类图

类图是描述类、接口及其关系的模型视图，用来描述业务或软件系统的组成、结构和关系，是面向对象方法中的最重要的视图。类图描述的关系包括继承、实现、依赖、关联、聚合、组合等类型。

（1）继承（generalization/extends）关系也叫泛化关系，是指一个类（或称为子类、子接口）获取另外一个类（或称为父类、父接口）的属性和方法的能力，并且允许在继承以后增加自己特有的新属性和方法。继承是类与类或者接口与接口之间最常见的关系，在类图中用带空心箭头的实线表示，由子类指向父类[图 4-8（a）]。

（2）实现关系（implements）是指一个类实现一个接口（interface）的属性和方法的能力。实现是类与接口之间最常见的关系，在类图中用带空心箭头的虚线表示，由实现类指向接口[图 4-8（b）]。

（3）依赖关系（dependency）是指一个类使用另一个类的关系，被使用类的变化会影响使用类。依赖关系可以是偶然、临时、可变的，在类图中用带箭头的虚线表示，由使用类指向被使用类[图 4-8（c）]。

（4）关联关系（association）是指两个类或者类与接口之间语义级别的依赖关系，关联关系是固定和长期的，类之间是平等的。在编程里，关联关系表现为被关联类以类属性的形式出现在关联类中，也可以是关联类引用了被关联类的全局变量。关联关系使用带箭头的实线表示，由关联类指向被关联类[图 4-8（d）]。

（5）聚合关系（aggregation）是关联关系的一种特例，是整体与部分之间的拥有关系，整体与部分之间可以分离。聚合关系使用带空心菱形的实线表示，菱形指向整体类[图 4-8（e）]。

（6）组合关系（composition）也是关联关系的一种特例，表示整体与部分之间不可分离的关系。组合关系使用带实心菱形实线表示，菱形指向整体类[图 4-8（f）]。

（四）类的分类

类通常可以分为实体类（entity class）、抽象类（abstract class）、控制类（control class）和边

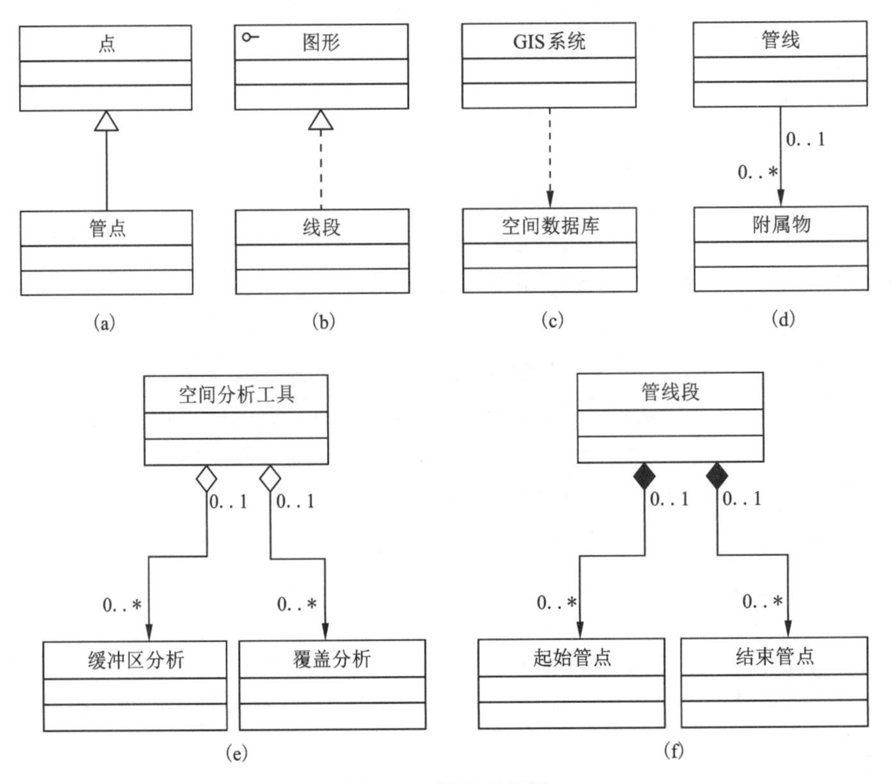

图 4-8　类关系示例

界类(boundary class)等类型。

(1)实体类对应目标系统需求的每个实体，通常需要持久化保存，可以使用数据库表或文件来记录，也是数据设计阶段实体识别的主要来源。实体类既包括存储和传递数据的类，也包括操作数据的类。实体类主要来源于问题领域中的名词词汇，或者需求分析规格说明书中的名词。例如，城市地下管线地理信息系统需求描述中的管线、管点、井盖等，都是实体类。

(2)抽象类用来表征问题领域分析得出的抽象概念，不能用来描述具体对象的属性和方法，而是对一系列表现不同、本质相同概念的抽象描述。例如，在地理信息系统编辑软件问题领域存在着点、线、三角形、矩形等具体的概念，虽然形态不同，但是都属于“形状”概念。“形状”概念尽管在问题领域并不具体存在，但它可以成为问题分析的抽象概念，所以可以将“形状”定义为抽象类。由于抽象概念在问题领域没有对应具体事物，所以抽象类不能够直接实例化产生对象。抽象类主要用来隐藏类的属性和方法，进而构造出一组固定属性和方法的定义。抽象类在类图中表现为派生类，即继承关系。

这里需要注意抽象类与接口的区别，接口是一种抽象类型，不是类，是抽象方法的集合，定义了方法的规范，包括方法名、参数列表、返回类型等。接口和抽象类一样都不能用来实例化对象，但是抽象类的派生类可以实例化对象，而接口只能使用实现类实例化对象。例如，如果定义了 Shape 抽象类，Shape 的方法都有特定的实现过程，当使用 Shape 派生了 Point 类时，Point 类就继承了 Shape 所有的属性和方法，但是我们不能使用 Shape 实例化对象，而要用 Point 实例化对象。Java 语言使用"Point point = new Point( )；"语句来实例化对象 point。如果定义了 IShape 接口，而且定义了实现 IShape 接口的类 Point，在 IShape 接口中只有方法名称而没有实现，即仅有方法规范，接口方法的实现必须在 Point 中定义，此时也不能使用 IShape 实例化对象，只能使用 Point 实例化对象。Java 语言使用"IShape point = new Point( )；"语句来实例化对象 point。

(3)控制类用于控制和协调一个或多个用例所特有的类模型，其方法具有协调性。在很多问题领域，控制对象(控制类的实例)控制着一个或多个用例的实现，但并不是所有用例都需要控制对象。因为控制类能够表示系统的动态行为，是应用程序执行的控制逻辑，为用户提供相应的业务操作，处理主要的任务和控制流。

尽管控制类用于控制和协调用例，但并不是直接处理用例要执行的一切事务。控制类实例对象负责一个或多个用例的协调控制工作，可以降低用例之间的耦合度。例如，在 Web 应用系统里，使用控制类可以降低用户操作界面和数据库操作之间的耦合度。控制类一般使用动宾结构的短语(动词+名词)转化来的名词命名，比如管线管理类负责管线管理用例，包括新建、编辑、删除、查询等业务操作。

(4)边界类是外部用户与系统之间交互操作对象的抽象，包括界面类和前端操作类等，例如对话框、窗口、菜单。

(五)类图设计步骤

类图的设计步骤是从问题域分析开始，最后得到系统的完整类图和说明书，整个过程如图 4-9 所示。

(1)研究分析问题领域，进一步确定系统需求。

(2)发现问题域中的对象和类，根据对象-类的含义和作用，设计类的名称，确定类的属性和操作。

(3)发现类之间的静态联系。这一步骤着重分析对象类之间的一般和特殊关系、部分与整体关系，进而分析类的继承性和多态性，把类之间的静态联系用关联、泛化、聚合、组合、依赖等关系表达出来。

(4)设计类与联系。进一步查看和分析类之间的关系视图，调整已得到的对象和类之间的联系，解决命名冲突、功能重复等问题。

(5)绘制对象类图并编制类图说明。完成类图设计以后，要编写类图说明书，详细描述类的属性和方法，以及类之间的关系。

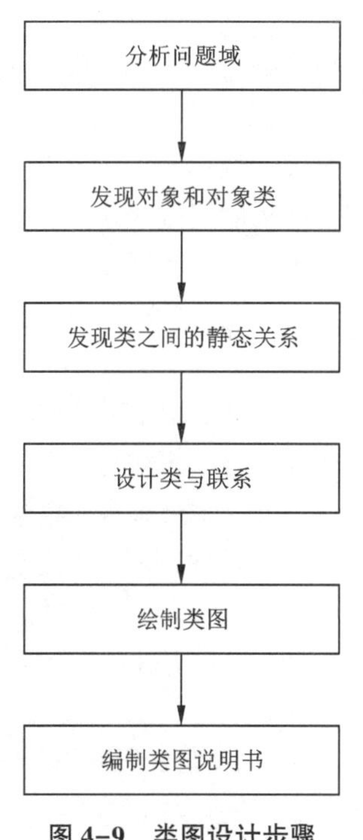

图 4-9　类图设计步骤

可以看出，识别实体类和绘制初始类图在设计类图的过程中非常关键，此时的类图也可称为领域模型或分析类图。类识别方法大致有：

(1)从用例图及其说明文档中，特别是词汇表中找出意义重要的一般名词，包括物理实体、事件、设备、人员角色、结构化单元等。

(2)从领域问题陈述中的名词和知识中识别，或者直接沿用该领域术语。例如市政排水领域中的旱流污水管、水污合流管等。

(3)从动态模型中识别控制类或边界类。

(4)从类似的系统或先前已有系统中获取可以直接使用的类。

4.4.3 对象-行为模型

在需求定义阶段，用例图用来表达用户的期望，明确定义系统的基本目标，清晰描述系统功能。在分析阶段，类图构造了系统的基本静态结构，每个特定的用例都是业务办理的过程，是一个动态变化的行为系列。如何利用对象类及对象类之间的交互协作关系来表述用例代表的业务流程，这就需要用动态模型来表达。动态模型表达了系统各组成部分之间的动态协作关系，定义了对象-类之间的关系、属性和动作。

UML 的动态图包括顺序图、协作图、活动图、状态图等，其中活动图和状态图已经在4.3.1 节中做了介绍，本节重点介绍顺序图和协作图。

(一)顺序图

顺序图(sequence diagram)又称为序列图或时序图，是一种最常用的交互图，用来说明对象-类之间的交互过程，即在对象-类间发送、接收消息、处理消息的过程。顺序图用来表达具体用例或者用例一部分功能的详细操作流程，显示了流程中不同对象-类之间的调用关系，详细地描述了不同对象-类之间的消息传递过程。简而言之，顺序图重点描述对象-类之间的消息传递及其时间顺序。

顺序图有两个轴，水平轴上用矩形框表示对象或类，竖直轴表示操作的时间顺序。对象-类之间的通信由对象-类生命期中的水平消息线表示，消息通信可以采取简单、同步或异步等方式。顺序图中的消息有两种类型，一种是一个类实例向另一个类实例发送一条消息，使用带箭头的实线表示，在实线上标注消息名称或内容；另一种是接收消息的类实例返回的处理结果消息，使用带箭头的虚线表示，并把消息名称或内容标注在连线上。在类实例的竖直线上，使用长条矩形表示消息接收、处理操作，并在长条矩形边上标注操作名称。这些操作就是类的方法，因此顺序图也是类之间方法调用的序列图。在顺序图中，有时可以加入外部设备或系统，用于表达目标系统与其他设备或系统的交互过程。

例如，图 4-10 描述了 Web 应用系统中用户登录用例的顺序图，图中的类实例包括用户、前端通讯器、登录服务、数据访问类，还包括外部数据管理“数据库”。

在绘制顺序图时，不需要求精求细，重在描述对象-类之间的交互过程，而不需要描述程序实施流程或实现算法。利用顺序图，分析人员可以快速捕获对象或类所具有的功能及属性，有助于细化对象-类模型图。顺序图中的类实例来源于类图，顺序图的设计过程又是对类图的动态表达，也是对类方法的验证。此外，顺序图与其他视图之间也有紧密联系。例如，顺序图是用例流程的反映，也是用例的细化和具体化。

顺序图的设计过程包括以下几个步骤：

(1)分析需求定义的用例图，筛选需要绘制顺序图的用例。

(2)从用例图中分析交互操作的类，并将类及其方法绘制在顺序图中，标明方法的名称。

(3)根据用例图的操作和交互顺序，绘制类方法之间的消息传递过程，标明消息名称或内容。

(4)对照用例图，检查顺序图是否完整表达了用例操作流程；如果没有完整表达，则需要修改顺序图。

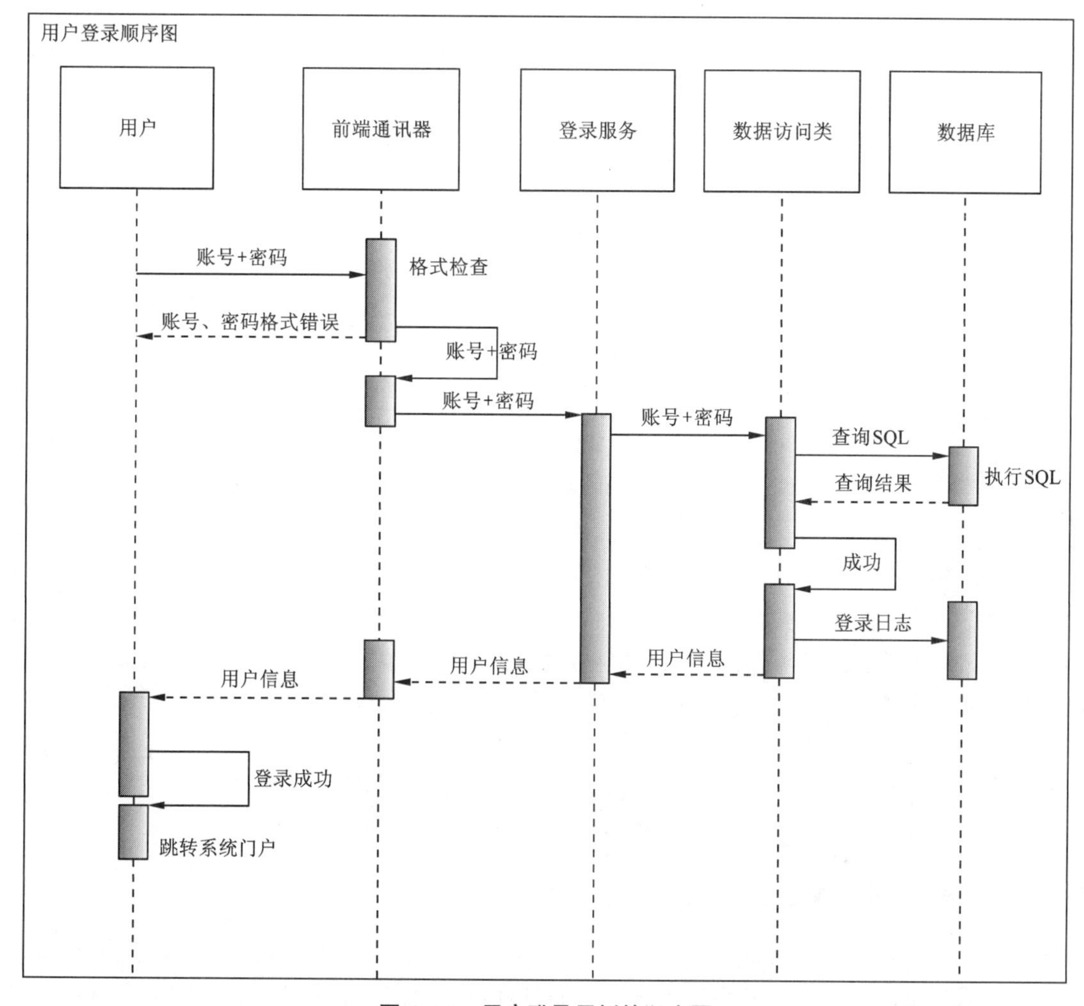

图 4-10　用户登录用例的顺序图

(5)对照类图，检查顺序图中所有操作是否都是类的方法，如果顺序图中的操作不在类图的方法中，则需要修改类图，给类添加对应的操作方法。

(6)确定顺序图，编写顺序图说明书，详细描述操作过程。

(二)协作图

协作图(dollaboration diagram)又称为合作图，是 UML 交互图的一种，强调发送和接收消息的对象-类之间的组织结构，描述对象-类之间的交互、链接以及发送的消息。协作图和顺序图一样，都能表达对象之间的交互过程，但是顺序图突出表达交互的时间顺序关系，而协作图表达的是对象-类之间的通信关系(即强调空间)。

在协作图中，对象-类之间建立链接并在链接线上附加信息，表明对象-类间的交互和消息名称或内容。因此，协作图的组成元素包括对象-类、消息、链(连接器)。例如，图 4-10 的用户登录过程对应的协作图如图 4-11 所示。

在绘制协作图时，可以直接将其从顺序图转换而来，也可以全新设计。协作图的绘制过

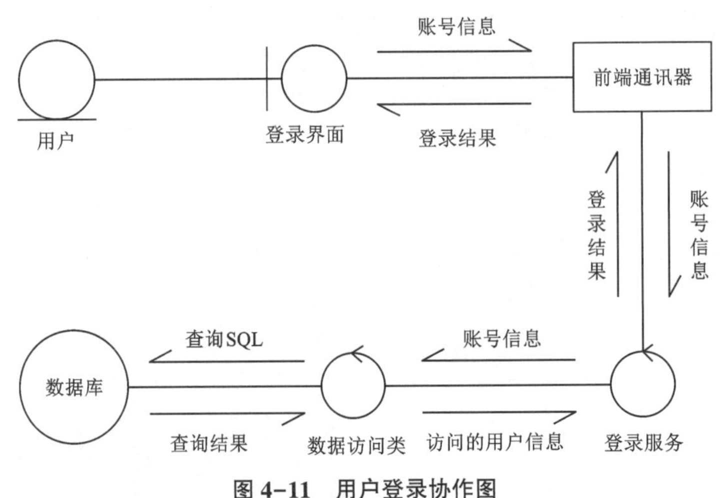

图 4-11　用户登录协作图

程与顺序图类似，首先要分析用例图，从用例图中寻找需要交互的对象-类，然后明确交互链接，标明交互消息的名称或内容，最后对照其他视图检查协作图的准确性。由于协作图和顺序图可以相互转换，通常协作图中的链接一定能够在顺序图中找到对应的消息传递路径，反之亦然。协作图中的对象-类也一定能够在类图中找到对应的元素。

4.5　面向对象设计方法

4.5.1　面向对象设计概述

面向对象设计(object oriented design，OOD)是面向对象方法的核心阶段，是把分析阶段得到的需求模型转变成抽象的系统实现方案的过程。从面向对象分析到面向对象设计不是简单的转换，而是一个逐渐扩充模型和增添细节内容的过程。因此，面向对象设计是进一步细化面向对象分析模型视图的过程，是面向对象分析阶段成果的扩充，也是对每个对象-类进行详细设计的过程，包括组成系统的类和接口、包等。面向对象设计的内容包括架构设计、对象设计、人机交互设计、运行设计、硬件部署设计、数据管理设计等。

(1)架构设计的重点在于规划合理的系统体系框架，通常采用自顶向下的划分方法，将系统划分为若干个子系统，然后将子系统采用纵向分割，再进行类的设计。类的设计是对问题域模型进行需求细化和调整、类的重用规划、增加抽象类和控制类等的过程。

(2)对象设计。在分析模型的基础上，进一步确定软件对象-类，详细定义每个对象-类的属性、方法，明确对象-类之间的具体交互形式；进一步考虑分析阶段的动态模型，构造设计阶段的动态模型，得到细化后的对象模型和动态模型。

(3)人机交互设计是定义人机交互操作所需的显示和输入，包括界面风格、界面组件、操作顺序和命令层次等内容。

(4)运行设计是指设计目标系统的进程、线程和它们的运行关系，并把设计元素分配到进程、线程中去，从而保证不同对象可以并发地工作，一起完成目标系统的功能。在实际系统中，许多对象之间往往存在相互依赖关系，因此运行设计的重点是确定哪些是必须同时操作的对象，哪些是相互排斥的对象，最后设计任务管理模型视图。运行设计常用活动图进行表达。

(5)实现模型设计。目标系统在开发完成以后，都要部署到特定硬件环境中才能运行。因此面向对象设计也要规划和设计目标系统运行所需的硬件环境配置，包括计算机的配置、网络的配置和各种专门硬件(如存储系统、各种外设如打印机等)。UML 使用构件图和部署图表达目标系统的实现模型。

(6)数据管理设计。尽管面向对象方法已经把数据和操作封装在了一起，但是目标系统运行所需的数据和运行所产生的数据依然需要持久化，因此数据管理的设计也是面向对象设计阶段的主要任务。

4.5.2　架构设计

(一)模型视图控制器模式

模型-视图-控制器(model-view-controller，MVC)既是面向对象方法中常用的设计模式，也是常用的技术开发规范，能够使软件开发形成良好的体系结构，提高程序编写过程的代码重用性。MVC 模式将软件的输入、输出和处理功能进行分离，分别由视图、模型和控制器三部分负责。MVC 逻辑结构如图 4-12 所示。

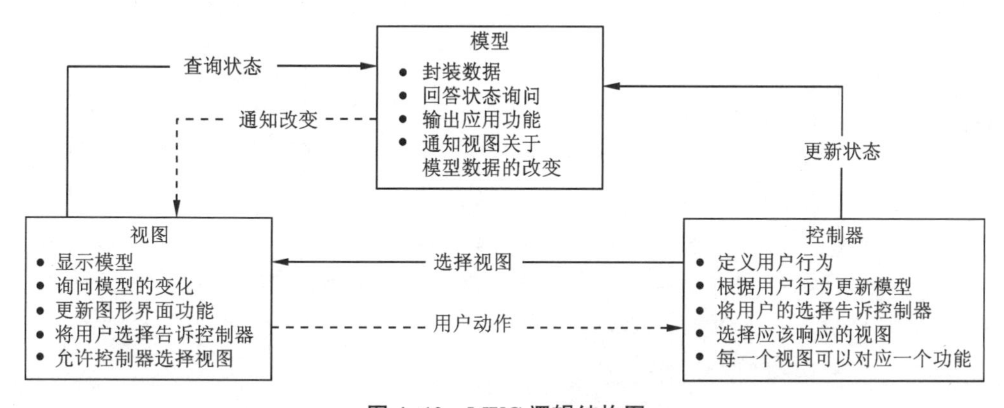

图 4-12　MVC 逻辑结构图

(1)视图(view)。视图是用户操作系统并与之交互的界面。例如，在 Web 应用系统中，视图可以是浏览器中用户操作的页面。在 MVC 架构中，一个系统包括多个视图，而在视图中不包含处理逻辑。

(2)模型(model)。模型表示数据和业务逻辑，是系统的核心层。在面向对象的软件设计模式中，模型与具体的数据格式无关，一个模型可以为多个视图提供数据。例如，在城市地下管线地理信息系统中，通信管线模型既可以为管线查询提供数据，也可以为管线分析提供数据。

(3)控制器(controller)。控制器接受用户的输入并调用模型和视图来完成用户的业务功能。当用户通过视图发出命令时，控制器本身不做处理，也不输出结果，只是接收请求并决定调用特定的模型构件处理请求，然后用特定的模型封装处理结果，返回给视图。

(二)系统划分

领域模型可以看作系统的概念模型，可视化地描述系统的各个实体及其之间的关系。领域模型记录了系统的关键概念和词汇表，描述了系统的主要实体之间的关系，并定义了实体的重要方法和属性。因此，相较于用例图所描述的动态视图，领域模型提供了描述整个系统的结构化视图，并定义了系统边界。

通过对领域的深入分析，可以将系统划分成多个功能单元，使得每个功能单元都是功能内聚、接口清晰的对象集合。划分子系统时需要考虑以下几个因素：

(1)分析架构模式对系统功能和对象-类的约束作用，将每个对象-类归入功能单元，整个系统中不存在不属于任何单元的对象-类，也不存在不包含任何对象-类的单元。

(2)从系统的动态模型视图中，分析出可以重用的对象-类，并将这些对象-类划归单独的功能单元。例如，在城市地下管线地理信息系统中，每类管线都有编辑、删除、查询等功能，为了提高重用性，可以将空间数据的编辑、查询等功能定义在“工具类”中，并将“工具类”划归“空间工具”单元。

(3)观察和重新规划类图，将关联密切且功能相关的类归入一个功能单元。例如，同一个用例中的类放入同一个单元，从而可以体现系统功能或流程处理的完整性。

(4)根据对象-类在系统中的角色，将对象-类归入不同的单元。例如，将负责底层服务、业务逻辑、数据管理的对象-类分别归入服务单元、业务逻辑单元和数据管理单元。

(三)包图

系统划分完成以后，面向对象方法使用包图描述系统架构模式。包图(package diagram)是用来描述若干个包以及其之间关系的图件。包(package)是一种分组机制，包将相关的类集合在一起，形成高内聚、低耦合的类集合。可以说，一个包相当于一个子系统。

UML 包图是静态模型视图，常用于描述系统的逻辑架构(层)、子系统或包等之间的关系，层、子系统可以直接映射为 UML 包。一个包图由多种 UML 模型视图组成，可以是类、接口、组件、用例和其他包等。包可以视为容器，即将系统的模型视图分成若干个类别，将其归入不同的包容器。例如，UI(用户界面)层可以映射为“UI”包。包和包之间具有依赖和泛化关系，有时可以简化为普通的连接关系，如图 4-13 所示。

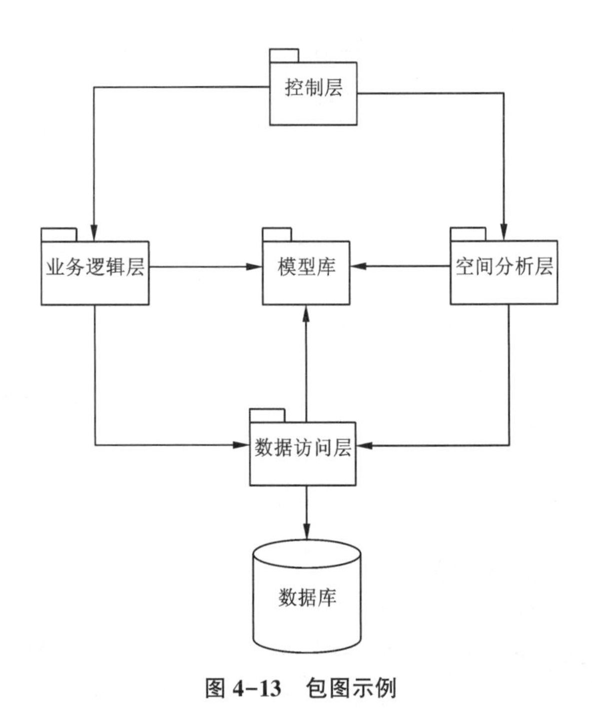

图 4-13　包图示例

4.5.3　对象设计

对象设计阶段以用例描述为基础，使得每个用例的流程都能通过软件对象的交互得以实现。对象设计是系统功能再分配的过程，每个对象在软件系统中都承担了一定的处理功能，每个对象都可以接收消息，并根据消息内容做出响应，然后输出消息给其他对象或实体。因此，对象可以是一个实体类，完成单独的功能或数据处理；也可以是一个控制协调其他对象的对象。对象设计的过程包括以下几个步骤：

(1)识别对象。在分析阶段创建了分析类图(即初步的类图)，体现了问题领域的抽象概念。在对象设计阶段，要依据分析类图，进一步分析和编制设计类图(即软件类图)。由于设计类是面向软件实现的类，所以要根据软件特点和类的作用进行类的调整。例如，在系统类图中增加专门负责与数据库交互的访问类，或者用于接收用户请求的控制类等。

(2)定义设计类。随着交互图的构造，模型视图添加了新的设计对象及其设计类，这时就要依据领域模型定义的分析类的属性和交互图中类的属性，为新增的设计类定义属性；然而还要依据交互图中消息处理的功能，给新增的设计类添加方法，定义类之间的关系，从而形成设计类图。

(3)设置对象的可见性。对象的可见性是指对象能够被其他对象引用的能力。对象及其属性、方法的可见性也要以交互图为依据，根据交互过程确定可见性。例如，为了使发送者对象能够向接收者对象发送消息，发送者必须拥有对接收者对象方法的引用权限。

(4)模型优化与重构。在设计类定义过程中，可能存在一些模型不合理的地方，需要进行优化和重构。例如，如果发现多个类具有相似的属性和方法，可以引入父类进一步抽象和定义共同的属性和方法。

4.5.4　实现模型设计

系统的实现模型包括构件图和配置图，描述了系统实现时的一些特性，如源代码的静态结构和运行时的实现结构。构件图描述代码本身的逻辑结构，配置图描述系统运行时的结构。

(一)构件图

构件(component)又称组件，是在软件系统中遵从并实现一组接口的软件单元，体现了系统设计的特定类的实现。构件由系统可替换的组件和接口组成，接口是一组描述类或组件服务的操作集合，每个接口都有唯一的名称。从构件的定义上看，构件和类十分相似，二者都有名称，都可以实现一组接口，都可以参与依赖、泛化和关联关系，都可以有实例，都可以参与交互。但二者又有区别，构件是可以部署的，而类不能部署；构件属于软件单元，类属于逻辑模块，抽象级别不同，构件由一组互相协作的类组成；类可以直接拥有操作和属性，而构件仅拥有可以通过其接口访问的操作。

常见的构件类型有：

(1)配置构件。组成系统的基础构件，是执行其他构件的基础平台。例如，一个地理信息系统的操作系统、Java虚拟机(JVM)、数据库管理系统等。

(2)工作产品构件。这类构件是项目开发的产出物，包括构件的源代码文件及数据文件。工作产品构件不能直接组成目标系统，而是用来产生目标系统的中间产品。

（3）执行构件。这些构件在系统执行期被创建，也就是在系统运行时创建的构件。例如，DLL 动态库实例化形成的 COM+对象、Servlet 等。

构件图（component diagram）用来表示系统中构件与构件之间、类（或接口）与构件之间关系的模型视图，主要用于描述构件之间的依赖关系。每个构件都实现一组接口，并使用接口与其他构件建立连接。构件图包括构件、接口和依赖关系 3 种元素。与 UML 的其他模型视图一样，构件图可以包括注释、约束、包等。图 4-14 所示为 WebGIS 应用的构件图。

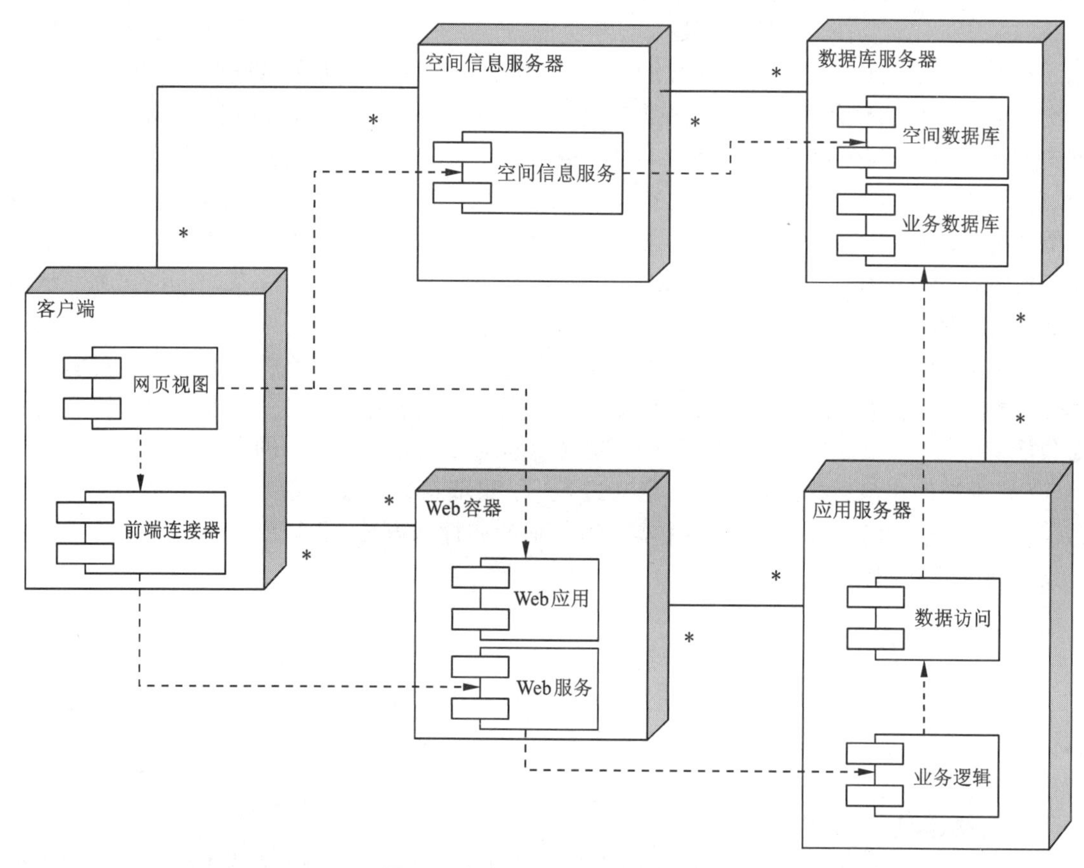

图 4-14　WebGIS 应用的构件图

设计人员为了更细致地描述一个业务流程的实现，可以把相互协作的类组成一个构件图，清楚表示所需实现的结构，这样的构件图称为简单构件图。图 4-15 所示为管线管理的简单构件图。

从上面示例中，可以看出构件在系统开发中具有以下作用：

（1）构件图描述了系统构件之间的依赖关系，可以使系统设计人员和开发人员从整体上了解系统的所有物理部件，也是系统将来打包方式的规划，方便生成交付物。

（2）构件图从软件架构的角度描述了目标系统的主要功能。例如，系统分成哪几个子系统，每个子系统包括哪些类、包和构件等，以及它们被分配到哪些节点上等。

（3）构件图可以清楚地描述目标系统的结构和功能，有利于开发成员制定工作目标和了解工作情况，有利于软件代码的复用。

(4)构件图把软件看成多个独立构件组装而成的集合，每个构件可以被实现相同接口的其他构件替换，提高了软件维护的灵活性。

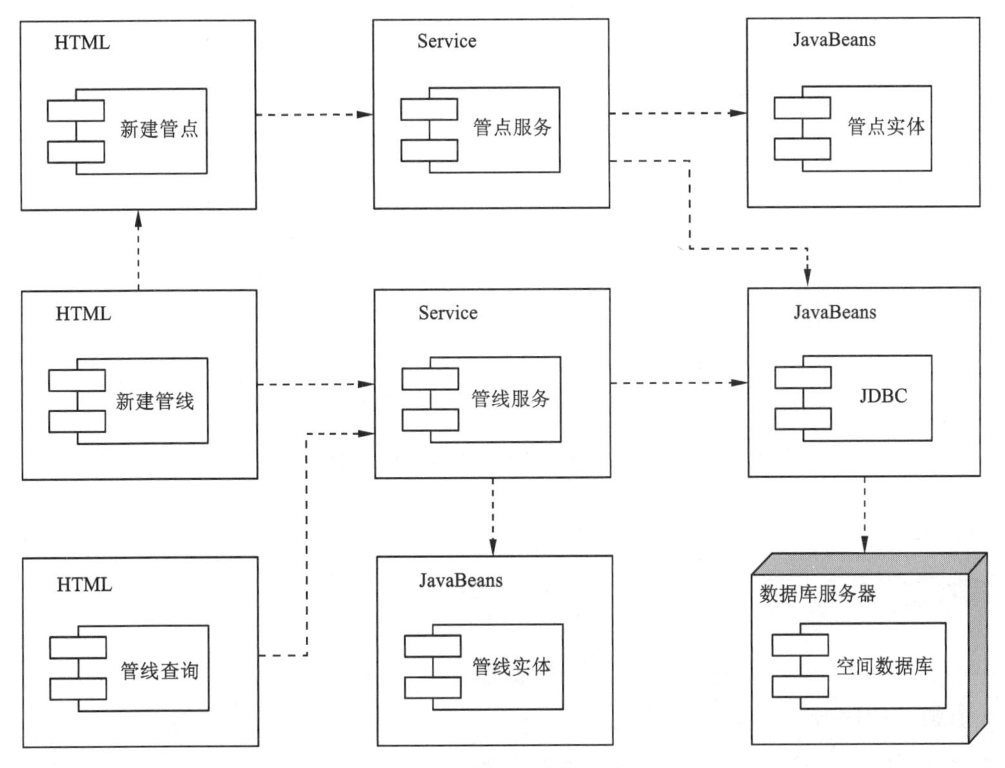

图 4-15 管线管理的简单构件图

(二)部署图

部署图(deployment diagram)描述了目标系统运行时硬件和软件的物理结构，即系统执行处理过程中系统资源的部署情况，它是一种静态模型。部署图的作用包括：

(1)部署图用来建模系统的物理部署，例如计算机和设备，以及它们之间是如何连接的。

(2)部署图可以帮助开发人员理解所开发单元在系统中的作用，以及将来部署的环境，有利于程序员注意开发细节，提升程序的交互性和稳健性。

(3)部署图是集成人员进行系统集成的导引图，集成人员可以根据部署图有序集成软件单元。

(4)部署图为测试人员提供丰富的交互测试内容，测试人员除了要进行单元测试之外，还要根据部署图的连接关系，设计交互测试用例。

(5)部署图是实施人员部署交付的依据，实施人员要按照部署图的指示，将软件单元部署在对应的物理结点。

部署图由结点和连接组成。结点代表系统运行时所占用的一项计算机物理元素，可以是桌面计算机、服务器等，也可以是 CPU、GPU 等。连接表示两个节点之间的硬件连接方式，如局域网、广域网等。图 4-16 所示为市政排水 GIS 系统的部署图。

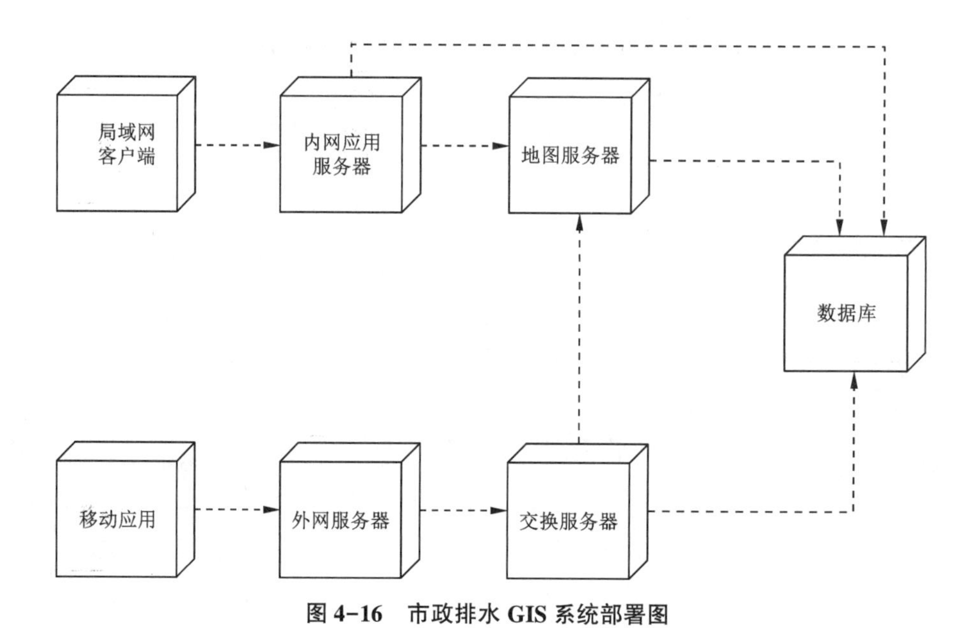

图 4-16　市政排水 GIS 系统部署图

思考题

1. 试叙述面向对象的基本概念及其优点有哪些。
2. UML 视图有哪些？各有什么用途？
3. 用 UML 方法，如何进行业务流程分析？
4. 什么是用例图？用例图功能有哪些？
5. 面向对象分析的主要任务有哪些？
6. 如何使用 UML 视图表达对象的行为？
7. 面向对象设计的主要任务有哪些？
8. 架构设计在软件设计中的作用有哪些？如何进行架构设计？
9. 构件图有什么作用？
10. 部署图有什么作用？与构件图有什么区别？

参考文献

[1] Bumbaugh J, Jacobson I, Booch G. UML 参考手册[M]. 第 2 版. 北京：机械工业出版社，2005.
[2] 曹健. 面向对象软件工程实践指南[M]. 上海：上海交通大学出版社，2017.
[3] 何晓蓉，车书，罗佳，等. 软件工程与 UML 案例解析[M]. 第三版. 北京：中国铁道出版社，2018.
[4] 麻志毅. 面向对象分析与设计[M]. 第 2 版. 北京：机械工业出版社，2018.
[5] 田林琳，李鹤. UML 软件建模[M]. 北京：北京理工大学出版社，2018.

第 5 章 GIS 工程软件编码与测试

软件编码与测试是 GIS 工程非常重要的阶段，决定着 GIS 工程软件的质量、安全性、可操作性和可维护性。本章首先介绍 GIS 软件开发常用的模式，然后介绍 GIS 程序编写过程，最后介绍软件测试与调试方法。

5.1 GIS 工程软件开发模式

软件编码是程序员将软件设计模型转换成计算机可以执行的程序的过程。程序员按照软件设计的指引，选择合适的开发模式、编码规范，编写成特定程序设计语言表示的程序文件。为了提高程序编写效率、保证软件质量，开发团队首先要选择合适的开发模式，确定开发策略，制定程序编写规范，然后才开始编写程序。

GIS 软件的开发有独立开发和二次开发两种模式，GIS 二次开发模式是在通用型 GIS(如 MapGIS、ArcGIS 等)软件的基础上，在编程语言中调用软件提供的开发接口或组件，完成业务应用型 GIS 软件开发的过程，也是当前 GIS 应用型软件开发最常用的模式。GIS 二次开发模式又分为宿主式开发、组件式开发、搭建式开发等。

5.1.1 独立开发模式

独立开发又称为原生开发，是由开发团队独立完成 GIS 软件的数据结构、空间数据编辑、空间分析工具及地图可视化等所有功能的程序编写工作。独立开发模式具有以下特点：

(1)不依赖其他 GIS 软件，开发团队掌握全部开发资料和程序代码。

(2)不受其他 GIS 软件的限制，能够依据建设单位需求及时做出调整。

(3)易于程序移植，能够适应多种运行环境。

(4)不需要为第三方 GIS 软件支付费用，软件知识产权全部归开发团队所有。

由于开发团队要编写全部程序代码，所以当 GIS 软件功能庞大、系统较复杂时，独立开发 GIS 应用软件的工作量十分巨大，开发周期长，而且开发出的软件功能和质量与商业 GIS 软件有时存在较大差距。

当前，GIS 应用软件独立开发模式可以借鉴开源代码，以提高软件开发效率，这也是独立开发模式中最常用的方式。利用开源代码既可以节省底层设计和程序编写时间，又可以根据需要修改底层代码。开源代码已经过众多程序员修改和测试，程序可读性、可维护性、稳定性、正确性等都可以得到保证。

常用的桌面版开源 GIS 项目有 QGIS、SharpMap、MapWindow、Udig、Grass GIS、OSSIM、World Wind 等；WebGIS 前端开源项目有 OpenLayers、Leaflet、OpenScales、ExtMap 等；GIS 应用服务开源项目有 GeoServer、MapServer、TileCache、MapGuide 等；空间数据库开源项目有 PostgreSQL(PostGIS)、MySQL(4.1 以上)等；空间数据管理组件开源项目有 GDAL、OGR、

GML4J 等；空间分析组件或工具开源项目有 JTS、GSLIB、PROJ.4、GeoTools 等。

5.1.2 宿主式开发

宿主式开发又称为插件式开发，是指在通用型 GIS 软件中，利用宿主软件支持的二次开发语言，编写业务应用型 GIS 软件的开发模式。宿主式开发的程序可以使用宿主 GIS 软件提供的宏语言，调用宿主程序中的功能模块，完成相应功能。然而，宿主式开发模式产生的代码仅能在宿主程序中运行，不能独立使用。例如，ArcMap 提供了 VBA(visual basic for applications)语言和 Python 语言，开发人员可以利用这些语言扩展 ArcMap 的菜单、工具栏等，快速调用 ArcGIS 的功能模块，完成用户的定制化需求。

宿主式开发模式的特点包括简单易学、开发成本低、开发周期短、功能强大等，但是这种开发模式也存在诸多不足，主要有：

(1)由于宿主 GIS 提供的二次开发语言都是直接调用宿主的功能模块，当 GIS 功能较多时，学习开发接口非常困难。

(2)宿主式代码都是解释执行方式，程序运行速度慢。

(3)一些程序代码不需要编译，很难保护开发人员的知识产权。

(4)程序功能受限于宿主 GIS 软件，开发人员很难开发出宿主 GIS 软件没有提供的功能。

(5)程序运行离不开宿主软件，所以运行环境受到制约，不易于移植。

常用的宿主式 GIS 开发平台见表 5-1。

表 5-1 常用的宿主式 GIS 开发平台

软件名称	支持的开发语言
MapGIS	Python
SuperMap	Python
AutoCAD	Visual Basic for Application, AutoLisp, ObjectArx for C++, ObjectArx for . net
ArcGIS 的 ArcMap	Visual Basic for Application, Python
MapInfo	Visual Basic for Application

5.1.3 组件式开发

组件式 GIS 二次开发使用程序开发语言，利用通用型 GIS 软件提供的组件，开发出可以不依赖宿主软件、可独立运行的应用型 GIS 软件。这种开发模式在可视化开发环境里调用、组合 GIS 组件，能够快速生成最终的 GIS 应用软件。组件(component)是软件系统中相对独立、接口规范、可独立部署、可组装的软件实体单元，是属性和方法的规范封装。属性是组件数据的访问接口，方法是组件简单而可见的功能接口。因此，组件式 GIS 二次开发模式是利用开发语言，根据需要把多种功能的单元部件有机组织成应用软件的过程。

组件式 GIS 开发模式具有以下特点：

(1)开发的 GIS 应用软件可以在组件开发商提供的运行时库(Rutime library)支持下独立运行，或在组件库支持下独立运行。例如基于 ArcEngine 开发完成的应用软件，在发行时，必须要安装 ArcEngine Runtime 才能运行。再比如，基于 MapObjects 组件开发的应用程序，仅需要 MapObjects 组件库的支持。

(2)组件式开发使用的程序语言不受 GIS 软件平台的约束，由于组件是一套标准化的开发单元，支持多种开发语言调用，所以开发语言灵活，甚至可以使用多种语言混合开发。

(3)开发简单、高效、功能强大、质量有保证。

组件式开发模式也存在一些缺点：

(1)开发的软件受限于组件的运行环境，不易于移植。

(2)开发的软件功能多依赖于开发组件，很难开发出组件未提供的功能。

(3)有的开发组件需要支付费用。

组件式开发常用的组件有 MapGIS 的 Objects SDK、SuperMap 的 iObjects、ArcGIS 的 ArcObjects 和 ArcEngine、MapInfo 的 MapX 等。

5.1.4　搭建式开发

搭建式开发模式是用编辑配置的方式，将已有的 GIS 构件按需配制成应用软件的新型开发模式。搭建式 GIS 开发是在 Web 服务(web service)、工作流管理系统(workflow management system，WfMS)和可执行的业务流程语言(business process execution language，BPEL)的支持下，定制化开发 GIS 应用系统的过程。这种模式适用于面向服务的开发环境，强调按需和即时两个特征。按需是指能以较低的代价构造面向服务的应用，满足个性化及多变的业务需求。即时是指能以较快的速度完成面向服务的应用软件搭建，及时响应用户需求。

搭建式 GIS 开发模式采用全新的 GIS 构件仓库，实现了能够驱动构件仓库运行的工作流引擎，利用工作流可视化编辑器组合、配置 GIS 构件，从而快速生成业务 GIS 应用系统。完整的 GIS 搭建平台由业务工作流、系统工作流、功能仓库、可视化表单、Web 搭建框架等部分组成，业务工作流、系统工作流、功能仓库集成在工作流管理系统中。业务工作流完成业务流程的定义、驱动、权限配置及状态监视，系统工作流负责可视化程序搭建，功能仓库负责功能的注入、修改、查询、驱动、会话维护等工作。可视化表单技术完成表单的编辑、数据绑定、功能绑定、插件编写、表单解释运行和数据填充、数据展示等功能。

搭建式 GIS 开发模式具有以下特点：

(1)能够从整体结构上优化 GIS 软件工程过程，使得开发团队更加关注业务流程的编制和管理。

(2)强调可视化快速构建，也支持软件程序的编写，但是软件编写是功能构件的开发，用于搭建应用软件。

(3)可以快速构建业务，降低开发门槛，可以让业务人员参与业务应用程序的搭建。

搭建式 GIS 开发模式也存在一些缺点，集中体现在：

(1)在 GIS 搭建平台需要多种开发技术，开发和管理较为困难。

(2)有时需要独立开发大量 GIS 功能构件，困难较大。

(3)搭建式开发多用于 WebGIS 的开发，不适用于桌面版应用。

搭建式 GIS 开发平台有 MapGIS K9 平台、SuperMap 的 iClient、ESRI 的 MapBuilder 平台等。

5.1.5 Web 开发模式

Web 开发模式是基于 Web 环境的业务 GIS 应用系统开发模式。严格来说，这种开发模式不同于开发桌面版应用系统的开发技术体系。Web 环境下的 GIS 系统，简称为 WebGIS，是 Web 技术和规范与 GIS 开发相结合的产物，属于浏览器(browser)-服务器(server)架构(简称 B/S)。GIS 通过 Web 功能得以扩展，利用因特网技术进行客户端浏览器和服务器之间的信息交换，客户端浏览器和服务器可以分布在不同地点和不同计算机平台上。WebGIS 使得互联网用户可以在远程浏览器上快速访问 GIS 站点的空间数据、制作专题图、进行各种空间检索和空间分析等操作。WebGIS 的服务器既用于空间数据发布，也可以接受用户请求，完成相应的空间查询、调用处理服务，实现空间分析和资源的组织等工作。

WebGIS 开发技术包括公共网关接口方法(common gateway interface, CGI)、服务器应用程序接口方法(Server API)、插件法(Plug-in，如 Java Applet、ActiveX)等。目前流行的 WebGIS 开发技术是基于 JavaScript 的前端和基于 SOA 的后端开发技术，其中 Web 服务使用 RESTful 风格为前端应用提供各种服务支持。

WebGIS 模式具有良好的可扩展性、跨平台、使用方便等优点，但是也存在交互受限、响应速度受带宽和服务器压力影响、连接存在超时等缺点。

WebGIS 前端开发技术有百度 API for Javascript、天地图 API for Javascript、ArcGIS API for Javascript、OpenLayers、Leaflet 等。

5.2 GIS 程序编写

GIS 软件程序员在选定开发模式之后，还要选择合适的开发语言和开发环境，然后使用合适的开发框架，再按照规范编写程序代码。

5.2.1 程序设计语言

(一)程序设计语言概述

程序设计语言是指用来编译、解释、处理各种程序时所使用的开发语言，它包括汇编语言、解释程序、编译程序及高级语言等，如 Visual C++(简称 VC)、Visual CSharp(C#)、Java、PHP 等。程序设计语言是人们为了描述计算过程而设计的具有语法、语义描述的记号。程序设计语言与现代计算机共同诞生、共同发展，已形成了规模庞大的家族。

最早的第一代程序设计语言是机器语言。机器语言是用二进制代码“0”和“1”表示、能被计算机直接识别和执行的语言，它是一种低级语言。用机器语言编写的程序称为计算机机器语言程序，不便于记忆、阅读和书写。每一种机器都有自己的机器语言，即计算机指令系统，因此机器语言缺乏通用性。

第二代程序设计语言是汇编语言。汇编语言是用助记符表示的面向机器的程序设计语言，即符号化的机器语言，如用助记符 ADD 表示加法、STORE 表示存数操作等。用汇编语言编制的程序称为汇编语言程序，机器不能直接识别和执行，必须由汇编程序翻译成机器语言程序(目标程序)才能运行。汇编语言适用于编写直接控制机器操作的底层程序，它与机器类型密切相关，也是面向机器的低级语言。

第三代程序设计语言是高级语言。高级语言是一种比较接近自然语言和数学表达式的计算机程序设计语言，是“面向用户的语言”。一般用高级语言编写的程序称为“源程序”，计算机不能直接识别和执行，必须把高级语言编写的源程序翻译成机器指令才能执行，通常有编译和解释两种方式。编译是将源程序整个编译成目标程序，然后通过连接程序将目标程序连接成可执行程序。解释是将源程序逐句翻译，翻译一句执行一句，边翻译边执行，不产生目标程序，由计算机解释程序自动完成。

在 20 世纪 70 年代，由结构化程序设计的思想孵化出了 Pascal 和 C 两种结构化程序设计语言。Pascal 语言强调可读性，至今依然是学习算法和数据结构等基础知识的首选教学语言。C 语言强调语言的简洁和高效，使之成为几十年中主流的软件开发语言。20 世纪 80 年代，随着面向对象程序设计思想的普及，由 AT&T 贝尔实验室在 C 语言的基础上设计并实现了 C++语言，随后产生了可视化编程技术、面向对象思想及数据库开发技术等。随着 20 世纪 90 年代互联网的发展，Sun 公司研制了 Java 语言，并伴随着互联网的广泛应用得以发展壮大，逐渐成为重要的网络编程语言。Java 编程语言的风格接近 C++语言，继承了 C++语言面向对象的核心技术。进入 21 世纪以后，众多程序设计语言被研制出来，如 C#、Python、Go、R 等。

（二）开发语言的选择

在 GIS 工程中，程序设计不仅会影响软件开发效率、工程进度、工程成本等，而且还会影响后期工程产品的运行和维护，因此 GIS 工程承建单位应当选择适合团队技术特点的、成熟的、易于维护的程序开发语言开发业务应用软件。在选择程序设计语言时，GIS 工程开发人员可以考虑以下几方面：

（1）根据 GIS 软件开发模式选择合适的程序设计语言。例如，选用组件式开发模式的团队，首先要考虑所选组件支持哪些开发语言及其支持度、开发效率；如果选用 Web 开发模式，则需要考虑前、后端的使用环境。

（2）根据开发框架选择支持的程序设计语言。例如，MVC 开发框架可以使用 Java、C#等开发语言。

（3）如果 GIS 软件需要大量的数据分析和科学计算，则需要选择支持复杂数值计算且库函数丰富的程序设计语言，如 C++等。

（4）从程序设计语言的特性方面考虑，选择普及程度高、较成熟的语言。例如，面向对象开发语言中的 Java、C#、C++等。

（5）从设计技术方面考虑选用的开发语言。例如，设计阶段采用面向对象分析设计方法，则选用面向对象开发语言，而且最好选用设计工具可以直接转移换并导出的程序语言，如 PowerDesigner 设计工具可以直接将设计模型图（如类图）生成 Java、C++和 C#等语言。

（6）从 GIS 软件运行环境方面选择适合部署的开发语言。例如，开发安卓版的 GIS 软件，可以选择 Java 开发语言。

（7）选择良好的编程环境支持的开发语言，良好的开发环境可以有效提高软件编写效率、减少错误、提高软件质量。

（8）从开发团队的知识结构和开发经验方面，选择能够被开发团队普遍接受的或使用过的开发语言。

5.2.2 程序开发环境

(一)开发环境概述

软件开发环境(software development environment, SDE)是指在硬件和软件的基础上,为应用软件的工程化开发和维护而选用的一组软件,由软件工具和环境集成机制构成。软件工程用以支持软件开发的相关过程、活动和任务,环境集成为工具集成和软件的开发、测试、维护及管理提供统一的支持。集成开发环境(integrated development environment, IDE)是辅助程序开发人员开发软件的应用软件,在开发工具内部可以辅助编写源代码文本、编译打包成为可运行的目标程序,甚至可以设计图形接口、集成测试环境等。

IDE 包括编程语言编辑器、自动构建工具,还包括调试器、打包工具等。有些 IDE 包含编译器或解释器,如微软的 Microsoft Visual Studio;有些 IDE 不包含编译或解释器,如 Eclipse、SharpDevelop 等,这些 IDE 是通过调用第三方编译器来实现代码的编译工作;有些 IDE 还会包含版本控制系统和图形用户界面的设计工具。许多支持面向对象的 IDE 还包括了类浏览器、对象查看器、对象结构图等。虽然当前有些 IDE 支持多种编程语言(例如 Eclipse、NetBeans、Microsoft Visual Studio),但是常用 IDE 主要针对特定的编程语言而量身打造。

在开发 GIS 软件时,开发团队可以从开发语言支持度、调试效率、收费情况、团队知识经验等方面,选择合适的开发环境。

(二)开发环境介绍

(1)Visual Studio 开发环境

Microsoft Visual Studio(视觉工作室,简称 VS 或 MSVS)是微软公司的开发工具,是一个完整的开发工具集,包括了整个软件生命周期中所需要的大部分工具,如 UML 工具、代码管控工具、集成开发环境等。VS 编写的目标代码适用于微软支持的所有平台,包括 Microsoft Windows、Windows Phone、Windows CE、. NET Framework、. NET Compact Framework 和 Microsoft Silverlight。当前,Visual Studio. NET 已成为快速生成企业级 ASP. NET Web 应用程序和高性能桌面应用程序的首选开发工具,包含基于组件的开发工具(如 Visual C#、Visual J#、Visual Basic 和 Visual C++),支持许多解决方案的设计、开发和部署等。

微软推出的 Visual Studio 2019 版本(Version 16)增加了一些新特性,通过改进的性能、即时代码清理和更好的搜索结果来保持开发人员的专注度和高效性,结合 Git 代码管理工具,可以优化代码管理,如代码提交、代码评审等,能够突出显示并导航到特定版本快照。Visual Studio 2019 集成开发环境界面如图 5-1 所示。

(2)IntelliJ IDEA

IntelliJ IDEA 是商业化 Java 集成开发环境工具,由 JetBrains 软件公司研制,提供 Apache 2.0 开放式授权的社区版本以及专有软件的商业版本。IDEA 是在 Java 或 Web 应用开发界使用最广的 Java 开发工具之一,尤其在智能代码助手、代码自动提示、重构、J2EE 支持、版本工具(Git、SVN、GitHub 等)、JUnit、CVS 整合、代码分析和创新的 GUI 设计等方面,具有非常优秀的品质。

IDEA 提供的快捷键可以使开发人员远离鼠标,实现沉浸式开发,极大地提高程序员的开发效率。IDEA 还提供了强大的功能支持,可以实现快速、准确和便利的检索。IntelliJ IDEA 引入了索引机制,开发人员可以快速地对整个项目进行准确的全文检索,速度比其他

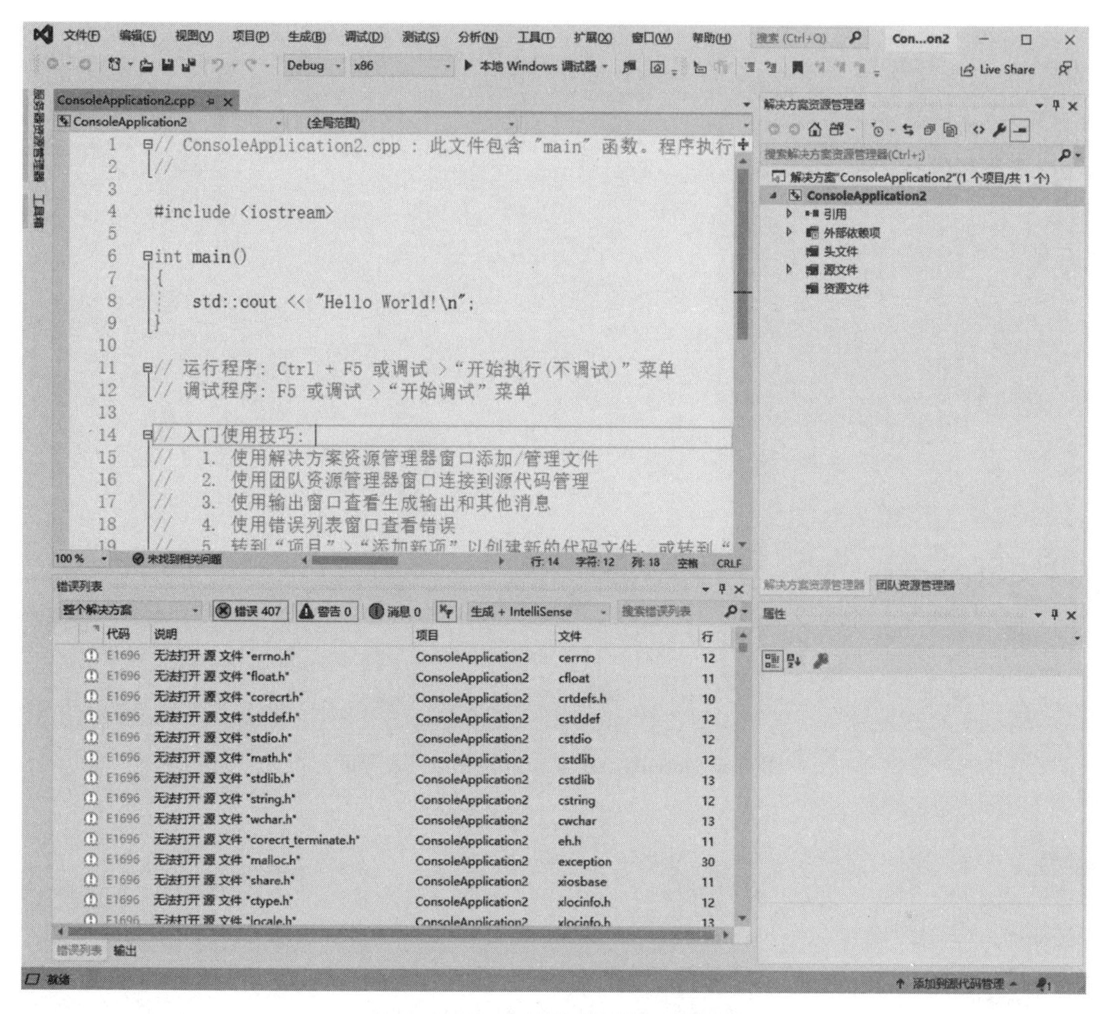

图 5-1　VS 2019 集成开发环境界面

IDE 要快。IntelliJ IDEA 还提供了各种各样高效的导航功能，方便开发人员查看和定位类的父类、子类、实现接口、测试类、定义语句、引用位置等。IntelliJ IDEA 2019 的集成开发界面如图 5-2 所示。

（3）Eclipse

Eclipse 是著名的跨平台开源集成开发环境（IDE），不仅支持 Java 语言开发，还可以通过插件使其作为 C++、Python、PHP 等其他语言的开发工具。Eclipse 本身只是一个框架平台，支持众多的语言编译器插件，使其成为一种轻型的软件组件化架构，也使得 Eclipse 具有很强的灵活性。Eclipse 平台内核较小，其他所有功能都以插件的形式附加于 Eclipse 核心之上。Eclipse 的基本内核包括图形 API（SWT/Jface）、Java 开发环境插件（JDT）、插件开发环境（PDE）等。

Eclipse 框架极高的扩展性使得厂商可以利用 Eclipse 作为平台开发各类 IDE，甚至一些应用软件可以基于 Eclipse 开发，如 Oracle JDK 自带的监控程序、Android SDK 附带的设备监视工具 DDMS。图 5-3 所示为 Eclipse 开发界面。

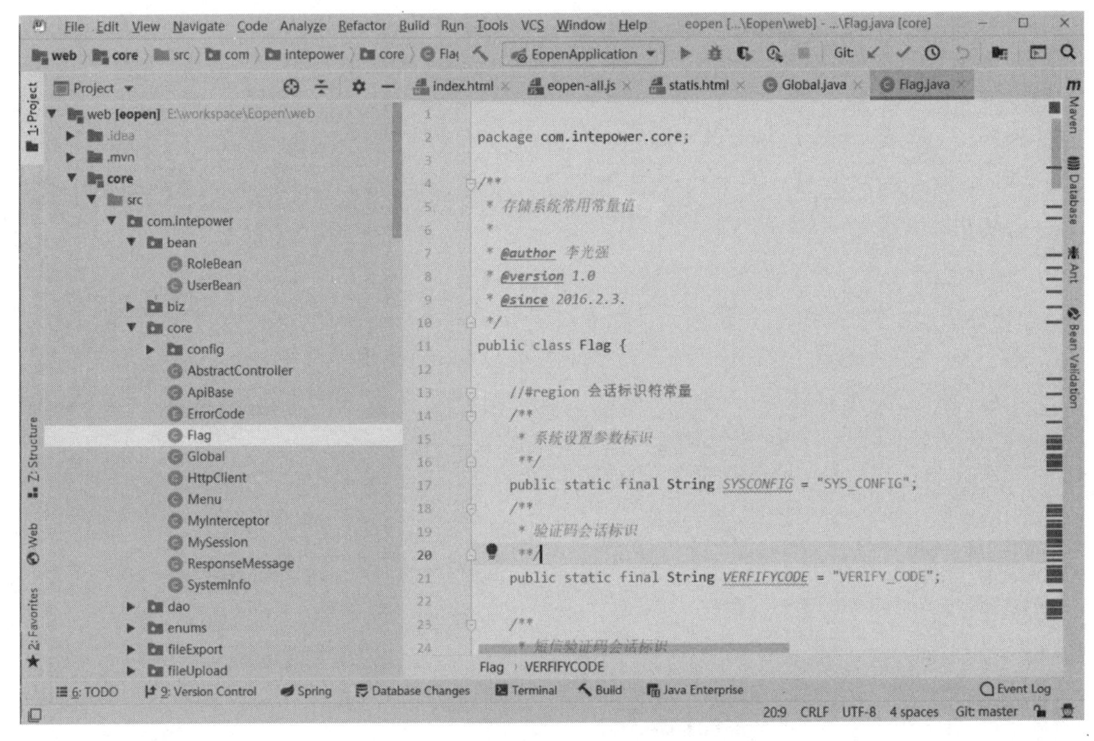

图 5-2　IntelliJ IDEA 2019 的集成开发界面

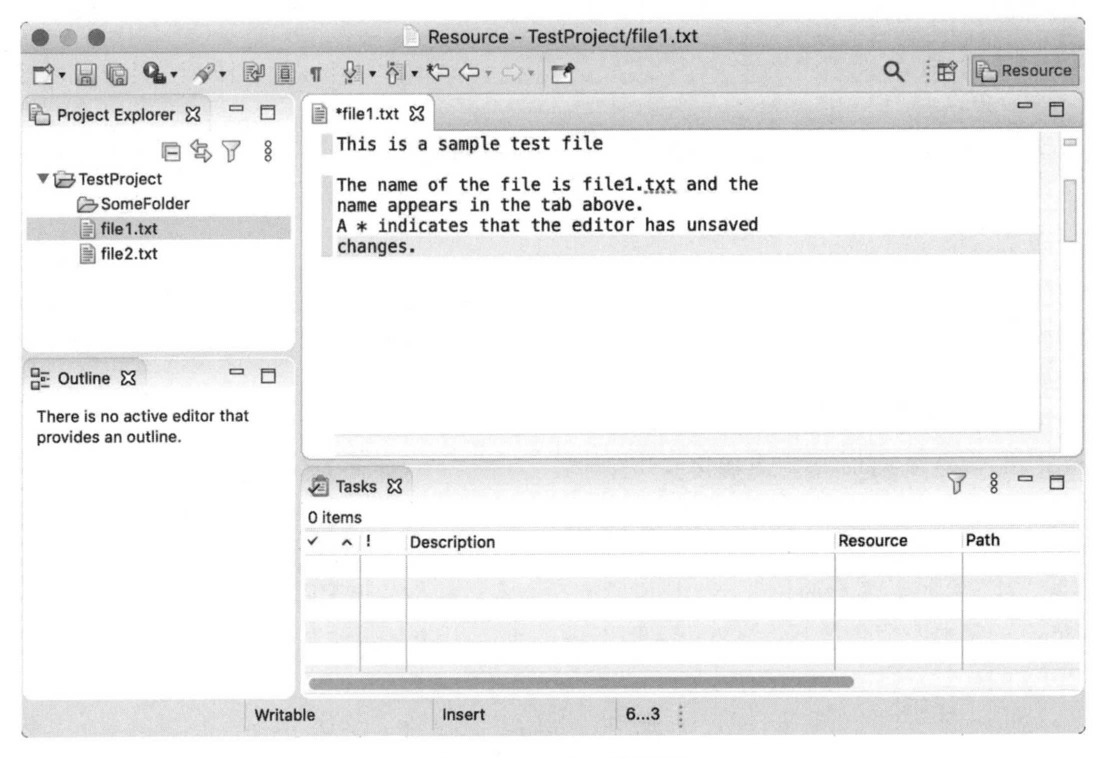

图 5-3　Eclipse 开发界面

5.2.3　开发框架

(一)开发框架的概念

框架(framework)是整个或部分系统的可重用设计能力，表现为一组抽象构件及构件实例间交互的方法，可以理解为可被开发者定制的应用构架。框架是可复用的设计构件，规定了应用的体系结构，阐明了整个设计、协作构件之间的依赖关系、责任分配和控制流程，为构件复用提供了上下文(context)关系。开发框架能够为开发团队实现应用开发提供通用、完备的底层服务功能，以及应用系统通用行为的类集合，如不同层次组件之间的数据交换行为。

开发框架包括从整体到部分划分的层次体系和一系列开发元件，层次体系是软件逻辑层的划分结果，元件是关于开发框架本身结构的重要元素，包括小的器件、联结器、任务流等。框架通过联结器连接一组分散在不同层次上的器件，并建立通信路径和机制，然后利用任务流定义功能操作所需的器件及数据通讯规则，从而建造一个基础性的系统结构。开发框架的特点包括：

(1)代码模板化。开发框架一般都有统一的代码风格，同一分层的程序代码具有相同的模板化结构，能够使用模板工具统一生成，减少大量重复代码的编写。开发人员可以遵循框架编码风格，提高代码的可读性，方便维护与管理。

(2)高重用性。开发框架层次清晰，不同开发人员开发时都会根据代码功能的归类放到相应的位置(如包或命名空间)，能够提高代码的重用度；功能模块或类文件有规则地存放，方便文件查找和调用。

(3)规范化。成熟的开发框架都有一套严格的代码开发规范，有严格的命名、注释、架构分层、编码、文档编写等约束，增强了代码可读性和规范化。

(4)可维护性。成熟的开发框架能够提高应用程序的可维护性，比如项目要添加、修改或删除一个字段或相关功能，只需要修改相应层、相应组件就可以完成。

(5)协作开发。使用开发框架以后，团队可以快速划分工作包、安排工作开发计划，从而可以更好地协作开发软件。

GIS工程软件使用开发框架的好处有：

(1)开发人员可以在开发框架上集中力量做好业务功能模块的程序编写，有助于控制开发进度。

(2)开发框架的软件设计重用性和系统的可扩充性等特点可以缩短GIS应用系统的开发周期，提高开发质量。

(3)开发框架可以帮项目开发团队实现很多基础性的功能，降低开发成本，提升承建单位的竞争能力，改善客户满意程度。

(二)常用的开发框架

常用的开发框架模式或风格主要有MVVM模式和MVC模式。

(1)MVVM模式

MVVM(model-view-view-model)模式主要应用在WPF、Silverlight和WP7(windows phone 7)的系统开发中，目标是从视图层移除所有后端业务处理代码，实现业务逻辑与展现逻辑的分离。MVVM模式能够帮助解决很多开发和设计问题，增加代码重用性，让业务流程开发人员更加关注业务功能，界面设计者更加关注前端界面的设计，提升用户体验，从而使程序更容易测试、维护和升级。MVVM 模式的视图包括封装 UI（user interface）与 UI 逻辑的界面视图和封装展示逻辑与状态的模型视图，模型用于封装程序的业务逻辑以及数据。

MVVM 模式是展示–模型模式的扩展，优化了 WPF 的核心特性，例如数据绑定、数据模版、命令以及行为等。MVVM 模式的视图通过数据绑定以及命令行与视图模型交互，改变事件通知。视图模型查询并协调模型更新、转换、校验和聚合数据，并在视图中显示。图 5–4 给出了 MVVM 模式工作原理示意图。

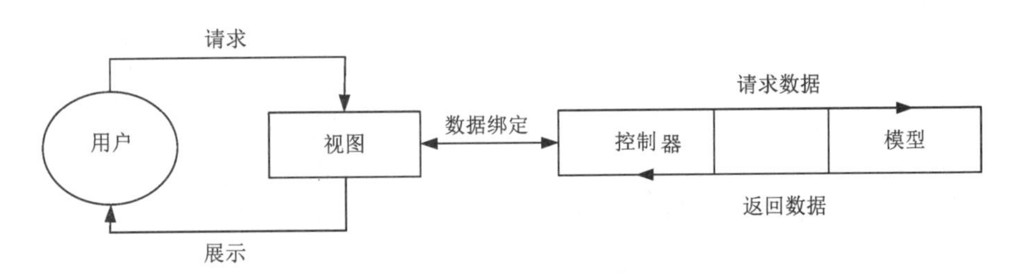

图 5–4　MVVM 模式工作原理示意图

Prism 是由微软 Patterns &Practices 团队开发的开源 MVVM 框架，目的是帮助开发人员构建松散耦合的、更灵活、更易于维护、更易于测试的 WPF 应用、Silverlight 应用和 WP7 应用。Prism 框架将整个项目分解成多个离散的、松耦合的模块，使程序开发更趋于模块化，各个模块可以分别由不同的开发者或团队开发、测试和部署。此外，Prism 为开发人员提供了完整的开发文档和丰富的示例程序。

（2）MVC 模式

MVC（model-view-controller）模式是软件工程最常用的架构模式，目的是用动态的程序设计简化后续程序的修改和扩展，使程序结构更加直观，提升程序重用度。MVC 实现了软件系统多个基本部分的分离，也赋予了各个基本部分应有的功能。

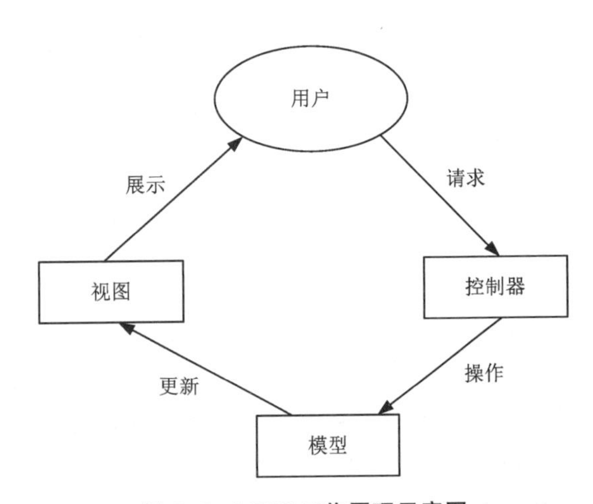

图 5–5　MVC 工作原理示意图

MVC 把软件系统分为三个基本部分：①模型（model）代表整个系统中表达数据的结构，用于封装与应用程序的业务逻辑相关的数据，包括数据库或文件中存储的数据，也包括业务逻辑处理后的数据。模型不关注数据如何显示或是如何操作，但是模型中数据的变化会通过刷新机制进行发布。②视图（view）封装在前端应用界面中，用于显示模型数据。视图访问并监控模型数据的刷新状态，以便及时更新视图。③控制器（controller）用于控制应用程序的流程，接收前端请求并做出响应，将处理结果封装成数据模型。MVC 工作原理见图 5–5。

MVC 模式是施乐帕罗奥多研究中心(Xerox PARC)在 20 世纪 80 年代为程序语言 Smalltalk 发明的软件架构。Java 平台企业版(J2EE)为模型对象(model objects)定义了一个规范，由一组 Bean 来实现。J2EE 将视图定义为一组动态页面，如 JSP 等。J2EE 将控制器定义为一个 Servlet，用来接收请求做出响应，并将响应结果封装成或生成视图的代码。

SSH(struts+spring+hibernate)是一个经典的、较为流行的 Web 开发集成框架，包括表示层、业务逻辑层、数据持久层和域模块层，可以帮助开发人员在短期内搭建结构清晰、可复用性好、维护方便的 Web 应用程序。Struts 作为 SSH 的整体基础构件，负责 MVC 的分离、Struts 模型控制业务的跳转，以及利用 Hibernate 构件管理持久层。Spring 管理 Struts 和 Hibernate。SSH 的视图层提取用户的输入信息，并提交到控制器之后，控制器将请求转交给模型层处理，模型层根据业务逻辑的代码处理用户请求和返回数据，并用视图层展示给用户。

Spring Boot 是由 Pivotal 团队开发的非常优秀的 MVC 模式框架，可以简化 Spring 应用的初始搭建和开发过程。Spring Boot 使用了特定的方式进行配置，使开发人员不再定义样板，可以更好地致力于业务领域的开发。

5.2.4　程序编写规范

程序编写规范是开发人员在编写代码时所要遵循的规则，约束了代码的编写风格，可以提高程序代码的稳定性、可读性、可测试性。利用编写规范，程序员可以避免使用不易理解的变量，而要用有意义的标识来替代；避免使用难懂的、高技巧性的语句，而要用简洁易懂的语句。开发团队可以制定内部开发人员遵守的规范，属团队全局性制度；也可以针对特定 GIS 项目，制定编码规范，属于项目编码规范。编码规范的制定和执行能够在软件开发和项目管理中发挥重要的作用，体现在以下几点：

(1)提高程序可读性。统一的编码规范可以提供优秀的程序编写模板、良好的编码风格、规范的命名格式、详细而必要的说明和注释，从而提高代码的可读性和可理解性，不仅可以帮助编写者理解程序，还有助于团队其他人员阅读、维护和调试程序代码。

(2)促进团队协作。编码规范要求团队成员遵守统一的全局规则，编写风格一致的程序代码，方便团队成员之间互相阅读他人代码，使团队成员可以更加关注模块功能的编写。

(3)有助于开发知识的传承。编码规范不仅是制度，也是开发团队经验和知识的积累。不断修改和完善的编程规范，也是开发单位知识资产不断丰富的过程。在组建开发团队以后，编码规范的学习和执行，也是新成员学习和接受知识的过程。

编程规范包括以下几方面内容：

(1)符号命名。符号名包括模块名、对象名、类名、函数名、变量名、包名等，这些名称应以反映功能语义为第一原则，使其能顾名思义，有助于程序功能的理解。当名称较长或由多个单词连接组成时，可以使用大驼峰命名法(如 GeographicInformation)或小驼峰命名法(如 geographicInformation)。由于早期匈牙利命名法和下划线名称法不利于代码自动生成、代码重构、反向映射等工具的使用，这些方法已很少使用，但是在 C 语言、Linux 应用项目中，依然保留了下划线命名法。

(2)注释。合适的程序注释有助于提高代码可读性和可理解性，为后续调试、测试和维护提供明确的指导。程序中的注释可以分成变量注释、行注释和序言性注释。变量注释是对定义变量进行的文字说明，可以说明变量的意义、用途，甚至可以说明变量使用范围等。行注释是对代码行或代码块的文字性说明，可以描述关键代码行的功能、变量赋值内容和目的、代码块结构和功能、算法等。序言式注释是对程序文件、类、对象、函数、包等的说明，包括名称、功能性说明、参数类型和意义等内容。程序 5-1 为注释示例。

(3)视觉组织。视觉组织就是在程序中使用必要的空格、空行、缩进等，增强程序的视觉效果，提高程序可阅读性和美观性。通常使用的方法有：在一行程序代码中，在变量与操作符之间添加相应空格或跳格，使得一块代码的操作符保持在一列上；在一个完整的代码结构编写完成以后，可以添加一空行，将不同的代码块分开；利用缩进，可以使同一代码块整齐排列等。程序 5-2 为视觉组织示例。

程序 5-1　注释示例

```
/**
    *类名：WKTUtil
    *说明：WKT 工具类，包括 WKT 转 ARCGIS 要素的常用方法
    *作者：李强
    *时间：2020.2.20.
    */
  public class WKTUtil {

    /**
      *函数：getDistance
      *说明：获取两个 WKT 目标之间的距离
      *参数：
          wkt1 String WKT 目标 1
      *   wkt2 String WKT 目标 2
      *返回：Double
      */
    public static Double getDistance(String wkt1, String wkt2)
    {
        //WKT 阅读器
        WKTReader reader   =   new WKTReader(geometryFactory);
        Double distance        =0.0;
        try {
          Geometry geom1=reader.read(wkt1);
          Geometry geom2=reader.read(wkt2);
          distance          =geom1.distance(geom2);
        } catch (ParseException e) {
          throw(e);
        }
        return distance;
  }
```

(4)数据说明。在一个程序中，通常有许多变量定义，为了提高阅读性，在一个程序块中可以按常量说明、简单变量说明、数组说明等的顺序依次定义，在同一级别的变量类型中，再按变量起始字母顺序定义。例如：

int a, b, c;

int[ ] array;

(5)语句结构。在编写程序时，尽可能力求简单，不要因追求效率而增加代码的复杂性。通常，在一行内只写一条语句，并采取适当的缩进格式，使程序的逻辑和功能变得更加清晰。在程序正确的前提下，做到清晰第一、效率第二。程序中尽可能使用库函数或已定义的函数；尽量将通用性强的语句封装在公共类的方法中，调用公共类方法代替重复性工作；避免不必要的复杂的判断语句，不要使用 GOTO 等跳转语句；不要编写较大的程序块，一个程序块可以控制在一屏可以浏览的范围内，等等。

程序 5-2　视觉组织示例

```
public static List<Map<String, String>> getAttrData( ) {
        List<Map<String, String>> result = new ArrayList<>();
        Filter filter = Filter.INCLUDE;

        FeatureCollection<SimpleFeatureType, SimpleFeature> collection = null;
        try {
            collection = source.getFeatures(filter);
            FeatureIterator<SimpleFeature> features = collection.features();

            while (features.hasNext()) {
                Map<String, String>   temp =new HashMap<>();
                SimpleFeature feature         = features.next();

                for (Property attribute: feature.getProperties()) {
                    try {
                        temp.put(attribute.getName().toString(), attribute.getValue().toString());
                    } catch (Exception e) {
                        // TODO: handle exception
                        continue;
                    }
                }

              temp.remove("objectId");
              result.add(temp);
           }
        } catch (IOException e) {
           e.printStackTrace();
        }
        return result;
    }
```

(6)输入/输出。输入与输出是软件与用户交互的方式，要尽可能使用用户可以理解和接受的格式输入或输出。在编写代码时，要校验所有输入数据，控制错误的数据输入，保证每个数据的有效性；尽量使用用户输入简单的数据，给出合理的缺省值；允许输入自由格式，但是要对常用格式进行必要的格式化，等等。

5.2.5 GIS 软件开发实例

城市地下管线地理信息系统平台包括 Web 业务应用系统、数据管理系统、运维管理系统三个部分。Web 业务应用系统基于 WebGIS 技术开发，数据管理系统使用 ArcEngine 组件开发，运维管理系统是基于 Web 技术的后台管理系统。本节以 Web 业务应用系统为例，介绍程序编写过程。

(一)系统开发框架

项目选用 Spring Boot 为主框架，实现前端表现层与后台业务逻辑层的分离。在控制页面加载与显示时，项目使用了 FreeMarker 技术，动态封装并生成表现层视图。为了提高系统灵活性和扩展性，项目采用 RESTFul 的面向服务技术，将空间数据发布成 WMS、WFS、WMTS 等服务，为前端应用提供地图数据服务；另外还开发了一组 Web 服务，为前端访问业务数据提供服务支持。整个系统的开发框架如图 5-6 所示。

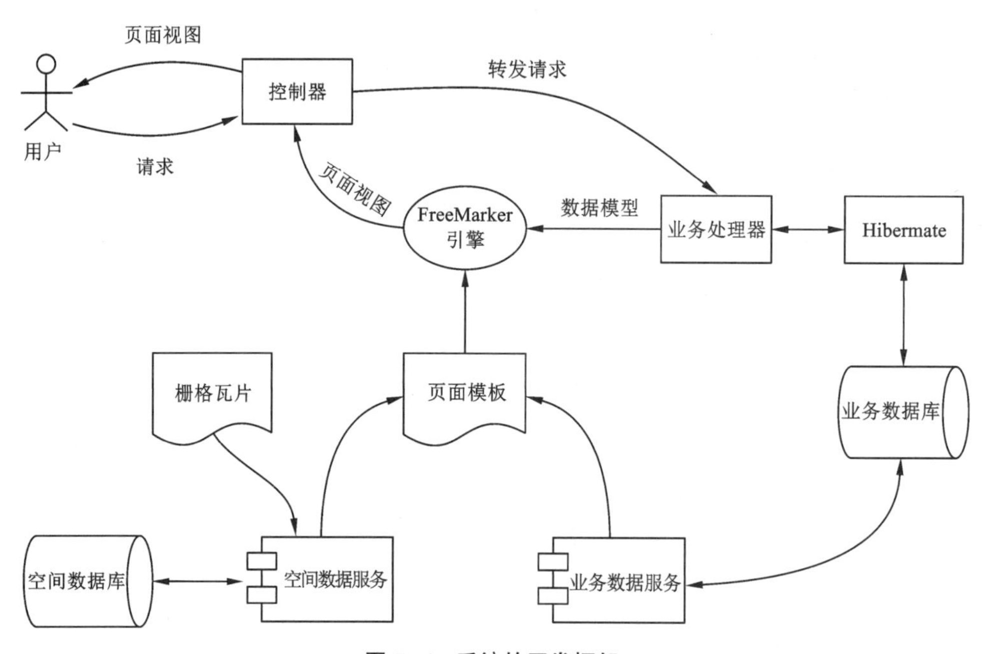

图 5-6 系统的开发框架

(二)程序开发语言

Web 前端开发使用 HTML、JS(Javascript)和 CSS(Cascading Style Sheets，层叠样式表)等技术。项目用 HTML 编写包含 FreeMarker 语法的页面模板(程序 5-3)，使用 Javascript 编写前端界面与用户交互逻辑代码，同时编写与后台数据服务交互的程序代码，使用 CSS 设置页面显示风格。程序 5-3 中的“<# ....../>”“ $ {......}”等为 FreeMarker 语法，由

FreeMarker 引擎负责解析并将文件或模型数据插入模板页面中。前端应用使用 Google 公司开发的 jQuery 轻量级 Javascript 框架维护前端页面与用户的交互操作，以及实现与后台数据服务的交互。例如，程序 5-4 给出了登录页面，程序 5-5 给出 JS 交互代码。程序 5-5 中“$('#usernameId')”是操作页面“用户名”输入框的脚本，“$.ajax(...)”是利用 AJAX 异步访问技术向登录服务发送用户名和密码，并接收服务返回的登录结果。

程序 5-3　页面模板示例

```
<#include "/common/header.html" />


    <body>
        <!--顶部开始 -->
        <div class="container">
            <div class="logo">
                <img src='${webPath}/${config.webLogo!"static/images/house$.png"}'
                    style="height: 38px; float: left; margin: 5px 0 0 15px">
                <a href="${webPath}/index.html">${config.webTitle!"eOpen"}</a>
            </div>
        </div>
        <!--顶部结束 -->
        <!--左侧菜单开始 -->
        <div class="left-nav">
          <div id="side-nav">
            <ul id="nav">
                ${menu!""}
            </ul>
          </div>
        </div>
        <!-- <div class="x-slide_left"></div> -->
        <!--左侧菜单结束 -->
        <!--右侧主体开始 -->
        <div class="page-content">
            <div class="my-tab tab" lay-filter="xbs_tab" >
              <ul class="my-tab-title">
                <li class="home"><i class="my-icon">&#xe68e; </i>我的桌面</li>
              </ul>
              <div class="my-tab-content" id="tabContainer">
                <div class="my-tab-item my-show">
                    <iframe frameborder="0" scrolling="yes" class="x-iframe"></iframe>
                </div>
              </div>
            </div>
        </div>
```

```
<div class="page-content-bg"></div>
    <! --右侧主体结束 -->
    <! --底部开始 -->
    <div class="footer">
        <div class="copyright">版权归：${config.copyright}，技术支持：${config.support}</div>
    </div>
    <script src="${webPath}/static/js/mymap.js" charset="utf-8"></script>
    </script>
</body>
</html>
```

程序 5-4　用户登录界面

```
<! DOCTYPE html>
    <html>
    <head>
        <meta charset="UTF-8">
        <title>Insert title here</title>
        <script type="text/javascript" src="js/jquery-3.2.1.min.js"></script>
        <script type="text/javascript" src="js/verify.js" charset="UTF-8"></script>
        <style>
            #tip1, #tip2 {
                display: none;    position: absolute; margin: -23px 0 0 250px;
            }
        </style>
    </head>
    <body>
    <div>
        用户名：<input type="text" id="usernameId" placeholder="请输入用户名">
           <span id="tip1">请输入您的用户名</span><br>
        密 码：<input type="text" id="passId" placeholder="请输入密码">
           <span id="tip2">请输入您的密码</span><br>
        <button id="submitId">提交</button>
    </div>
    </body>
    </html>
```

程序 5-5　JS 交互程序

```
/*
    验证输入框输入内输入内容不能为空，否则不能提交表单
    */
```

```
var flag_user =false, flag_pwd=false; //定义一个 boolean 类型的变量，并赋值
    $(function () {
        //对用户名的验证
        $("#usernameId").blur(function () {

            if ( $("#usernameId").val().length == 0) {
                $("#tip1").text("×");
                $("#tip1").css("color", "red").css("display", "block");
                flag_user = false; //如果没有输入内容，则赋 false，(下同)
            } else {
                $("#tip1").text("√");
                $("#tip1").css("color", "green");
                flag_user=true;
            }
        });

        //对密码的验证
        $("#passId").blur(function () {
            if ( $("#passId").val().length == 0) {
                $("#tip2").text("×");
                $("#tip2").css("color", "red").css("display", "block");
                flag_pwd = false;
            } else {
                $("#tip2").text("√");
                $("#tip2").css("color", "green");
                flag_pwd=true;
            }
        });

        $("#submitId").click(function () {
            if(! flag_user || ! flag_pwd)
            {
                alert("用户名和密码均不能为空!");
                return;
            }

            var options = {
                url: "http://192.168.1.168/service/login.do",
                data: {user: $("#usernameId").val(), pwd: $("#passId").val()},
                type: "post",
                async: true,
                success: function (result) {
                //返回数据格式：{code: x, username: 'xxxx', realname: 'xxxx'}
                //code=0 表示返回成功，否则返回错误代码
                    var retObj = JSON.parse(result);
                    if (retObj.code == 0) {
```

```
                        alert("欢迎"+retObj.username+"登录系统");
                    } else
                        alert("登录失败："+retObj.code);
                },
                error: function (e) {
                    alert("提交失败：无法连接服务器!");
                }
            }
            $.ajax(options);
        });
    });
```

后台控制器、业务逻辑组件和业务数据服务均使用 Java 语言编写(程序 5-6)，程序 5-6 中的"modelAndView. addObject(模型名称，模型变量)"语句将数据包装为模型，并将模型插入用户请求队列中，FreeMarker 引擎负责解析模型数据。

程序 5-6　控制器代码示例

```
@RestController
    @Controller
    /**页面控制器 */
    public class WebController extends AbstractController {

        @Autowired
        SysConfig config;

        @Autowired
        private DaoHelper dao;

        @Autowired
        private LoginBiz loginBiz;

        @RequestMapping("/login.html")
        /**登录页面 */
        public ModelAndView login(HttpServletRequest request,
                                  HttpServletResponse response) throws Exception {
            String path                   = CommUtil.getMappingPath(request);
            ModelAndView modelAndView = createModelAndView(path, request);
            return modelAndView;
    }
    @RequestMapping("/index.html")
        public ModelAndView index(HttpServletRequest request,
                                   HttpServletResponse response) throws Exception {
```

```
    String path                    = CommUtil.getMappingPath(request);
        ModelAndView modelAndView  = createModelAndView(path, request);
        String menu= Global.menu.getMenuWeb(super.getLoginedUser(request).getRoleId());
        modelAndView.addObject("menu", menu);
        return modelAndView;
    }
}
```

项目使用 Leaflet JS Api 地图组件为前端页面加载地图服务，显示管线空间数据，部分代码如程序 5-7 所示，其中的“L. esri. dynamicMapLayer”函数负责加载标准的 WMS 地图服务。

程序 5-7　地图服务加载示例

```
<html>
    <head>
        <meta charset="utf-8" />
        <title>Simple DynamicMapLayer</title>
        <meta name="viewport" content="initial-scale=1, maximum-scale=1, user-scalable=no" />
        <link rel="stylesheet" href="https://unpkg.com/leaflet@1.6.0/dist/leaflet.css"/>
        <script src="https://unpkg.com/leaflet@1.6.0/dist/leaflet.js" ></script>
        <!-- Load Esri Leaflet from CDN -->
        <script src="https://unpkg.com/esri-leaflet@2.3.3/dist/esri-leaflet.js"></script>
        <style>
            body { margin: 0; padding: 0; }
            #map { position: absolute; top: 0; bottom: 0; right: 0; left: 0; }
        </style>
    </head>
    <body>

    <div id="map"></div>
    <script>
        var map = L.map('map').setView([37.71, -99.88], 4);
        L.esri.basemapLayer('Gray').addTo(map);
        L.esri.dynamicMapLayer({
            url: 'https://192.168.1.168:8080/geoserver/pipeline/wms(参数略)',
            opacity: 0.7
        }).addTo(map);
    </script>

    </body>
    </html>
```

(三)数据服务

项目的数据服务包括业务数据服务和空间数据信息服务两大类。业务数据服务直接使用 Java 语言开发符合 RESTFul 规范的服务接口，为前端页面提供业务数据访问支持。例如，业务数据服务部分代码如程序 5-8 所示，后端用户登录服务如程序 5-9 所示。

程序 5-8 数据服务部分代码

```
@ RestController
    @ Controller
    @ RequestMapping( "/service" )
    public class WebServiceApi extends ApiBase {
        @ Autowired
        private IDao dao;

        @ RequestMapping( "/get/{table}" )
        /* * 读取数据 */
        public void getAll( @ PathVariable( name = "table" ) String table
                , HttpServletRequest request
                , HttpServletResponse response
        ) throws UnsupportedEncodingException {
            try {
                this. dao. setTableName( table) ;
                List<Map<String, Object>> data = this. dao. select( fields, where, order
                        , Integer. parseInt( page)
                        , Integer. parseInt( limit) ) ;
                super. HttpWriter( response, ErrorCode. Success. getIndex( ) , "" , count, data) ;
            } catch (Exception ex) {
                super. HttpWriter( response, ErrorCode. GetError. getIndex( ) ,
                        ErrorCode. GetError. getName( ) , null) ;
            }
        }

        @ RequestMapping( "/merge/{table}" )
        public void merge( @ PathVariable( name = "table" ) String table
                , HttpServletResponse response
                , HttpServletRequest request
                , String data) {
            this. dao. setTableName( table) ;
            this. dao. merge( data) ;
            super. HttpWriter( response, ErrorCode. Success. getIndex( ) , "" , null) ;
        }

        @ RequestMapping( "/delete/{table}" )
        public void delete( @ PathVariable( name = "table" ) String table
                , HttpServletResponse response
                , HttpServletRequest request) {
```

```
        int id = Integer. parseInt( sid) ;
            result = this. dao. delete( id) ;
    if ( result) {
            super. HttpWriter( response, ErrorCode. Success. getIndex( ) , "" , null) ;
        } else {
            super. HttpWriter( response, ErrorCode. getIndex( ) , ErrorCode. getName( ) , null) ;
        }
    }
```

程序 5-9　登录服务部分代码

```
@ RequestMapping( "/login. do" )
    / * * 处理登录请求 * * /
    public void doLogin( HttpServletRequest request,
                        HttpServletResponse response, String loginName,
                        String loginPassword, String validateCode) throws Exception {

        HttpSession session = request. getSession( ) ;
        //调用登录业务逻辑检查账号和密码是否正确
        ResponseMessage result = loginBiz. login( session, loginName, loginPassword) ;
        super. HttpWriter( response, result) ;
    }
```

项目使用 GeoServer 发布基础地理、城市地下管线等空间数据，为前端地图 API 提供标准的空间数据服务接口。发布的空间数据服务包括 OGC 标准的 WMS、WFS、WCS 与 KML 等，不同类数据发布的服务格式如表 5-2 所示。

表 5-2　空间数据服务列表

数据名称	服务类型	说明
基础地理数据	WMTS	由于基础地理数据相对稳定，更新周期较长，所以采用有缓存的地图服务，通过创建地图瓦片，提高前端地图访问速度
影像数据	WMTS	由于遥感影像数据较大，更新周期较长，所以采用有缓存的地图服务，通过创建影像瓦片，提高前端影像访问速度
各类管线数据	WFS、KML	为前端应用人员提供数据编辑等功能
空间数据分析	WPS	为前端应用提供数据分析与处理功能

5.3 GIS 软件测试

5.3.1 GIS 软件测试概述

(一)软件测试目的

GIS 软件在编写完成以后，为了保证系统的质量和可靠性，确认建设单位的目标是否全部实现，在软件交付使用之前，需要将软件与软件需求分析、设计规格说明和编码进行符合度检查和功能测试。软件测试是为了发现软件中可能存在的错误而设计的一系列测试用例，利用这些用例测试软件操作，检查并记录软件运行错误的过程。测试用例由测试输入数据和对应的预期输出结果组成，应包括合理的输入条件和不合理的输入条件，而且要尽可能覆盖软件所有功能项。

建设单位和承建单位对软件测试的期望略有不同。承建单位希望测试过程能够证明软件产品中不存在错误，验证软件能正确地实现建设单位的全部要求，确立建设单位对软件质量的信心。建设单位希望通过软件测试更多地暴露出软件隐藏的错误和缺陷，以决定软件是否符合建设目标。因此，软件测试应当尽早进行，从而及时发现软件中存在的问题。软件测试的目的包括以下几点：

(1)设计一组测试用例，以最少的时间和人力找出软件中存在的各种错误和缺陷，或者能够证明软件功能的正确性、性能的可靠性、运行的稳定性等。

(2)软件测试除了运行程序测试用例外，还包括软件开发各阶段的开发文档，如需求规格说明书、概要设计文档、详细设计文档等。文档的测试过程主要使用静态测试方法，即使用评审会议、文档检查、模拟运行、审计等方式。

(3)验证软件是否正确地实现了需求规格说明书定义的全部功能，一方面检验需求规格说明书定义的功能是否都能通过软件的正确运行得到实现，另一方面验证软件所有功能是否都在需求规格说明书中进行了定义。

(二)软件测试原则

软件测试应当坚持以下原则：

(1)应当把“尽早地和不断地进行软件测试”作为软件开发者的基本准则。由于业务领域问题的复杂性、软件开发的复杂性、算法的抽象性、开发阶段工作的多样性，以及开发人员工作的配合关系等因素，使得软件开发的每个环节都可能产生错误。因此，测试工作应当贯穿软件开发的各个阶段。

(2)程序员应避免检查自己的程序。程序员往往不愿否定自己的工作，不愿意揭露自己程序中的问题，这种心理可能成为测试自己程序的障碍。程序员在测试时还很容易重复沿用编写程序时的错误思维，从而更难发现因对软件文档的错误理解而引入的错误。因此，测试工作应当交由其他人员或专门的测试人员完成，这样测试过程会更加冷静、严格、客观。

(3)在设计测试用例时，应当包括合理的输入条件和不合理的输入条件。合理的输入条件是指能验证程序正确的输入条件，而不合理的输入条件是指异常的、临界的、可能造成异常问题的输入条件。使用不合理输入条件的测试用例可以测试软件系统处理非法命令或非法输入的能力，以及软件捕捉异常错误和软件容错的能力。

(4)注意测试的群集现象。经验表明，测试后程序中残存的错误数量与该程序中已发现的错误数量或检错率成正比。根据这个规律，应当对错误群集的程序段进行重点和重复性测试，不能因为找到了错误问题就不再继续测试。

(5)严格执行测试计划，排除测试的随意性。测试计划包括所测软件的功能、输入和输出、测试内容、各项测试的进度安排、资源要求、测试资料、测试工具、测试用例的选择、测试的控制方式和过程、系统组装方式、跟踪规程、调试规程、回归测试的规定等内容。项目团队要详细编制测试计划，测试过程中不能随意变更。

(6)应当检查每个测试结果。有些错误相互影响、相互叠加覆盖，如果不仔细检查测试结果，可能会遗漏一些错误。因此，测试人员必须明确定义预期的输出结果，仔细分析检查实测结果，根据错误征兆分析全部可能的原因。

(7)妥善保存测试计划、测试用例、出错统计和最终分析报告，方便后期软件维护。

5.3.2　测试过程

软件测试过程由一系列测试组成，包括单元测试、集成测试、确认测试、系统测试、验收测试。测试过程与软件开发过程的对应关系如图 5-7 所示。

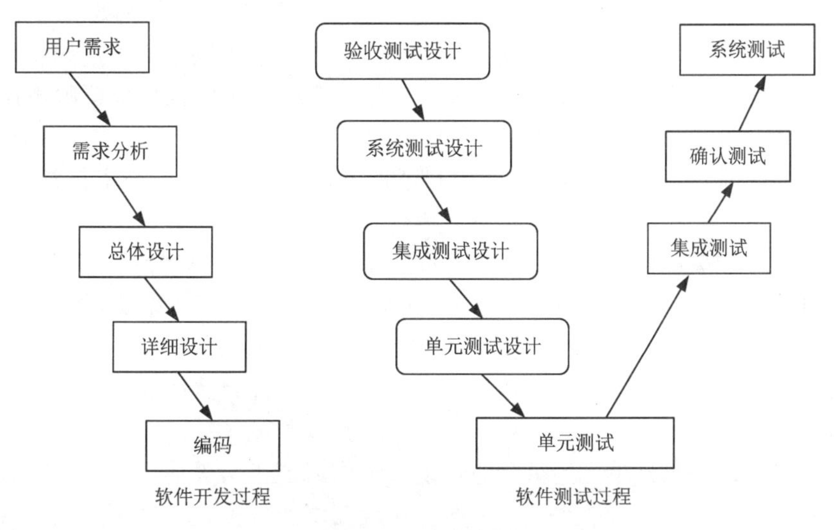

图 5-7　测试过程

5.3.3　单元测试

单元测试是检查和验证软件最小可测单元的过程，是最低级别的测试活动。单元是人为规定的最小可被测试的功能模块，要根据实际情况确定范围和含义。例如，C 语言的单元可以是一个函数，Java 的单元可以是一个类，图形化软件的单元可以是一个窗口或一个菜单等。在软件详细设计阶段，就需要编写单元测试计划和测试用例，然后在编写程序代码时，要保证每写一个功能点都要立即运行测试用例。例如，在设计软件模块实现过程时，先指定函数的输入数据格式与输出结果，即测试用例；在开发时，可以先写一个符合设计要求的空函数，当编译通过后再编写代码；代码编写完以后，再运行测试用例，保证函数代码的准确性。

单元测试与其他测试不同，单元测试可看作编码工作的一部分，可以由程序员承担测试任务。只有经过单元测试的代码才是已完成的代码，提交代码时还要经过配置管理员的检查才能存入配置库。因此，实际工作中编写单元测试计划和编写程序代码所花费的时间大致相等。

单元测试可分为黑盒测试和白盒测试。黑盒测试又称功能测试，是测试人员在已知产品功能设计规格的前提下，执行测试用例来验证每个功能是否符合设计要求。黑盒测试注重检验软件模块接口与设计规格的符合度，测试人员完全不考虑程序内部逻辑结构和内部特性，只依据详细设计说明书检查程序的功能是否符合功能说明。白盒测试又称结构测试，是测试人员已知功能模块内部工作过程，运行测试用例检验模块内部操作是否符合设计规格。白盒测试检查软件实现的过程性细节，测试人员要根据程序内部的逻辑信息，设计或选择测试用例，测试程序模块所有逻辑路径的正确性。

5.3.4 集成测试

(一)集成测试概述

通常，一个软件是由许多软件单元组成，只有经过集成才能形成有机的整体。集成是指多个单元组装和聚合成较大模块或者子系统或系统的过程。所有软件都要经过系统集成这个阶段，才能组成完整的软件系统。在软件项目中，虽然经过单元测试的模块都能单独正确地运行，但并不能保证连接、组装以后也能正常工作。有时候程序在局部反映不出来的问题，有可能在全局中会暴露出来，或者在与其他功能单元交互过程中显露出来。这是因为在单元连接以后，新的数据流路径被建立，新的控制逻辑可能被激活，这时原本正常运行的单元就可能产生错误。

集成测试也称组装测试，是在单元测试的基础上，按照概要设计规格说明的要求，在将单元模块组装成较大模块或子系统或完整系统的过程中进行的模块集成分析和功能检验，测试集成环境中各单元是否达到或实现了技术指标。也就是说，在集成测试之前，集成测试所使用的单元都已经过了单元测试。否则，集成测试的效果将会受到很大影响，会增加软件单元代码纠错的代价。

集成测试关注的是软件单元的组合能否正常工作或能否与其他单元集成起来正常工作，以及构成系统的所有单元组合能否正常工作。集成测试的依据是软件概要设计规格说明书，所有不符合该说明的单元行为都应该加以记载。因此，集成测试可以间接验证概要设计是否合理。

集成测试是将程序模块采用适当的策略组装起来，并对系统的接口以及组装好的功能进行正确性检查的测试工作。从测试内容的角度，集成测试可以分成以下两种测试：

(1)功能性测试，即首先使用黑盒测试技术对被测单元的接口规格说明进行测试，进而测试相互连接的单元之间能否正确地传递数据、组装成的较大单元或子系统能否正确地运行、能否实现概要设计的功能目标。

(2)非功能性测试，是对单元和单元之间协同工作的性能或可靠性进行的测试，关注的是组装的较大单元或子系统运行的性能或可靠性指标是否满足概要设计要求。

(二)集成测试策略

系统集成测试策略包括整体式测试、渐增式测试和混合式测试。

(1)整体式测试是将所有单元一次性组装成完整系统以后进行的集成测试。这是对系统的整体进行的测试，当测试发现问题时，很难定位错误，也很难分析错误发生的原因。在修改错误的过程中，可能会引入新的错误，导致整个系统又出现新问题，从而使集成测试陷入恶性循环。因此，这种集成测试策略适用于小型软件系统，而大型复杂的软件系统一般不适用。

(2)渐增式测试是从第一个单元模块开始，逐渐添加、组装单元模块，每组装一个单元模块就完成一次组装测试。这种测试方式可以更快地发现单元之间的交互和连接错误，容易定位错误和修正错误。根据软件组装过程，这种测试策略又可以分成自顶向下(图 5-8)和自底向上(图 5-9)的测试策略。

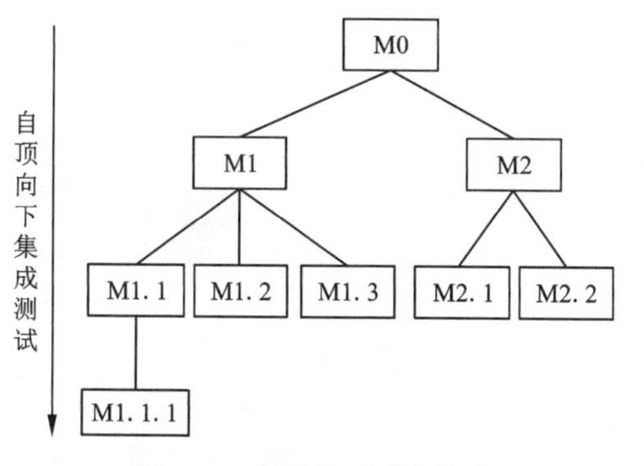

图 5-8　自顶向下测试策略

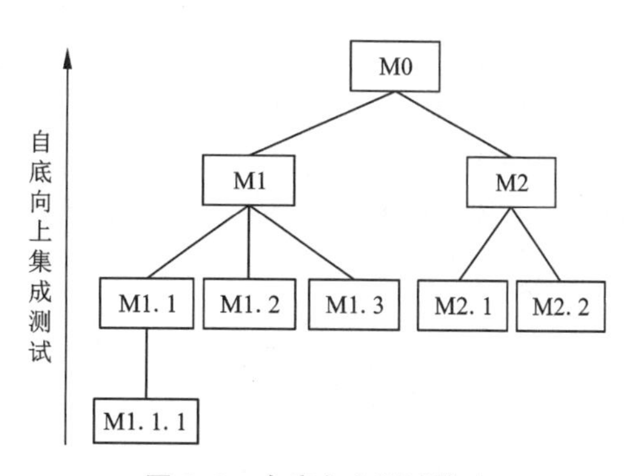

图 5-9　自底向上测试策略

①自顶向下集成测试策略首先从主控单元模块开始(如图 5-8 的 M0)，然后按照软件结构的控制层次，自顶而下逐步添加单元，并依次完成连接测试。在添加单元时，可以使用深度优先或广度优先渐增方式。图 5-8 中的深度优先渐增连接过程是：M0→M1→ M1. 1→M1. 1. 1→M1. 2→M1. 3→M2→M2. 1→M2. 2；广度优先渐增连接过程是：M0→M1→ M2→M1. 1→M1. 2→M1. 3→M2. 1→M2. 2→ M1. 1. 1。这种测试方式首先要测试桩模块，然后依次向下测试子模块。为了测试桩模块的功能，需要编写模拟待测子模块的哑模块。哑模块是指仅具有待测模块的接口而不实现具体功能的模块，仅用于测试桩模块。例如，图 5-8 中，在添加 M1 模块时，为了测试 M0 桩模块的功能，就需要按照 M2 模块的设计规格编制 M2 的哑模块。

②自底向上集成测试策略是从软件结构的最底层单元模块(如图 5-9 的 M1. 1. 1)开始，自底向上增加单元模块，并依次完成连接测试。以图 5-9 为例介绍测试过程：设计桩模块 D1，测试 D1→M1. 1. 1；设计桩模块 D2，测试 D2→M1. 1→M1. 1. 1；设计桩模块 D3，测试 D3→M1. 2；设计桩模块 D4，测试 D4→M1. 3；设计桩模块 D5，测试 D5→M1 和 M1 的所有子模块。依此类推，完成所有模块的增加和测试。在这个过程中，每增加一个模块，就要设计一个桩模块，完成新增模块测试以后，再向上用实际的桩模块替换设计的桩模块。

(3)混合式测试是综合使用自顶向下和自底向上的测试，可以结合两种测试方法的各自优点。上层单元模块可以采取自顶向下的测试策略，较早显示系统的总体概况；下层关键单元模块或子系统可以采用自底向上的测试策略，减少测试的次数。关键模块是指具有输入/

输出功能的模块，或者有重要功能和新算法的模块。

在实际软件项目中，经常采用混合式集成测试策略，既可以节省设计哑模块和桩模块的工作量，也易于设计测试用例，有助于提高测试效率。

5.3.5 确认测试

（一）确认测试概述

确认测试（又叫有效性测试）阶段是软件测试的核心内容，是在集成测试之后的测试过程，主要是确认系统功能能否实现建设单位的要求。确认测试的任务是验证软件的有效性，即验证软件的功能和性能及其他特性是否符合软件需求规格说明书的要求。

确认测试的内容包括：

（1）功能测试是检验软件是否正确地实现了软件需求规格说明书中规定的所有功能，记录未实现的功能和不正确的功能。

（2）性能测试是检查软件执行的性能是否符合软件需求规格说明书中规定的技术指标，这些性能包括软件响应时间、占用的存储量、处理精度、安全保密、系统压力、系统可靠性等。

（3）强度测试是检查系统运行在异常环境中或者在发生错误的情况下，可以容错运行的能力。

（4）配置复审是保证软件配置的所有元素都已进行了正确的开发和分类。

（二）确认测试方法

根据测试环境，可以将确认测试分成 α 测试和 β 测试两种类型。

（1）α 测试通常是由承建单位内部人员模拟建设单位用户实际操作环境，对软件产品进行的测试，此时的软件版本称为 α 版本。α 测试的关键在于尽可能逼真地模拟实际运行环境和用户对软件产品的各种操作，尽可能涵盖所有可能的用户操作方式，并在测试中试图发现错误。α 测试的目标是评价软件产品的功能和性能。

（2）β 测试通常是建设单位的用户在实际使用环境中进行的测试。β 测试过程中，开发者通常不在测试现场，由用户记录所有可能的问题，并向承建单位报告异常情况、提出修改意见等。承建单位在综合用户的报告之后，修改软件，最后将改正后的软件交付给建设单位使用。β 测试着重测试软件的支持能力，包括文档可用程度、用户培训和易学程度、软件易用程度和业务流程的支持程度等。

5.3.6 系统测试

系统测试也称为产品测试，是将软件放在整个建设单位计算机环境中，包括支持软件、硬件、数据和人员等，实际运行软件并进行的一系列测试。系统测试的目的是通过实际运行软件，将运行结果与系统需求定义进行对比，从中发现软件与系统需求定义不符合的地方。系统测试内容包括：

（1）安装测试。安装测试的目的不是查找软件错误，而是查找出软件安装过程中可能出现的错误。

（2）性能测试。性能测试是测试软件系统处理事务的速度、数据访问效率、多人并发操作的响应等，并检验软件这些性能是否符合需求定义的指标。

（3）安全性测试。安全性测试是测试软件系统防止非法入侵、数据非授权访问和非法破坏等的能力，以及系统有无漏洞等。

(4)兼容性测试。兼容性测试是验证软件产品在不同版本的操作系统或应用环境之间的可移植能力。

(5)可用性测试。可用性测试是从使用的合理性、方便性等角度，对软件系统进行检查，以发现人为因素或使用上的问题。例如，用户界面提示是否清楚、出错提示是否准确、当操作错误的提示能否帮助用户改正操作等。

(6)文档测试。文档测试是检查用户文档(如用户手册)的清晰性和可理解性。

(7)恢复测试。恢复测试是检查系统出错以后能够从错误中恢复的能力，包括数据恢复能力、业务办理流程的恢复能力等。

(8)连接性测试。连接性测试是检查软件与其他软件之间的互操作能力。

5.3.7　验收测试

验收测试又称用户接受度测试，是指软件交付之前的最后一个测试环节，也是软件工程结束的标志之一，测试目的是确保软件已准备就绪而且可以将其用于建设单位的业务处理。验收测试是向用户表明系统能够如预定目标一样工作，软件的功能和性能已完全满足用户的期望。

验收测试通常由建设单位会同承建单位、监理单位(如果有)一起组织，或者邀请专家共同参与。验收时须注意以下几个原则：

(1)验收测试始终要以需求规格说明书和技术合同为依据，确认各项需求是否得到满足，各项合同条款是否得到贯彻执行。

(2)验收测试以验证软件的正确性为目的，而不是以发现软件错误为目的。

(3)验收测试中的用例设计要全面，尽可能以最少的时间并在最大程度上确认软件的功能和性能是否满足要求。

验收测试可以采用正式验收、非正式验收两种测试策略。正式验收测试是一项管理严格的过程，通常是系统测试的延续。测试计划详细严密，选择的测试用例是系统测试中执行测试用例的子集。正式验收测试由建设单位和承建单位、监理单位一起执行验收测试，或者由建设单位单独组织执行，或者由建设单位组织专家组进行验收测试，还可以委托第三方测试单位进行测试。非正式验收测试不像正式测试那样严格，测试需确定并记录软件运行和业务处理过程，可以不制定测试计划，甚至不用设计严格的测试用例，测试过程和测试内容完全由测试人员决定。通常，非正式验收测试是由建设单位自行组织执行。

5.3.8　测试工具

软件测试工具在软件开发的整个过程中具有重要作用，人工测试工作量大，难以全面覆盖，所以自动化测试工具就成为目前最常用的方法。下面介绍几款常用的测试工具。

(一)测试管理工具

测试管理工具是在指在软件开发过程中，对测试需求、计划、用例和实施过程进行管理、对软件缺陷进行跟踪处理的工具。通过使用测试管理工具，测试人员或开发人员可以方便地记录和监控每个测试活动与结果，找出软件的缺陷和错误，记录测试活动中发现的缺陷和改进建议。测试管理工具所具有的基本功能包括：①测试需求管理；②测试用例管理；③测试过程管理(计划、任务等)；④缺陷管理；⑤报表统计；⑥权限管理等。常用的测试管理工具有：

(1)QC(quality center)是基于 Web 技术开发的测试管理工具，可以组织和管理应用程序测试流程的所有阶段，包括制定测试需求、测试计划、执行测试和跟踪缺陷等。QC 还可以创建测试报告，使用图表表达和监控测试流程。

(2)IBM Rational Clear Quest(简称 CQ)工具专注于配置管理工作中的变更管理，可用于任务分配、Bug 跟踪、变更管理、流程制定等。

(3)JIRA 是 Atlassian 公司出品的项目与事务跟踪工具，已被广泛应用于缺陷跟踪、客户服务、需求收集、流程审批、任务跟踪、项目跟踪和敏捷管理等工作领域。

(4)禅道是国产的开源项目管理软件，专注于研发项目管理，功能包括需求管理、任务管理、bug 管理、缺陷管理、用例管理、计划发布等，实现了软件全生命周期管理。

(二)其他测试工具

其他常用的自动测试工具如表 5-3 所示。

表 5-3　常用的自动测试工具

工具名称	测试类型	备注
Selenium	单元测试	适用于 Web 应用软件的测试。Selenium 录制器采用关键字驱动的理念，简化测试用例的创建和维护，可以直接运行在浏览器中
RFT	单元测试	适用于测试人员和 GUI 开发人员，能够通过选择标准化的脚本语言，实现各种高级定制化的测试功能
QTP	单元测试	一种自动测试工具。QTP 的目的是用来执行重复的手动测试，适用于回归测试和同一软件新版本的测试
Jmeter	性能测试	用于测试 Web 程序的访问压力
Wireshark	安全测试	通过网络抓包，分析系统安全性
FuzzScanner	安全测试	通用的 Web 弱口令破解脚本，旨在批量检测系统认证的安全性
TestNG	白盒测试	适用于单元测试的自动化工具，支持异常测试、忽略测试、超时测试、参数化测试和依赖测试等

5.3.9　测试用例的设计

(一)测试用例概念

测试用例(test case)描述软件产品的测试任务及过程细节，涉及测试方案、方法、技术和策略，内容包括测试目标、测试环境、输入数据、测试步骤、预期结果、测试脚本等。简言之，测试用例是为测试软件而编制的一组数据输入、执行条件以及预期结果的规格说明。

软件测试用例的基本要素包括测试用例编号、测试标题、重要级别、测试输入、操作步骤、预期结果等。表 5-4 给出了测试用例示例。

(1)用例编号。开发团队可以设定测试用例编号的编制规则，方便查找和跟踪测试用例。例如，测试用例编号的命名规则为“项目名称+测试阶段类型+编号”，“UDGIS-ST-01”就是一个测试用例编号。

(2)测试标题。标题是对测试用例的简要描述，要能清楚表达测试用例的用途。比如“自来水管爆管分析测试”。

(3)重要级别。定义测试用例的优先级别，包括：①0 级——核心功能测试用例，是决定系统可用性的测试用例。②1 级——高优先级测试用例，是直接影响软件功能的测试用例，包括基本功能测试、重要的错误测试和边界测试。③2 级——中优先级测试用例，这些测试是对软件异常情况的测试，包括异常测试、边界测试、中断测试、断网测试、容错测试、界面测试等。④3 级——低优先级测试用例，这些用例不影响软件功能，但是涉及软件的多种性能指标，包括性能测试、压力测试、稳定性测试、兼容性测试、安全性测试等。

(4)前置条件。测试用例的前置条件是提示测试人员在执行测试用例时，应当满足的前提条件，比如数据是否存在、地图服务是否发布等。

(5)输入限制定义测试执行中的各种输入条件和格式。

(6)操作步骤规定测试执行的顺序。

(7)预期结果描述软件设计的输出期望。如果在实际测试过程中得到的实际结果与预期结果不符，则测试不通过。

(8)测试结果描述测试用例执行是否通过，或描述存在的问题。

(9)测试人员和测试日期。

表 5-4　测试用例示例

<table>
<tr><td>一级模块名</td><td colspan="2">抢险业务测试</td><td>二级模块名</td><td>险情信息转发</td></tr>
<tr><td>用例编号</td><td colspan="2">UDGIS-ST-88</td><td>优先级别</td><td>1 级</td></tr>
<tr><td>用例摘要</td><td colspan="2">转发险情信息</td><td>测试日期</td><td>2020. 2. 24</td></tr>
<tr><td>前置条件</td><td colspan="4">操作员具有险情信息核对功能的权限，并已登录该管理系统</td></tr>
<tr><td>业务功能描述</td><td colspan="4">险情信息核对</td></tr>
<tr><td>测试类型</td><td colspan="4">内部系统测试 ☐　　内部新功能测试 ☐　　验收测试 ☑</td></tr>
<tr><td>准备数据</td><td colspan="4">数据库中已经存在添加过的险情信息</td></tr>
<tr><td>测试人员</td><td colspan="4">巡检员、指挥中心、抢险队</td></tr>
<tr><td>执行步骤</td><td colspan="4">(1)进入险情信息核对查询页面
(2)选择需要核对的险情记录，点击【核对】链接
(3)进入险情信息核对页面
(4)核对险情信息
(5)点击【提交】按钮，完成信息核对</td></tr>
<tr><td>预期输出</td><td colspan="4">第 5 步执行完后提示“险情信息核对成功”</td></tr>
<tr><td>测试结果</td><td colspan="4">☑ 运行正常　　☐ 运行基本正常，尚有问题待解决　　☐ 无法正常运行
问题描述：</td></tr>
<tr><td>缺陷级别</td><td colspan="4">☐严重　☐重要　☐普通 ☐轻微 ☐建议</td></tr>
<tr><td>功能完成</td><td colspan="4">☑ 已通过　　☐ 未通过　　☐ 需改进</td></tr>
<tr><td rowspan="3">签字确认</td><td>建设方</td><td>市政公司</td><td>(签字)</td><td>(日期)</td></tr>
<tr><td>承建方</td><td>中南大学</td><td>(签字)</td><td>(日期)</td></tr>
<tr><td>监理方</td><td>××软件监理公司</td><td>(签字)</td><td>(日期)</td></tr>
</table>

(二)测试用例设计过程

测试用例设计过程包括制定测试计划、编写测试需求文档、确定测试方法、编写测试用例、测试用例评审等步骤，如图 5-10 所示。

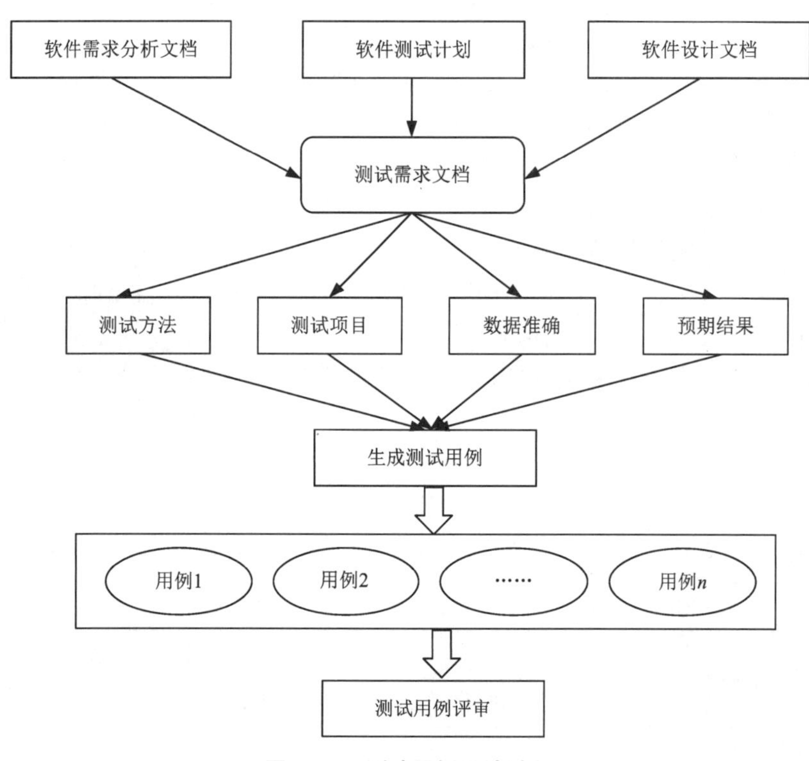

图 5-10　测试用例设计过程

(1)编制测试需求/设计文档

测试需求文档又称为测试设计文档，其编写形式灵活多样，可以用思维导图列出每个正常测试点、异常测试点等，以梳理测试方案。测试需求/设计文档可以帮助测试人员清楚地理解测试目的和测试方案，找出软件测试要做的准备工作。因此，测试需求/设计文档要明确测试方法、所需数据、预期结果等。测试需求/设计文档(规格说明书)可以包括以下内容：

1 编写目的
2 测试团队构成
  2.1 职责
  2.2 角色划分
3 工作流程及规范
  3.1 计划与设计阶段
    3.1.1 成立测试团队
    3.1.2 测试预通知
    3.1.3 召开测试启动会议
    3.1.4 编写测试计划文档
    3.1.5 设计测试用例

(2)设计测试用例

测试用例设计是一个循环迭代的过程，设计依据是测试需求/设计文档。测试设计人员可以用探索性测试分析、交叉测试、验证分析等方法，设计、补充、修改测试用例。在测试过程中，测试人员还可以根据实际测试情况，不断修正和补充测试用例。

(3)测试用例评审

设计完测试用例以后，还要经过评审才能交付测试人员执行测试。测试用例的评审小组可以由项目建设单位、软件设计人员、软件开发人员、软件测试人员、软件开发主管和测试主管等人员组成。

(三)测试用例设计方法

(1)白盒法

白盒法又称结构化方法(结构测试)或逻辑覆盖法，其基本思想是把程序看作路径的集合，程序测试就可以转化为对程序路径的测试，即设法让被测程序的每条路径均被执行，尽可能地发现隐藏在程序中的错误。白盒法测试用例设计方法包括：

①语句覆盖法。此方法要求设计足够多的测试数据，使程序的每条语句都至少执行一次。

②判定覆盖(分支覆盖)法。此方法要求程序中的每个判定至少出现一次“真值”和一次“假值”，即程序中的每个判定(分支)都至少要执行一次。

③条件覆盖法。此方法要求判定中每个条件的所有可能的结果至少执行一次，并且使每个分支的每条语句至少执行一次。

④判定条件覆盖法。此方法要求判定覆盖和条件覆盖同时得到满足。

⑤多重条件覆盖法又称条件的组合覆盖法。此方法要求程序中每个判定条件的各种组合都至少执行一次，并且每个条件分支的每条语句至少执行一次。

此外，还有诸如路径覆盖法(程序中每条路径至少执行一次)、基本路径覆盖法(循环次数只考虑小于等于一次所组成的程序路径，每条基本路径至少执行一次)等。

(2)黑盒法

黑盒法又称为功能测试法，是根据软件需求说明书上定义的各项功能、性能指标，来构造测试用例的输入数据。黑盒法测试用例的设计方法有：

①等价类方法。此方法根据需求列出输入，并分析每条输入规则，描述每条规则可能的正确和错误的结果，最后组合所有输入正确和错误的用例。输入数据的定义包括数据类型、长度、取值范围、是否允许重复、是否为空（为空可分为不输入和输入空格）、组合规则等内容。

②边界值方法。此方法的理论基础是假定大多数错误发生在各种输入条件的边界上，如果在边界附近的取值不会导致程序出错，那么其他取值导致程序错误的可能性也很小。

③流程分析法。此方法将软件系统的一个流程看成一条路径，根据流程的顺序依次进行组合，使得各个分支都能得到检测。

④状态迁移法。此方法利用状态迁移图推导出测试路径，再编写测试用例。

（四）测试分析报告

（1）测试分析报告内容

测试人员在执行测试用例的过程中，要记录、收集和整理测试结果及数据，通过分析测试结果，发现软件产品问题的可能原因，评估软件产品质量，并编写测试分析报告。测试分析报告是测试阶段的重要产物，也是测试人员的主要成果之一。测试分析报告通常包括：

①项目简介。简要叙述项目目标、基本功能、背景信息、报告引用的术语及参考资料等。

②测试概要。简要总结测试经历、轮次和测试用例小结等，包括：a）测试时间，用于记录每次测试的阶段名称、起始时间、工作量等；b）测试范围，用于记录覆盖的范围，包括功能测试、兼容性测试、接口测试、数据迁移测试、性能测试、安全性测试和品质监控等，并对测试过程进行说明；c）测试用例执行情况，用于记录测试用例执行情况及结果。

③测试结果分析。简要统计测试发现的缺陷数量及不同级别的缺陷数。缺陷分析可以使用图表表示缺陷分布和变化趋势，进而评估产品质量。

④测试结论。客观评价测试结果，并给出明确的产品质量结论。

为了分析测试缺陷对软件的影响程度，缺陷通常分成 5 个级别，见表 5-4。

表 5-4　软件缺陷分级

级别	名称	定义
A	致命级	数据丢失，数据计算错误，系统崩溃和非正常死机
B	严重级	规定的功能没有实现或实现不完整，设计不合理造成性能低下，影响系统的运行
C	一般级	不影响业务运营的功能问题
D	改进级	软件设计和功能实现等不合理，需要改进
E	建议级	完善系统需要增加的功能

（2）缺陷分析

缺陷分析旨在判定测试结果能否达到用户可接受的状态。常用的缺陷分析方法有：

①缺陷分布统计分析法。此方法常用图表展示不同功能单元的缺陷数量或者不同级别的缺陷数量，图 5-11 给出了不同功能单元的缺陷数量柱状图和饼图，从图中可以清晰得到不

同功能单元中的缺陷分布情况；图 5-12 给出了不同级别的缺陷数量饼图。通过分析缺陷数量在不同功能单元或级别上的分布情况，可以掌握程序代码的质量，有助于分析缺陷产生的原因，以及评估软件的可用性。

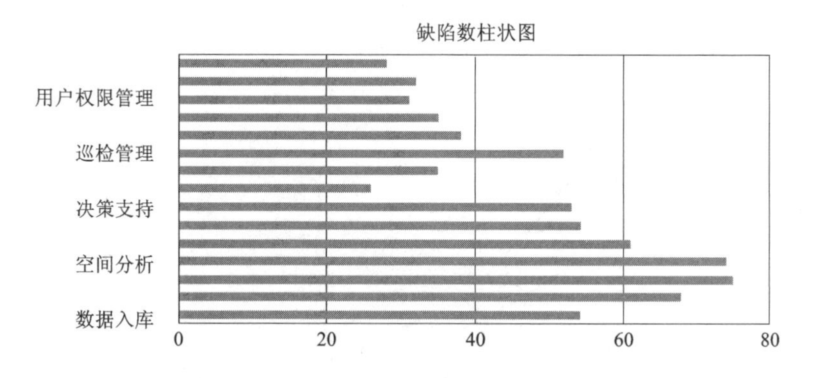

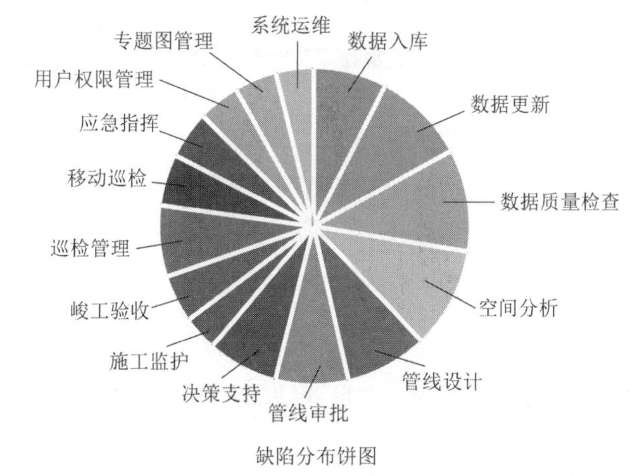

扫一扫，看彩图

图 5-11　缺陷在不同子系统或功能中的分布

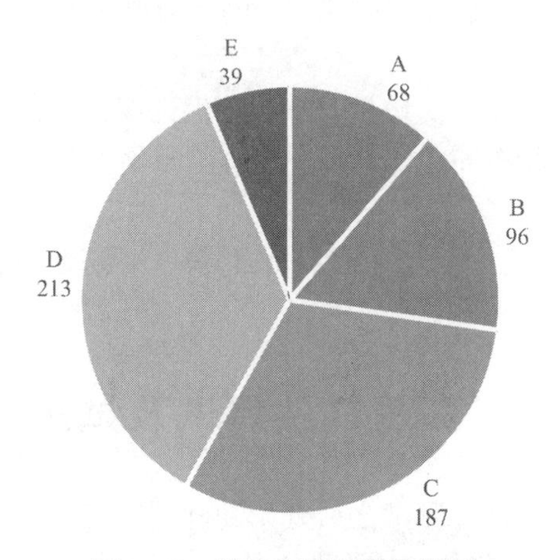

图 5-12　缺陷级别及数量饼图

（A~E 为缺陷级别）

②缺陷趋势法。此方法利用趋势图表展示软件缺陷数量随测试次数的变化趋势，可以分析了解测试的效率和质量；还可以分析软件测试和修正的效果，进而评估软件质量演化趋势。缺陷趋势可以是单次测试缺陷数，也可以是累计缺陷数量。例如，图 5-13 给出的软件缺陷数量趋势曲线反映缺陷数在不断减少且收敛，表明软件质量在不断提升。

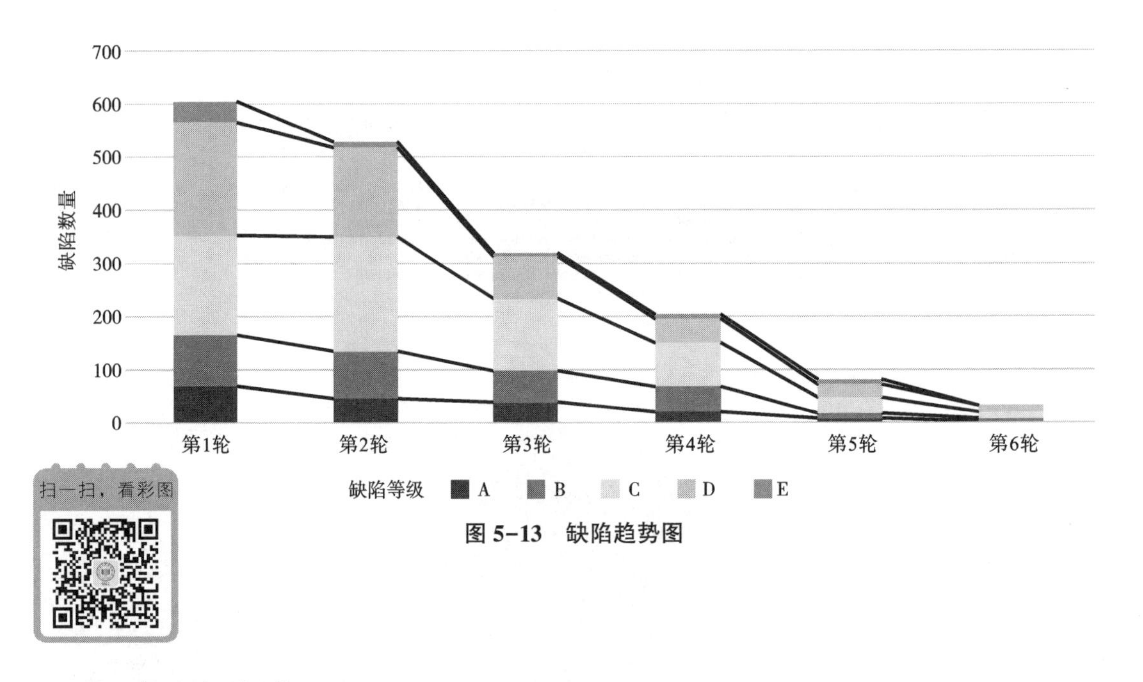

图 5-13　缺陷趋势图

(3)产品质量评估

软件测试既是发现软件缺陷的过程，也是评估软件质量的重要措施。利用测试报告分析软件质量的方法包括：

①通过确认测试验证软件需求规格说明书定义的所有功能是否已全部正确实现，且性能指标是否全部达到要求。

②所有测试项没有残余 A 级、B 级缺陷，且 C、D 级缺陷控制在一定范围内，如 2%和 4%，E 级也要设置一定比例。

③利用测试用例分析软件设计文档是否和软件编码保持一致。

④各功能单元的缺陷数量分布应当均衡，不应出现集中分布现象，集中分布说明该单元是软件薄弱环节。

⑤缺陷数量应当随着测试次数呈收敛降低趋势，缺陷数量曲线出现波动说明软件不稳定。

5.4　GIS 软件调试及试运行

软件调试是在成功完成了软件测试之后开始的软件完善和修改工作，任务是进一步诊断和改正程序中潜在的错误。调试活动由两部分组成：确定程序错误的性质和位置，修改程序代码和设计文档。软件运行失效或出现问题的原因复杂，因此找出问题原因排除错误是一件非常困难的事情。可以说，调试是通过现象找出错误原因的思维分析过程。

5.4.1　软件调试过程

调试过程是从分析测试结果出发，发现错误、修改错误、修改测试用例或设计新的测试用例、确认修改正确等。整个调试过程参见图 5-14。

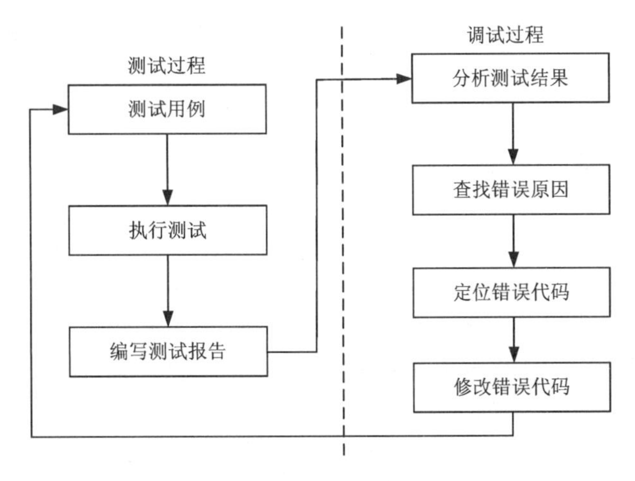

图 5-14　调试过程

(1)利用因果分析法、鱼骨图法等分析测试缺陷，确定程序出错位置。

(2)阅读和分析出错的程序代码，找出错误发生的原因。

(3)修改程序代码和软件设计文档，排除错误。

(4)修改测试用例或设计新测试用例，重复测试修改后的程序，确认是否排除了已有错误或者是否引入了新错误。

(5)评估改正后的软件是否解决了缺陷，如果没有解决则撤销此次修改，并重新从步骤(1)开始，直到解决缺陷为止。

从技术角度来看，查找和定位错误是一件非常困难的事情，原因在于：

(1)错误发生位置与产生错误的程序代码可能处于不同位置。

(2)有些错误是多种原因叠加的结果，排除一处代码错误，不能完全修复缺陷。

(3)有些错误是由一些非算法原因引起的，例如数据不精确等。

(4)有些错误可能是由于一些不容易发现的人为错误引起的，例如操作顺序。

(5)有些错误是由于流程处理顺序引起的，与处理过程无关。

(6)有些偶然出现的错误很难再现，也给原因分析带来了困难。

5.4.2　软件调试方法

(一)强行排错

这种调试方法目前使用较多，效率较低，它不需要过多的思考。常用方法有：

(1)在程序可能出错的位置添加调试打印语句，根据打印输出结果分析原因、纠正错误。打印语句常常添加在出错的源程序的关键变量改变位置、重要分支位置、子程序调用位置等，用于跟踪程序的执行、监视重要变量的变化。

(2)利用程序语言的调试功能或交互式调试工具，跟踪程序的动态过程，分析程序错误的原因。例如，设置断点是集成开发环境提供的调试工具，当程序执行到断点处时，程序暂停执行，这时调试人员可以监视变量值，分析可能的错误原因。

(二)回溯法调试

回溯法调试是在小型软件开发中最常用的调试方法。当程序发现了错误，调试人员首先要分析错误征兆，确定最先发现错误的位置，然后沿程序的控制流程，向回追踪源程序代码，直到找到错误根源或确定错误产生的范围。

例如，程序表单显示的数据有错误，这时可以向回跟踪变量值修改的过程，回溯程序代码，直到定位错误的位置。

(三)归纳法调试

归纳法调试首先收集测试结果，列出有联系的测试用例和程序执行结果，分析哪些输入数据的运行结果是正确的、哪些输入数据的运行结果有错；然后，将这些有联系的问题进行归并，分析问题发生的规律，提出原因假设；最后把假设与输入数据、输出结果进行比较，验证假设是否成立，从而确定错误发生的原因，定位出错位置。

(四)演绎法调试

演绎法调试是调试人员首先根据已有的测试用例，设想并列出所有可能出错的原因作为假设；然后再用原始测试数据或新的测试，从中逐个排除不成立的假设；最后用测试数据验证余下的假设是否为出错的原因。

5.4.3 调试原则

(一)确定错误的性质和位置的原则

(1)深入分析与错误征兆有关的信息；

(2)多角度分析错误原因，避免进入死胡同；

(3)要把调试工具当作辅助手段，不能代替思考；

(4)避免全部使用试探法，最多只能把它当作最后手段。

(二)修改错误的原则

(1)程序出错的地方很可能还有别的错误；

(2)修改错误的常见失误是只修改了这个错误的征兆，应当总结经验，避免以后再现类似错误；

(3)避免修正一个错误的同时引入新的错误；

(4)修改错误的过程有时要回归到程序设计阶段。

思考题

1. GIS 软件开发常用模式有哪些？各有什么优缺点？
2. 开发团队如何选择程序设计语言？
3. 开发团队如何选择程序开发环境？
4. 什么是程序开发框架？其在软件开发中有什么作用？
5. 请列举 2 种你所知道的开发框架，并简要说明其工作原理。

6. 试叙述程序编写规范在软件开发中的作用，应包括哪些内容？
7. 软件测试的目的是什么？要坚持哪些原则？
8. 软件测试的过程包括哪几个阶段？各阶段测试内容是什么？
9. 什么是测试用例？测试用例包括哪些内容？
10. 试叙述测试用例的设计过程。
11. 测试用例的设计方法有哪些？
12. 试叙述如何利用测试结果评估软件质量。
13. 什么是软件调试？调试过程包括哪些步骤？
14. 简要叙述软件调试方法及其工作内容。
15. 简要叙述软件调试需要坚持哪些原则。

参考文献

[1] Liu T, Liu Y. The Construction of E-Business Portal Based on Struts, Spring and Hibernate[C]. Proceeding of 2009 International Conference on E-Business and Information System Security, 2009.
[2] Josh S. WPF Apps with the Model-View-View-Model Design Pattern [M]. Microsoft Corporation, 2009.
[3] 高扬. 基于. NET 平台的三层架构软件框架的设计与实现[J]. 计算机技术与发展, 2011, 21(2): 77-80+85.
[4] 韩鹏, 王泉, 王鹏, 等. 地理信息系统开发—ArcEngine 方法[M]. 武汉: 武汉大学出版社, 2008.
[5] 刘光, 曾敬文, 曾庆丰. Web GIS 从基础到开发实践(基于 ArcGIS API FOR JavaScript)[M]. 北京: 清华大学出版社, 2015.
[6] 刘亚静, 姚纪明. 地理信息系统二次开发[M]. 武汉: 武汉大学出版社, 2014.
[7] 刘瑜, 王立福, 张世琨. 软件框架开发过程研究[J]. 计算机工程与应用, 2004, 40(2): 26-28.
[8] 孟令奎, 史文中, 张鹏林, 等. 网络地理信息系统原理与技术[M]. 第三版. 北京: 科学出版社, 2020.
[9] 明日科技. C#入门到精通[M]. 第 5 版. 北京: 清华大学出版社, 2019.
[10] 邱洪钢, 张青莲, 陆绍强. ArcGIS Engine 开发从入门到精通[M]. 北京: 人民邮电出版社, 2010.
[11] 孙卫琴. 精通 Struts-基于 MVC 的 JavaWeb 设计与开发[M]. 北京: 电子工业出版社, 2007.
[12] 王波, 周顺平, 杨林. 搭建式软件开发技术研究与应用[J]. 计算机应用与软件, 2010, 27(5): 48-63.
[13] 吴信才, 张成, 于海燕. 搭建式 GIS 软件开发及其对软件工程的影响[J]. 测绘科学, 2010, 35(4): 157-159.

第 6 章　GIS 工程数据库设计

使用数据库集成管理空间数据和业务数据已成为 GIS 工程建设的主要任务，数据库的设计则成为 GIS 工程建设的关键工作，严重影响 GIS 工程数据库的建设质量，甚至影响整个项目的建设质量。本章首先叙述 GIS 工程数据的概念及其特点，然后阐述 GIS 数据的规范化和常用的管理方式，最后介绍数据库的设计方法和设计工具。

6.1　空间数据概述

6.1.1　空间数据概念

人类在长期改造自然界的过程中，逐渐学会了使用符号、文字或图形等方式记录、描述现实世界的事物或现象。进入 20 世纪 60 年代以来，在计算机技术的支持下，人类开始使用数字形式表达和存储这些事物或现象。地理信息科学把具有空间位置及其相关属性信息的事物、现象定义为地理要素或空间要素(feature)。例如，自然界中的湖泊、河流、山川，地震、龙卷风等自然灾难，人类建造的房屋、桥梁、道路，疫情、恐怖袭击等社会事件，这些都是空间要素。社会生活管理的抽象概念也可以是空间要素，比如城市规划定义的宗地红线、地块界线等。虽然这些图形概念不是客观可见的事物，但是社会管理需要用可视化形式表达和存储这些信息。

为了方便管理，根据空间要素的一个属性或属性组合，空间要素可以划分成不同类别，每个类别的空间要素组成空间要素类(feature class)。例如，建筑物、道路、自然灾害等是不同的要素类。在特定的应用领域中，同一类别的要素具有相同的表达形式和属性结构，因此可以为同一个要素类设计相同的数据结构和逻辑模型，进而可以利用计算机技术识别、采集、存储和处理空间要素类，这样就产生了空间数据。

空间数据(spatial data)是表达、记录要素几何信息及其相关属性的数据，包括空间定位、形状、大小、范围、分布特征、空间关系及其相关属性等信息。空间数据是现实世界事物或现象在计算机世界的概括和抽象，是客观世界在数字世界的映像。空间数据包括点、线、面和体等基本类型，每种类型可以使用特定的数据模型进行表达和存储。

6.1.2　空间数据的内容

空间数据由空间几何数据和应用领域的专题属性组成，有时也包括要素之间的空间关系。

(一)空间几何数据

空间几何特性是空间要素的基本特征，是以地球空间位置为参照，描述自然现象、社会和人文景观的空间位置、形状、大小、运动状态等特征的数据。根据数据采集、存储和用途的不同，空间几何数据的种类、精度、结构等也有所不同。

(1)位置

空间位置标识要素所在的位置。在日常生活中，人们常用相对位置和方位记忆空间要素的位置，如图书馆在大门的正北面。计算机常用已知坐标参考系的坐标值表达空间位置，坐标系可以是大地坐标系、直角坐标系、极坐标系、自定义坐标系等，空间位置数据可以是经纬度、平面直角坐标、极坐标，也可以是矩阵的行列数等。例如，点状要素表示为(x, y)坐标值，线状要素表示为一系列有序的坐标值集合，面状要素表示为首尾相同的一系列有序坐标值集合。

(2)形状

点要素只有特定位置，没有长度、面积、形状等特性，在空间上表现为一个点，可以是实际的事物，如灯杆、树木等，也可以是抽象的点，如界址点等。

线状要素的形状可以使用弯曲度、方向等系数度量。弯曲度定义为线要素实际长度与起点到终点距离的比值，表示线要素的弯曲程度；有向线状要素的方向常用起点到终点的向量方向度量。

面要素的形状使用欧拉数表达，欧拉数=(空洞数)-(破碎数-1)，其中空洞数是外部多边形包含的空洞数，碎片数是破碎区域内多边形的数量。紧凑度是度量面要素边界特征的系数，可以用多边形长短轴之比或者周长与面积之比度量。

(3)大小

点要素没有大小特性，线要素用长度表示尺寸大小，面要素用面积表示尺寸大小，体要素用体积表示尺寸大小。

(4)空间关系

空间关系是指两个或两个以上空间要素之间的拓扑关系、距离关系和方位关系。拓扑关系包括空间要素的相邻、相交、覆盖、穿过、相离、相接等关系。距离关系是两个空间要素距离的表达，常用两要素的最短欧氏距离表示，也可以定性表示距离关系，如远、较远、近等。方位关系是空间要素在方位上的相对关系，如科学楼在教学楼的南边。

(二)要素属性数据

空间要素的属性数据又称非空间数据或专题属性数据，是记录空间要素的应用领域相关属性的多维数据，描述应用领域特征的定性或定量指标。空间要素的属性数据是根据应用领域管理需要而对要素的非空间特性进行抽象、概括、分类、命名、量算、统计等操作得到的数据。因此，同一类要素在不同的应用领域中的属性结构可能不同。例如，房产局管理的建筑物属性包括建筑年代、权属人、建筑单位、坐落、建筑面积、基底面积等，而城市基础地理应用领域仅存储建筑物名称和类别等基本信息。

空间要素属性的表达分为定性和定量两种。例如，名称、类型、特性等是定性属性，面积、长度、土地等级、人口数量、降雨量、河流长度、水土流失量等是定量属性。

6.1.3 空间数据的特点

空间数据是表征特定时间、特定区域内的事物或现象的数量、质量、分布特征等的数据，具有区域性、结构多维特性、动态性、不确定性等特点。

(1)区域性

空间数据是用特定坐标系的坐标值表达和存储特定区域事物或现象的数据，因此 GIS 工程管理的空间数据都具有一定的空间范围，即区域特性。例如，城市规划空间数据库存储的是目标城市范围内的规划数据。

(2)结构多维特性

结构多维特性是指空间要素属性数据结构的多维性，要素的属性通常拥有数量不等的字段，字段的数量称为要素的属性维度。例如，建筑物的属性包括名称、结构、建筑年代等。

(3)动态性

空间数据是在特定时间对特定区域事物或现象进行采集、处理、表达的数据快照，现实世界的发展变化使得空间数据也不断更新。例如，随着城市发展、城市建筑物和景观不断更替，“数字城市”的基础地理数据也应定期更新。

(4)不确定性

空间数据的采集、处理、存储等过程都会产生一定的误差，空间数据也必然与现实世界存在一定的偏差，这种偏差的程度称为空间数据的不确定性，包括空间不确定性、属性不确定性、关系不确定性等。空间不确定性是指空间要素的空间位置、形状等与真实值的误差程度，属性不确定性是指空间要素的属性值与其真实状态的差别程度，关系不确定性是要素之间关系表达的准确程度，例如森林与草地的空间关系就很难准确表达。

6.1.4 空间数据的来源

空间数据的来源渠道多种多样，可以是地图数字化、数字化测量、遥感影像、GPS 实测数据、物联网、社会统计、网络标报等渠道，如图 6-1 所示。

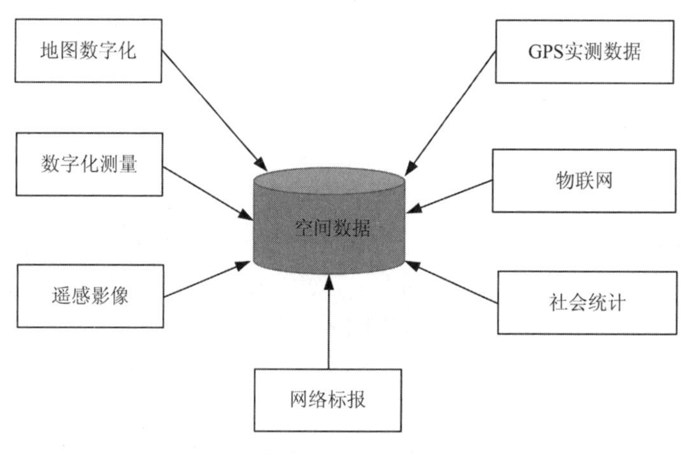

图 6-1 空间数据来源

(1)地图数字化

GIS 工程数据生产人员利用光-电转换设备将传统纸质地图转换为点阵数字图像，再经图像处理和矢量化操作，生成数字化地图。这是早期 GIS 工程数据生产中最常用的方式。例如，纸质地图可以先经过扫描存为图像，再经过地理校准以后放入 GIS 软件，数据生产人员以此为背景图绘制相关要素，进而将纸质地图转换为空间数据。

(2)数字化测量

当前，测绘人员可以使用电子测量仪器直接获取事物的坐标数据，然后利用数字化制图软件编制成数字化图件，数字化测量图件可以经过转换存入空间数据库。这已成为当前 GIS 工程空间数据建库的主要数据来源。

(3)遥感影像

遥感技术是获取空间数据最快捷的工具之一，特别是在大尺度空间分析或高时效空间应用领域，利用遥感平台可以快速获取大面积的影像数据。当前，遥感影像不仅是 GIS 工程数据建库的重要数据源，而且还是空间数据发现变更的主要方法。

(4)GPS 实测数据

当前 GPS 技术已在诸多行业中得到普及应用，GPS 在监控设备(如车辆、大型仪器等)、重要设施、重点人群(如工程人员、病患人员等)等的过程中，获取了大量点位数据。利用这些 GPS 数据，可以获取大量的、有用的空间信息，如疫情传播路径等。

(5)物联网

物联网技术使用射频识别(RFID)、红外感应器、激光扫描器等传感器件把物品与互联网连接起来，实现物品的智能化识别、定位、跟踪、监控和管理。物联网的应用中也可以产生大量与空间位置相关的数据。

(6)社会统计

社会各类机构编制的统计报表包含了行政区划信息，通过处理和转换可以成为 GIS 工程的空间数据源，必要时可以制成空间专题数据或空间专题图。例如，按行政区划编制的人口统计报表，可以制作成人口密度专题图；国民生产总值报表可以制成地理统计图，等等。

(7)网络标报

新一代的 Web 技术为广大网络用户提供了上传、标识、上报空间数据的工具，上报的数据也可以包含空间位置数据。例如，公众用手机上报市政设施损毁情况的数据可以包括 GPS 位置数据，也可以通过文字描述设施所在的地点。

除了上述数据源以外，空间数据还可以从工程报告、网络自媒体等内容中提取空间信息。

6.2 GIS 工程数据的规范化和标准化

6.2.1 空间数据规范和标准化概述

空间数据标准化是指研究、制定和推广使用统一的地理基础、要素编码和分类、数据记录格式、数据处理转换等技术标准的过程。GIS 工程空间数据标准化内容包括统一的空间定位框架、空间分类、数据编码、数据存储格式、交换格式、空间元数据等内容。

(一)统一的空间定位框架

空间定位框架是空间数据采集、存储和表达的基础，通常指地图投影系统或地理坐标系统。在空间数据采集过程中，测量人员利用投影坐标、地理坐标、网格坐标对空间要素进行定位和测量，从而在统一的定位框架上获取要素的地理位置和空间关系特征。

GIS 工程区别于其他一般信息项目的一个重要特征在于存储和管理的实体要素集带有明显的空间特征。不同的空间定位框架的同一坐标值表达的位置信息也不同，所以在建设 GIS 工程项目时，必须为工程项目确定统一的空间定位框架，即统一的空间坐标系统。GIS 工程项目选用的空间参考系应当符合《地理信息参考模型第 1 部分：基础》(GB/T33188.1—2016)的规定，要保证 GIS 工程的空间要素具有统一的定位参考。

(二)统一的空间分类

空间数据分类是将空间数据划分成有层次的、逐级展开的分类体系，每个体系称为要素类或图层。GIS 工程在生产数据时，首先要建立明确的分类标准，才能对每个要素类别进行统一的编码。空间数据分类也是空间分析与空间计算的依据，空间分类的粗细程度不仅影响空间数据存储格式，还会影响空间计算的效率。因此，空间数据的分类规则应遵循科学性、系统性、实用性、统一性、完整性、可扩充性等原则。

《基础地理信息要素分类与代码》(GB/T13923—2006)、《基础地理信息数据库基本规定》(GB/T30319—2013)等标准都规定了基础地理数据分类标准，GIS 工程在建设空间数据时必须遵守这些标准。对于 GIS 工程的业务专题数据，如果有行业规范，则要执行相关规范；如果没有相关规范，则可以依据建设单位业务管理需求和实际情况，制定项目的数据分类规范。

(三)统一的空间数据编码

空间数据编码是指一组能够指代空间要素语义的符号，而且同一类要素具有相同的编码。因此空间数据编码的基础是空间数据的分类体系，具有易记忆、易识别、惟一性、简单性、一致性、标准化等特性。

《基础地理信息要素分类与代码》(GB/T13923—2006)和《城市地理编码技术规范》(CJJ/T 186—2012)等标准或规范都严格规定了空间要素编码格式，对于标准以外的要素编码，GIS 工程承建单位可以制定项目内部使用的编码规范。

(四)统一的空间数据存储和交换格式

空间数据存储格式是指数据在存储介质中的存储方式，包括数据结构、存储系统等。在实际的 GIS 工程中，数据管理人员可以将数据进行分类，分别制定数据存储格式。例如，矢量数据统一使用空间数据库存储，栅格数据(如遥感影像)使用文件方式存储。

通常，GIS 工程涉及多个部门，使用人员较多，甚至互联网公众也会使用数据成果，因此统一的数据交换格式才能保证空间数据共享不受特定的数据存储格式和数据结构的限制。《地理空间数据交换格式》(GB/T 17798—2007)和《城市地理空间框架数据标准》(CJJ/T103—2013)都规定了基础空间数据的交换格式。

(五)统一的空间元数据格式

空间元数据是描述空间数据的内容、质量、表示方法、空间参考和管理方式等属性的数据。空间元数据是 GIS 工程数据成果应用的基础，也是实现空间数据共享的前提。《地理信息元数据》(GB/T 19710—2005)、《地理空间数据库访问接口》(GB/T30320—2013)、《城市地理空间信息共享与服务元数据标准》(CJJ/T 144—2010)等标准都定义了空间元数据的内容和格式。

6.2.2 空间数据标准化的意义

空间数据标准化能够使各个业务系统、团队开发人员对空间实体的分类和描述方式保持一致，使空间数据共享成为可能。空间数据标准化具有以下意义：

（1）GIS 工程只有使用统一的空间数据标准，才能实现数据的有效管理，业务决策才有据可循，业务流程才能顺畅流转。GIS 工程所谓的“一分技术、二分管理、七分数据”，可以表明空间数据的重要性，只有建立完整的数据标准体系，才能保证数据的准确性和完整性。

（2）空间数据标准化是解决“数据孤岛”的主要途径。空间数据的共享离不开空间数据标准化，只有实现信息资源的规范化管理，才能从根本上消除业务系统之间的信息藩篱。然而在实际 GIS 工程中，如何实现空间信息的快捷流通和共享，仍是许多“数字城市”和“智慧城市”建设亟待解决的问题。

（3）空间数据标准化体系的设计目标是建立高效数据处理和深层数据分析的数据结构，以及统一的数据应用体系和管理架构，因此空间数据标准化是 GIS 工程建设规范化的重要依据，是系统开发规范化的前提。空间数据的标准体系有助于底层数据实体模型转换成程序中的数据模型，能有效提高开发效率，也可以减少数据组与开发组之间的沟通，保证双方形成一致的命名规则和编制方法。

（4）空间数据的标准化有助于提高空间数据库建设的效率和质量。空间数据的标准体系中不仅包括分类、数据命名、数据结构、要素编码等内容，还包括数据处理和质量检查方法等。这些标准能够为数据库建设提供方法支持和质量检查依据，建设人员在共同遵守数据标准的基础上分工协作，生产的空间数据才有质量保证。

6.3 GIS 工程数据管理方法

由于空间数据既有空间几何特征，又有属性特征和时间特征。因此，在数据量上表现为明显的海量特性，时间上表现为明显的动态特性。不断发展的对地观测技术每天都获取巨量的地球资源、环境特征等空间数据，这也给空间数据的存储、管理带来了巨大挑战。GIS 工程的矢量空间数据不仅类型多、数量大，而且在业务办理中起到重要作用。矢量空间数据的存储和管理方式主要有文件管理模式、混合模式和集中模式等。

6.3.1 文件管理模式

空间数据文件管理模式是指按照一定的数据结构表达和定义空间数据的几何信息和业务专题属性，并使用特定的文件格式存储和管理这些数据。常用的格式有 MapInfo 文件、MapGIS 文件、DWG 文件、KML 和 KMZ 文件、GML 文件和 GeoJSON 文件等。

（一）MapInfo 文件

MapInfo 桌面型地理信息系统使用文件方式管理空间数据，实现几何信息与属性数据的关联，从而完成图形数据和属性数据的双向查询。Mapinfo 文件包括：

（1）tab 文件：定义属性表的结构，用于保存表字段名称及其类型。

（2）map 文件：存储图形数据。

（3）dat 文件：存储空间要素的属性数据。

（4）id 文件：存储空间要素与属性记录之间的关联关系。

（5）ind 文件：存储索引关系。

(二)MapGIS 文件

MapGIS 数据文件包括工程文件和工程内各工作区的文件，工作区是一组存储空间实体的几何数据、拓扑数据和属性数据的文件。数据文件有以下几种：

(1)工程文件(.MPJ 文件)：存储所有工作区的文件。

(2)点工作区(.WT 文件)：存储点(PNT)的文件。

(3)线工作区(.WL 文件)：存储线(LIN)和结点(NOD)数据的文件。

(4)区工作区(.WP 文件)：存储线(LIN)、结点(NOD)、区(REG)数据的文件。

(5)网工作区(.WN 文件)：存储线(LIN)、结点(NOD)、网(NET)等数据的文件。

(6)表工作区(.WB 文件)：使用表格记录存储无空间实体信息的文件。

(三)DWG 文件

DWG 文件是 AutoCAD 的图形文件格式，也是 GIS 工程经常使用的文件格式。AutoCAD 软件使用 DWG 文件的不同区域存储图形、图形修饰、图层、属性等数据。其中属性数据的存储区域又称为扩展属性，通过实体 id 与图形实体关联，完成实体属性的管理。但是，DWG 中的属性是按顺序存储，没有字段信息，这也是 DWG 转换并存入空间数据库的一个难点。

(四)KML 和 KMZ 文件

KML(keyhole markup language，keyhole 标记语言)最初是 Google 旗下的 Keyhole 公司开发和维护的基于 XML 的标记语言。KML 使用 XML 语法描述地理空间数据，包括点、线、面、多边形等。这些数据存储的文件即为 KML 文件。KML 适合网络环境下的地理信息协作与共享，2008 年被 OGC 宣布为开放地理信息编码标准，并由 OGC 负责维护和发展。

KMZ 文件是 KML 文件的 ZIP 压缩格式，不仅包括 KML 文本文件，也包含 KML 所需要的其他类型的文件，如 JPG、TIF 等。

(五)GML 文件

GML(geography markup language，地理标记语言)是 OpenGIS 提出的国际规范，使用 XML 定义地理信息传输和存储的数据格式。GML 使用特征集合(feature collection)表示基本的地理要素，通过互相嵌套来表示更加丰富的空间信息。GML 既可以实现空间数据的分布式存储，又可以集成要素的属性数据。当前，GML 已成为 Internet 上地理空间数据交换与共享的开放交换格式，由描述架构的文档和包含实际数据的实例文档组成。

(六)GeoJSON 文件

GeoJSON 是使用 JSON 语法表示地理数据，JSON 是基于 Javascript 对象表示法的数据格式，支持点、线、面、多点、多线、多面和几何集合等几何类型。GeoJSON 里的要素包含一个几何对象和与其有关的属性信息。虽然 GeoJSON 在 WebGIS 开发中应用普遍，但是 GeoJSON 不是正式的数据规范，由互联网工作组编写和维护。

6.3.2 文件-数据库混合管理方法

文件-数据库混合管理模式分别使用空间数据文件存储空间要素的几何信息，使用关系型数据库存储空间要素的属性信息，二者使用空间要素的标识码进行关联。例如，ESRI 的 Shape 存储模式将空间几何数据存储在 shp 文件中，属性数据存储在关系型数据库 dbf 中，二者利用要素 ObjectID 进行关联。图 6-2 所示为空间数据混合管理模式的连接方法。

混合管理模式的文件结构与应用程序相对独立，空间数据的管理不受应用程序的制约，

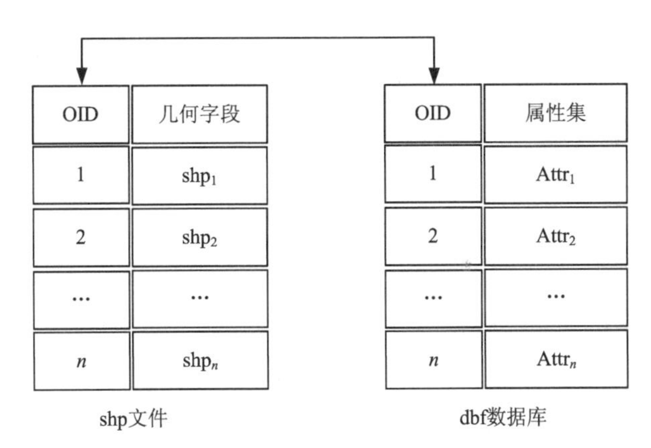

图 6-2　空间数据混合管理示意图

应用较为方便、快捷，优点主要有：

（1）可以简单、灵活地表达现实世界各种实体及其相互间的关系；

（2）具有严密的数学基础和操作代数基础，数据间的关系具有对称性；

（3）使用表格管理属性数据，方便查询。

但是混合管理模式也具有文件管理的明显缺点，主要有：

（1）不利于空间数据的共享和并发访问，难以适应当前网络环境下的空间数据共享和互操作；

（2）空间数据和属性数据分离管理，数据冗余大且数据重复情况普遍；

（3）数据缺乏集中管理，文件缺乏弹性，数据的维护只能由应用程序承担；

（4）数据的安全性和完整性无法保障。

6.3.3　数据库集中管理方法

集中存储模式使用数据库集中、统一存储空间要素的几何数据和属性数据，构成了空间数据库的管理模式。早期的空间数据库通过空间数据网关（spatail data gateway）将空间几何数据转换为关系模型并存储在关系数据库中，实现空间几何数据和属性数据的一体化存储。例如，ESRI 公司的空间数据引擎（spatial data engine，SDE）是使用最广泛的空间数据网关之一［图 6-3（a）］。随着关系型数据库技术的不断发展，一些关系型数据库管理系统已拥有了空间几何数据模型，可以直接存储、管理空间几何数据，使得空间数据的集中式管理模式更加方便、快捷。例如，微软公司的 SQLServer、甲骨文公司的 Oracle，以及开源数据库 PostGIS 和 MySQL，都具有空间几何数据的管理功能，如图 6-3（b）所示。

集中管理模式具有许多优点，包括：

（1）使用数据库一体化集中存储空间数据的几何信息和属性信息，省去了几何数据和属性数据之间的繁琐联结，存取速度快；

（2）使用空间数据库的空间查询语言（spatial query language）可以让程序开发人员省去空间计算算法设计和编码，既提高了开发效率，也增强了系统的稳定性和可靠性；

（3）提高了空间数据的安全性、完整性，方便空间数据共享。

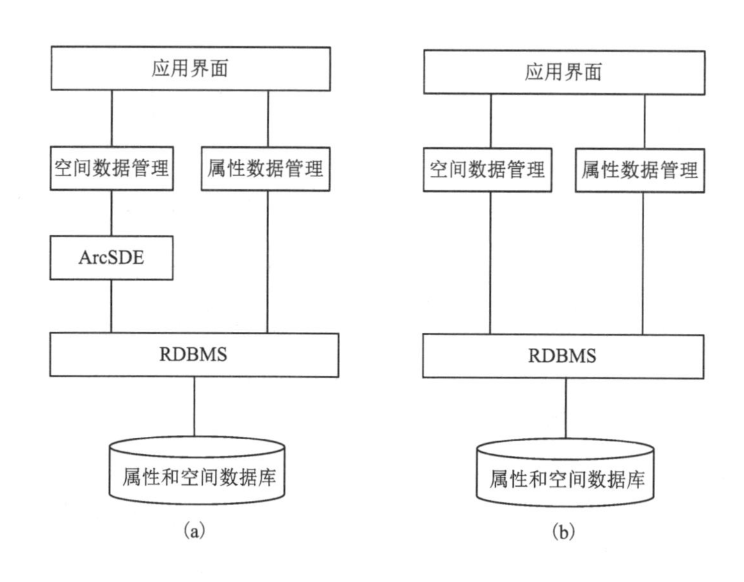

图 6-3　空间数据集中管理模式示意图

集中管理模式的缺点有：

(1)当使用企业级数据库管理系统管理空间数据时，需要为数据库管理系统支付高昂的费用；

(2)空间数据库管理系统占用较大的存储和计算资源，有时需要单独部署在一台服务器上，才能满足空间数据管理的需要；

(3)空间数据的管理不能离开 RDBMS，有时部署和数据迁移较困难。

6.3.4　空间数据库

当前，空间数据库已成为 GIS 工程最常用的空间数据管理方式。空间数据库的研究始于 20 世纪 70 年代的地图制图与遥感图像处理领域，目的是有效利用卫星遥感资源并迅速绘制各种经济专题地图。现阶段的许多空间数据库是在关系型数据库基础上进行扩展衍生而来的，用于集成管理 GIS 工程数据。

由于空间数据具有非结构特征，不能直接使用关系数据库的结构化模式进行管理，所以早期利用关系型数据库管理空间数据时，需要将空间要素表达成若干条关系记录。比如，空间点要素可以使用一个点关系数据表(简称点表)进行存储；空间线要素是由一系列有序的点集组成，就需要建立点表存储点集，再使用线关系数据表(简称线表)存储组成线要素的点的标识码；空间面要素的存储需要点表、线点、面关系数据表(简称面表)一起完成，点表存储面的拐点信息，线表存储面的各边信息，面表存储组成面的边对应的标识码。为了表达空间要素的拓扑关系，还需要建立一系列的拓扑关系表。

随着数据库技术的发展，一些关系型数据库扩展了原有数据类型，添加了空间类型字段，简化了空间数据的组织方式，提高了数据存储和管理的效率。例如，Oracle、SQLServer、MySQL、PostGIS 等关系型数据库都提供了空间数据管理功能，同时也提供了空间计算语句。

GIS工程使用空间数据库可以大大简化空间数据库的管理工作，同时也可以提高数据访问和空间计算性能。

6.4 GIS工程数据库设计

数据管理是软件的基础功能，数据设计是软件设计中的重要工作，数据设计成果直接影响软件结构和开发过程，甚至影响软件质量。数据设计包括存储文件的设计和数据库的设计，由于当前大型GIS工程项目都采用数据库存储和管理数据，因此数据库设计已成为GIS工程数据生产的基础性工作，决定着GIS工程的建设质量。

6.4.1 数据库设计概述

GIS工程的数据库设计是在建设单位需求目标的指引下，依据设计文档的描述，分析建设单位数据现状，归纳项目管理的数据内容和类型，参照国家相关规范，在一定的软件、硬件环境约束下，构造最优的、满足应用与性能要求的数据库模型，并能在特定的数据库管理系统中实现物理模型。GIS工程数据库设计的目标包括：

(1)依据GIS项目的详细目标和任务，归纳、概括数据库建设内容和类型，并设计数据库模型。数据库模型要覆盖工程目标规定的全部数据内容，能为业务应用提供数据支持，也能存储业务办理产生的数据。

(2)设计的模型要满足GIS工程的功能需求，既要符合建设单位当前应用需求，也要预见将来业务发展，满足将来的应用需求。这就要求数据库设计人员要从项目需求中发现需求规格说明书没有规定的数据内容，还要参照国家和行业相关标准，细化和分解需求目标中规定的数据项。

(3)在一定的应用环境约束下，设计的数据库模型要具有良好的数据完整性、数据安全性和最佳的访问性能。由于GIS工程的空间数据量大、结构复杂，就要求设计人员在满足用户功能要求的前提下，设计优秀的数据结构，以提高系统增、删、改、查数据的操作性能。

根据数据库的设计目标，GIS工程数据库设计的内容可以归纳为以下几点：

(1)数据库结构设计首先要描述设计文档中的实体及其关系，然后定义数据表，描述数据表的字段。结构设计直接影响数据库性能和业务应用系统的性能，所以在设计结构时一定要反映客观世界，在保证数据库性能的前提下，尽量减少数据冗余，保证数据库的完整性。

(2)数据库行为设计是指施加在数据库上的动态操作的设计，是业务应用系统功能在数据库管理系统中的数据操作映射，如数据的增、删、改、查操作。因此数据库设计时要考虑自定义函数和存储过程，用于代替应用系统中复杂的数据操作，还要考虑数据并发访问控制和数据操作日志、数据恢复等操作。并发访问控制是多用户同时访问数据时，在保证数据安全的前提下能够独立工作。数据日志和恢复都是在数据出现错误操作时，能够将数据恢复到最后一次正确操作状态的方法。

GIS工程数据库设计是一项复杂工作，不仅要求设计人员具有计算机和数据库基本知识，而且还要精通业务领域对数据的要求，尤其是业务对空间数据的要求。在设计的过程中，还应该综合考虑数据库的结构设计和行为设计，两者互相参照、互相补充、不断完善。此外，GIS工程数据库设计方案没有唯一性，对于同一个业务需求，不同的设计人员会设计出不同的数据库模型。

6.4.2 数据库设计过程

数据库设计过程包括需求分析、概念设计、逻辑设计、物理设计、验证设计、运行与维护设计等步骤。

(一)需求分析

对于完整的 GIS 工程项目而言，GIS 数据工程是一项重要的工作内容。如果前期已经进行了大量调查和软件设计工作，则数据库设计阶段只要重新分析前期调研报告，深入了解建设单位对数据的需求。分析内容包括：

(1)研究设计文档中的数据流程图(DFD)和数据字典，或者面向对象设计中的类图及其类说明。

(2)归纳 GIS 工程涉及的数据对象及其种类、范围、数量，以及在业务活动里的交流情况。

(3)确定数据库管理的实体及其关系，分析 GIS 工程对数据库系统的使用要求和各种约束条件等，制定数据设计规约。

(二)概念设计

GIS 工程数据库的概念设计是将前期需求分析定义的实体和数据对象，通过进一步分类、聚集和概括，建立抽象的概念数据模型的过程。概念模型是 GIS 工程涉及的所有实体和数据对象在信息世界中的映象，不仅能表示实体的特性结构，而且能够反映 GIS 应用系统的信息流动情况、信息间互相制约的关系，以及业务办理各结点对信息储存、查询和加工的要求。概念模型具有独立性，与具体的数据库管理系统无关，是设计人员与用户之间交流的模型语言。

(三)逻辑设计

GIS 工程数据库逻辑设计的任务是将概念数据模型设计成特定数据库管理系统支持的数据模型，也就是使用特定数据库管理系统的数据模型、数据类型，详细定义概念模型中的实体及其属性特征。

(四)物理设计

GIS 工程数据库的物理结构是指数据库在物理设备上的存储结构、文件类型、索引结构、存取方法等的物理特性。物理模型依赖于特定的数据库管理系统，所以物理设计是逻辑模型转换成合适的物理结构的过程。简而言之，GIS 工程数据库的物理设计就是选择合适的、高性能的空间数据管理模式，完成空间数据库的建立。

(五)验证设计

验证设计是组织专家组评审、检验前期的设计成果，确定设计成果是否满足项目目标需求的过程，包括文档评审和测试验证。文档评审是专家组利用空间数据库理论和相关经验知识，检查文档设计的模型是否覆盖了所有 GIS 工程建设的数据内容，能否满足项目的安全性、高性能并发访问、高效率的空间计算等要求。测试验证是按照物理模型设计的管理模式，创建完成空间数据文件或空间数据库，使用测试数据检验数据读写能力、并发访问能力、安全指标等。

(六)运行与维护设计

GIS 工程在运行过程中会频繁读取和更新数据，建设单位的业务也会经常变更，空间数据要经常定期更新，因此在 GIS 工程数据库设计过程中，也要设计数据库的运维策略、方法和规范等内容。

6.4.3　概念设计

概念设计是将 GIS 工程项目所有数据内容以及业务流程管理产生的信息抽象为信息世界结构模型的过程，通常使用实体-关系模型表达数据对象之间的关系。由于 GIS 工程项目涉及的数据实体之间存在许多依赖关系，为了规范结构模型的表达方式，关系数据库理论提出了一系列规范化准则来约束和衡量模型的优劣，这些规范化理论称为关系范式。根据 GIS 工程管理和运行的要求，设计人员要按照合适的范式指导概念模型的设计，使设计模型满足一定级别的范式。

(一)范式

设计范式是符合某一种级别的关系模式的集合，也是设计和构造数据库必须遵循的规则。关系范式是关系模式满足不同程度规范化要求的标准，对关系模式的属性间函数依赖加以不同的限制就形成了不同的范式。满足最低程度要求的范式属于第一范式，简称 1NF；在第一范式中进一步满足一些要求的关系模式属于第二范式，简称 2NF，依次类推，还有 3NF、BCNF、4NF、5NF。满足范式要求的数据库设计可以保证结构清晰，还可以避免数据冗余和异常操作。

使用规范化理论指导数据库结构设计，避免了大量的数据冗余，节省了存储空间，保持了数据的一致性。在实际应用中，当数据库达到 3NF 时，数据的频繁更新，可以不需要在超过两个以上的数据表中更改同一个值，这也意味着设计数据库时，应尽量满足 3NF 以上的要求。但是，范式越高意味着表的划分越细，一个数据库中需要的表就越多，也就要将原本相关联的数据分配到多个表中存储。当应用系统同时需要这些数据时，只能使用连接表的形式将数据重新合并在一起。然而，同时把多个表连接在一起的操作又会花费巨大的计算机资源，尤其是连接两张或者多张空间数据表时，将严重降低系统运行性能。因此，数据库模型满足的范式级别越高，越能减少数据冗余和数据处理的异常问题，同时也会损失数据访问和处理的性能。在进行数据库概念设计时，并不一定要遵循更高级别的范式要求，而是要在范式级别选择和数据访问性能之间进行权衡。

(二)实体-关系模型

实体-关系模型(entity-relationship model，简称 E-R 模型)是一种不受数据库管理系统(database management system，简称 DBMS)约束的、面向用户业务管理的表达模型，广泛应用在数据库概念设计中。E-R 模型由实体、属性和联系三种元素构成，表示方法如下：

(1)实体用矩形框表示，矩形框内写上实体名。

(2)实体的属性用椭圆框表示，框内写上属性名，并用无向边与实体相连。

(3)实体间的联系用菱形框表示，联系以适当的含义命名，联系名称写在菱形框中，用无向连线将参加联系的实体矩形框分别与菱形框相连，并在连线上标明联系的类型，即 1—1、1—N 或 M—N。

例如，在城市市政排水管网数据库中，一条管线是由多个有序的管段组成，一个管段由

2 个管点连接而成，一个管点可作为多个管段的起、止点。根据描述，市政排水管网数据库的 E-R 图如图 6-4 所示。

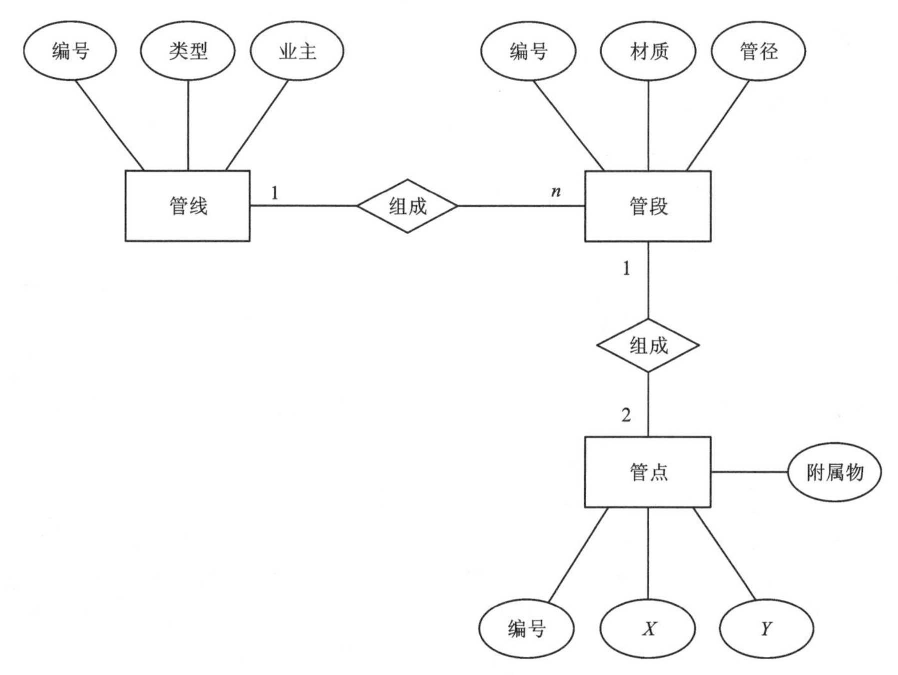

图 6-4　市政排水管网数据库的 E-R 图

E-R 模型的实体通常使用名词表示，如图 6-4 中的管线、管段、管点。两个或更多实体间的相互关联，通常使用动词表示，如图 6-4 中的“组成”。属性是实体的特征，如图 6-4 中的“编号”等。

(三)概念结构设计

概念结构设计的主要任务是分析和获取数据实体，描述实体之间的联系，绘制 E-R 图。绘制 E-R 图的步骤包括：①确定所有的实体集；②选择实体集应包含的属性；③确定实体集之间的联系；④确定实体集的键(key)，用下划线在属性上表明键的属性组合；⑤确定联系的类型，用线将表示联系的菱形框连接到实体上，在线上注明联系的类型。

GIS 工程的实体获取方法包括：

(1)分析结构化设计的数据流图中的实体和数据名称，或者面向对象设计的类或对象，实体属性可以继承数据字典中的属性描述，或者是类中的属性。

(2)将 GIS 工程管理的数据类型抽象为实体，属性可以参考已有数据的字段。如果空间数据有国家或行业标准或规范，则直接引用规范中的图层名称及其字段定义。

实体关系的获取方法包括：

(1)分析数据流图中的数据流动而产生的实体之间的关系。

(2)分析设计文档关于数据的描述，例如由“管段有起、止两个测量点”，可知管段由 2 个管点组成。

(3)结合 GIS 专业知识，分析和总结空间数据类型之间的关系。

概念设计多采用自底向上的策略，即先设计各个子系统的 E-R 图，然后再合并成整个系统的 E-R 图。在合并的过程中，由于各个子系统解决的问题域不同，而且不同的设计人员因为理解和知识的差异，可能造成同一个实体、联系或属性使用不同的名称表示，从而引起属性冲突、命名冲突和结构冲突等问题。属性冲突是指同一属性在不同 E-R 图中的类型、取值范围不同。命名冲突是指同一个意义的实体、联系或属性使用不同的名称，或者同一名称在不同的 E-R 图中表示不同的意义。结构冲突是同一对象在一个 E-R 图中表示实体，而在另一个 E-R 图中可能表示属性，或者同一个实体在不同 E-R 图中属性不同，或者不同 E-R 图中相同实体间的联系不同。另外，在合并 E-R 图时，还需要消除重复的实体或属性。

6.4.4　逻辑设计

逻辑设计的任务是将概念结构模型转换为特定数据库管理系统支持的数据模型，也就是把概念设计阶段的 E-R 图转换为选用的 DBMS 产品支持的逻辑结构。转换内容是将 E-R 图转换为关系模型，即将实体、实体的属性和实体之间的联系转换为关系模式。

(一) E-R 图向逻辑模型转换的原则

E-R 图向逻辑模型转换的原则主要有：

(1) 一个实体型转换为一个关系模式(数据表)。

(2) 一个 1∶1 联系可以转换为一个独立的关系模式，也可以作为任意一端对应关系模式的属性。

(3) 一个 1∶n 联系可以转换为一个独立的关系模式，也可以作为 n 端对应关系模式的属性。

(4) 一个 m∶n 联系转换为一个关系模式，关系的属性是与该联系相连的各实体的码以及联系本身的属性。

(5) 三个或三个以上实体间的多元联系转换为一个关系模式，关系的属性是与该多元联系相连的各实体的码以及联系本身的属性。

(6) 同一实体集的实体间的联系，可以转换成一个关系模式，也可以在实体中引入联系属性。

(7) 具有相同码的关系模式可合并成一个关系模式。

例如，图 6-4 中的管线和管段可以设计成管线和管段两个数据表，它们之间的“组成”可以单独设计成数据表，也可以归入管段表，因此逻辑结构可以有两种方案。

方案一：

①管线数据表(编号，类型，业主)；

②管段数据表(编号，材质，管径)；

③管线组成表(管线编号，管段编号)。

方案二：

①管线数据表(编号，类型，业主)；

②管段数据表(编号，材质，管径，所属管线编号)。

(二) 数据模型的优化

为了提高数据库管理性能，还应适当修改、调整数据模型的结构，这就是数据模型的优化。关系数据模型的优化通常以规范化理论为指导，优化方法主要有：

(1) 确定数据依赖。根据需求分析阶段得到的语义，分别写出每个关系模式的各属性之间的数据依赖以及不同关系模式属性之间的数据依赖。

（2）消除冗余的联系。对于各个关系模式之间的数据依赖进行极小化处理，消除冗余的联系。

（3）确定所属范式。按照数据依赖的理论对关系模式逐一进行分析，考查是否存在部分函数依赖、传递函数依赖、多值依赖等，确定各关系模式分别属于第几范式。按照业务处理对数据操作的要求，确定是否要合并或分解这些关系模式。

逻辑模型与概念模型一样，并不是规范化程度越高就越优，一般说来，逻辑模型达到第三范式就能够满足业务管理需要。

（三）生成数据表字典

数据表字典有时也称为数据库字典或数据字典，是定义和描述数据表的名称及其字段名称、类型、长度、约束等的元数据目录。数据表字典经常使用表格方式记录，包括字段名称、字段说明（或中文名称）、类型、宽度精度、可否为空、是否主键、描述（或备注）等栏目，如表 6-1 所示。

表 6-1　管线点表结构

序号	字段名称	中文别名	类型	宽度精度	必填	主键	备注
1	ExpNo	物探点号	文本	10	√	√	
2	PipeNum	管线点编号	文本	8	√		对应本规定管线信息编码
3	ClassifyID	分类代码	文本	8			对应管线要素编码
4	X	X 坐标	数值	12，3	√		单位为 m
5	Y	Y 坐标	数值	12，3	√		
6	SurfH	地面高程	数值	4，2	√		单位为 m
7	Feature	特征	文本	10			特征与附属物必填一个
8	Subsid	附属物	文本	10			
9	WDeep	井底深度	数值	3，2			单位为 m
10	Wcover	井盖材质	文本	10	√		
11	Mtype	井盖规格	文本	2	√		
12	Msize	井盖尺寸	文本	10	√		直径或长×宽，单位为 mm
13	Pstyle	井盖类型	文本	2	√		
14	Offset	管偏井编号	文本	10			偏心井位的管线点编码
15	BelongID	权属单位	文本	10	√		权属单位表 id 字段外码
16	PAngle	符号角度	数值	2			点符号的旋转角度值
17	RoadID	所在道路	文本	20	√		道路表 id 字段外码
18	PunitID	采集单位	文本	20	√		普查单位表 id 字段外码
19	Pdate	采集日期	日期	8	√		格式：YYYYMMDD

续表6-1

序号	字段名称	中文别名	类型	宽度精度	必填	主键	备注
20	Ddate	入库日期	日期	8	√		格式 YYYYMMDD
21	PType	管线大类	文本	2			管线大类代号
22	PCode	管线小类	文本	2			管线小类代号
23	Visibility	可见性	整型	2			
24	Offset	管偏井编号	文本	10			偏心井位的管线点编号
25	MapCode	图幅号	文本	20			1：500 地形图图幅号

数据表字典也是数据库设计阶段的重要产出物，作用包括以下几方面：

(1)数据表字典是最常用的逻辑模型表达方式，可用来详细、准确记录数据表的字段信息，为数据库实施人员提供参考。

(2)在程序开发中，从后台数据库访问到前端数据展示都需要掌握数据表结构，因此数据表字典是开发人员编写程序的重要参考。

(3)数据表字典是 GIS 数据管理人员进行数据入库和质量检查的重要依据。

(4)数据表字典是空间数据运维的参考手册。

6.4.5　物理模型设计

GIS 工程数据库的物理模型设计是选择合适的存储结构、存取路径，设计合理的索引结构，完成数据库内模式的转换。与概念模型设计不同，GIS 工程的物理模型设计不需要建设单位人员参与，也不需要了解相关内容，甚至程序编写人员也不用过多了解物理模型。数据库物理模型设计的目标是合理规划数据存储模式、有效利用存储空间，保证上层应用能够高效地访问数据。GIS 工程数据库的物理设计包括以下步骤：

(1)分析 GIS 工程应用环境，熟悉数据库服务器安装环境，了解服务器用途、负荷、并发访问数、磁盘性能等，还需要了解所选用的 DBMS 功能、性能参数、安全控制等特点，针对 GIS 工程数据量大、更新快、性能要求高的特点，合理设计数据库文件结构和存储策略。

例如，Oracle 数据库的物理存储结构描述了数据的组织和管理方式，包括数据文件、控制文件、重做日志文件、初始化参数文件、跟踪文件、归档文件等。系统对数据库的操作就是对数据文件的操作，一个表空间可以对应多个数据文件，一个数据文件只能从属于一个表空间。在逻辑上，数据对象都存放在表空间中，实质上是存放在空间对应的数据文件中。数据库管理员可以把不同存储内容的数据文件放置在不同的硬盘上，可以并行访问数据，提高系统读/写效率，初始化参数文件、控制文件、重做日志文件可以放在与数据文件不同的磁盘上，以免数据库发生介质故障时，无法恢复数据库。

(2)确定数据表的存储结构，综合考虑数据的存取时间、存储空间利用率和维护代价等因素。例如，引入数据冗余来减少 I/O 次数以提高检索效率，这虽然不完全符合关系理论的范式原则，但在特定情况下也是最好的选择，是“用空间换时间”的典型示例。相反，节约存储空间则会增加检索的时间成本，是“用时间换取空间”的方法。

(3)选择和调整存取路径。为同一数据存储提供多条存取路径，按照操作数据的情况将数据进行划分，将稳定数据和易变数据分开，将经常存取的数据和不常存取的数据分开，根据存取时间的要求和存取频率的不同分别存放在高速、低速存取器上。

(4)合理规划数据索引。GIS 数据库的索引除了业务数据表的索引以外，还需要重点设计空间数据表的索引模式。虽然空间索引可以有效提高空间计算速度，但是也会消耗大量存储空间，而且影响数据编辑性能，所以需要综合权衡索引方案。

(5)编写数据库脚本。数据库脚本是数据库创建的一种快捷方式，在综合考虑和分析各种因素的前提下，将逻辑模型转换成 SQL 脚本，可以直接在 DBMS 里执行并快速生成数据库。程序 6-1 给出了物理模型对应的数据表 SQL 脚本。

程序 6-1　数据表 SQL 脚本

```
if exists (select 1
            from sysobjects
           where id =object_id('PS_Polyline')
            and type = 'U')
   drop tablePS_Polyline
go

/*==============================================================*/
/* Table: PS_Polyline                                           */
/*==============================================================*/
create table PS_Polyline (
   Code                 varchar(20)          null,
   Type                 varchar(50)          null,
   Owner                varchar(20)          null
)
go
```

6.5　GIS 工程数据库设计工具

当前，市场上存在多种数据库设计工具，用于辅助制作 E-R 图，并且可以将 E-R 图自动转换成逻辑模型、物理模型。常用的辅助设计工具见表 6-2。

表 6-2　常用的辅助设计工具

CASE 工具	功能	供应商
Developer 2000 and Designer 2000	数据库建模、应用程序开发	Oracle
ER Studio	用 E-R 模型进行数据库建模	Embarcadero Technologies
PowerDesigner	软件建模、数据库建模	Sybase
Application Studio	数据建模、业务逻辑建模	Sybase

续表6-2

CASE 工具	功能	供应商
System Architect	数据建模、对象建模、结构化系统分析与设计(SASD)	Popkin Software
PlatinumModelling Suite	数据建模、业务逻辑建模、过程建模	Platinum Technology
Powertier	将面向对象模型映射为关系模型	Persistence Inc
Visio Enterprise	数据建模	Visio
RW Metro	将面向对象模型映射为关系模型	Rogue Ware
Rational Rose	UML 建模	Rational
XCase	概念建模到代码维护	Resolution Ltd

6.5.1 PowerDesigner 概述

PowerDesigner 是 Sybase 的企业建模和设计解决方案，采用模型驱动方法，将业务与信息技术结合起来，有助于快速部署有效的企业信息体系架构，并为研发生命周期管理提供强大的分析与设计技术。PowerDesigner 可以将多种标准数据建模技术(如 UML)集成一体，并与.NET、WorkSpace、PowerBuilder、Java™、Eclipse 等主流开发平台集成起来，为传统的软件开发周期管理提供业务分析和规范的数据库设计方案。此外，PowerDesigner 还支持 60 多种关系数据库管理系统(RDBMS)/版本。

PowerDesigner 可以方便分析和设计软件结构和数据库结构，包括数据库模型设计的全过程。利用 PowerDesigner 可以制作数据流程图、概念数据模型、物理数据模型，还可以为数据仓库制作结构模型，也能对团队设计模型进行控制。

PowerDesigner 是一个轻量级、功能强大的建模软件，也是一款开发人员常用的数据库建模工具。PowerDesigner 可以分别从概念数据模型、逻辑模型和物理数据模型三个层次对数据库进行设计，也可以将数据库模型直接转换为面向对象中的类图，为软件开发人员提供代码自动生成工具。

6.5.2 PowerDesigner 数据库设计方法

PowerDesigner 为数据库设计人员提供了一整套完整的分析和设计工具，支持多种建模技术。PowerDesigner 以结果为导向、以数据为中心的业务处理模式，使业务人员和设计人员能顺利合作，确保项目能满足业务需求。PowerDesigner 设计数据库的流程包括设计概念模型图(conceptual data model, CDM)、CDM 检查和提取 CDM、生成逻辑模型图(logical data model, LDM)、LDM 检查和提取 LDM、生成物理模型图(physical data model, PDM)，如图 6-5 所示。

从图 6-5 中可以看出，PowerDesigner 工具从概念模型设计开始，完成一系列模型检查和模型转换。PowerDesigner 界面如图 6-6 所示。

数据库设计人员在完成设计以后，可以利用 PowerDesigner 的自定义报告功能，自动生成数据库设计报告。PowerDesigner 的数据库设计报告向导如图 6-7 所示。

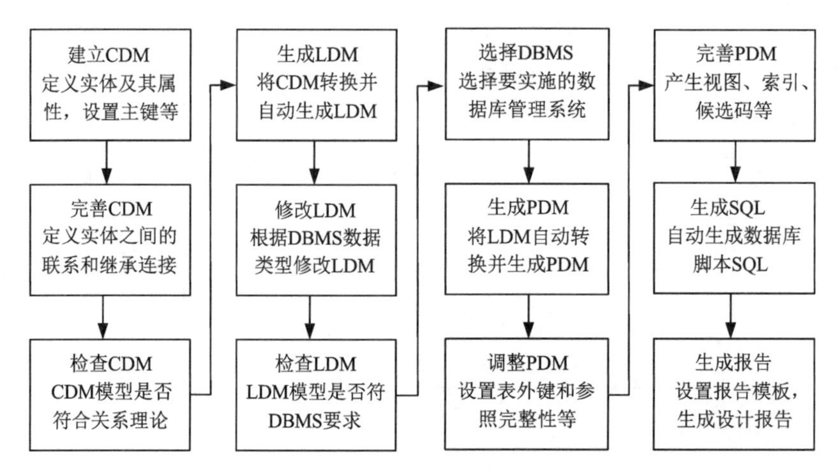

图 6-5　PowerDesigner 设计数据库模型的操作流程

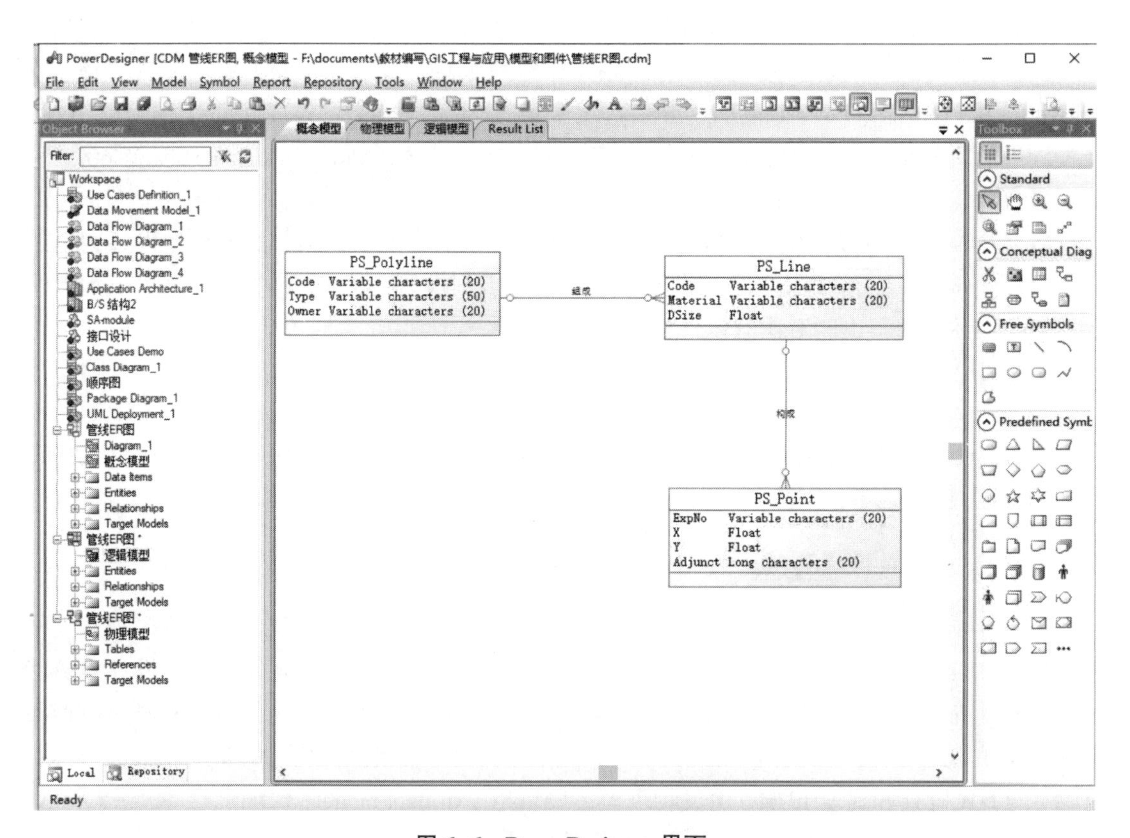

图 6-6　PowerDesinger 界面

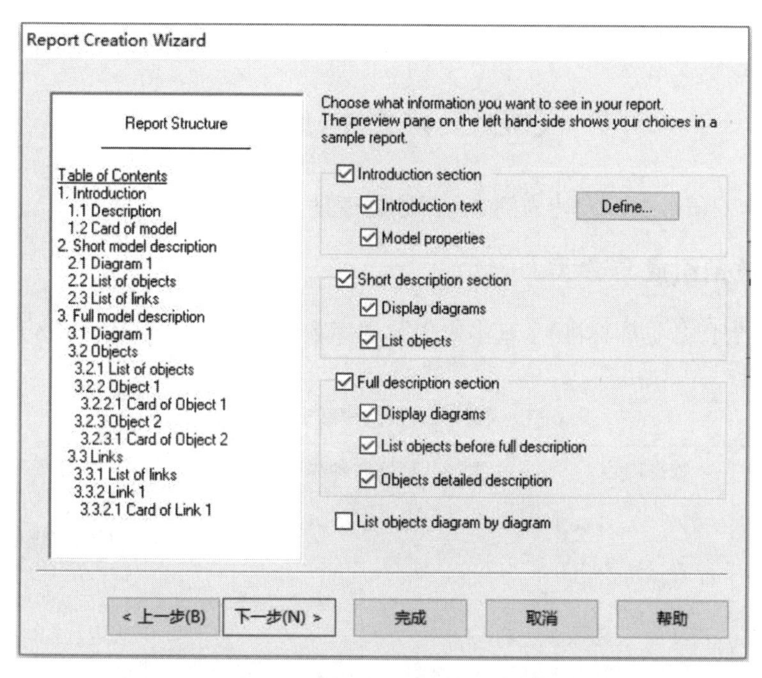

图 6-7　PowerDesigner 的数据库设计报告向导

6.6　GIS 工程数据库设计报告

数据库设计人员在完成数据库的概念模型、逻辑模型和物理模型设计以后，需要将设计说明和各类模型归档并编写成数据库设计报告。数据库设计报告包括前言、数据库环境说明、数据库命名规则、数据库的概念设计、数据表清单及表结构字典、安全性设计、数据库管理与维护说明等内容。

(1)前言。介绍项目背景和目标、文档编写目的、文档引用的参考文献、报告中使用的术语解释等内容。

(2)数据库环境说明。叙述项目选用的数据库管理系统名称及版本，以及数据库安装环境，如服务器配置、操作系统及版本等信息；说明本次数据库设计使用的设计工具、编制方法等。

(3)数据库命名规则。完整并且清楚地说明数据库的命名规则，如果数据库的命名规则与相关规范不一致，则需要做出说明和解释。

(4)数据库的概念设计。分层叙述数据库 E-R 图，并详细说明图中的实体和联系。

(5)数据表清单及表结构字典。使用表格列出数据库中设计的数据表名称及其意义，并使用表格详细定义每个数据表的结构。

(6)安全性设计。设计人员为提高数据访问的安全性而设计的数据管理和数据访问的安全策略，包括防止非法操作数据库而采用的数据库管理账号和密码设置规则；在应用程序中控制数据库操作人员的角色及其权限。

(7)数据库管理与维护说明。在设计数据库时，及时给出管理与维护数据库的方法，有助于将来撰写出完备的用户手册。

6.7 GIS 工程数据库设计示例

本节以基本农田数据库设计为例，介绍数据库设计过程。

6.7.1 数据组成与分类

依据《基本农田数据库标准》，基本农田数据库数据组成与分类如表 6-3 所示。

表 6-3 基本农田数据库数据组成与分类

<table>
<tr><th>数据组成</th><th>数据内容</th><th colspan="2">数据分类</th><th>分层与编码标准</th></tr>
<tr><td>基础地理数据</td><td>行政区界、定位基础、地貌</td><td colspan="2">略</td><td>《基础地理信息要素分类与代码》(GB/T13923—2006)、《基础地理信息数据库基本规定》(GB/T30319—2013)</td></tr>
<tr><td rowspan="3">土地利用数据</td><td rowspan="3">土地利用现状数据情况</td><td colspan="2">永久基本农田要素</td><td rowspan="3">《土地利用数据库标准(TD/T1016—2007)》</td></tr>
<tr><td colspan="2">土地权属要素</td></tr>
<tr><td colspan="2">其他土地要素</td></tr>
<tr><td rowspan="11">基本农田数据</td><td rowspan="11">基本农田现状数据</td><td rowspan="4">基本农田保护区域</td><td>基本农田保护区</td><td rowspan="11">《基本农田数据库标准》(TD/T 1019—2009)</td></tr>
<tr><td>基本农田保护片</td></tr>
<tr><td>基本农田保护块</td></tr>
<tr><td>基本农田保护图斑</td></tr>
<tr><td rowspan="2">基本农田保护界线</td><td>界桩</td></tr>
<tr><td>保护界线</td></tr>
<tr><td rowspan="2">基本农田变化</td><td>基本农田数量变化</td></tr>
<tr><td>基本农田质量变化</td></tr>
<tr><td colspan="2">基本农田表格要素</td></tr>
<tr><td colspan="2">基本农田土地质量</td></tr>
<tr><td colspan="2">基本农田保护责任</td></tr>
</table>

6.7.2 E-R 图

基本农田数据库的 E-R 图见图 6-9。

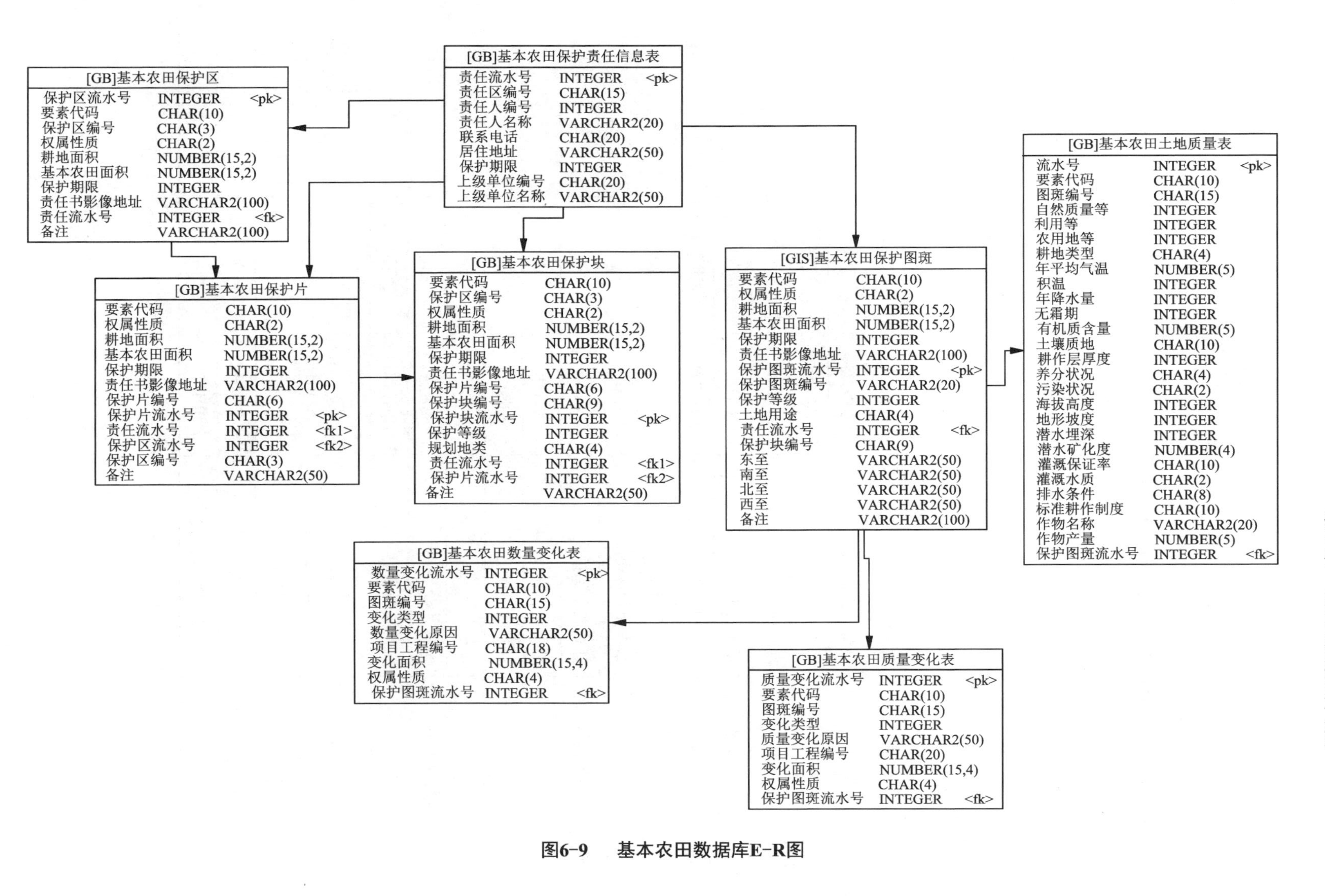

图6-9　基本农田数据库E-R图

6.7.3 数据库字典

本节以基本农田数据为例，叙述数据库字典。

(一)空间要素图层(数据表)清单

基本农田数据空间要素分层表如表 6-4 所示。

表 6-4 基本农田数据空间要素分层表

要素类型	名称	图层名称	图层特征	图层说明
境界与行政区	行政区划	XZQH	面	
	行政界线	XZJX	线	
	行政注记	XZZJ	注记	
地貌	等高线	DGX	线	参考基础地理信息数据库设计
	高程注记点	GCZJD	点	
	等高线注记	DGXZJ	注记	
	线状地物	XZDW	线	
	零星地类	LXDL	点	
	土地利用要素注记	TDLYZJ	注记	
基本农田保护区域	基本农田保护区	BHQ	面	
	基本农田保护片	BHP	面	
	基本农田保护块	BHK	面	
	基本农田保护图斑	BHTB	面	
	基本农田注记	JBNTZJ	注记	
基本农田保护界线	界桩	JZ	点	
	保护界线	BHJX	线	
	保护界线注记	BHJXZJ	注记	
基本农田变化	基本农田数量变化	SLBH	面	由项目占用、退耕、农业结构调整、灾毁等原因造成的变化
	基本农田质量变化	ZLBH	面	
	基本农田变化注记	BHZJ	注记	

（二）非空间要素列表

基本农田数据非空间要素列表如表 6-5 所示。

表 6-5　基本农田数据非空间要素列表

非空间要素名称	非空间要素代码
基本农田保护责任信息表	JBNTBHZRXXB
基本农田土地质量表	JBNTTDZLB
行政区划扩展属性表	XZQHKZSXB
行政界线扩展属性表	XZJXKZSXB

（三）空间要素属性结构

基本农田保护区空间要素属性表如表 6-6 所示，基本农田保护片空间要素属性表如表 6-7 所示。

表 6-6　基本农田保护区空间要素属性表结构

序号	字段名称	字段代码	字段类型	长度	小数位数	值域	是否必填	说明
1	目标标识码	OBJECTID	Int	10		>0	是	
2	要素代码	YSDM	Char	10			是	见《大亚湾经济技术开发区金土工程数据规程》
3	保护区编号	BHQBH	Char	3		见表注	是	
4	权属性质	QSXZ	Char	2			是	
5	耕地面积	GDMJ	Float	15	2	> 0	是	单位：m^2
6	基本农田面积	JBNTMJ	Float	15	2	> 0	是	单位：m^2
	保护开始时间	BHKSSJ	Date	10			是	
8	保护结束时间	BHJSSJ	Date	10			是	

注：属性表代码为 BHQ，保护区编号为 3 位流水代码

表 6-7　基本农田保护片空间要素属性表结构

序号	字段名称	字段代码	字段类型	长度	小数位数	值域	是否必填	说明
1	目标标识码	OBJECTID	Int	10		>0	是	
2	要素代码	YSDM	Char	10			是	
3	保护片编号	BHPBH	Char	6		见表注	是	
4	权属性质	QSXZ	Char	2			是	

续表6-7

序号	字段名称	字段代码	字段类型	长度	小数位数	值域	是否必填	说明
5	耕地面积	GDMJ	Float	15	2	>0	是	单位：m^2
6	基本农田面积	JBNTMJ	Float	15	2	>0	是	单位：m^2
7	保护开始时间	BHKSSJ	Date	10			是	
8	保护结束时间	BHJSSJ	Date	10			是	

注：属性表代码为 BHP，保护片编号为保护区编码+3 位流水代码

其他数据表字典略。

思考题

1. 简述什么是空间数据，有哪些特点。
2. GIS 工程中数据标准化的意义有哪些？
3. 在 GIS 工程领域，常用的空间数据管理模式有哪些？简要叙述各自的优缺点。
4. 数据库设计包括哪些步骤？简要说明各步骤的基本任务。
5. 数据库概念设计模型有什么用处？
6. 什么是 E-R 图？包含哪些要素？各用什么图形表示？
7. 物理模型设计包括哪些内容？
8. 请列举 5 个你熟悉的数据库设计工具名称。

参考文献

[1] Wernecke J. The KML Handbook：Geographic Visualization for the Web[M]. London：Addison-Wesley Professional，2008.

[2] SAP. 2021. Powerdesigner data modeling tools [EB/OL]. https：//www. sap. com/products/powerdesigner-data-modeling-tools. html

[3] OGC. 2021. Geography Markup Language [EB/OL]. https：//www. ogc. org/standards/gml

[4] 黄杏元，马劲松. 地理信息系统概论[M]. 第 3 版. 北京：高等教育出版社，2008.

[5] 孟令奎. 网络地理信息系统原理与技术[M]. 北京：科学出版社，2010.

[6] 汤国安，杨昕. ArcGIS 地理信息系统空间分析实验教程[M]. 第二版. 北京：科学出版社，2021.

[7] 吴立新，邓浩，赵玲，等. 空间数据可视化[M]. 北京：科学出版社，2019.

[8] 沈岚，范丰龙，李晓红. 数据库技术及应用教程[M]. 北京：清华大学出版社，2011.

[9] 张军海，李仁杰. 地理信息系统原理与实践[M]. 第二版. 北京：科学出版社，2015.

第 7 章　GIS 工程数据库建设

空间数据库建设是 GIS 工程项目建设的主要内容，其内容包括数据库建设方案和建设规范、数据预处理、数据库创建、数据入库、质量检查和数据维护等。

7.1　GIS 工程数据库建设概述

7.1.1　概述

空间数据库利用特定的数据结构和模型表达和存储空间要素信息，使得应用系统能够在特定的空间框架下查询、浏览和分析所有空间数据。为了方便管理，通常空间数据库由图层或要素集组成，每个图层对应存储同一类型、同一几何维度的空间数据。空间数据库利用元数据设置各图层的空间参考系、比例尺、空间范围等。在元数据的支持下，GIS 应用系统可加载空间数据，进行各种空间分析，或者制作各种专题地图。

在早期的空间数据文件管理模式中，一个空间文件(如 SHP)只能存储同一维度的空间数据，而现在一些大型企业级空间数据库里，扩展的几何字段可以同时存储所有空间维度的几何信息，即一个空间数据表(简称空间表)可以同时存储多种类型的空间要素。然而，这种方式也为空间数据管理带来了诸多不便，实际 GIS 工程建设中仍然要求不同维度的图层使用一个空间表存储，即一个空间表只能存储一种几何维度的空间要素。

在业务领域，从应用语义的角度，空间要素又可以分成不同应用主题的图层，如控制点图层、道路图层、水系图层、居民地图层、地质地貌图层等。空间数据库建设就是按照应用语义类型和几何维度类型，构建空间要素类图层，然后为每个图层录入对应的空间数据。因此，GIS 工程的数据库建设是指收集和整理业务领域所需的数据、图件、文档等资料，按照相关规范要求，将资料分类/分层处理、加工、转换，最后存入数据库，并对存入结果进行数据质量检查和验收的过程。

7.1.2　GIS 工程数据库建设的任务

GIS 工程数据库建设的目标是按规范要求将相关资料存入数据库，数据库建设任务包括：

(1)建立项目数据库建设规范，约束数据库建设人员的操作流程，保证数据入库质量。

(2)利用设计的数据库结构创建数据库，建立数据表、定义数据表的结构。

(3)为数据库建立统一的空间参考系统和高程基准，保证入库空间要素的完整性，方便空间数据查询、检索和分析计算。

(4)利用数据库集中控制和管理 GIS 工程数据，通过合适的数据模型表达业务数据及其之间的联系。

(5)检查入库数据的质量，保证数据库的准确性和有效性，为业务办理提供准确的数据保障。

(6)建立数据库的安全保障措施，设置用户访问权限，控制数据访问的安全策略。

(7)建立数据库访问与共享体系，扩展数据库信息的共享范围，为建设单位不同部门、不同应用系统提供数据共享支持。

7.1.3 数据库建设的原则

GIS 工程数据库的建设要坚持以下原则：

(1)实用性原则。数据库建设首先要立足于建设单位业务需求，为业务办理提供数据保证；其次要突出 GIS 工程数据库的特点，使其成为区域自然、社会、经济等信息的载体，为社会管理提供科学依据。

(2)标准化原则。数据库建立、资料处理、入库操作、数据格式及编码均要遵循国家标准和行业规范，没有标准和规范定义的数据和操作过程，应当制定项目规范。

(3)数据独立性原则。上层应用系统和数据存储结构要相互分离、相互独立，数据库的访问不能依赖于具体的应用系统。在数据库内部，各数据表(图层)也要保持独立性，方便图层空间要素的查询和分析。

(4)数据完整性原则。GIS 工程数据库要建立一套数据库约束规则，保证数据的逻辑一致性、正确性、有效性和相容性。

(5)动态更新和可扩展原则。GIS 工程管理的对象是现实世界，现实世界的变化都要尽快反映到数据库中，才能保持数据库的现势性。因此，在建设数据库时，需要考虑数据库的可扩展性和可更新性。

(6)一致性原则。数据库的图层名称、属性名称，以及要素中的术语，在整个数据库中要保持一致，不能有二义性。

(7)高性能原则。由于 GIS 工程数据库体量庞大、结构复杂，业务操作通常需要复杂的空间分析与计算，所以建设数据库要坚持数据访问和分析的高效性。

(8)分级共享原则。首先要明确基础地理数据与专题、专业数据的划分原则，考虑不同部门或人员对数据需求和操作的差异性，为不同部门和用户设置不同级别的数据访问与共享权限。

7.2 GIS 工程数据库建设流程

GIS 工程数据库建设工作量大、任务艰巨、用时较长，因此在建库工作开始之前需要认真规划，做好建库计划，然后按照计划稳步推进。实施过程中，在每个阶段完成以后，都要评审阶段产出物，加强建库工作的时间和质量控制。数据库建设流程可以划分为前期准备、数据入库和后期质检总结 3 个阶段、12 个步骤，如图 7-1 所示。

7.2.1 前期准备阶段

前期准备阶段的工作内容包括：

(1)确定建设目标与内容。数据建库人员首先要认真分析 GIS 工程需求说明书和设计

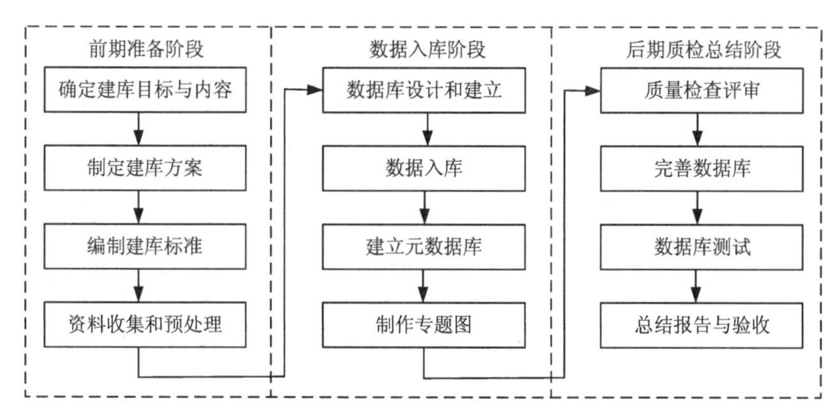

图 7-1　数据库建设流程

书，确定数据库建设的目标与要求；考察和分析建设单位业务办理情况，确定数据库的建设内容，列出入库资料清单。

(2)制定建库方案。根据数据库建设目标与内容、项目建设时间要求，制定数据建库的工作计划和工作方案，明确各阶段工作时间、工作内容、工作方法、工作工具、质量标准等；确定数据表清单、数据库管理系统和建库技术路线。

(3)编制建库标准。建库人员要收集国家和行业的相关标准，掌握入库资料和入库过程相关的标准和规范；分析现有标准和规范对建库工作的影响，决定哪些工作需要制定项目规范。通常，GIS 工程项目都必须执行现行的数据结构、质量等相关的标准和规范，即数据库成果必须满足或超出标准规定；而一些指导性的建库规范，则可以结合项目实际加以取舍或改进，或者制定一套项目的建库规范。

(4)资料收集和预处理。根据建库目标和内容清单，在建设单位人员配合下，收集所需资料，分类归档并建立资料目录，标明资料类型、名称、用途、对应数据表等。如果资料是空间数据类型，则需要标注资料类型、名称、存储格式、空间参考系、比例尺、空间范围等内容。然后，对收集的资料进行入库前的预处理，包括前期质量检查、坐标系转换、属性数据归整等工作。

7.2.2　数据入库阶段

数据入库阶段工作内容包括：

(1)数据库设计和建立。选择合适的数据库设计方法和工具，根据 GIS 工程设计说明书，设计最优的数据库模型。进而利用物理模型生成数据库 SQL 脚本，在数据库管理系统中创建数据库。最后优化和设置数据库各项参数，完成数据库的建立工作。

(2)数据入库。这个阶段是按照一定的流程将前期预处理的数据转换并存入数据库的过程，是一项强度最大、技术要求最高的工作。

(3)建立元数据库。元数据是 GIS 工程数据中的一项重要内容，是对数据的描述和定义，也是数据应用和共享的基础。

(4)制作专题图。GIS 工程数据、业务系统处理和分析的结果常用专题图的形式输出，专题图也是在数据入库完成以后，呈现工作成果的一种方式，也是后期数据质量检查的依据。

7.2.3 后期质检总结阶段

后期质检与总结阶段的工作内容包括：

(1)质量检查评审。质量检查是对入库成果质量把控的过程，通常按照相关标准和规范，逐项检查各项指标，评估数据库成果的质量。数据库评审是项目承建单位和建设单位一同组织领域专家评定、审计数据库成果质量的过程。

(2)完善数据库。根据数据库质量评审结果和评审意见，承建单位对数据库进行补充、修改和完善，使得数据库成果符合质量要求。

(3)数据库测试。依据数据库建设内容、设计规范，对数据库结构、数据表及其之间的数据调用关系进行设计测试，测试人员设计 SQL 脚本或用高级语言编写数据访问测试程序，对数据库进行正确性测试、性能测试、压力测试和破坏性测试等。

(4)总结报告与验收。编写数据库建设工作的总结报告，内容包括建库目标和内容、技术方案和工具、入库流程、入库成果清单、质量评估、测试结果、存在问题、成果评价等内容。

7.3 编制数据库建设方案和规范

7.3.1 编制数据库建设方案

空间数据库建设方案包括数据内容、数学基础、数据库管理系统、数据处理方法和工具等。下面以某市基础地理共享平台建设项目为例，介绍数据库建设方案的编写。

(一)数据内容

依据《基础地理信息标准数据基本规定》(GB 211392007)、《数字城市地理空间信息公共平台地名/地址分类、描述及编码规则》(CH/Z 90022007)的规定，结合前期调研结果，项目的基础地理信息数据库的建设内容规划如下：

(1)定位基础数据

定位数据包括平面控制点、高程控制点、卫星定位控制点和其他测量控制点的位置、属性、注记等数据，还包括内图廓线、坐标网线、经纬线等数学基础数据。

(2)水系数据

水系数据包括河流、沟渠、湖泊、水库、海洋、其他水系，以及附属设施数据。

(3)居民地及设施数据

居民地及设施数据包括居民地、工矿及其设施、农业及其设施、公共服务及其设施、名胜古迹、宗教设施、科学观测站和其他建筑物及其设施的数据。

(4)交通数据

交通数据包括铁路、城际公路、城市道路、乡村道路、道路构造物及附属设施、水运设施、航道、空运设施和其他交通设施的数据。

(5)管线数据

管线数据包括输电线、通信线、油(气、水)输送主管道和城市管线的数据。

(6)境界与政区数据

境界与政区数据包括国界、未定国界、国内各级行政区划界线(省级行政区、地级行政区、县级行政区和乡级行政区)和其他区域界线(村界、特殊地区界和自然保护区界等的数据)。

(7)地貌数据

地貌数据包括等高线、高程注记点、数字高程模型、水域等值线、水下注记点、自然地貌和人工地貌的数据。

(8)植被与土质数据

植被数据包括天然和人工植被的数据;土质数据包括沙地、戈壁、盐碱地、裸土地、荒漠和苔原的数据。

(9)地名数据

地名数据包括行政区域地名、街巷名、小区名、门(楼)址、标志物名、兴趣点名的代码、位置及其他属性。

(10)数字正射影像数据

数字正射影像数据是经过辐射校正和几何校正,并进行投影差改正处理的影像,包括影像数据和影像说明,还包括公里格网、注记等。

(二)数学基础

(1)平面坐标系统

平面坐标系统是地理定位系统之一,用于确定各种要素的平面空间坐标,反映真实世界实体间的平面位置关系。本项目空间数据库采用1980年西安坐标系。

(2)高程系统

高程控制系统是地理空间定位的另一重要系统,用于确定各种要素相对于某一起始高程平面的高度(即高程)。项目的高程控制系统采用1985年国家高程坐标系。

(3)各级比例尺图幅分幅及编号方法

1∶5000~1∶1000000比例尺的基本地形图,分幅与编号方法按GB/T 13989国家基本比例尺地形图分幅和编号执行。

1∶500~1∶2000比例尺的基本地形图,采用正方形分幅,地形图分幅大小为50 cm×50 cm。图幅编号采用图廓西南角坐标公里数编号法,x坐标公里数在前,y坐标公里数在后。1∶500地形图取至0.01km(如10.40~27.75),1∶1000、1∶2000地形图取至0.1 km(如10.0~21.0)。

(4)投影方式

地图投影方式:1∶1000000采用正轴等角割圆锥投影;1∶25000~1∶500000采用高斯-克吕格投影,按6°分带;1∶500~1∶10000采用高斯-克吕格投影,按3°分带。

(三)数据库系统

项目选用Oracle11g2作为空间数据库的管理平台,Oracle spatial是Oracle数据管理系统的空间组件,使Oracle具备了处理空间数据的能力。Oracle Spatial利用元数据表、空间属性字段(SDO_GEOMETRY)和空间索引(R-tree和四叉树索引)管理空间数据,并提供了一系列空间查询和空间分析的函数。

(四)数据处理方法和工具

由于建设单位现有的城市基础地理数据均由南方 CASS8.0 绘制，所以建库过程首先用 CASS 软件对数据进行预处理，然后使用项目组研发的 CAD 数据转换入库软件 EasyDB1.0 将 CASS 数据图形和属性数据一并转入 Oracle 数据库，最后使用 ArcGIS 软件检查数据质量并对数据进行修改和完善。

(1)CASS 软件

CASS 软件是广东南方数码科技股份有限公司基于 AutoCAD 平台开发的一套集地形、地籍、空间数据建库、工程应用、土石方算量等功能为一体的软件系统。CASS 软件已在测绘、国土、规划、房产、市政、环保、地质、交通、水利、电力、矿山等行业得到广泛应用。

(2)EasyDB 软件

EasyDB 软件是笔者在 AutoCAD 平台上开发的数据转换入库系统，可以直接将 CASS 等软件制作的 DWG 文件转换并存入常用的空间数据库(如 Oracle、SqlServer、PostGIS 和 MySQL)。EasyDB 为用户提供灵活的空间数据入库方案配置工具，允许用户自定义 DWG 实体类型及入库后的数据格式，能够无损地将 DWG 的图形数据和扩展属性转换并存入空间数据库，实现一体化入库。

(3)ArcGIS

ArcGIS 软件是美国 ESRI 公司研发的功能强大的 GIS 软件，包括一系列应用系统，如空间数据管理软件 ArcCatalog、地图编辑软件 ArcMap、三维数据编辑软件 ArcScene 等。ArcGIS 还提供了丰富的空间分析工具箱，可以为用户处理和编辑数据提供强大支持，其中空间数据库管理工具是 GIS 用户管理空间数据最常用的软件。

7.3.2 编写数据库建设规范

编写数据库建设规范的目的是指导建库人员在数据处理和数据入库等环节进行规定性操作，因项目建设目标与内容不同，数据库建设的技术路线不一样，数据库建设规范内容也各异。下面以道路数据为例，介绍数据库建设规范规定的数据处理方法。

(一)分析原始 DWG 文件

首先检查工作区地形图分幅是否完整，以及每个图幅是否存在道路设施图层(DLSS)，查看道路图层的要素是否完整；然后评估 DWG 文件质量，确定能否满足入库要求。

(二)数据接边

接边操作流程包括：①为了提高道路接边速度，将道路图层(DLSS 层)以外的其他图层全部删除；②使用 CASS 软件的“绘图处理”→“批量分幅”→“图幅接边”功能，完成道路要素的自动接边；③检查接边结果，手动处理未接边或接边错误的要素。手动接边的原则是：长度短的图幅向长度大的图幅对齐，后接边的图幅向已接边的图幅对齐。

(三)提取道路中心线

项目提取的道路包括高速公路(163100)、等级公路(163200，163210)、等外公路(163300)、建筑中高速公路(163400)、建筑中等级公路(163500)、建筑中等外公路(163600)、高架路(164600)、依比例尺(双线)乡村道路(164100，164110)，乡村路(164201，164211，164202)等。

提取中心线的原则有：①提取时如果中线有篱笆、栅栏或者绿化带，则以这些要素作为中心线；②对于十字或丁字形道路，道路中心线应该在交叉口作为起始或终止点，且必须相交；③与桥梁相接的道路提取的道路中心线不能断开，要直接穿过桥；④环岛公路的中心线要以环岛为中心，向各条道路呈发射形提取；⑤当城市道路一侧有道路线，另一侧是地貌或者房屋、地类界时，要以有道路线的一边为标准提取道路中心线，而且中心线要与主干道路网相接；⑥没有边线的道路，要沿道路中点绘制道路中心线，等等。

完成道路中心线提取或绘制以后，要用 CASS 软件为道路中心线录入道路属性，中心线的编码规则是：原道路编码跟“C”。例如：原来道路编码为“163500”，道路中心线的编码为“163500C”。

(四)数据检查及修正

为保证道路数据在处理过程中的质量，在 CASS 中需要做以下检查：

(1)检查道路的连接性、编码、名称。检查名称相同的道路中心线段是否合并成一条多段线、是否赋了编码和道路名称。检查方式是：①在 AutoCAD 中手动点击道路中心线，依次检核每一条道路的中心线连接状态，检查时可以参考百度地图等互联网地图；②使用 CASS 的编码和名称查看工具，查看道路编码和名称是否正确或空缺，检查时可以参考百度地图等互联网地图的道路名称和道路级别，以修正编码和名称。

(2)检查面状道路附属设施的闭合性及其编码、名称。此项检查工作包括查看停车场、服务区等面状要素是否闭合、是否赋了编码和名称。闭合性检查使用 AutoCAD 中的快速选择工具，通过设置道路图层的“多段线”的“闭合”属性“是”，以检查多段线的闭合性。对于未闭合的多段线，可以使用 PE 工具将其设置为“封闭”，或者在实体特性对话框中将“闭合”设置为“是”。面要素的编码和名称检查可使用 CASS 中的属性编辑工具，查看编辑编码和名称是否正确。

(3)检查交叉路口的中心线是否相连接。检查方式是在 AutoCAD 中手工检查。如果连接处于断开状态，则需要使用 AutoCAD 的“延伸”工具，将其连接；如果是交叉状态，则需要使用“打断”工具，再使用“延伸”工具将两线连接起来。

(五)转换入库

转换入库是将 AutoCAD 绘制的道路实体转换成 GIS 空间要素的数据格式，并存入空间数据库的过程。此过程包括以下步骤：

(1)按照《基础地理信息数据库建设规范》(GB/T 33453—2016)的规定，按道路级别创建相应图层，并添加属性字段。

(2)使用 ArcGIS 等软件提供的转换工具，将 DWG 文件中的实体按照图层对应关系，依次转换成 GIS 空间要素的数据格式并存入空间数据库。

(3)对照 AutoCAD 图纸，补充录入属性数据。在使用 ArcGIS 工具转换 AutoCAD 实体时，存储在 AutoCAD 中的道路名称、编码等扩展属性数据将无法转入空间数据库中，因此在转换完图形实体以后，还要补录相关属性。

7.4　GIS 工程数据预处理

GIS 工程涉及的数据类型多样，空间数据表达方式繁多、数据结构复杂，不同数据源定义属性的命名规则、数据格式、取值方式、单位等都会不同。因此，在数据入库前需要对资料进行空间参考统一化、图层结构一致化、数据表达的同义化、错误检查和纠错等一系列预处理工作。

7.4.1 数据整理

GIS 工程的入库资料收集以后，需要对这些资料进行整理、登记造册，以便更清楚地掌握资料的格式、内容等，如果是空间数据，还需要记录资料的数学基础、比例尺等信息。具体包括以下几方面内容：

(1)对收集的资料进行分类编目。GIS 工程的入库资料大致可分为以下几种：

①空间数据类资料。这类资料包括：a)地图类资料，是指使用图形方式记载的空间信息资料，例如数字地图、纸质地图；b)影像资料，包括航空摄影、卫星影像等；c)有空间信息的文档资料，例如，行政区划的统计资料(如各区县国内生产总值报表)、带有坐标的资料(如地质灾害点报表)、设计报告等。

②档案类资料。这类资料多属文档类资料，没有明确的空间坐标定义，如审批卷宗、工程档案等。又可以分为：a)参考资料对需要入库的资料起到确定来源、分析内容可靠性作用的资料，或者对编辑入库资料起到指导性作用的资料；b)补充资料对入库资料起到补充完善作用，例如一些图件的报告、补充说明等。

(2)填写地图说明性信息项，包括地图的测绘单位、测绘时间、出版单位、出版年代、比例尺、成图方法、精度、资料来源、数学基础(包括坐标系、高程系、等高距)、要素内容与现状的符合程度、采用的图式及特点等。

(3)填写影像说明性信息项，包括数据来源、记录格式、坐标系、空间分辨率、波段分辨率、拍摄时间、拍摄设备、处理方法等。

(4)将补充资料合并到入库资料中，使资料更完整、更具现势性。

7.4.2 坐标系转换

坐标系是地图上表示空间位置的数学基础，常用地理坐标和平面直角坐标。地理坐标是用经纬度表示空间位置的球面坐标，小于 1∶20 万比例尺的地形图通常都绘有地理坐标网，并标明经纬度数值；在大于 1∶10 万比例尺地形图的图廓间绘有分度带，图廓四角标注经纬度数值。平面直角坐标是平面上用两条互相垂直的数轴以及距离数轴交点(原点)的距离数值表示空间位置的坐标系统，适用于局部小区域地图测绘，有助于地物的快速定位和查询，以及地物长度、距离、面积的快速计算等。

我国地图常用的坐标系有 1954 年北京坐标系(简称北京 54 系或 BJS54)、1980 年西安坐标系(简称西安 80 系或 XAS80)、2000 年国家大地坐标系(简称 CGCS2000)、地方坐标系等。在互联网地图应用领域，常用的坐标系有 WGS-84 坐标系(world geodetic system—1984 coordinate system)、UTM 坐标系(universal transverse mercartor grid system，通用横墨卡托格网系统)等。

在一个 GIS 工程里，建设单位的入库资料历史跨度较大，通常使用多套坐标系统采集和绘制地图资料，空间精度也相差较大。GIS 工程建设单位和承建单位制定的建库方案都会明确定义建库的坐标系统及相关参数，所以在数据入库过程中，要将入库资料全部转换到建库方案定义的坐标系统。

坐标转换就是通过建立两个坐标系统之间的函数关系，将一种坐标系统地图变换到另一种坐标系统地图的过程。在实际操作中，数据存储的格式不同，所采用的转换方式也不同。常用的方法有：

(1) CASS 制作的地图数据可以在 CASS 中直接使用“地物编辑”中的“坐标转换”功能，通过设置控制点坐标，再利用“四参数”或“七参数”转换法，实现当前图形的坐标系转换。如图 7-2 所示。

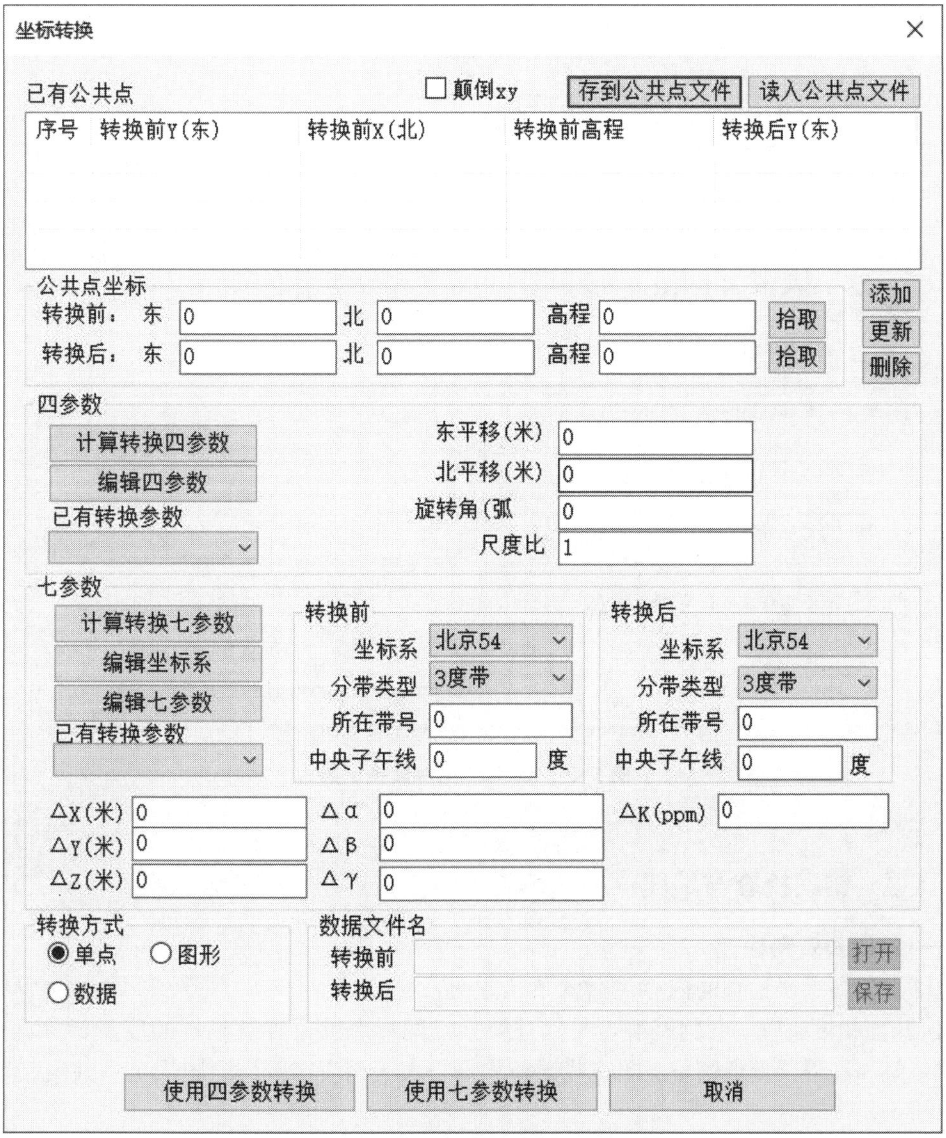

图 7-2　CASS 坐标转换工具

(2) 对于已经定义了标准坐标系的 SHP 文件，则可以使用 ArcGIS 的坐标转换工具转换，将数据由原坐标系转换到另一套标准坐标系中。如图 7-3 所示。

(3)如果是 Excel 或 Access 数据，可以使用 VBA 编写坐标系转换脚本方式进行转换，转换脚本中要指定转换参数，而转换参数可以从已知控制点计算获取，也可以从管理部门获得。

(4)使用第三方转换工具转换坐标系，或者项目团队自行开发坐标系转换程序。

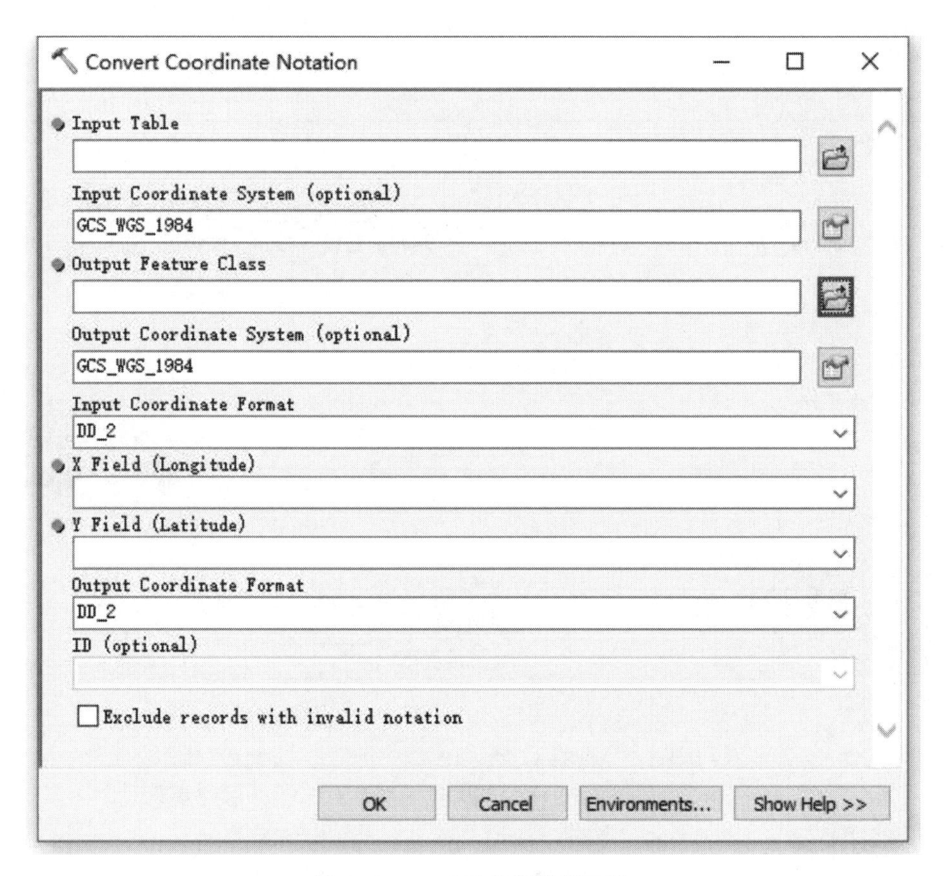

图 7-3　ArcGIS 坐标转换工具

7.4.3　错误检查与编辑

(一)地图类资料检查

地图类资料错误检查的内容包括以下几方面：

(1)几何精度检查。几何精确度是描述要素空间形态及位置准确性的度量指标，一般用平面误差值和高程误差值衡量，即这些误差均不得大于相应比例尺测图规范。几何精度检查内容包括：

①图廓及坐标网格、各等级控制点误差。

②地形地物点实测数据对邻近控制点位置的中误差。

③等高线对邻近高程控制点的高程的中误差。

④邻近地物点间距离的中误差，等等。

(2)制图质量检查。主要检查图件(如地形图)是否整洁、光滑、美观、清晰；图形符号之间是否保持规定的间隔，是否符合相应图式规定；注记应避免压盖地物，字体、大小、字向、单位等准确无误。

(3)属性精度检查。属性精度反映要素属性数据的正确性，主要检查要素的分类、编码等是否正确，属性信息是否完备、准确。

(4)拓扑关系准确性检查。主要检查邻近要素间的关系是否正确、合理，是否正确反映要素的分布特点及密度特征等。例如，有方向性的要素，其方向表达必须正确；连通的地物应保持连通；不应相交的地物则要素不能相交，如房屋的拓扑关系。在检查空间关系时，可以参考其他资料(如卫星影像)进行判断，必要时进行实地调查以确认空间关系是否正确。

(5)完备性检查。完备性检查是空间要素属性数据在范围、内容、结构等方面的完整程度是否满足技术要求，包括：①空间要素属性必须正确、完备，不能遗漏；②名称注记、说明性注记应准确；③所有要素应根据标准、规范或系统技术设计书进行分层，数据分层应正确。

(二)有空间信息的资料

(1)统计类资料重点检查统计报表中使用的行政区划或地点名称是否准确，是否可以在地形图或地名库中找到对应名称。如果行政区划发生了变更，还需要修正行政区划范围或名称。

(2)带有坐标信息的资料需要检查坐标数据的准确性、坐标所使用的坐标系等。对于坐标系不明确的资料，尽可能寻找参考资料或补充资料，以确定坐标系。

(三)档案类资料

档案类资料重点检查编目信息是否完整，例如档案标题、归档时间、摘要、类型、归档部门、密级等。

7.4.4 数据格式转换

由于数据库管理软件不能兼容和导入所有格式的源数据，因此需要将源数据转换成入库软件支持的数据格式。下面以地质矿产数据库建设项目为例，说明数据格式转换的目的和方法。

(1)数据入库工具与环境：空间数据库选用Oracle11g2，空间数据编辑和管理工具选用ArcGIS10.5和AutoCAD2012。

(2)入库的资料：包括基础地理数据(AutoCAD格式)、地质图(MapGIS格式)、矿产规划图(AutoCAD格式)、探明矿产储量分布图(GeoDatabase MDB格式)、探明矿产储量报告(Word文档格式)。

(3)数据转换方法：数据格式转换常用的方法包括①由源数据的宿主软件将其导出为入库可用的格式；②由第三方软件将源数据格式转换为入库可用的格式，(如FME软件)，这也是空间数据库建设中常用的转换方法之一。数据格式转换方法如图7-4所示。

项目数据具体的转换方法包括：①MapGIS文件。利用MapGIS软件转换工具将其导出为SHP格式文件，再导入空间数据库。②AutoCAD文件。在入库前先对DWG文件进行要素图层检查，然后使用ArcGIS软件将DWG中的图形分图层导入数据库。③文档类的报告。报告中包含一些带空间坐标的报表数据，如钻孔记录表中存储了地面开孔坐标、深度、倾向和倾角等信息，可以直接将文档报表转换成ArcGIS能够识别的表格文件(如Excel)。然后，用ArcMap读取Excel文件，转换为SHP文件后，再将SHP文件导入到空间数据库。图7-5所

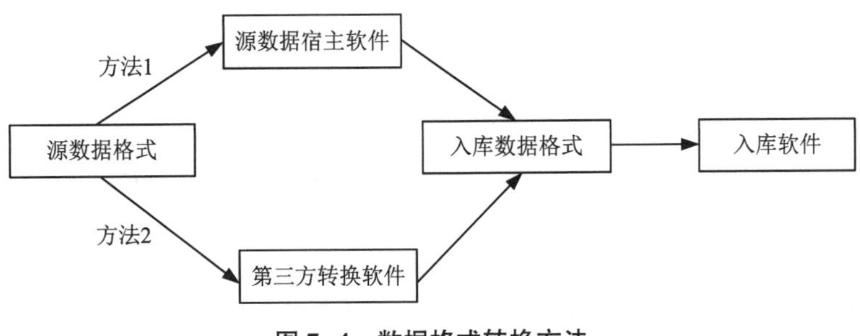

图 7-4　数据格式转换方法

示为 ArcGIS 显示 Excel 空间数据的对话框，图 7-6 所示为 ArcGIS 将 Excel 转换为 SHP 的对话框。

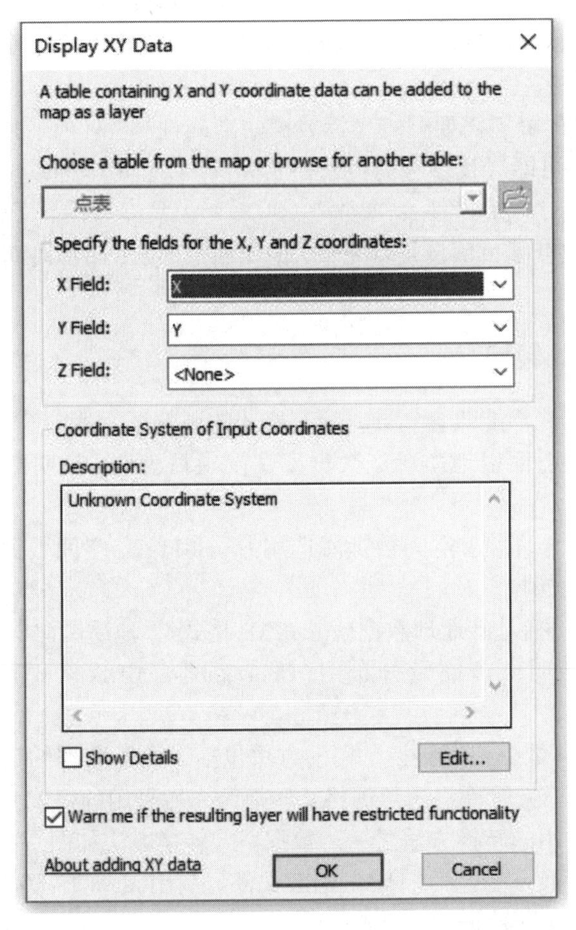

图 7-5　ArcGIS 显示 Excel 空间数据的对话框

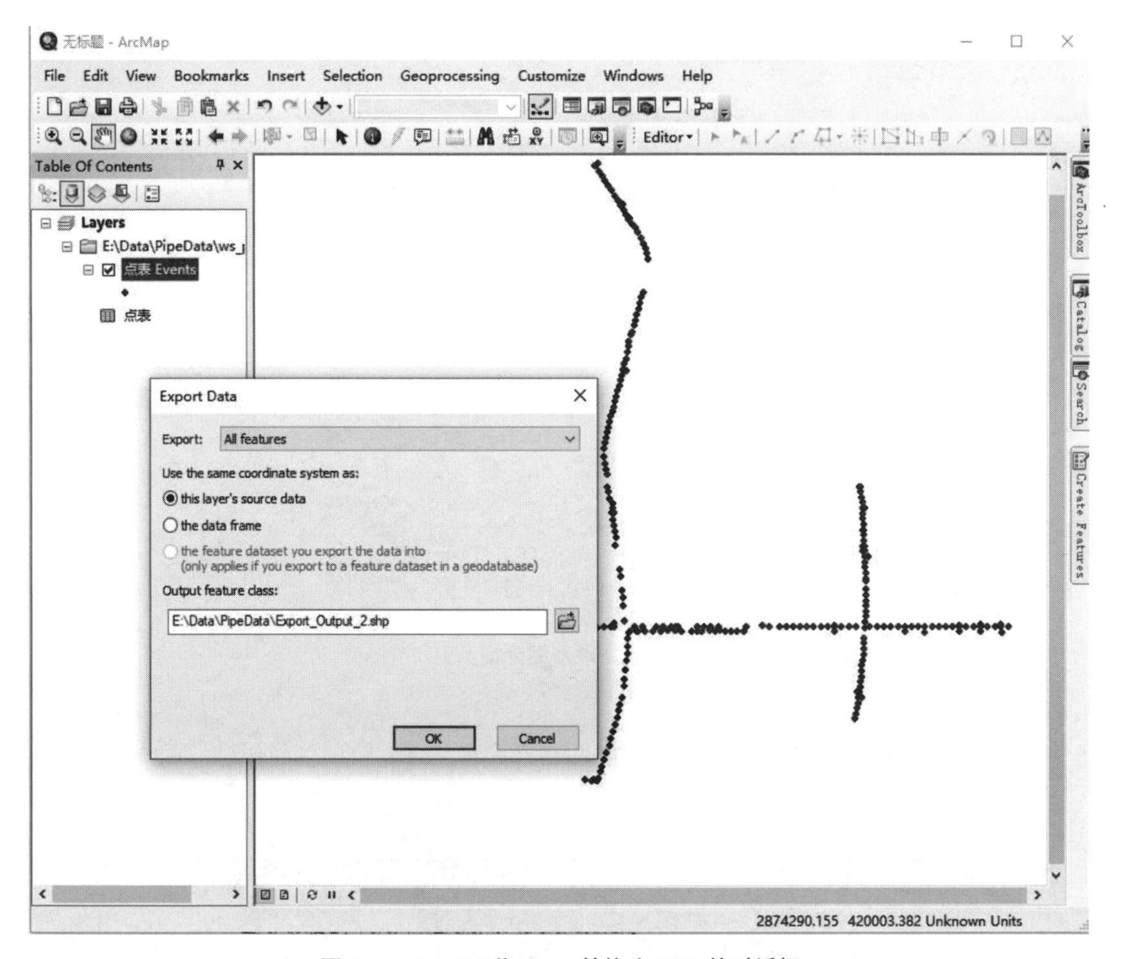

图 7-6　ArcGIS 将 Excel 转换为 SHP 的对话框

7.4.5　分幅地图接边

在地图测绘和制图过程中，通常按图幅分区测绘和编制，因此许多地图采用分幅形式存储，即每一个图幅保存为一个文件夹或文件(图 7-7)。入库以后的数据要完成图幅接边工作，以保证同一空间要素的完整性，从而满足业务办理的空间分析和空间计算等操作的需要。

所谓图幅接边是将相邻图幅边缘的同一地物进行衔接、合并成一个空间要素的作业过程，是解决因图幅分割产生的不协调问题的常用方法。图幅接边将所有制成的分幅地图相互拼接，形成一张完整的地图，也使得图上的所有地物都形成一个完整的空间要素(图 7-8)。相邻图幅接边时要保证同一地物的空间要素无缝，同一地物的空间要素属性保持一致，相邻图幅接边后的地物拓扑关系保持一致。

图幅接边既可以在入库之前操作，也可以在入库以后进行。例如，DWG 格式的地形图，在入库之前可以先用 AutoCAD 或 CASS 软件完成接边操作，然后再导入空间数据库；也可以在导入到空间数据库以后，使用 GIS 软件进行接边操作。在实际工作中，为了更好地对地图

图 7-7　地形图分幅示例

做前期错误检查和修正工作，通常在入库前先完成图幅接边，以便进行空间要素的相关检查和修改。

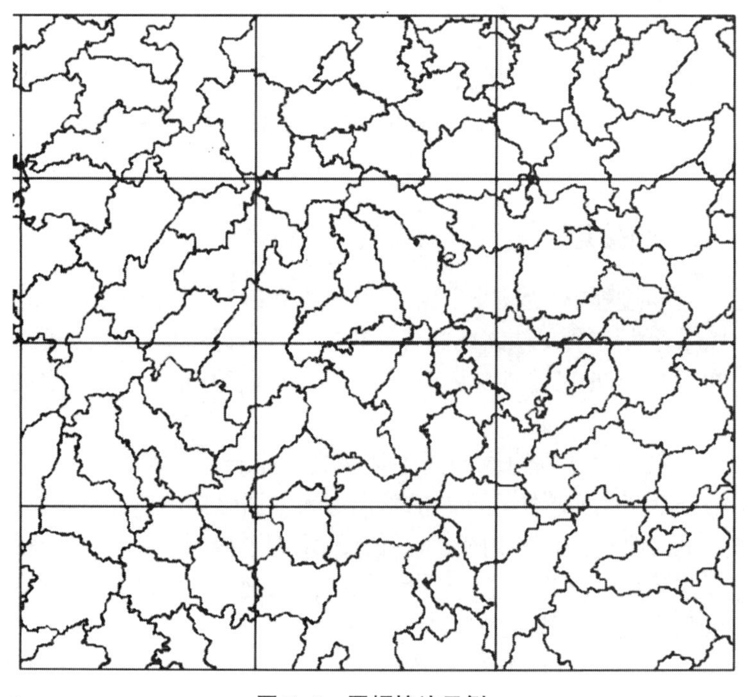

图 7-8　图幅接边示例

7.5　GIS工程数据库创建

GIS工程数据库创建是使用特定数据库管理系统实现数据库设计模型的过程。这个过程首先要根据GIS工程的设计要求，选择合适的数据库管理系统，然后使用GIS软件创建空间数据库，或者直接使用数据库管理系统完成数据库的创建。

7.5.1　数据库管理系统的选择

在选择数据库管理系统时，首先要考虑数据库管理系统的空间数据管理能力及其性能，另外还要考虑建设单位使用的软硬件环境、维护技术支持程度、费用支出等因素。下面介绍4种GIS工程领域常用的数据库管理系统。

(一) Oracle

Oracle公司是一家国际著名的数据库厂商，从Oracle8.0.4版本开始，Oracle公司在其核心产品Oracle数据库中推出空间数据管理工具——Spatial Cartridge(SC)，并开始进入GIS数据库市场。随着Oracle8i的推出，Spatial Cartridge升级为Oracle Spatial，提供了基于SQL模式的空间查询和分析语句。

Oracle支持两种类型的空间数据模型，一是关系式模型(relational)，用多行记录和字段表来表示空间实体；二是对象-关系式模型(object-relational)，使用类型为MDSYS. SDO-GEOMETRY的字段来存储空间数据实体，这也是当前使用最多的模型。Oracle spatial对空间数据采取分层存储技术，即一个地理空间分解为若干层，然后每层又分解为若干几何实体，最后将单个几何实体分解为若干元素。在空间索引方面，Oracle Spatial提供了高效的索引机制，支持Quad-Tree和R-Tree空间索引。

(二) SQLServer

自SQL Server的2008版本开始，引入了空间数据类型和空间索引功能。SQL Server的空间数据类型包括：①Geometry类型，支持欧几里得坐标系统中的几何数据(点、线和多边形)；②Geography类型，符合开放地理空间联盟(OGC)的SQL简单特征规范。Geometry和Geography数据类型支持16种空间数据对象或实例类型，这些实例类型可以在数据库中创建并使用，分别是Point、MultiPoint、LineString、CircularString、MultiLineString、CompoundCurve、Polygon、CurvePolygon、MultiPolygon和GeometryCollection、FullGlobe，等等。

SQL Server的空间索引使用B树构建，也就是这些索引必须按B树的线性顺序表示二维空间数据。索引创建过程将空间分解成四级网格层次结构，分别为第1级(顶级)、第2级、第3级和第4级，记录每一个网格所包含的空间实体，存为索引表。当用户进行空间查询时，首先计算出用户查询对象所在网格，然后在该网格或邻近网格中快速查询所选空间实体，从而加速空间查询速度。

(三) PostGIS

1986年，加州大学伯克利分校的Michael Stonebraker教授领导了Postgres项目，并在现代数据库技术方面做出了巨大贡献，在面向对象的数据库、部分索引技术、数据库扩展等方面都取得了显著成果。此外，因Postgres技术开源，使得PostgreSQL得到了广泛应用。

PostGIS是对象-关系型数据库系统PostgreSQL的一个扩展，它的出现让人们开始重视基于数据库管理系统的空间扩展方式。PostGIS 定义了一系列基本的集合实体类型，包括点(point)、线(line)、线段(lseg)、方形(box)、多边形(polygon)和圆(circle)等。另外，PostGIS 还定义了一系列的空间操作函数和操作符，来实现几何类型的操作和运算。PostGIS 的空间索引机制是 R-Tree 索引。

(四) MySQL

MySQL 是一个关系型数据库管理系统，由瑞典 MySQL AB 公司开发，属于 Oracle 旗下产品，是最流行的关系型数据库管理系统之一，MySQL 采用了双授权政策，分为社区版和商业版，由于其体积小、速度快、成本低，尤其是开放源码的特点，使得 MySQL 成为 Web 应用领域使用最广的数据库。

从 MySQL4.1 开始支持空间数据，MySQL 将空间 extensions 实现为具有 Geometry Types 环境的 SQL 的子集。MySQL 支持的空间数据格式有 WKT、WKB，数据类型有 Point、Linestring、Polygon、Multipoint、Multilinestring、Multipolygon、Geometrycollection。MySQL 使用 R-Tree 技术创建空间索引。

当前，一些商用 GIS 软件大多支持 Oracle、SQLServer 和 PostGIS 空间数据库，较少支持 MySQL。国内 SuperMap 的 iServer 可以管理 MySQL 空间数据，其余的多是开源 GIS 软件，如 kvwmap、HidroSIG 等。

7.5.2 数据库创建

GIS 工程数据库的创建方法包括使用 GIS 软件创建、使用 DBMS 创建、执行 SQL 语句创建 3 种。

(一) 使用 GIS 软件创建

在 GIS 工程领域，可管理空间数据库的软件有 ArcGIS、MapGIS、SuperMap、QGIS 等，下面以 ArcGIS10.5 为例介绍空间数据库创建过程。

ArcGIS 管理的空间数据库类型包括：

(1) 文件空间数据库(file geodatabase，FGDB)

ArcGIS 文件空间数据库把空间信息储存在一个扩展名为 gdb 的文件夹中，文件夹内部存储一系列类似 Coverage 格式的空间文件。

(2) 个人空间数据库(personal geodatabase，PGDB)

ArcGIS 个人空间数据库使用 Microsoft Access 数据库 MDB 存储数据，将几何数据存储在 MDB 数据表的二进制大对象字段。这种个人空间数据库仅能在 Windows 操作系统下运行，而且数据存储上限是 2GB 数据量。

(3) 企业空间数据库(enterprise geodatabase，EGDB)

ArcGIS 企业空间数据使用 Oracle、SqlServer、PostGIS 等数据库管理系统管理空间数据，用多张表协调管理图层、要素、空间索引等信息，对数据存储量没有限制。ArcGIS 创建企业空间数据库的步骤：启动 ArcCatalog，打开 ArcToolBox，在其中打开 Data Management Tools—Geodatabase Administration—Create Enterprise Geodatabasee[图 7-9(a)]，弹出创建空间数据库对话框如图 7-9(b)所示。在对话框中输入数据库服务器实例名称、数据库名称及连接账号信息，选择授权文件，点击“OK”按钮，完成空间数据库的创建，创建结果如图 7-10 所示。

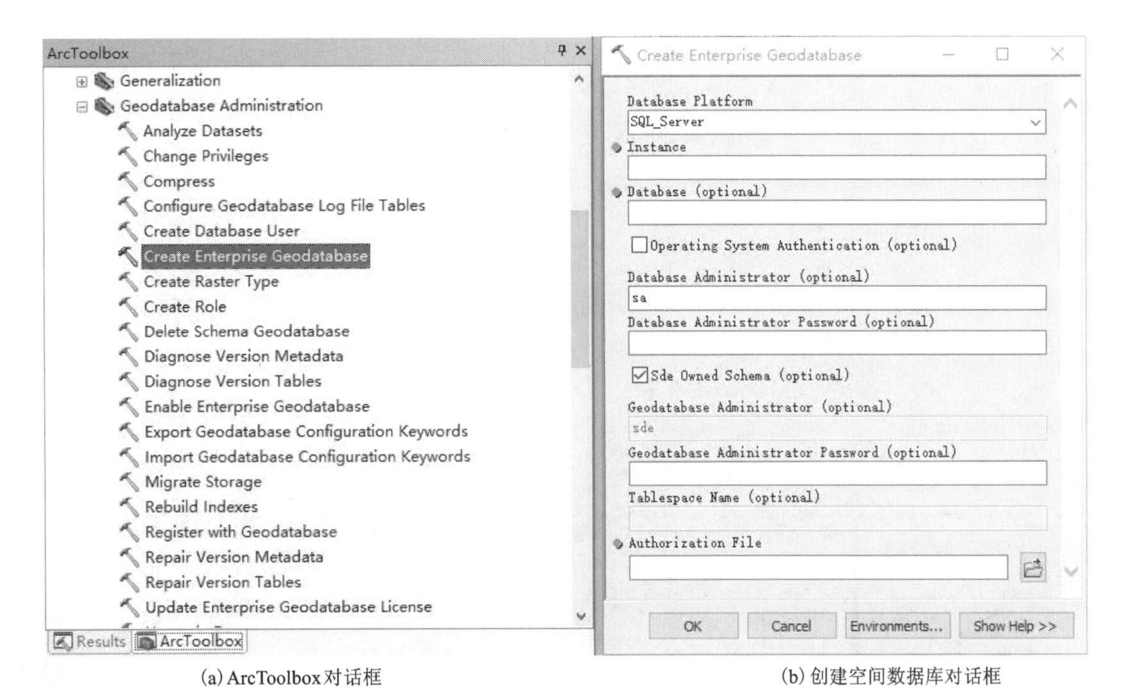

(a) ArcToolbox 对话框　　　　(b) 创建空间数据库对话框

图 7-9　创建空间数据库工具和对话框

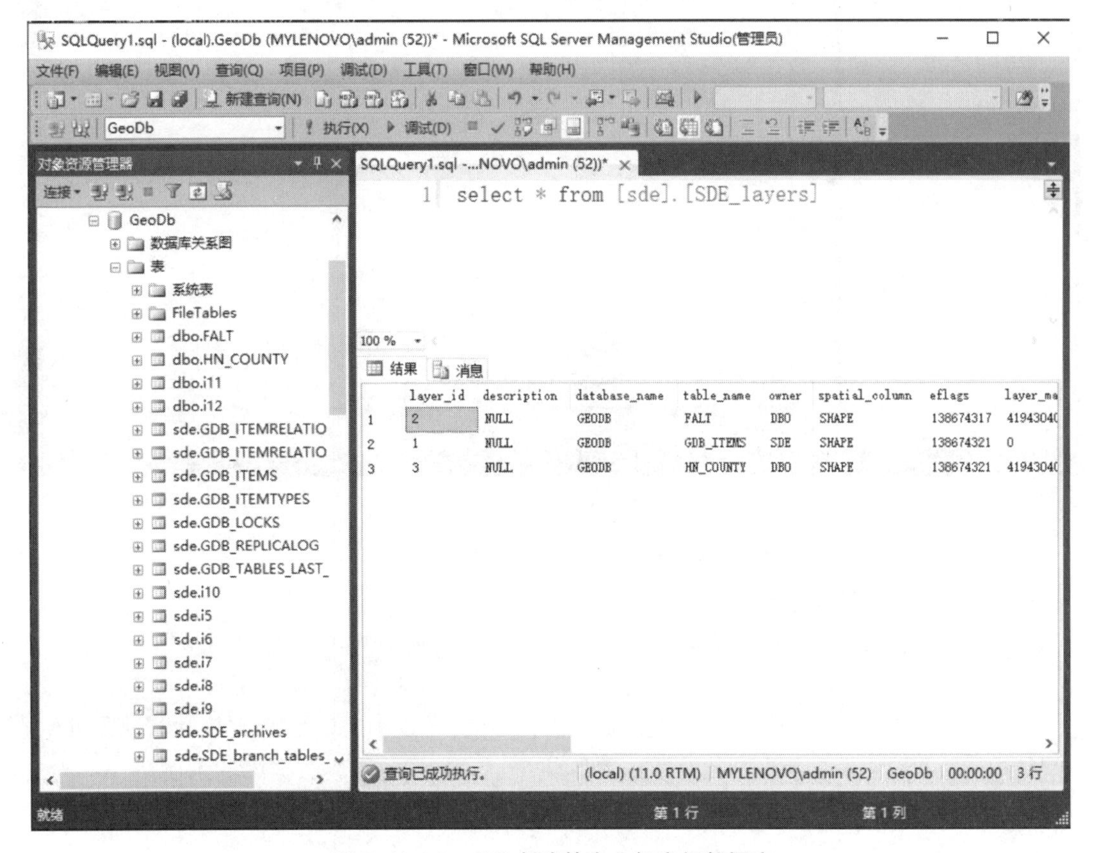

图 7-10　ArcGIS 创建的企业级空间数据库

(二)使用 DBMS 创建

数据库管理工具的创建方法是指在数据库管理系统 DBMS 自带的管理工具中，通过交互操作方式设计和完成空间数据库的创建。例如在 SQLServer2012 中，打开 SQLServer Management Studio，连接到服务器以后，进入数据库管理界面，打开创建数据库对话框如图 7-11 所示。在设置数据表中的空间数据字段时，可以选择 Geometry 或 Geography 数据类型，如图 7-12 所示。

数据库创建完成以后，可以直接在数据库管理系统中输入 SQL 语句添加空间数据，也可以使用 SQL 查询空间数据结果，如图 7-13 所示。

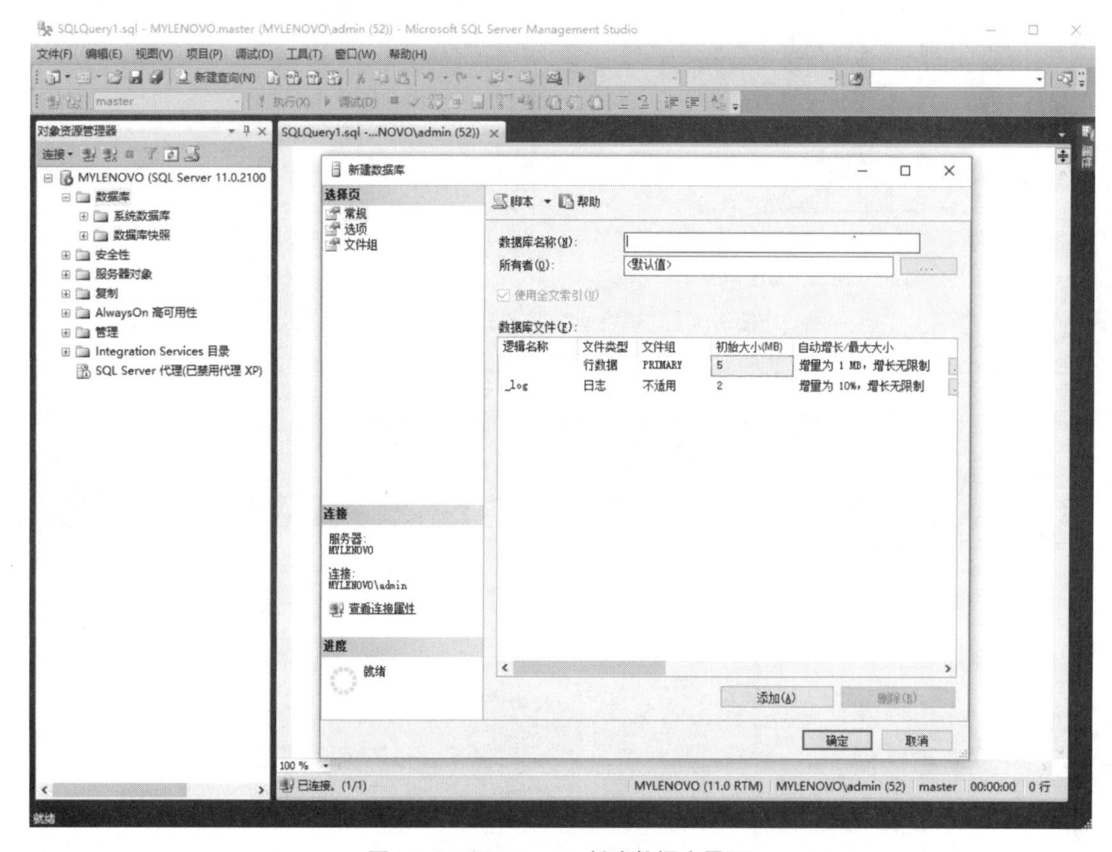

图 7-11　SQLServer 创建数据库界面

(三)执行 SQL 语句创建

执行 SQL 语句创建是指在数据库管理系统的脚本编辑与查询工具里直接输入创建空间数据表的 SQL 语句，执行并创建空间数据库的过程。在 GIS 工程中，经常在空间数据库设计完成以后，将物理模型转换或生成 SQL 脚本文件，将其导入 DBMS 管理器中执行，即可生成空间数据库。图 7-14 所示为 SQLServer 管理器执行 SQL 语句创建数据库的示例。

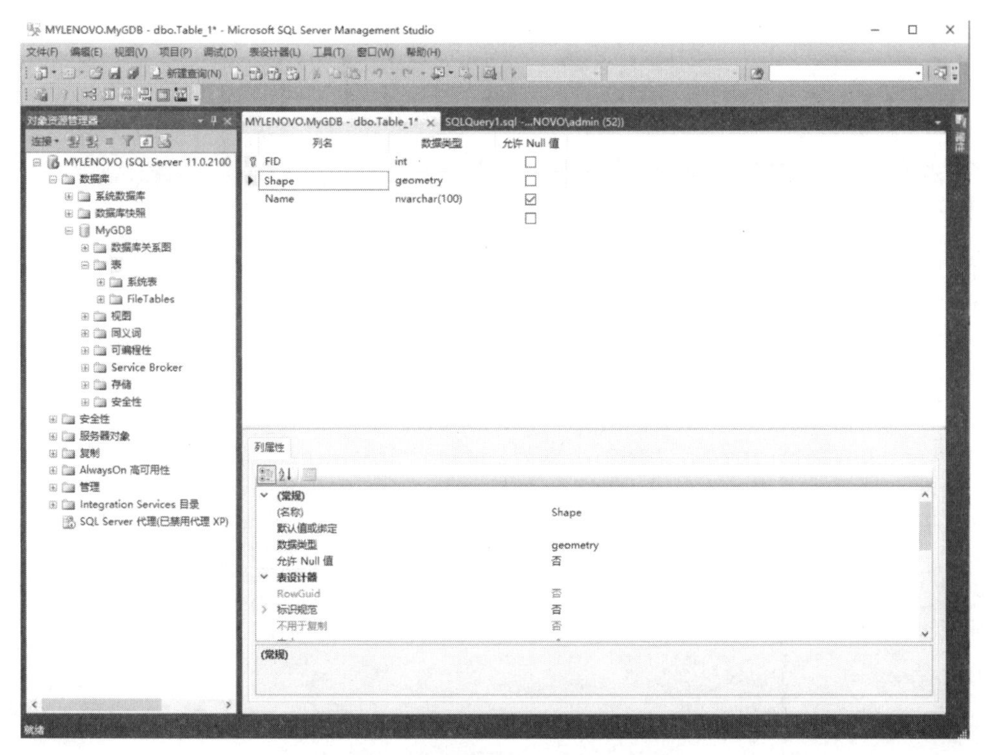

图 7-12 创建带有空间字段的数据表

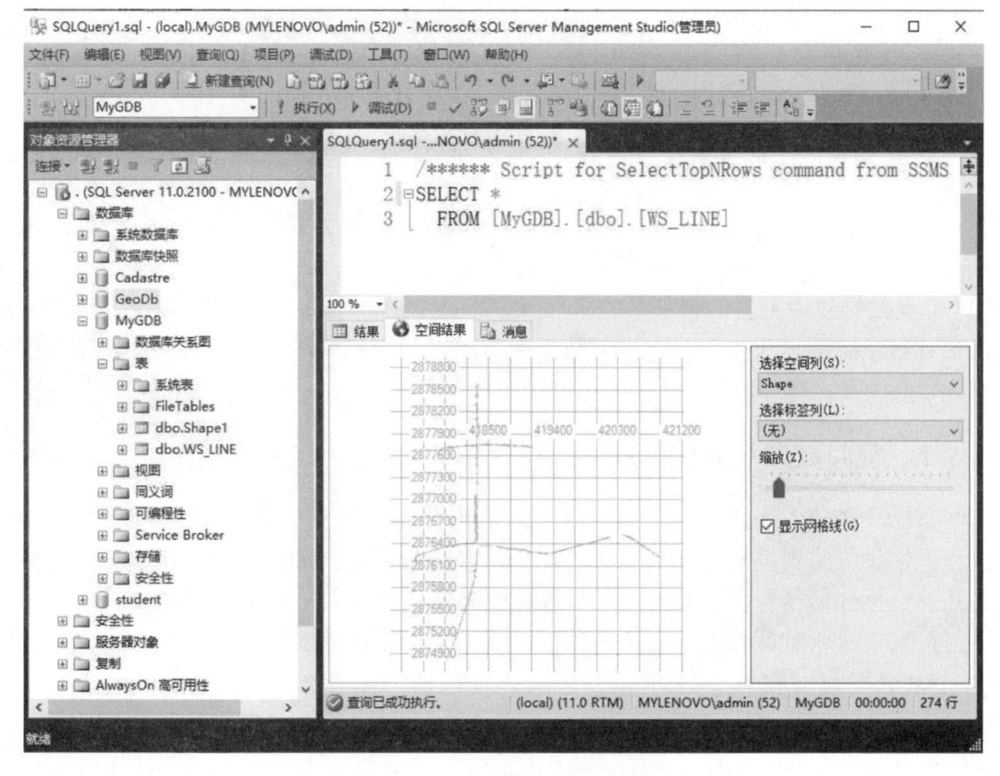

图 7-13 空间数据查询结果

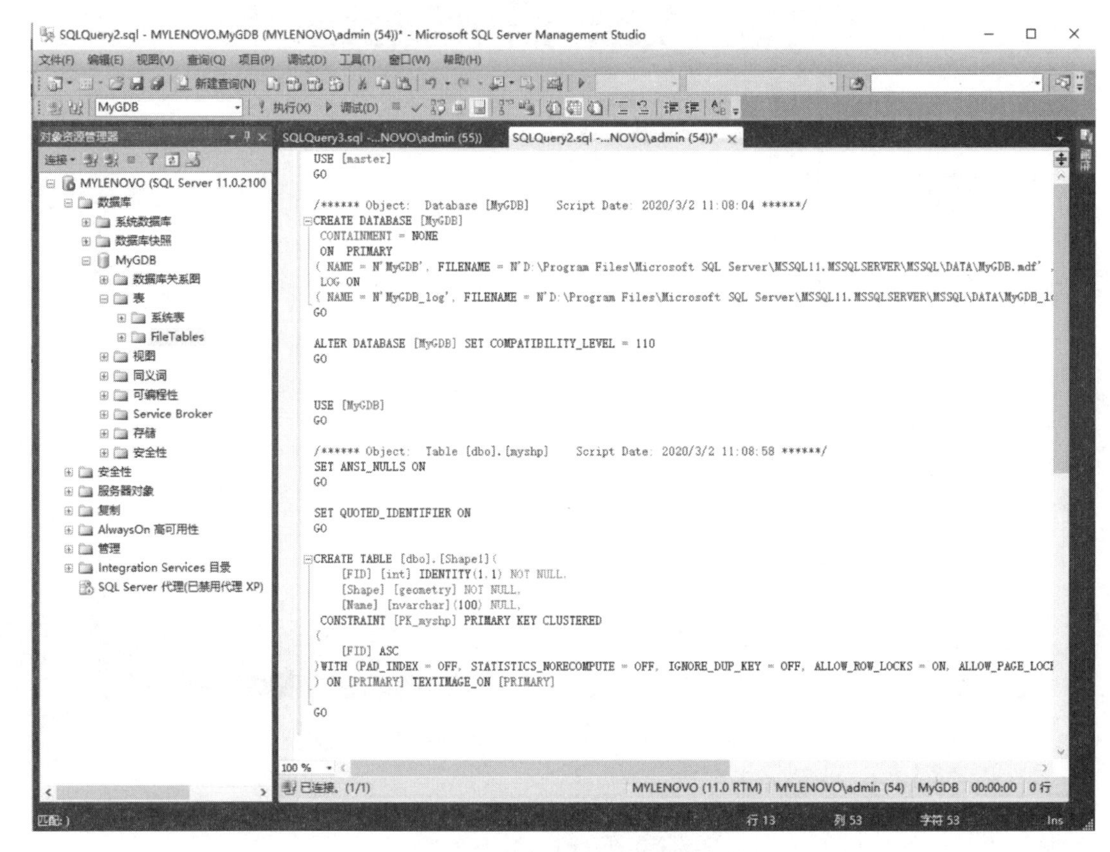

图 7-14　执行 SQL 创建数据库

7.6　GIS 工程数据入库

GIS 工程数据建库资料的普通表格类型文件(如 Excel、CSV 文件、MDB 数据库等)可以用数据库管理系统的导入工具直接导入数据库。而空间数据的入库较为复杂，入库方式包括一体化入库和分步入库等。

7.6.1　空间数据一体化入库

空间数据一体化入库是指空间数据的几何数据和属性数据一起(一次性)转换存入数据库的过程。这种方式转换入库的数据文件均是已经过处理且入库软件支持的文件，这些文件存储了几何数据和属性数据，可以被入库软件一次转换并存入空间数据库。

下面以城市排水管线数据入库为例，叙述一体化入库过程。

(一) MDB 数据入库

城市市政排水管线普查得到了 MDB 数据库或 Excel 文件，其中存储了污水管点表、污水管线表、雨水管点表和雨水管线表等，图 7-15 列出了部分污水管点表和管线表数据。由于管线表中仅存储了起、终管点的编号，不包含空间信息，因此管线表转换入库操作要在管线点完成入库以后，再使用 SQL 脚本或开发专门的程序完成，过程较为复杂。本节仅介绍管点表的一体化入库过程：

(1)使用 ArcMap 加载 MDB 数据库或 Excel 中的管点表，并将其显示在地图上。

(2)将管点表转换为 SHP 文件，管点的属性信息也一并存入 SHP 文件。SHP 文件的图形和属性数据如图 7-16 所示。

(3)在 ArcCatalog 中将 SHP 文件导入空间数据库中(图 7-17)，完成数据的一体化导入。

物探点号	图上点号	X	Y	地面高程	井底深	管线类型	附属物	特征	Vi
WS304	WS304	#########	######	146.25	142.15	WS	检修井		
WS001	WS001	#########	######	145.83	141.12	WS	检修井		
WS022	WS022	#########	######	133.07	129.19	WS	检修井		
WS023	WS023	#########	######	134.42	130.5	WS	检修井		
WS024	WS024	#########	######	136.65	132.8	WS	检修井		
WS025	WS025	#########	######	137.97	133.92	WS	检修井		
YS073	YS073	#########	######	139.39	135.59	WS	检修井		
WS026	WS026	#########	######	140.51	136.81	WS	检修井		
WS028	WS028	#########	######	142.38	138.63	WS	检修井		
YS075	YS075	#########	######	142.91	139.03	WS	检修井		
WS030	WS030	#########	######	143.4	139.53	WS	检修井		
WS031	WS031	#########	######	143.7	140.22	WS	检修井		
WS032	WS032	#########	######	145.25	142.02	WS	检修井		
WS034	WS034	#########	######	146.49	143.22	WS	检修井		
WS035	WS035	#########	######	146.93	143.58	WS	检修井		
YS076	YS076	#########	######	147.55	144.15	WS	检修井		
WS036	WS036	#########	######	147.85	144.47	WS	检修井		
WS037	WS037	#########	######	147.7	[illegible]	WS	检修井		

记录：第 34 项(共 276　无筛选器　搜索

(a)污水管点表

起点物探点	终点物探点号	起始埋	终止埋深	起点高程	终点高程	管线类型	埋设方	材质	管径
WS022	YS072	3.38	3.45	133.07	132.11	WS	直埋	混凝土	Φ600m
WS023	WS022	3.42	3.38	134.42	133.07	WS	直埋	混凝土	Φ600m
WS024	WS023	3.35	3.42	136.65	134.42	WS	直埋	混凝土	Φ600m
WS025	WS024	3.55	3.35	137.97	136.65	WS	直埋	混凝土	Φ600m
YS073	WS025	3.3	3.55	139.39	137.97	WS	直埋	混凝土	Φ600m
WS026	YS073	3.2	3.3	140.51	139.39	WS	直埋	混凝土	Φ600m
WS028	WS026	3.25	3.2	142.38	140.51	WS	直埋	混凝土	Φ600m
YS075	WS028	3.38	3.25	142.91	142.38	WS	直埋	混凝土	Φ600m
WS030	YS075	3.37	3.38	143.4	142.91	WS	直埋	混凝土	Φ600m
WS031	WS030	2.98	3.37	143.7	143.4	WS	直埋	混凝土	Φ600m
WS032	WS031	2.73	2.98	145.25	143.7	WS	直埋	混凝土	Φ600m
WS034	WS032	2.77	2.73	146.49	146.24	WS	直埋	混凝土	Φ600m
WS035	WS034	2.85	2.77	146.93	146.49	WS	直埋	混凝土	Φ600m
YS076	WS035	2.9	2.85	147.55	146.93	WS	直埋	混凝土	Φ600m
WS036	YS076	2.88	2.9	147.85	147.55	WS	直埋	混凝土	Φ600m
WS037	WS038	2.98	2.96	147.7	146.99	WS	直埋	混凝土	Φ600m
WS038	WS039	2.96	3.03	146.99	146.15	WS	直埋	混凝土	Φ600m
WS039	WS040	3.03	2.98	146.15	145.4	WS	直埋	混凝土	Φ600m

记录：第 32 项(共 274　无筛选器　搜索

(b)污水管线表

图 7-15　部分污水管点表和管线表数据

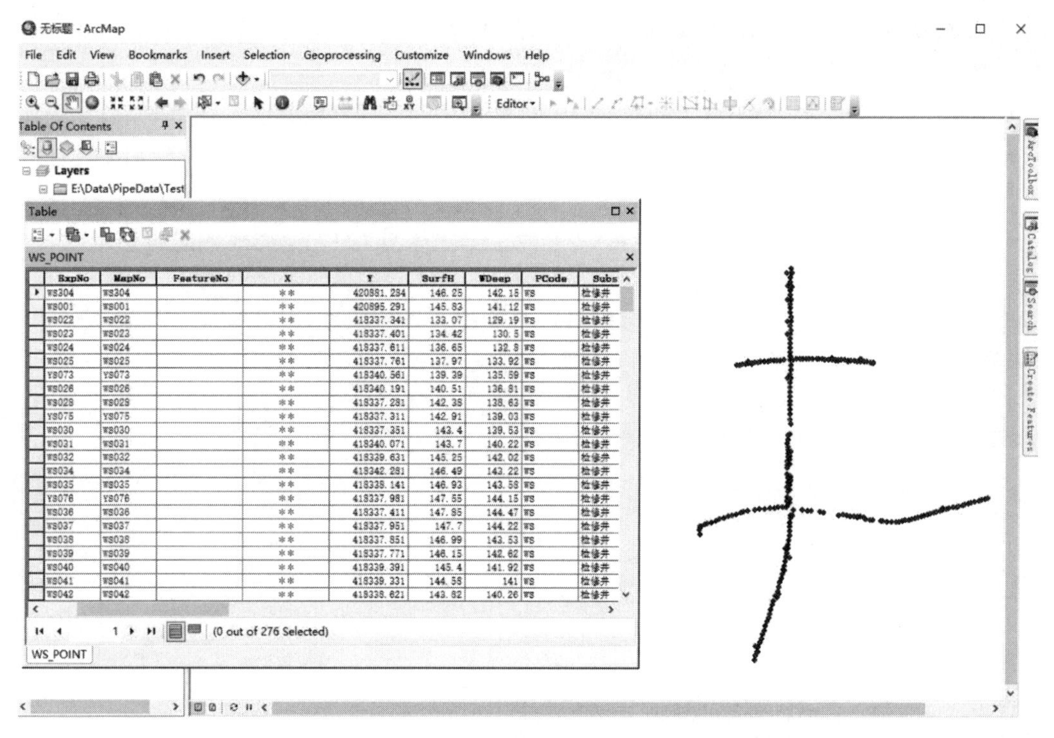

图 7-16　管点 SHP 文件

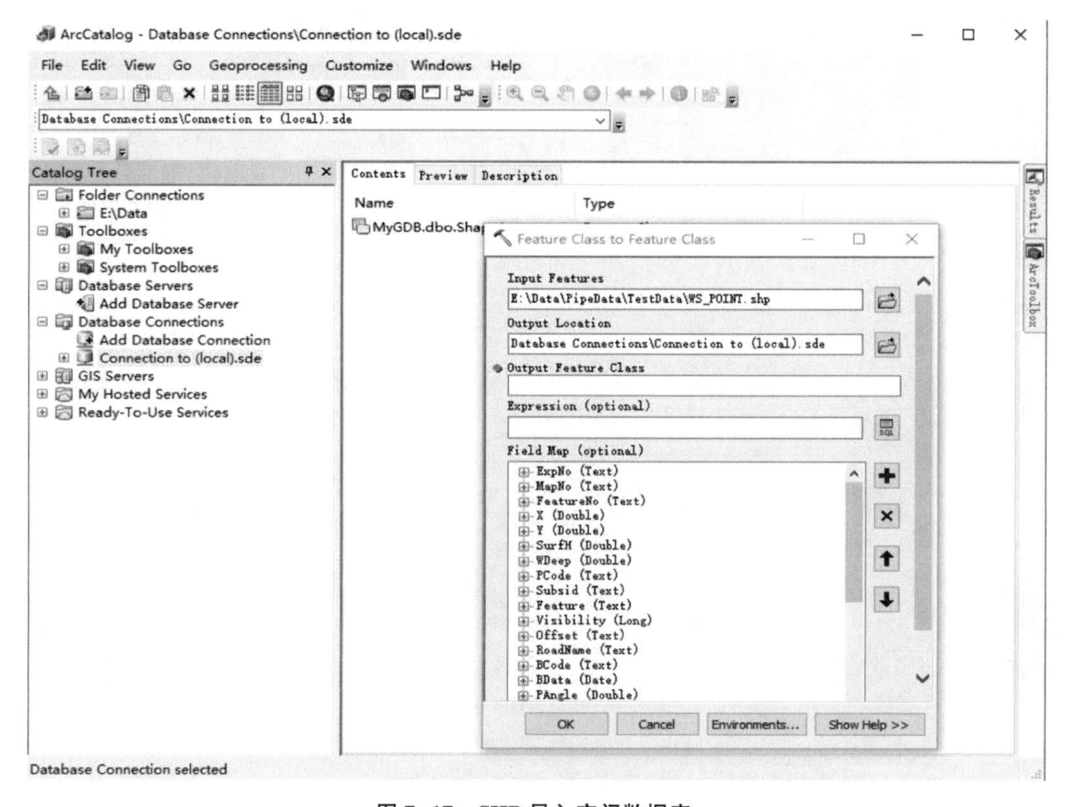

图 7-17　SHP 导入空间数据库

(二) AutoCAD 数据的入库

GIS 工程使用的 AutoCAD 数据可以分成两类，即无扩展属性的 DWG 图纸和有扩展属性的 DWG 图纸。无扩展属性的 DWG 图纸仅存储了实体的几何信息，而没有业务属性信息。此类 DWG 图纸仅需要将实体转换到空间数据库里，转换过程要依靠 DWG 实体所在图层名称和空间数据库图层的对应关系，确定实体要存入的图层。在有扩展属性的 DWG 图纸中，每个实体都存储了要素编码和业务属性信息，要素编码是实体分层转换存入空间数据库的依据。

(1)无扩展属性 DWG 图纸的入库

针对无扩展属性的 DWG 文件，可以使用 ArcGIS 的导入工具实现数据的转换入库。图 7-18 所示为 DWG 文件分层导入对话框。

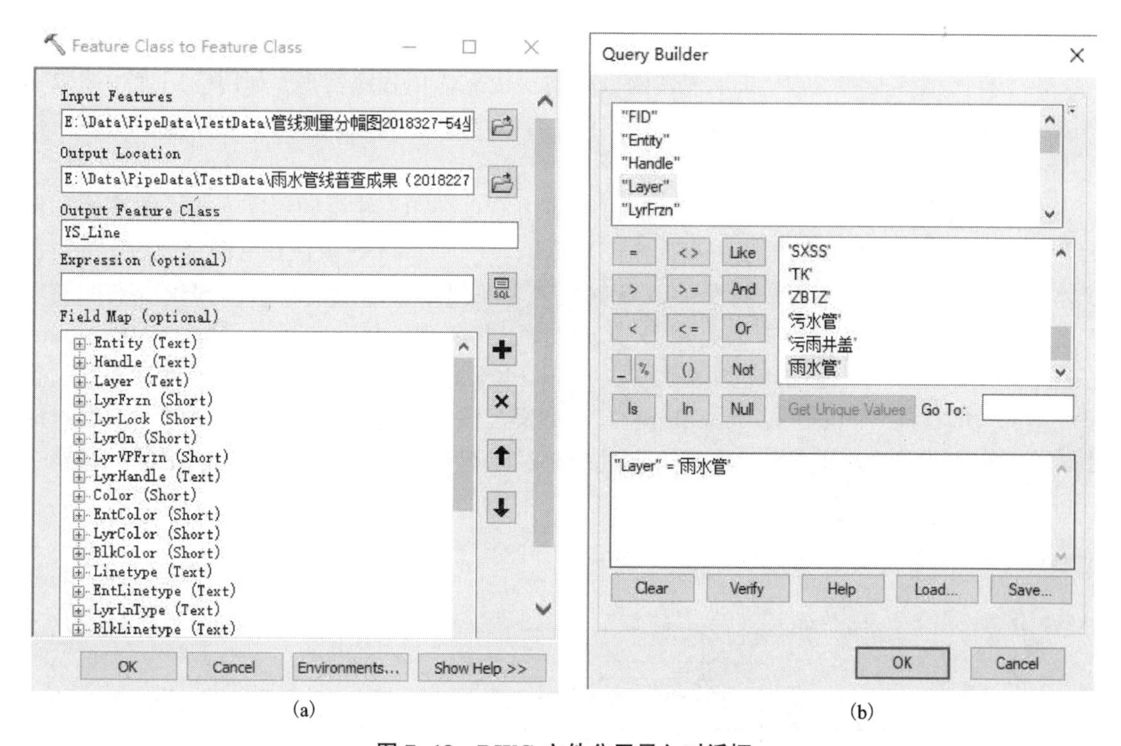

图 7-18　DWG 文件分层导入对话框

在图 7-18(b)所示对话框中，用户可以分层将实体导入空间数据库中，但是这种导入方式只会新建图层，而不会向已存在的图层添加要素。因此，当用这种入库方式向已有图层中添加要素时，首先要用 ArcGIS 工具导入数据并创建临时图层(或空间数据表)，然后将临时图层数据合并到正式图层(已有图层)中。

(2)有扩展属性的 DWG 文件入库

有扩展属性 DWG 文件在入库时，既要把 DWG 中的实体转换并存入空间数据库，也要将实体的扩展属性存入空间数据库的要素属性中。AutoCAD 的扩展属性包括 2 类：①基于 AutoCAD 二次开发的软件(如 CASS)管理的实体扩展属性，这类扩展属性附属于图形实体(如点、多段线、注记、面)，常用于存储业务相关的属性信息，也是 GIS 工程中常见的属性信息存储方式。②块参照的扩展属性，这种方式用块参照文字的形式表达实体的属性。第 2 种属性入库较为复杂，经常采用手工录入方式。下面详细介绍第 1 种扩展属性的转换入库方法。

AutoCAD 实体的扩展属性存储为自定义数据库对象，可以灵活定义属性数量和数据类型，数据的具体意义则由开发者定义。这些扩展数据(extended data，简称 XData)以缓存形式附加在实体上，能够有效利用存储空间，存取方便快捷。实体的扩展数据由应用程序创建，可以包含一个或多组数据。每一组数据均以互不相同的注册应用程序名开头，扩展数据 XData 所支持的组码 TypeCode(DXF 组码)只能采用 1000~1071 范围内的数值，不同组码对应不同类型的信息。简单地说，DWG 中的扩展属性通过注册的应用程序名调用，读出的数据是一组二元数据(TypeCode=>TypeValue)，包括组码型(数据类型)和组码值(数据)。扩展属性中没有定义数据意义，即扩展属性没有字段信息，扩展属性按序读写，应用程序负责按序解释语义。

由于扩展属性的特殊性，扩展属性的入库需要依靠应用程序实现，利用应用程序读取实体的扩展属性，通过建立扩展属性的序号与图层字段的对应关系，再将扩展属性依次写入数据库中，入库过程如图 7-19 所示。

有扩展属性的 DWG 一体化入库方法可以使用 ObjectARX 编写的程序直接读取实体几何信息和扩展属性，生成空间要素再存入空间数据库。例如，CASS 软件在绘制宗地时，可以在实体中添加编码和名称的扩展属性，CASS 的转换工具可以将宗地图转换成 SHP 文件，实现扩展属性无损转换。另一种方法是用第三方转换工具实现一体化入库。例如，FME(feature manipulate engine，简称 FME)是加拿大 Safe Software 公司开发的空间数据转换处理系统，它是完整的空间 ETL(extract-transform-load)解决方案。该方案基于“语义转换”的理念，通过提供转换过程中重构数据的方法，实现了超过 250 多种不同空间数据格式(模型)之间的转换。

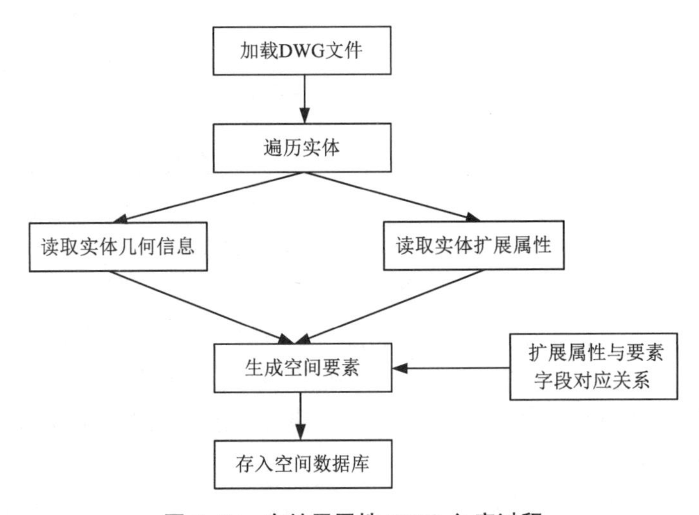

图 7-19　有扩展属性 DWG 入库过程

7.6.2　空间数据分步入库

在外业数据采集与制图中，由于受到软件、技术等的限制，有时在图纸中很难完整地保存全部属性数据。例如，在用 CASS 制作宗地图时，由于宗地图属性较多，DWG 的实体扩展属性仅包括宗地编码和编号(ID)、名称等少数信息，更多的属性信息使用 Excel 表格或 Mdb 数据库存储。因此，外业生产成果通常包括 DWG 图纸和属性表格两类文件。又如，图 7-15 所示的市政管线工程数据，由于管线表只包含起、终点物探点号信息，没有起、终点空间坐标，虽然管线表的属性数据可以直接导入数据库，但是无法自动生成管线的空间几何数据。

所谓分步入库是将空间数据的几何数据和属性数据分别转换入库，然后在空间数据库中将几何数据与属性进行连接或合并，完成空间数据与属性数据的挂接、集成。分步入库过程如图 7-20 所示。

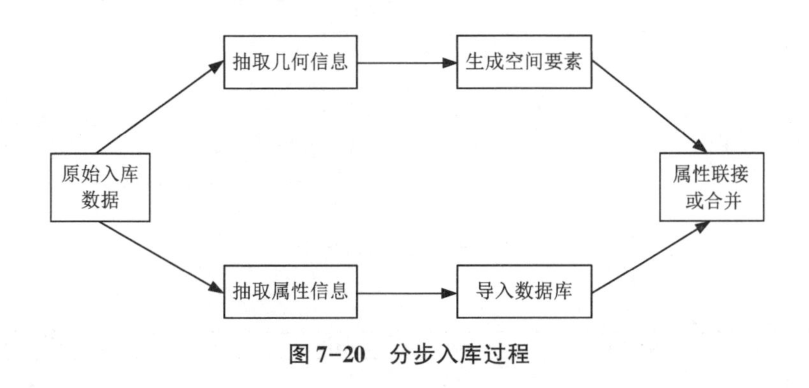

图 7-20　分步入库过程

下面使用两个示例，分别叙述 DWG 文件、MDG 数据两种不同类型的分步入库操作过程。

(一)DWG 文件和属性数据分步入库

在房屋普查工作中，CASS 制作的房屋现状图(图 7-21)仅保存了房屋编号扩展属性，其余房屋属性以 MDB 方式存储，属性数据如图 7-22 所示。图 7-22 中的“chtbh”字段为房屋编号，与 DWG 图纸中的编码对应。

数据入库过程如下：

(1)使用一体化入库方法，将 DWG 中的图元实体和房屋编号转入空间数据库，并生成房屋图层。

(2)利用 GIS 软件或 DBMS 软件完成房屋图层属性字段的添加。

(3)将房屋属性 MDB 数据库导入空间数据库。

(4)在数据库中使用多表联合更新方法，将导入的属性数据合并到房屋图层中，完成空间要素的属性挂接。

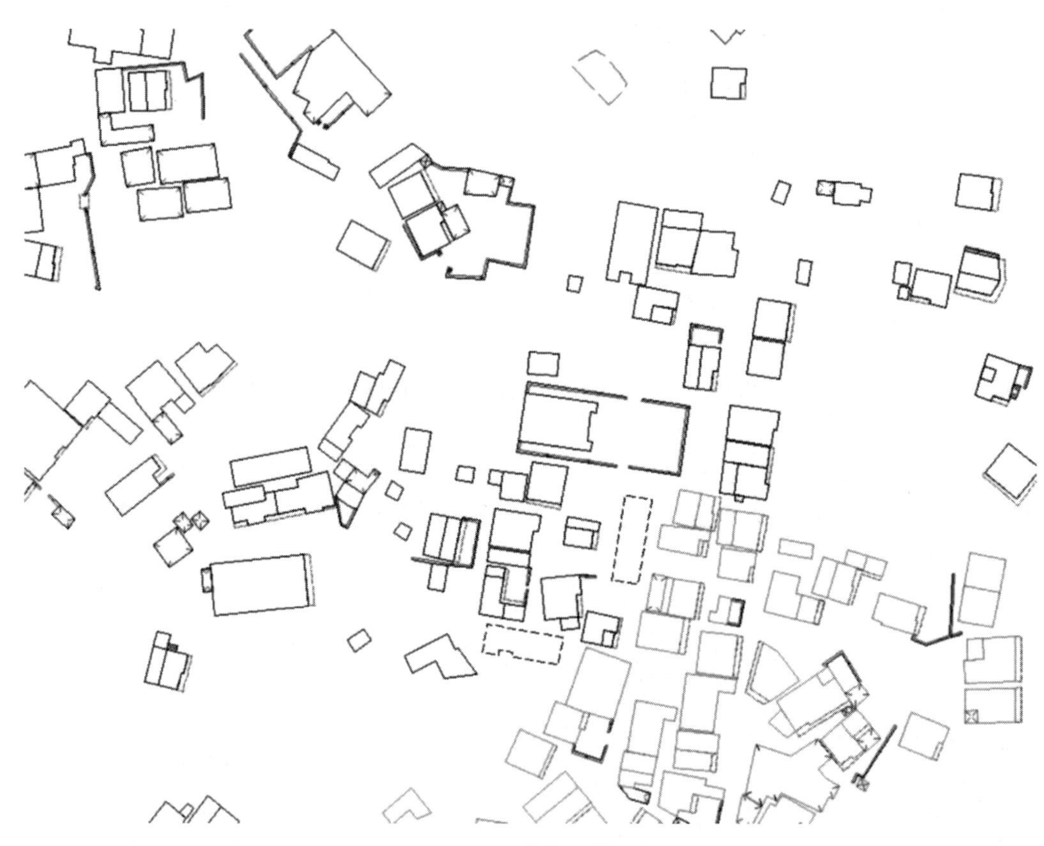

图 7-21　房屋现状图

sscwh	chtbh	hzxm	jzwjg	jzwcs	jzwsyzk
风光村	01052769	邝*新, 44252519	砖混	3	居住
风光村	01052770	邝*先, 44252519	砖混	1	居住
风光村	01052774	徐*成, 44252519	铁皮	1	储放生产资料
风光村	01052775	邝*平, 44160219	砖混	3	居住
风光村	01052776	林*清, 44160219	砖混	2	居住
风光村	01052777	林*英, 44160219	砖混	3	居住
风光村	01052778	林*文, 44160219	砖混	2	储放生产资料
风光村	01052783	林*立, 44160219	砖混	4	居住
风光村	01052784	林*惠, 44160219	砖混	3	居住
风光村	01052785	周*娥, 44252519	砖混	3	居住
风光村	01052786	林*兴, 44252519	砖混	2	居住
风光村	01052787	林*卫, 44160219	砖混	3	居住
风光村	01052793	林*红, 44252519	砖混	3	居住
风光村	01052794	林*武, 44160219	铁皮	1	储放生产资料
风光村	01052795	林*武, 44160219	砖混	3	居住
风光村	01052799	林*盛, 44252519	砖混	3	居住
风光村	01052800	林*忠, 44252519	砖混	2	居住
风光村	01052802	林*全, 44160219	砖混	3	居住
风光村	01052805	林*发, 44160219	砖混	2	居住
风光村	01052806	邝*全, 44160219	砖混	2	居住
风光村	01052807	林*安, 44252519	砖混	3	居住

1 (of 77827)

图 7-22　房屋属性数据

(二)MDB数据库分步入库

这里以7.6.1节的市政管线数据入库为例，介绍MDB数据的分步入库方法。利用GIS软件将管点数据导出生成管点要素图层，实现管点数据的入库。管线数据采取分步入库方式，首先为MDB库的管线表构造起、终点坐标，并在ArcMap中生成管线(段)图层，然后将属性数据导入空间数据库，最后将属性信息合并到管线图层。详细操作步骤如下：

(1)打开MDB数据库，在管线表中添加FID和起、终点坐标5个字段(FID、s_x、s_y、e_x、e_y)，将FID字段设置自增类型且为主键，保证每个记录的FID字段都有一个标识码。

(2)使用多表联合更新SQL语句，从点表中找到管线的起点、终点坐标，并写入到新建的s_x、s_y、e_x、e_y字段中，结果如图7-23所示。

FID	S_X	S_Y	E_X	E_Y	S_Poin	E_Point	S_Dee	E_Deep
1	2876446	4183	2876446	4183	WS022	YS072	3.38	3.45
2	2876486	4183	2876446	4183	WS023	WS022	3.42	3.38
3	2876563	4183	2876486	4183	WS024	WS023	3.35	3.42
4	2876605	4183	2876563	4183	WS025	WS024	3.55	3.35
5	2876647	4183	2876605	4183	YS073	WS025	3.3	3.55
6	2876685	4183	2876647	4183	WS026	YS073	3.2	3.3
7	2876797	4183	2876685	4183	WS028	WS026	3.25	3.2
8	2876837	4183	2876797	4183	YS075	WS028	3.38	3.25
9	2876875	4183	2876837	4183	WS030	YS075	3.37	3.38
10	2876918	4183	2876875	4183	WS031	WS030	2.98	3.37
11	2877074	4183	2876918	4183	WS032	WS031	2.73	2.98
12	2877166	4183	2877074	4183	WS034	WS032	2.77	2.73
13	2877205	4183	2877166	4183	WS035	WS034	2.85	2.77
14	2877258	4183	2877205	4183	YS076	WS035	2.9	2.85
15	2877297	4183	2877258	4183	WS036	YS076	2.88	2.9
16	2877336	4183	2877375	4183	WS037	WS038	2.98	2.96
17	2877375	4183	2877416	4183	WS038	WS039	2.96	3.03
18	2877416	4183	2877455	4183	WS039	WS040	3.03	2.98
19	2877455	4183	2877494	4183	WS040	WS041	2.98	3.08

图7-23 管线表添加起、终点坐标结果

(3)在ArcMap里打开ArcToolBox中的Data Management Tools→Features→XY To Line工具，弹出对话框如图7-24所示。在其中选择要导入的管表并输入相应的起点、终点坐标字段，在“ID”选项中选步骤(1)添加的FID字段，点击“OK”，完成管段的生成。生成的管线图层数据如图7-25所示，图层FID字段继承了原MDB数据表的数值，其他属性没有导入。

(4)将MDB数据库的管线表导入空间数据库，在空间数据库中为步骤(3)创建的管线图层添加管线属性字段。

(5)使用FID字段关联管线图层与属性表，再用多表联合更新SQL语句，将管线属性数据更新到管线图层。

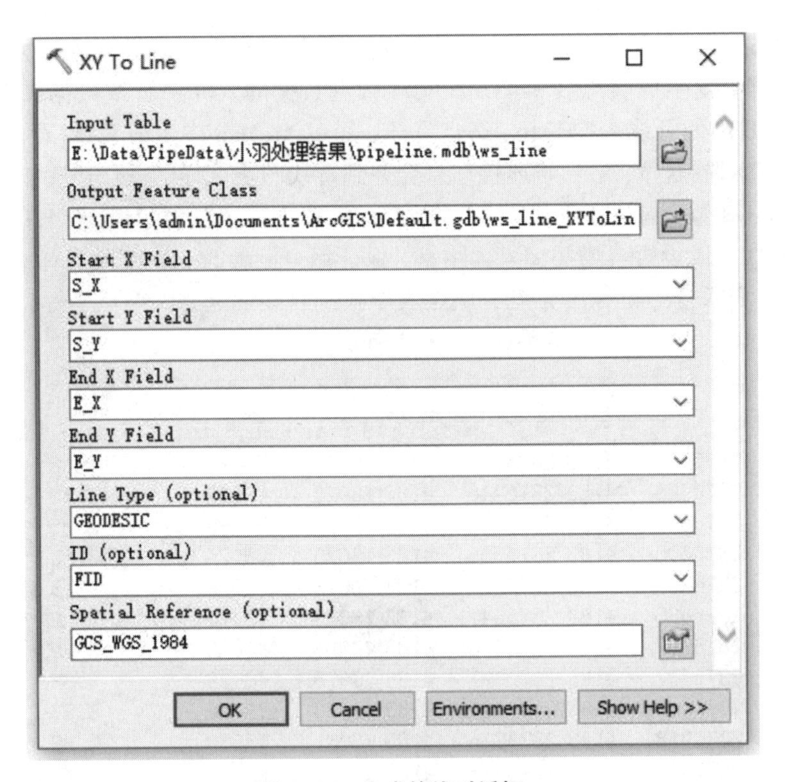

图 7-24　生成管线对话框

OID *	Shape *	FID	S_X	S_Y	E_X	E_Y	Shape_Length
1	Polyline	1	28764	4183	28764	4183	0
2	Polyline	2	28764	4183	28764	4183	40
3	Polyline	3	28765	4183	28764	4183	77.006493
4	Polyline	4	28766	4183	28765	4183	42
5	Polyline	5	28766	4183	28766	4183	42.107007
6	Polyline	6	28766	4183	28766	4183	38.013156
7	Polyline	7	28767	4183	28766	4183	112.040171
8	Polyline	8	28768	4183	28767	4183	40
9	Polyline	9	28768	4183	28768	4183	38
10	Polyline	10	28769	4183	28768	4183	43.104524
11	Polyline	11	28770	4183	28769	4183	156
12	Polyline	12	28771	4183	28770	4183	92.021737
13	Polyline	13	28772	4183	28771	4183	39.204592
14	Polyline	14	28772	4183	28772	4183	53
15	Polyline	15	28772	4183	28772	4183	39.012818
16	Polyline	16	28773	4183	28773	4183	39
17	Polyline	17	28773	4183	28774	4183	41
18	Polyline	18	28774	4183	28774	4183	39.012818
19	Polyline	19	28774	4183	28774	4183	39
20	Polyline	20	28774	4183	28775	4183	41
21	Polyline	21	28775	4183	28775	4183	41.012193
22	Polyline	22	28775	4183	28775	4183	24
23	Polyline	23	28775	4183	28775	4183	7.071068
24	Polyline	24	28775	4183	28776	4183	39

1 (0 out of 274 Selected)

图 7-25　管线 SHP 文件数据列表

7.6.3　要素属性挂接

在空间数据库系统中，当空间要素数量庞大和属性字段较多时，将严重影响图层加载、空间计算分析和查询等操作。因此，在 GIS 工程数据库建库时，要素图层仅存储业务办理常用的字段(如要素编码和名称)，其他属性信息存储在单独的属性数据表中，即图形数据与专题属性数据采用分离组织和存贮，可以极大地提高空间数据处理的灵活性。例如，7.6.2 节里的管线图层在导入以后仅保留 FID 字段，导入的属性数据表单独存储管线属性。

然而，在业务办理中，空间分析与计算又离不分图形数据和属性数据。为此，图层(图形)数据表中设置主码(如 FID)，在专题属性数据表中设计外码(如 FID)，两张数据表使用主码与外码建立连接(图 7-26)。当 GIS 应用系统操作图形数据时，仅加载图层数据；当要查询专题属性时，通过多表连接查询获取更多的专题属性信息；当需要专题属性字段参与空间计算时，可以使用多表关联的空间查询语句。

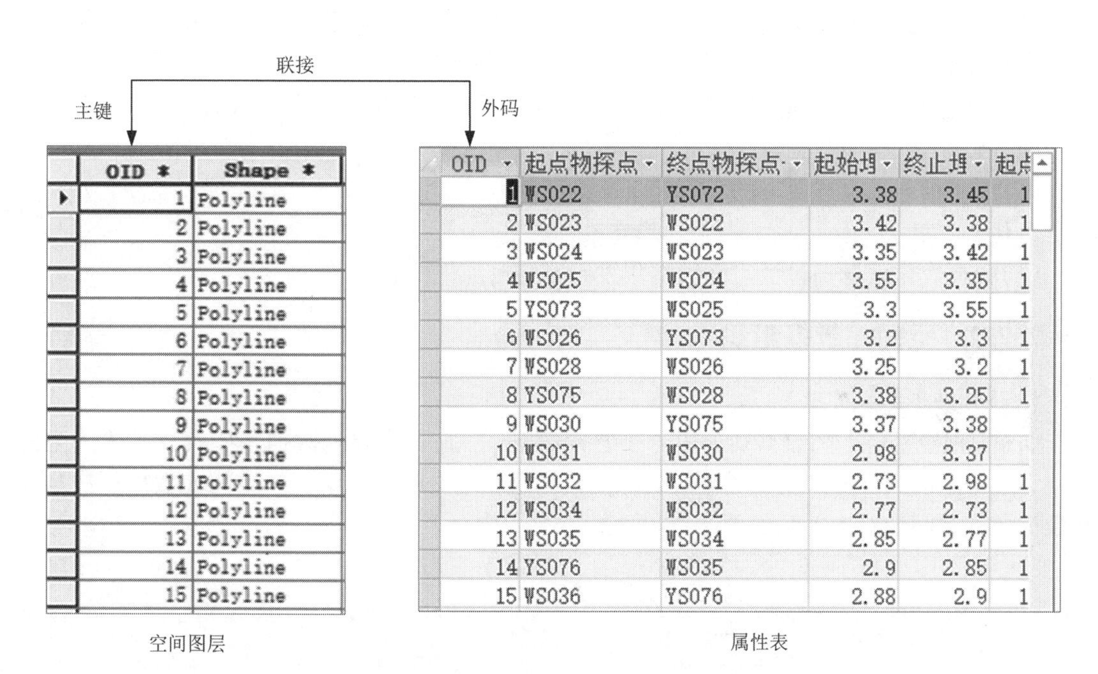

OID *	Shape *
1	Polyline
2	Polyline
3	Polyline
4	Polyline
5	Polyline
6	Polyline
7	Polyline
8	Polyline
9	Polyline
10	Polyline
11	Polyline
12	Polyline
13	Polyline
14	Polyline
15	Polyline

OID	起点物探点	终点物探点	起始埋	终止埋	起点
1	WS022	YS072	3.38	3.45	1
2	WS023	WS022	3.42	3.38	1
3	WS024	WS023	3.35	3.42	1
4	WS025	WS024	3.55	3.35	1
5	YS073	WS025	3.3	3.55	1
6	WS026	YS073	3.2	3.3	1
7	WS028	WS026	3.25	3.2	1
8	YS075	WS028	3.38	3.25	1
9	WS030	YS075	3.37	3.38	
10	WS031	WS030	2.98	3.37	
11	WS032	WS031	2.73	2.98	1
12	WS034	WS032	2.77	2.73	1
13	WS035	WS034	2.85	2.77	1
14	YS076	WS035	2.9	2.85	1
15	WS036	YS076	2.88	2.9	1

图 7-26　空间图层与属性表关联

7.7　GIS 工程元数据组织与管理

7.7.1　空间元数据

元数据(meta data)是描述其他数据的数据，用于描述数据资源的功能特征、访问模式、访问结果和运行性能等，为信息资源建立机器可理解的框架体系，是数据传输、共享、交换和互操作的基础。地理空间信息中的元数据(简称空间元数据)是指在空间数据库中用于描述空间数据内容、质量、表示方法、空间参考和管理方式等特征的数据，是实现地理空间信息共享的核心标准之一。

空间元数据包括静态元数据和动态元数据。静态元数据描述数据的空间特征及相关属性待征，动态元数据描述空间数据在各种操作（如数据获取、数据处理、数据存储、数据分析、更新等）过程中的变化模式。空间元数据提供地理空间信息的特征资料，实现地理空间信息的有效管理和共享。

GIS 工程通过创建和管理空间元数据，能够及时发布有效的地理空间数据，最大限度地发挥已有地理空间信息的价值，有效管理和维护地理空间数据，实现地理空间信息的快速检索和准确定位，服务于空间数据的共享和互操作。空间元数据的内容包括以下几方面：

（1）标识信息。空间元数据用来标识空间数据的名称、数据生产单位、管理单位、数据内容、现势性、数据获取和使用的限制等。

（2）数据质量信息。描述空间数据集的空间位置精度、垂直精度、属性精度、逻辑一致性、完备性等特征。

（3）表示信息。描述空间表示类型、矢量空间表示信息、栅格空间表示类型和影像空间表示类型等信息。

（4）空间数学基础。描述空间数据集使用的空间参照系类型、地理标识码标准系统、高程基准、比例尺、空间范围等。

（5）要素信息。描述要素的类型定义、类型名称、类型标识码、属性定义、属性名称和属性语义等。

（6）数据发行信息。包括空间数据集发行部门、发行日期、订购流程等。

7.7.2 空间元数据组织

（一）元数据组织方式

GIS 工程经常将空间数据划分成若干要素数据集，在每个要素数据集中存入若干个空间图层。整个空间数据分层组织管理，空间元数据也相应进行分层组织。空间元数据层次与空间数据层次之间的对应关系如图 7-27 所示。

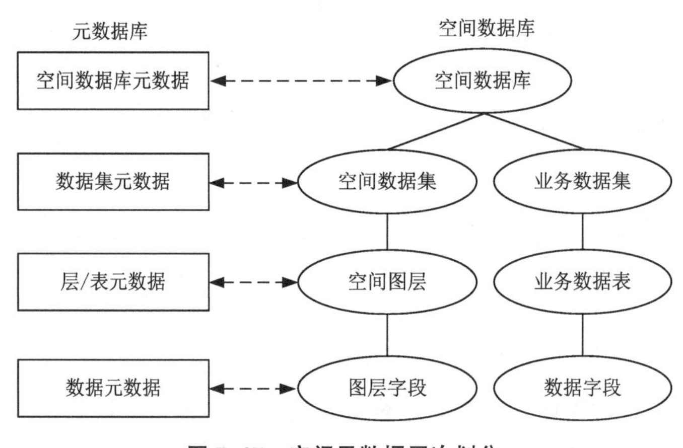

图 7-27 空间元数据层次划分

(1)空间数据库的元数据：描述整个空间数据库的基本信息，包括数据库管理系统名称及版本、数据库创建时间、建设单位、数据基本信息、访问权限等。

(2)要素数据集元数据：描述要素数据集的基本信息，包括数据集类型、数据集的投影系、空间范围、图层内容、数据访问权限等。

(3)图层元数据：描述空间图层的基本信息，包括投影系、比例尺、数据类型、空间范围、数据访问方式、数据访问限制、数据描述等。

(4)数据元数据：描述图层字段信息，包括字段名称、数据类型、长度(精度)、取值范围、是否主码等信息。

空间元数据存储常用的两种形式：

(1)以数据集为基础，即每一个数据集有一个对应的元数据文档，每一个元数据文件包含对相应数据集的元数据内容，如美国地质调查局(USGS)提供的空间数据元数据就是采用这种形式。

(2)以数据库为基础，一个地理空间数据库有一个元数据文件，该文件为表格数据，由若干项组成，每一项表示元数据的一个要素。国内的 GIS 工程常用这种形式存储空间元数据。

空间元数据在 GIS 工程中非常重要，可以说贯穿整个 GIS 工程的生命周期，如图 7-28 所示。数据生产单位在提交数据成果时，需要编辑和存储原始数据成果的元数据；数据入库单位在处理入库以后，需要建立空间元数据库；空间数据在发布地理空间信息服务以后，需要建立空间服务元数据。

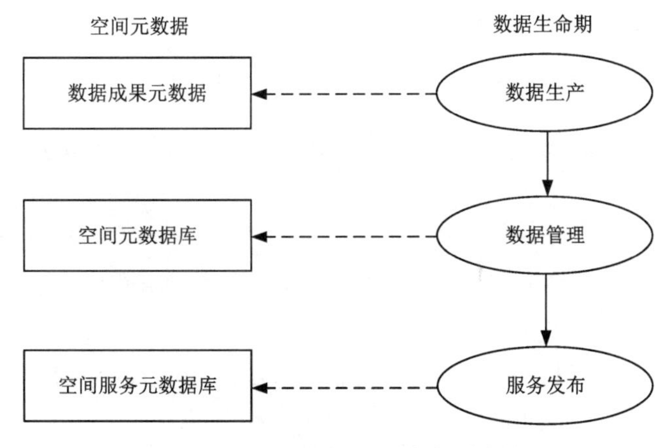

图 7-28　元数据与数据生命期对应关系

(二) ArcGIS 元数据格式

ArcGIS 的空间元数据除了要素类的元数据、要素数据集的元数据以外，还包括：

(1)图层文件的元数据，描述图层的数学基础、比例尺、空间范围等信息。图层元数据可以在 ArcCatalog 描述选项卡中查看和编辑，如图 7-29 所示。

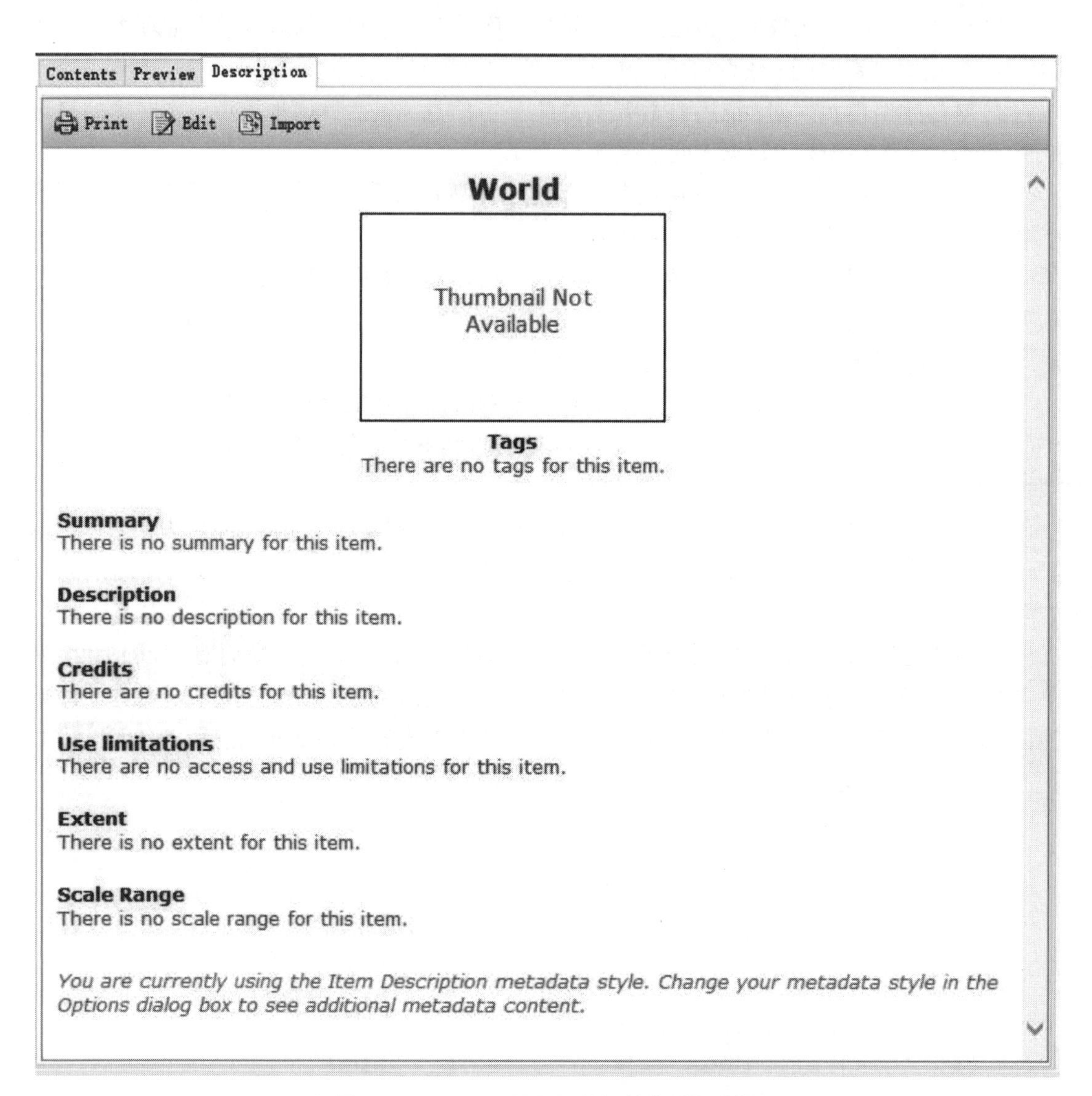

图 7-29 ArcGIS 图层元数据的查看和编辑

(2)地图服务元数据，描述对应的地图服务，包括服务包含的基础地图内容、图层、坐标系，以及数据服务访问方法、返回结果等。ArcGIS Server 发布的图层服务元数据如图 7-30 所示。

(3)项目元数据描述项目时间、使用和共享限制、项目生命周期中的重要过程(如概化要素)等，图 7-31 给出了项目元数据。

ArcGIS 的 ShapeFile 文件的元数据使用 XML 文件存储，与 ShapeFile 数据存储在相同位置。空间数据库的元数据存储在数据库系统表中，如 GDB_Items 表。

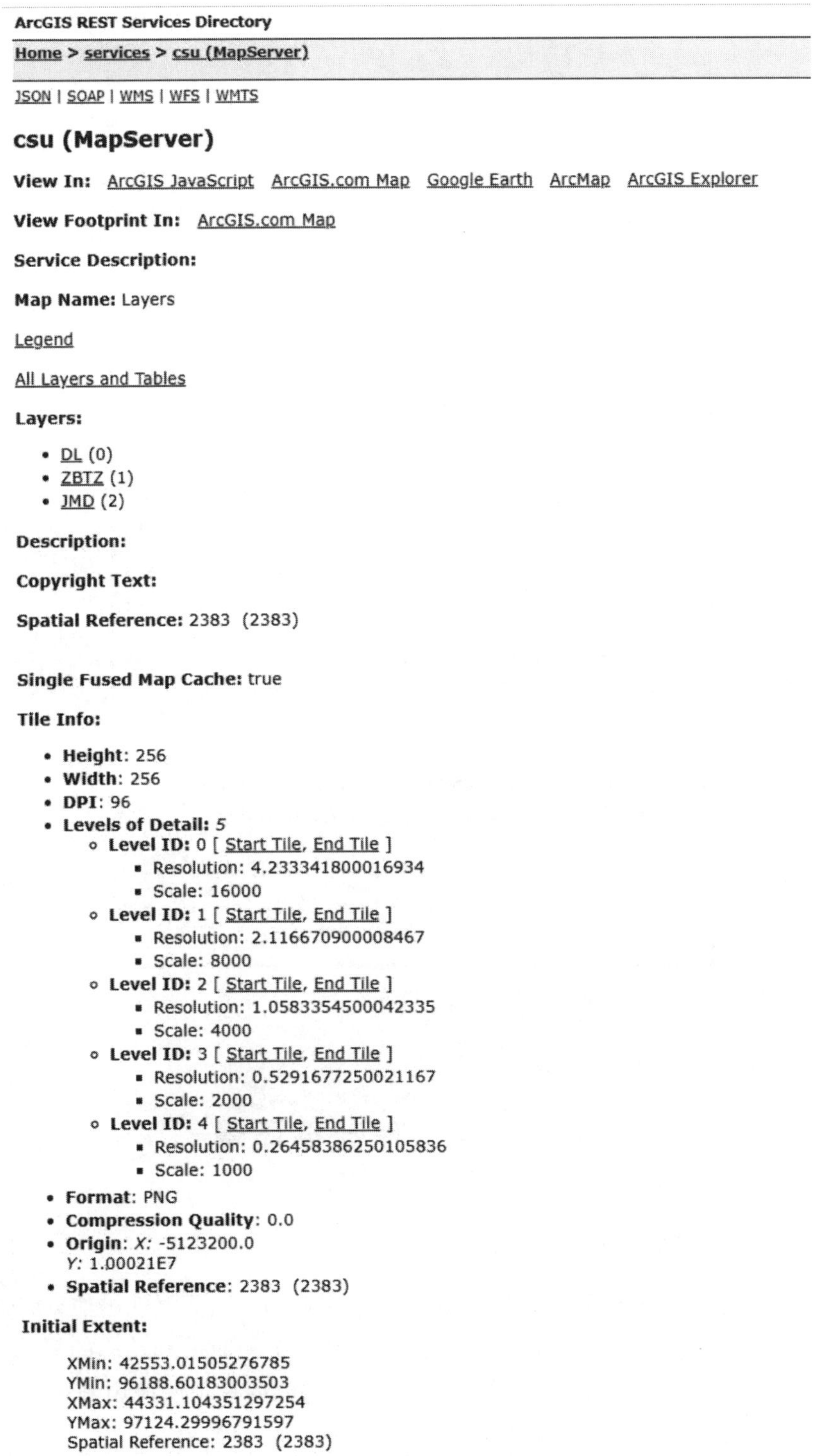

ArcGIS REST Services Directory

Home > services > csu (MapServer)

JSON | SOAP | WMS | WFS | WMTS

csu (MapServer)

View In: ArcGIS JavaScript ArcGIS.com Map Google Earth ArcMap ArcGIS Explorer

View Footprint In: ArcGIS.com Map

Service Description:

Map Name: Layers

Legend

All Layers and Tables

Layers:

- DL (0)
- ZBTZ (1)
- JMD (2)

Description:

Copyright Text:

Spatial Reference: 2383 (2383)

Single Fused Map Cache: true

Tile Info:

- **Height**: 256
- **Width**: 256
- **DPI**: 96
- **Levels of Detail:** *5*
  - **Level ID:** 0 [Start Tile, End Tile]
    - Resolution: 4.233341800016934
    - Scale: 16000
  - **Level ID:** 1 [Start Tile, End Tile]
    - Resolution: 2.116670900008467
    - Scale: 8000
  - **Level ID:** 2 [Start Tile, End Tile]
    - Resolution: 1.0583354500042335
    - Scale: 4000
  - **Level ID:** 3 [Start Tile, End Tile]
    - Resolution: 0.5291677250021167
    - Scale: 2000
  - **Level ID:** 4 [Start Tile, End Tile]
    - Resolution: 0.26458386250105836
    - Scale: 1000
- **Format**: PNG
- **Compression Quality**: 0.0
- **Origin**: *X:* -5123200.0
  Y: 1.00021E7
- **Spatial Reference**: 2383 (2383)

Initial Extent:

XMin: 42553.01505276785
YMin: 96188.60183003503
XMax: 44331.104351297254
YMax: 97124.29996791597
Spatial Reference: 2383 (2383)

图7-30 ArcGIS Server 发布的图层服务元数据

图 7-31　项目元数据

7.8　GIS 工程数据质量

7.8.1　GIS 工程数据质量概念

空间数据质量是指空间数据在表达空间位置、专题属性、时间属性等信息时需要达到的准确性、一致性、完整性等特性。GIS 工程数据质量是一个相对的和动态的概念，空间数据质量都是针对特定应用领域制定的，因此同一种类型的数据在不同应用领域的质量定义不同，不同时代建设的空间数据库的质量标准要求也不同。

我国的《地理信息质量原则》(GB/T 21337—2008)和《数字测绘成果质量检查与验收》(GB/T 18316—2008)标准规定的空间数据质量内容如表 7-1 所示。

表 7-1　空间数据质量内容

质量量化元素	描述	质量量化子元素	说明
完整性	要素、要素属性和要素关系的存在和缺失	多余	数据集中是否含有多余的数据
		遗漏	数据集中是否缺少应该包含的数据
逻辑一致性	数据结构、属性及关系的逻辑规则的符合程度	概念一致性	对概念模式规则的遵循程度
		域一致性	对值域的符合情况
		格式一致性	数据存储符合数据集物理结构的程度
		拓扑一致性	数据集拓扑特征编码的正确性
位置准确度	要素位置的准确度	绝对准确度	数据中的坐标值与可接受值或真值的接近程度
		相对准确度	数据集中要素的相对位置与各自可接受的或真值的接近程度
		格网数据位置准确度	格网位置值与可接受值或真值的接近程度
时间准确度	要素时间属性和时间关系的准确度	时间度量准确度	一个检验单元时间参照的正确性
		时间一致性	有序的事件或顺序的正确性
		时间有效性	与时间有关数据的有效性
专题准确度	量化属性的准确度、非量化属性正确性、要素分类及其关系的正确性	分类正确性	赋给要素或其属性的类型与论域的比较
		非量化属性正确性	非量化属性的正确性
		量化属性准确度	量化属性的准确度

美国数字制图数据标准全国委员会定义的数字化制图数据质量元素包括以下几方面：

(1)数据情况说明：要求对地理数据的来源、数据内容及其处理过程等做出准确、全面和详尽的说明。

(2)位置精度或定位精度：为空间实体的坐标数据与实体真实位置的接近程度，常表现为空间三维坐标数据精度，还包括数学基础精度、平面精度、高程精度、接边精度、形状再现精度(形状保真度)、像元定位精度(图像分辨率)等。平面精度和高程精度又可分为相对精度和绝对精度。

(3)属性精度：指空间实体的属性值与其真值相符的程度。通常取决于地理数据的类型，且与位置精度有关，包括要素分类与代码的正确性、要素属性值的准确性及其名称的正确性等。

(4)时间精度：指数据的现势性，可以通过数据更新的时间和频度来表现。

(5)逻辑一致性：指地理数据关系上的可靠性，包括数据结构、数据内容(如空间特征、专题特征和时间特征等)，以及拓扑性质上的内在一致性。

(6)数据完整性：指地理数据在范围、内容及结构等方面满足要求的完整程度，包括数据范闱、空间实体类型、空间关系分类、属性特征分类等方面的完整性。

(7)表达形式的合理性：主要指数据抽象、数据表达与真实地理世界的符合性，包括空间特征、专题特征和时间特征表达的合理性等。

空间数据质量内容还包括空间元数据的质量，虽然元数据不是空间数据的直接使用内容，但是元数据对数据管理和使用产生重要影响。空间元数据质量是指元数据描述信息的准确性。

7.8.2 GIS 工程数据质量保证

(一)空间数据质量的影响因素

空间数据质量问题贯穿于空间数据的整个生命周期，从空间数据的概念表达到空间数据的生产，再到空间数据库的建设，最后到空间数据的应用等各个环节，都会涉及空间数据质量问题。空间数据质量的影响因素包括以下几方面：

(1)概念表达不准确性对数据质量的影响。由于现实世界的复杂性、模糊性以及人类认识和表达能力的局限性，空间数据在表达上不可能完全达到真值。数据采集的测量方法以及量测精度的选择等受到各种因素的影响，地理事物的选取、归类、位置测量等都会产生不同程度的不准确性。例如，使用不同空间参考框架和不同比例尺获取的空间要素对象也会不同。此外，地理事物或现象本身具有不确定性、不稳定性，在获取或表达这些要素时，也很难使用准确的概念加以定义。

(2)空间数据处理过程对数据质量的影响。在数据生产过程尤其在数据库建设过程的数据处理环节，也会引入诸多误差，影响数据质量。这些处理包括投影变换、地图数字化和扫描后的矢量化处理、数据格式转换等。

(3)数据存储格式对数据质量的影响。这类质量问题包括：①数据是否存放在规定的数据表中；②入库后数据是否完整；③入库前后的数据是否一致；④数据是否重复入库；⑤数据拼接是否无缝；⑥入库参数是否正确；⑦数据集之间关系是否正确，比如拓扑关系、表之间的空间连接关系或属性关联关系等；⑧数据库存储数据的精度；⑨数据传输过程中，传输数据的转换和表达引入的误差，等等。

(4)空间数据应用对数据质量的影响。在各类应用领域中，不同解释方法和技术、显示表达方式、空间分析技术等，都会影响空间数据的最终使用质量。包括：①空间数据在空间运算或数据更新时，会产生空间位置和属性值的偏差；②数据集成或处理不同来源、不同类型数据集的过程产生的误差，数据预处理、数据集之间的相互运算、数据表达等过程对空间精度、属性精度等产生影响；③数据可视化表达时为适应视觉效果，需对数据的空间位置、注记等进行调整，由此产生数据表达上的误差；④空间分析方法差异性和精度也会直接影响最后计算和显示的精度。

(二)空间数据质量保证措施

为了保证 GIS 工程的空间数据质量，承建单位要在空间数据库的需求分析、设计、数据预处理、建库、入库等环节实施质量保证措施。这些措施包括：

(1)数据库需求分析阶段的质量保证。措施包括：①要准确把握建设单位建设数据库的目的和要求，数据库建设的目的是以满足用户使用需求为基础，也是数据质量的最低要求；②完成数据库需求分析以后，要组织专家评审需求分析文档，确保需求分析的正确性；③要确保资料收集的准确性、全面性、一致性，尤其是原始地图资料的空间参考系、比例尺、地图定向、存储方式、测量时间、制图方法等信息，一定要确保准确。

(2)数据库设计阶段的质量保证。设计人员在熟练掌握业务领域数据概念和相关知识的基础上，设计的概念模型要能准确表达业务中的概念、实体及其关系，还要对照数据流图和数据字典，检查是否有实体遗漏、实体类型是否准确等。在设计逻辑模型时，要考虑业务领域对数据精度、完整性、一致性等的要求，使用合适的数据类型表达和存储实体属性，设置数据项的值域；在完整性方面，要考虑数据项是否为主码、可否为空等。物理模型设计中，要考虑数据库管理系统的稳定性，选择的存储介质要能满足文件存储量的变化，还要确认承载介质的质量可靠性等因素。

(3)数据预处理过程中的质量保证。在数据预处理过程中的质量保证措施包括：①首先要整理、清绘原始地图、表格等资料，对于质量不高的数据源，可以收集一些参考和对照数据，使用数据内插、融合等方法尽可能提高数据精度；②在地图扫描矢量化时，可以采用分版扫描的方法，减少数字化误差；③坐标转换过程要选取高精度的控制点计算转换参数，选用高精度的转换算法，提高转换计算精度；④数据格式转换过程要注意转换算法精度，保持空间拓扑关系的一致性等；⑤图幅接边既要选择合适的接边规则控制接边精度，还要合并图幅边缘同一要素的属性，保证属性的一致性。

(4)建库入库过程的质量保证。措施包括：①在建立数据库时，一定要保证建库操作的准确性，确认图层或数据表名称、数据字段的类型和精度等要和设计文档保持一致。在使用 GIS 软件创建和修改图层时，要注意数学基础的准确性，比如设置坐标系时，要注意坐标系代号、各数学参数的正确性。在建立数据集时，要保证数据集坐标系参数、拓扑规则等的正确性。②在数据入库环节，一定要保证空间图形不发生变形、偏移，保持空间关系的一致性，还要保证属性数据精度不发生损失或遗失。③入库完成后，要检查空间要素是否全部转换入库，每个空间要素的属性是否全部入库等。

(5)数据质量评估。数据库建设完成以后，要依据相关标准或规范，检查和评估数据库的质量，组织建设单位人员和相关专家对数据质量进行评审、评定。

7.8.3　空间数据质量检查实例

本小节以市政管线工程项目为例，叙述空间数据质量检查方法与操作过程。

(一)基础地理数据检查

(1)基础地理空间数据质量检查内容如表 7-2 所示，采用人工检查方法，检查工具可以采用 GIS 工具软件，如 ArcMap 或 ArcCatalog。

表 7-2 基础地理空间数据检查内容

大项	检查小项	检查要求
地图	地图文件名称	文件名必须以行政区划编码命名
	坐标系	要使用坐标系 CGCS2000
	地图符号	按《地形图图式》(GBT 7929—1995)设定符号
图层	行政区划境界线图层	是否存在，名称是否为 CDBL
	行政机构地名点图层	是否存在，名称是否为 CDGS
	道路图层	是否存在，名称是否为 RDRD
	水体图层	是否存在，名称是否为 HY
	建筑物图层	是否存在，名称是否为 BDBD

(2)基础地理图层属性数据检查内容见表 7-3，采用数据库 SQL 脚本检查，辅以人工检查。

表 7-3 图层属性检查内容

图层	属性	检查要求	约束
行政区划境界线	区划代码	符合《中华人民共和国行政区划代码》GB/T2260 及《县以下行政区划编码规则》GB/T10114	M
	名称		M
行政机构地址名称	名称		M
	地址		M
道路图层	识别码		M
	名称		M
	城市道路等级	取值：快速道/主干道/次干道/支路/步行街/内部道路	C(城市道路时)
	行政等级	取值：国道/省道/县道/乡道/专用公路/其他公路	C(公路时)
	技术等级	取值：高速/一级/二级/三级/四级/等外	C(公路时)
水体	名称		M
	分类代码	符合行业标准	M
建筑物	名称		M
	状态		M
	门牌		M
	业主单位		C(单位使用)

说明：M—非空，C 符合条件时非空

(二) 管线数据质量检查

(1) 市政管线空间数据质量检查内容见表 7-4，采用人工检查方式，检查工具使用 GIS 工具软件，如 ArcMap 或 ArcCatalog。

表 7-4 市政管线空间数据检查表

大项	小项	检查要求
雨水管线	管点	图面符号符合《城市综合地下管线信息系统技术规范》(CJJT 269—2017)
	管线段	图面符号符合《城市综合地下管线信息系统技术规范》(CJJT 269—2017)，管线段上必须标明流向
	注记	注记要符合项目规范，要有辅助线指示
污水管线	管点	图面符号符合《城市综合地下管线信息系统技术规范》(CJJT 269—2017)
	管线段	图面符号符合《城市综合地下管线信息系统技术规范》(CJJT 269—2017)，管线段上必须标明流向
	注记	注记要符合项目规范，要有辅助线指示
其他管线	管点	图面符号符合《城市综合地下管线信息系统技术规范》(CJJT 269—2017)
	管线段	图面符号符合《城市综合地下管线信息系统技术规范》(CJJT 269—2017)
	注记	只需标注管点

(2) 空间拓扑关系检查内容：

①是否存在重合管点；

②是否存在孤立管点；

③是否存在重合管线；

④管线是否存在起止管点；

⑤管点是否存在重复编号；

⑥管线是否存在重复编号；

⑦管线是否为悬挂管段。

检查方法：采用空间数据库空间查询脚本检查，或使用 ArcCatalog 创建数据集拓扑规则检查，或者使用 ModelBuilder 工具创建模型检查，必要时几种检查方式综合使用，并辅以人工检查。

(3) 属性质量检查内容见表 7-5，采用数据库脚本检查，辅以人工检查。

表 7-5 属性检查内容

图层	检查项	完整性检查	约束
管点图层	物探点号	是否符合项目规范中的命名规则	M
	附属物	必填其中一项	M
	特征		
	地面高程	取值(0, 20)的有效数字	M
	X 坐标	必须在市行政区划范围	M
	Y 坐标	必须在市行政区划范围	M
	可见性	取值：0—明显点，1—隐蔽点	M
	井盖材质		M
	井盖规格	取值：无井、圆井、方井	M
	井盖大小	格式必须为长×宽(长、宽必须均为有效数字)，或者直径(有效数字)	M
	符号角度	取值 0~360	M
	井底深	附属物为雨水篦、污水篦、检查井、人孔、手孔、* * 井时，必填	C
	所在道路		M
	管线类型	符合《城市综合地下管线信息系统技术规范》(CJJT 269—2017)	M
	权属单位	单位名称，且该单位名称明显不符时为异常情况，如 PS 类型的单位名称是 * * 燃气公司	M
管线图层	埋设年代	有效 4 位整数，取值>1960，小于当前年度	M
	探测日期	格式 yyyy-MM-dd	M
	起始物探点号	当起始点为测量点时必填	C
	终止物探点号	当终止点为测量点时必填	C
	管线材质	实际材质或空管	M
	流向	取值：0—起点流向终点，1—终点流向起点，管线类型为 PS/WS/DL/RQ 时必填	C
	管径	格式必须为长×宽(长、宽必须均为有效数字)，或者直径(有效数字)	M
	所在道路		M
	管线类型	符合《城市综合地下管线信息系统技术规范》(CJJT 269—2017)	M
	权属单位	单位名称，且该单位名称明显不符时为异常情况，如 PS 类型的单位名称是 * * 燃气公司	M

(4)逻辑一致性检查内容见表 7-6。

表 7-6　管点、管线逻辑一致性检查内容

检查项	检查内容或方法
雨水和污水管的埋深与流向	①计算根据同一管线的起终点标高减去埋深值，为管点的底板标高。 ②根据起终点底板标高判断流向：当起点底板标高>终点底板标高时，流向为0，否则为1。 ③检查管线流向是否和②判断结果一致。
编码与类型	根据管点物探点号的编号规则是否和管点类型一致
管点可见性与附属物	管点附属物为雨水篦、污水篦、检查井、入孔等时，管点应为可见
井盖规格与大小	①无井盖时，大小为空； ②矩形时，格式为长×宽(长、宽必须均为有效数字) ③圆形时，有效数字
管线类型与起终点管点	管线大类应与其起终点管点大类保持一致，如污水管点的起终点只能是雨水或污水管点

思考题

1. GIS工程数据库建设的主要任务有哪些？建库要坚持哪些原则？
2. 简要叙述GIS工程数据库建设包括哪些阶段，以及各阶段的主要任务。
3. GIS工程数据库建设方案包括哪些内容？有什么作用？
4. GIS工程数据入库前的预处理包括哪些工作？
5. GIS工程数据库建立的方法有哪些？各有什么特点？
6. 结合具体应用案例，试叙述GIS工程数据入库过程。
7. 什么是空间元数据？其在GIS工程中有什么作用？
8. 结合具体示例，说明空间元数据的组织方式。
9. 什么是GIS工程数据质量？包括哪些指标？
10. 结合具体示例，说明影响空间数据质量的因素有哪些，如何保证数据质量？
11. 结合具体应用案例，试列举数据质量检查的内容。

参考文献

[1] ESRI, 2016. ArcGIS 元数据格式[EB/OL]. https://desktop.arcgis.com/zh-cn/arcmap/10.3/manage-data/metadata/the-arcgis-metadata-format.htm.
[2] Microsoft, 2021. 空间数据类型概述[EB/OL]. https://docs.microsoft.com/zh-cn/sql/relational-databases/spatial/spatial-data-types-overview?view=sql-server-ver15.
[3] Oracle, 2021. MySQL[EB/OL]. https://www.mysql.com/.
[4] Bukun, 2017. PostGIS 开启开源空间数据库未来[EB/OL]. https://www.osgeo.cn/post/17a64.
[5] 崔铁军. 地理空间数据库原理[M]. 北京：科学出版社，2007.
[6] 陈国平. 空间数据库技术应用[M]. 武汉：武汉大学出版社，2013.
[7] CJJ/T144—2010. 城市地理空间信息共享与服务元数据标准[S].

[8] GB/T 19710—2005. 地理信息元数据[S].
[9] CJJ 103—2004. 城市地理空间框架数据标准[S].
[10] 何原荣，李全杰，傅文杰. Oracle Spatial 空间数据库开发应用指南[M]. 北京：测绘出版社，2008.
[11] 黄其雷. GIS 空间数据质量控制研究[D]. 淄博：山东理工大学，2020.
[12] 李长勋. AutoCAD ObjectARX 程序开发技术[M]. 北京：国防工业出版社，2005.
[13] 李军. 地球空间元数据的使用研究[J]. 地球信息科学，2000，9(3)：8-13.
[14] 吕志平，乔书波. 大地测量学基础[M]. 北京：测绘出版社，2010.
[15] 田建波，陈刚，陈永祥. 全球导航定位技术及其应用[M]. 武汉：中国地质大学出版社，2013.
[16] 王敬群，占车生，刘宝林，等. 基于数据库的空间信息元数据管理系统[J]. 地球信息科学，2004，6(3)：38-42.
[17] 吴守来，吴琼，刘显涛，等. 试析空间数据产品质量及其控制与评价[J]. 地理信息世界，2019，26(04)：103-106.
[18] 吴信才. 空间数据库[M]. 北京：科学出版社，2009.
[19] 肖邱勇，李光强. 空间数据库性能对比实验分析[J]. 计算机工程与应用，2014，50(21)：139-142.
[20] 曾菲. 对基础地理信息系统数据质量控制的探讨[J]. 测绘与空间地理信息，2011，34(03)：267-269.

第 8 章 GIS 工程实施与验收

GIS 工程实施是项目建设的最后一个阶段，是承建单位完成了合同规定的所有建设工作以后，将建设成果部署到建设单位应用环境中，为项目上线运行做好前期准备工作的过程。项目实施完成以后，建设单位会同承建单位、监理单位一起组织项目验收工作，通过验收标志项目正式完成。

8.1 GIS 工程实施内容

GIS 工程的实施活动是 GIS 软件开发和数据库建设工作完成以后，直到项目验收以前，承建单位将建设成果部署到建设单位实际环境而进行的一系列工作，包括项目内部验收、实施计划编制、采购管理、硬软件安装调试、系统部署、数据迁移、服务发布、试运行、技术培训等工作。GIS 工程项目实施过程如图 8-1 所示。

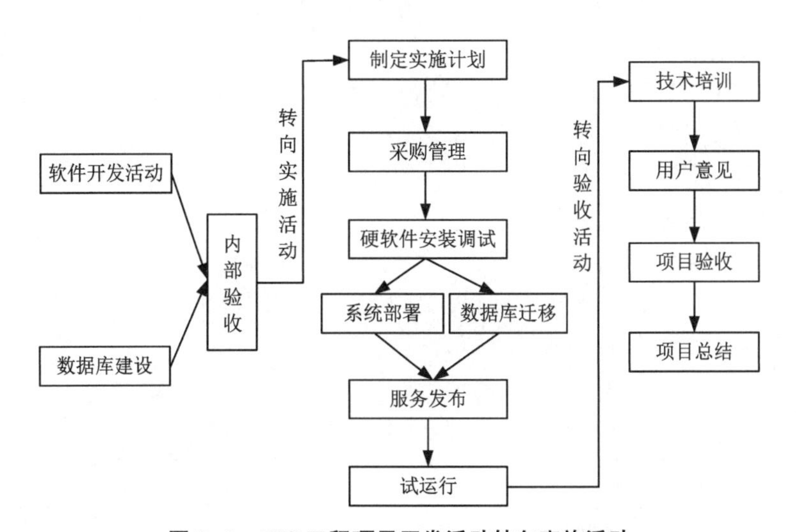

图 8-1 GIS 工程项目开发活动转向实施活动

项目内部验收是 GIS 工程承建单位结束项目建设活动，转向项目实施活动的里程碑和标志，是在项目产品正式交付前的内部评审活动，包括收集项目开发记录、项目文档归档、产品需求确认、项目审计等工作。内部验收的目的是检查项目需求规格说明书规定的全部工作是否在计划规定范围内已经全部完成，可交付成果是否满足相关标准和建设单位的要求，核查工作是否进行了记录和归档等。

项目内部验收通过以后，项目负责人（项目经理）开始制定项目实施计划，组织人员开始实施活动。GIS 工程实施活动是项目交付物移交并部署到建设单位应用环境的过程，实施活动涉及人员众多、工作复杂、技术性强，而且实施效果直接影响 GIS 工程的运行和维护，因此实施过程是非常重要的环节，原因包括：

(1)实施计划制定的是否合理，影响 GIS 工程项目能否如期竣工。由于实施过程涉及单位众多，有建设单位、承建单位、监理单位、设备提供商、支撑软件提供商，以及设备、支撑软件的技术人员等，任何一个环节的工作都会影响项目的实施步骤。

(2)实施人员安装 GIS 工程支撑环境和项目软件的工作直接关系 GIS 工程的运行效果。支撑环境的硬件和软件在安装之前，要规划系统运行所需的条件，设置优化系统运行的参数，这些都会影响 GIS 工程的正常运行。

(3)实施人员在建设单位实施过程中，要与建设单位人员频繁沟通，实施过程是否规范、交流是否通畅，也会影响承建单位的形象，甚至影响 GIS 工程建设成果的正常交接和验收。

8.2 GIS 工程项目实施组织与计划

为了保证 GIS 工程实施的顺利进行，合理的人员组织和工作计划必不可少。GIS 工程主要由承建单位负责实施。当 GIS 工程量巨大、任务繁重、涉及部门较多、协调工作复杂时，可以由建设单位组织协调，承建单位负责具体工作。例如，为了保证市政排水 GIS 项目的顺利实施，建设单位和承建单位可以成立联合实施小组，分工如下：

(1)建设单位领导小组：负责建设单位工作协调和沟通

组长：龙帅（信息中心主任）

成员：朱明力（信息中心副主任）、万登科、高书

(2)承建单位工作组：负责项目实施工作

组长：李华(项目经理)

成员：张硕文、李辉、吴极品、王文艺

人员组织到位以后，开始制定实施工作计划。制定实施计划是将实施活动分解成一组实施进程，合理安排人员负责每个实施进程，并设定进程时间范围和工作要求的过程。表 8-1 为市政排水 GIS 项目的实施计划表。

表 8-1 市政排水 GIS 项目实施计划表

序号	工作内容	时间计划	负责人	输出物	备注
1	制定计划与安排	2020 年 6 月 1 日—2 日	李华	实施工作计划书	包括人员分工、时间计划和具体要求
2	硬件软件采购	2020 年 6 月 1 日—10 日	张硕文	项目所需硬件和软件送交建设单位信息中心，并签收	按合同规定的内容和规格采购。
3	硬件软件安装调试	2020 年 6 月 11 日—15 日	张硕文	完成硬件安装、项目支撑软件安装，保证环境可用	硬件厂商负责硬件安装
4	项目软件产品部署	2020 年 6 月 16 日—20 日	李 辉	项目软件产品全部部署到位	

续表8-1

序号	工作内容	时间计划	负责人	输出物	备注
5	数据库迁移	2020年6月16日—17日	吴极品	数据库产品迁移到建设单位服务器	
6	服务发布	2020年6月18日—20日	王文艺	发布可用的系统数据服务和地图信息服务	
7	试运行	2020年6月21日—22日	李辉 王文艺	可运行的成果	
8	技术培训	2020年6月23日—25日	李华	建设单位人员可独立完成系统维护、管理和应用操作	分批进行系统管理运维和应用培训
9	实施工作总结	2020年6月26日	李华 王文艺	实施工作总结文档	

8.3 硬软件采购与安装调试

8.3.1 采购管理

GIS工程在设计时已规划了GIS工程运行所需的硬件设备环境和软件支持环境，因此硬件、软件的采购也就组成了GIS工程建设工作的一个重要部分，称为项目采购活动。项目采购是从GIS工程建设单位和承建单位外部购买项目所需硬件、软件和服务的过程，采购过程涉及不同目标的双方或多方，在一定条件下相互影响和制约。由于采购过程受到建设单位、承建单位、设备提供商、支付和物流等各种因素的影响，采购工作有时会花费较长时间。如果不能合理管理，会影响GIS工程的实施工作。项目采购活动可以在项目开发过程中同步进行，也可以在项目实施活动开始以后进行。GIS工程的采购活动包括以下过程：

(一)采购计划制定

采购计划是根据GIS工程建设需求，结合建设单位现有软硬件设施和其他条件，分析承建单位内部技术实力，明确工程建设中哪些需要采购外部第三方的产品和服务，以及采购形式、采购数量、采购时间等。

GIS工程采购计划内容包括：①采购范围，用于明确工程项目所要采购的产品/服务及验收准则；②产品/服务说明书，详细说明采购过程中应予考虑的产品/服务的技术规范、数量或注意事项；③采购策略，说明采购使用的方式，可以询价采购或招标采购等；④市场环境，是指要采购的产品/服务可能存在哪些潜在的供应商，要详细了解每家供应商的产品/服务规格、质量，以及供应商的售后服务等，进而确定供应商；⑤采购管理，从采购的合同编制到合同收尾的管理过程，包括合同形式、验收标准、采购进度控制、采购变更控制等。

(二)采购合同编制

采购合同编制过程包括准备招标或询价所需的文件、确定合同签订的评估标准等。采购文件通常包括投标邀请函、建议请求书、报价请求书、磋商邀请函和合同方回函等。建议请求书是征求潜在供应商建议的文件，报价请求文件是依据价格选择供应商时用于征求潜在供应商报价的文件。这两种请求书等同于招标文件，而供应商提供的商品报价单等同于投标书。

合同评估标准是用来对请求书进行评价和打分的标准，包括供应商对需求的理解、总成本、技术能力、技术方案、管理方式、资金能力、生产能力、知识产权、售后服务等内容。

(三)选择供应商

制定完采购文件以后，购买单位可以采用招标或询价方式选择供应商。招标采购是由购买单位提出招标条件，由多个供应商同时投标竞争，通过评标确定供应商的过程。利用招标方式，购买方一般可以获取非常合理的价格和优惠的产品，同时也可以促使供应商之间公平竞争。非招标采购多用于标准规格的产品采购，通过市场多方询价方式选择供应商，是一种方便快捷的采购方式。

(四)供方选择

供方选择包括标书或建议书的接收，评估标书或建议书，进而确定供应商。评估方法包括加权打分、独立评估等。加权打分是对标书或建议书进行逐项打分再加权计算得出总分，确定总分最高的单位为商品供应商。独立评估是采购组织自己评估价格，从而确定供应商。

合同谈判是在确定供应方以后，在合同签订之前的活动，包括对合同结构和要求的解释和澄清。最终合同文本应反映所有达成的协议，内容包括双方责任和权利、适用法律条款、技术和商业方案、价格和付款过程及形式、交付进度等。

(五)合同管理

合同管理是确保供方能够按合同规定执行各项活动的过程，管理内容包括质量控制、变更控制、资金管理、绩效报告等。绩效报告是审核并记录供方执行合同的绩效，以及所要进行的纠偏措施。

(六)合同收尾

供应商按合同规定提供了合同要求的所有产品/服务之后，可以向采购组织提交合同验收请求。采购组织可以组织验收小组按照合同规定核实供应商提供的产品。然后，可以将合同文本归档，完成合同收尾工作。

合同收尾还包括提前终止合同并进行合同收尾的特殊情形，这需要根据合同规定条款及相关法律规定，进行合同终止的后续工作。

8.3.2 硬件安装与调试

GIS 工程的硬件安装、调试工作包括机房建设、网络建设、服务器安装调试、桌面办公计算机安装调试等。GIS 工程硬件安装调试工作可以由硬件提供商负责，网络建设可以委托专门的网络施工单位负责。

(一)机房建设

当 GIS 工程项目较大时，建设单位通常会设置专用的机房，用于存放中心网络交换机、服务器、存储服务器、不间断电源等设备。机房建设可以在原有机房的基础上进行改造升级，也可以是全新建设，都应符合《数据中心设计规范》(GB50174—2017)、《计算机场地技术条件》(GB2887—2000)、《计算机场地安全要求》(GB9361—2011)等规范的要求。

(二)网络建设

网络建设包括制定网络建设方案、设计网络拓扑结构、综合布线、网络设备安装、网络连接调试等工作。综合布线是一种模块化的、灵活性极高的敷设建筑物内或建筑群之间信息传输通道的工作，由工作区子系统、配线子系统、干线子系统、设备间子系统、建筑群子系统、管理子系统构成。网络建设可以是在原有办公网络上升级改造，也可以是全新建设，都应符合《综合布线系统工程设计规范》(GB 50311—2007)和《综合布线系统工程验收规范》(GB 50312—2007)等规范的要求。

(三)服务器设备

服务器是计算机的一种，在网络中能够为其他计算机(如PC机、智能手机等)提供计算、应用或存储等服务功能。通常，服务器具有高速的CPU运算能力、长时间的可靠运行、强大的I/O外部数据吞吐能力以及良好的扩展性，比普通计算机运行更快、负载更高、价格更贵。

(四)桌面计算机设备

桌面计算机是指用户在办公环境中使用的终端计算机系统，在GIS工程中，是用户操作使用GIS系统的终端计算机设备。

8.3.3　支撑软件安装与调试

GIS工程的支撑软件包括操作系统、数据库管理系统、GIS通用软件、项目产品所需的其他软件，如开发SDK、运行时(runtimer)等。根据网络设备角色的不同，软件又可以分成服务端软件和客户端软件。

(一)服务端软件

服务端软件是安装在服务器上，为其他设备提供服务的支撑软件或应用软件，包括服务器操作系统、Web服务软件(或称Web容器)、FTP服务、视频服务、数据库管理系统、GIS应用服务器等。Web服务软件一般指网站服务器软件，是安装在网络特定计算机上的驻留程序，用于接收Web客户端请求，并向Web客户端提供文档、图片、音视频等信息服务，也可以放置数据文件或应用服务。目前，主流的Web服务软件有Apache、Tomcat、Nginx、IIS等。

GIS应用服务软件是指驻留在服务器上用于向其他客户端提供GIS计算、空间数据等的服务软件，如SuperMap iServer、ArcGIS Server、GeoServer、MapServer等。

(二)客户端软件

客户端软件是安装在桌面计算机上，为用户办公、使用GIS系统提供所需的支撑软件，包括客户端操作系统(如Windows 10)、文档处理软件(如WPS Office)、GIS应用软件(如SuperMap iDesktp、MapGIS)等。

(三)软件调试

软件调试是服务器端软件和客户端软件安装完成以后，为保证客户端与服务器端连接、数据访问正常而进行的参数设置和调试工作。调试工作包括：

(1)服务器和桌面计算机网络参数设置。为了方便访问，服务器都会设置固定IP地址，客户端桌面计算机可以设置固定IP地址，也可以设置动态IP地址。

(2)防火墙安装和连接规则设置。计算机防火墙是指在服务资源和访问者之间设置的一套保护工具，可以是硬件设备，也可以是软件系统。其中，软件防火墙可以是单独的第三方开发的防火墙软件，也可以是操作系统自带的防护软件。防火墙软件通过检测接口规程、传输协议、目的地址和被传输的信息结构等，剔除或拒绝不符合规定的访问请求。

(3)Web服务端口设置和开放防火墙。例如，服务器安装完CentOS操作系统以后，再安装 Apache Web 服务器，开启 80 监听端口。为了防止防火墙软件屏蔽 Web 服务的访问，需要在防火墙中打开 80 端口的访问，即允许客户端连接并访问 Web 服务。当安装多个 Web 服务器时，还需要设置不同服务器的监听端口，并打开对应防火墙访问规则。

(4) 数据库服务器的设置包括数据库服务的连接端口、性能参数等。

(5) GIS 服务器的设置包括服务端口设置和服务参数的设置。

软件参数设置完成以后，可以在服务器上测试服务能否正常开启、能否在本机上正常访问，然后在客户机上测试服务访问是否正常，在测试连接过程中需要做好测试记录，以备后续检查和维护使用。此外，还要进行网络压力测试和服务器压力测试等工作，并在测试过程中不断修改网络和设备参数，以保证软件、硬件环境能够满足 GIS 工程运行的需要。

8.4 GIS 工程数据迁移

数据迁移(data migration)是将数据成果从一个计算机存储系统传输到另一个计算机存储系统而采取的一组选择、准备、提取和转换数据的过程。GIS 工程实施过程的数据迁移是将承建单位建设完成的数据成果，由承建单位的设备转移到建设单位设备上而采取的迁移活动。GIS 工程的数据迁移工作包括迁移准备、迁移实施和迁移验证 3 个步骤，顺序迭代执行，直至数据完整、无差错迁移完成为止。GIS 工程数据迁移过程如图 8-2 所示。

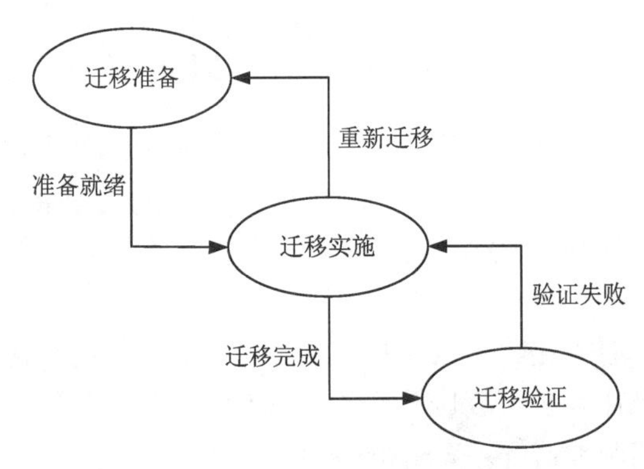

图 8-2 GIS 工程数据迁移过程

8.4.1 数据迁移准备

GIS 工程数据迁移准备工作包括：

(1) 确定项目数据成果的存储形式和范围。GIS 工程数据成果可能包括系统配置文件、报表模板文件、数据文件(如 DWG 文件、SHP 文件、MDG 文件等)、数据库等，格式多样、种类繁多。准备迁移时，首先要把文件类型、格式、存储形式、目录结构等做好记录，确定迁移数据的范围。

(2) 制定迁移方案。针对不同的数据和文件类型，使用不同的工具和操作方法。①配置文件、报表模板、数据文件等，可以直接使用移动硬盘复制到目标设备上。②数据库的迁移可以采用“冷备份”或“热备份”的方式。冷备份(cold backup)也被称为离线备份，是指在关闭数据库并且数据库不能更新的状况下进行的数据库完整备份。热备份(hot backup)又称为在线备份，是系统处于正常运转状态下完成数据备份的操作。

(3) 做好原始数据的备份。在迁移之前需要对原始数据做好备份工作，以免在迁移操作中造成数据破坏或损失。

(4) 做好数据迁移的安全防护工作。由于 GIS 工程数据很多属于涉密数据，在使用存储介质保存迁移数据时，要使用国家规定的保密设备。在数据转移中，要按照保密规定做好数据运输与保护工作。

8.4.2　数据迁移实施

GIS 工程数据的迁移实施工作包括：

(1)制定数据转换的实施方案。根据数据类型的不同，制定不同的实施操作及其注意事项。

(2)准备数据迁移环境。在迁移之前，首先要查看新设备是否有充足的存储空间，然后依据迁移准备中记录的目录结构创建相应目录。如果数据库迁移，还需要创建相应的数据库或表空间，以及设置数据库登录名和权限。当采用冷备份方式迁移时，需要先停止数据库服务。

(3)迁移测试。由于 GIS 工程数据的特殊性，为了保证空间数据库迁移的正确性，可以在正式转移之前先进行一次迁移模拟性测试，以确保迁移方案的可行性和可靠性。

(4)实施数据迁移。①对文件类型的数据，可以将文件直接复制到相应目录；②对数据库迁移，要依据备份方式采用不同的迁移策略。

8.4.3　数据迁移验证

GIS 工程数据迁移验证方法包括：

(1)运行应用系统或其中部分功能模块，特别是查询、报表、数据编辑和删除功能，检查数据的准确性。

(2)分别运行新旧系统，对比相同操作的结果是否一致，从而检查迁移数据是否正确、无损失。

(3)利用数据库管理系统或编写 SQL 脚本或开发检查程序，分析迁移后的数据质量。质量指标主要包括：①完整性检查，即数据表结构是否完整，尤其是空间几何字段是否存在，空间参考系等参数是否正确；②检查主码和外键关联关系是否存在；③检查索引是否存在等。

8.5　GIS 工程数据服务发布

8.5.1　数据服务

(一)数据服务的优点

GIS 工程数据服务是一种软件服务，封装了 GIS 工程常用的关键性数据操作，比如数据的增加、删除、修改、查询等。由于 GIS 工程数据格式多样、存储类型不同，有时会使用多种数据管理方式，早期的 GIS 应用系统要通过多种不同风格的接口来访问这些数据。随着 WebService 技术的广泛应用，当前许多 GIS 工程都采用了 SOA 架构，可以将 GIS 工程数据按同一种风格发布成服务，从而降低 GIS 数据访问的复杂度。GIS 工程使用数据服务具有以下优点：

(1)数据服务可以让 GIS 应用系统或其他用户无须访问或更新多个数据源，有助于维持 GIS 数据的完整性和一致性。

(2)数据服务可以提高 GIS 数据的抽象程度和聚合程度，以及数据的共享和互操作能力，可屏蔽数据访问差异。

(3)数据服务可以植入数据治理职能，包括数据访问监视、版本管理、数据类型重用，以及空间数据可视化和访问规则等。

(二)数据服务内容

GIS 工程可以发布的服务包括空间数据、资源目录、资源元数据、业务数据及其元数据、地图服务及其元数据视图等。GIS 工程中常用的数据服务包括：

(1)数据源服务。基于数据资源目录将整个 GIS 数据文件发布为服务，用户可以直接访问数据文件。

(2)数据表服务。可以将数据库中特定数据表及字段发布成服务，用户可以直接访问和操作数据记录。

(3)分析服务。可以制作分析模型，并将分析模型发布成服务，允许用户利用分析服务选定多张数据表及字段组装形成分析结果。

(4)空间信息服务。这是 GIS 工程项目中最重要的服务，是 GIS 应用系统访问和显示空间数据最常用的方法。

图 8-3 给出了某城市“数字城市”中的数据服务发布框架。

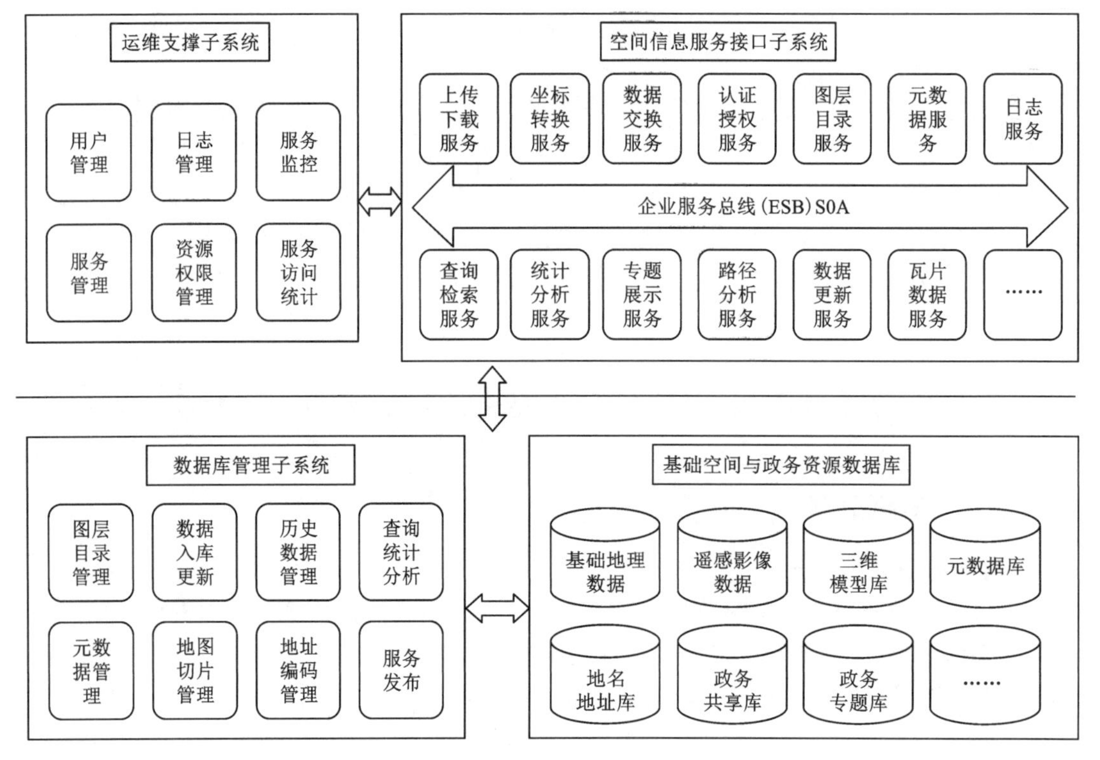

图 8-3 “数字城市”服务框架示例

8.5.2　空间信息服务

空间信息服务是以 Internet 为计算平台、web 服务技术为基础的计算模型，以 SOA 为基本架构而构建的地理空间数据互操作框架。空间信息服务不是独立的 GIS 软件，而是为基于 Web 的 GIS 系统提供的共享地理数据和空间计算、分析功能的技术体系。空间信息服务涉及地理信息科学与计算机科学的诸多领域，如地理数据共享、功能互操作、WebGIS 技术、分布式技术、软件体系结构、软件工程等。

经过多年发展，许多 GIS 软件开发商和组织定义了多种空间信息服务框架，其中最常用、影响最大的是开放地理信息系统协会（Open Geospatial Consortium，OGC）建立的空间信息服务技术规范。OGC 组织的宗旨之一是空间数据、服务的互操作，它提出了 OGC Web 服务（OWS）的概念，制定了用于地理空间服务互操作一系列规范，包括目录服务规范（open GIS catalog service specification）、Web 地图服务（web map service，WMS）规范、Web 要素服务（web feature service，WFS）规范、Web 覆盖服务（web coverage service，WCS）规范、Web 处理服务（web processing service，WPS）规范、Web 地图瓦片服务（web map tile service，WMTS）等。

（一）目录服务规范

OGC 目录服务规范提供发布和查找有关数据、服务、信息对象的描述信息（元数据）集合的能力。元数据用于表达空间数据的属性信息，可以被查询或用于数据处理。为了方便用户之间有效共享信息、服务，目录服务为访问地理信息和地理数据处理服务的在线目录提供开放标准接口，允许多个目录组合成一个目录。

（二）Web 地图服务

Web 地图服务规范规定了客户端请求地图服务的方式，是一种动态地图服务。当客户端向 WMS 服务发出请求时，该服务根据请求参数产生地图并返回客户端。客户端程序可以根据图层命名获取地图的元数据，包括地图大小、比例尺、空间参考等。WMS 还可以根据客户端指定的空间范围提取地图数据，并动态生成指定大小的栅格式地图图片。

WMS 规范定义了三个操作：GetCapabilities 操作返回服务的元数据，即服务的信息内容和调用参数；GetMap 根据客户端的请求参数产生地图图片并返回客户端；GetFeatureInfo 是可选操作，可返回地图上特定地理要素的有关信息。

（三）Web 要素服务

WFS 是一个基于 Web 服务技术的地理要素在线服务标准，作用包括：①实现地理数据的 Web 服务，用户可以通过该标准得到所需要的地理空间数据；②用于异构系统的互操作，包括数据查询、浏览、提取、修改、更新等操作。

WFS 规范规定了五个操作：GetCapabilities（获取服务能力）、DescribeType（要素类型特征描述）、GetFeature（获取要素）、Transaction（事务处理包括增、删、改要素）、LockFeature（锁定要素）。

（四）Web 覆盖服务

WCS 服务用来规范 Web 上发布栅格数据的格式，发布的数据不仅包括栅格图像，还包括作为分析和建模等操作的输入数据源。WCS 服务是以“Coverage”的形式实现栅格影像数据集的共享。

WCS 服务包括：①GetCapabilities 用于描述请求服务的元数据和数据；②Describe

Coverage 用于描述覆盖的完整信息；③GetCoverage 用于请求覆盖数据。

(五)Web 处理服务

WPS 规范定义了地理处理功能标准。利用 WPS 服务，GIS 开发者可以将一系列的分析模型或功能模块发布成服务，为应用者提供数据处理分析功能。

WPS 规范支持：①GetCapabilities 用于请求服务元数据，查看该 WPS 支持的操作(指服务所规定的操作)，以及所提供的地理处理功能列表和对应的简要描述；②Describe Process 用于描述地理处理的信息；③Execute 用于请求运行地理处理服务，可以使用带 XML 的 POST 请求方式，然后返回经过处理的数据结果。

(六)Web 地图瓦片服务

WMTS 是 OGC 提出的缓存技术标准，即在服务器端缓存被切割成一定大小的地图瓦片，对客户端只提供这些预先定义好的单个地图瓦片服务，将更多的数据处理操作(如图层叠加等)放在客户端，从而缓解 GIS 服务器端数据处理的压力，改善用户体验。

WMTS 规范支持：①GetCapabilities 接口，用于获取 WMTS 的能力文档(即元数据文档)，里面包含服务的所有信息；②GetTile 接口，用于获取地图瓦片；③GetFeatureInfo 接口，通过在 WMTS 图层上指定一定的条件，返回指定的地图瓦片内容对应的要素信息

8.5.3 空间信息服务发布

常用的空间信息服务发布和管理软件有 ESRI 公司的 ArcGIS Server、中地数码公司的 MapGIS IGServer、超图公司的 SuperMap iServer，以及开源软件 GeoServer、MapServer 等。空间信息服务发布就是利用管理软件将 GIS 工程数据发布成对应地图服务的过程。下面以 ArcGIS Server 为例，介绍服务发布过程。

(一)ArcGIS Server 配置

ArcGIS Server 可以作为 ArcGIS Enterprise 部署的一部分，并与 ArcGIS Enterprise 门户结合，这是最常用的部署方法。在此部署中，地理数据可通过门户中的图层和 Web 地图获得，各种应用程序(包括基于浏览器的 Web 应用程序和移动设备上的原生应用程序)几乎不需要自定义开发，即可访问地图服务。另一种使用方法是 ArcGIS Server 可独立部署，ArcGIS Server 不与 ArcGIS Enterprise 门户联合，这是早期版本中常见的部署方法，其使用环境和功能十分有限。

(二)准备硬件、软件和数据

ArcGIS Server 的架构具有可扩展性，这意味着用户可以在需要额外的处理能力时添加、扩展多台计算机。因此，在发布服务前，需要根据 GIS 项目运行要求，规划硬件和环境。此外，ArcGIS Server 还可以部署在虚拟机或商用云平台[如 Microsoft Azure 和 Amazon Web Services (AWS)]上。ArcGIS Server 一经安装便可立即使用，也可以通过安装 ArcGIS Web Adaptor 将其与所在组织现有的 Web 服务器进行集成。在发布 地理信息信息服务之前，还需要在 ArcGIS Server 所在网络中的计算机上安装对应版本的 ArcGIS Desktop。

(三)发布服务

首先在 ArcGIS Desktop 中制作地图、地理处理模型、镶嵌数据集以及其他 GIS 资源，并使用向导来将其作为 Web 服务共享。发布期间，用户可以设置要启用的服务项以定义发布的服务方式。例如，Web 用户可通过“要素访问”功能在地图服务中编辑矢量要素，或者发布

成 WMS，以通过 Web 地图服务(WMS)规范来呈现服务。

(四)使用服务

Web 服务一经运行，用户就可以在应用程序、设备或可通过 HTTP 通信的 API 中使用这些服务。ArcGIS APIs for JavaScript 和 Python 以及 ArcGIS Runtime SDK 允许开发自定义应用程序使用发布的 Web 服务。

(五)维护服务器

随着时间的推移，在使用服务器时需要调整设置、添加和删除服务以及设置安全性规则。ArcGIS Server Manager 是随 ArcGIS Server 一并安装的应用程序，提供了用于管理服务器的直观方便的界面。用户可使用 Manager 查看服务器日志、停止和启动服务、发布服务定义、针对安全性定义用户和角色，以及执行其他类似任务。此外，ArcGIS Server 提供了基于 RESTful 的管理 API 接口，允许用户使用自选的脚本语言来自动执行服务器管理任务。例如，可以编写一个 Python 脚本，用于定期检查服务的正常运行状况并在发现服务出现故障时向管理员发送电子邮件。

8.6　GIS 工程培训

GIS 工程项目培训工作是整个项目实施工作中较为重要的阶段，建设单位用户对产品操作功能是否熟练将直接影响项目试运行和项目正式使用的效果。GIS 项目的培训工作过程包括：

(一)编制培训计划

承建单位会同建设单位负责人一起讨论和确定培训的具体事项，确定培训范围、编制培训计划。培训计划应当包括培训时间、地点、参加人员、培训的主要内容、培训方式等。

(二)培训动员

在培训开始前，建设单位和承建单位一起，组织召开 GIS 工程运维人员、使用人员动员会议，宣传培训目的和要求，宣布培训内容、时间、场地和参加人员，以及参加培训人员需要做好的一些准备工作。

(三)培训准备工作

在培训开始前，项目承建单位培训人员需要搭建 GIS 工程运行环境，编写好培训提纲，制作好培训使用的课件，编写完成培训手册，以及 GIS 工程使用手册，打印培训人员签到和记录表等。

(四)组织培训

承建单位培训人员会同建设单位实施负责人一起，按计划组织相关人员参加培训，培训方式可以是集中讲解、操作演示、上机指导等。集中讲解主要用于介绍培训人员需要掌握的共识性的内容，如基础知识、信息技术、GIS 应用等。操作演示用于介绍较为复杂且具有通识性的操作步骤，以及注意事项。上机指导是实际操作过程中的现场协助，可以针对单个用户存在的问题提供具体的帮助。

(五)培训考核

培训考核是检验受训人员操作 GIS 工程产品熟练程度和掌握程度的环节，可以是考试、上机操作、面试问答等形式。

(六)培训总结

承建单位培训负责人与建设单位负责人一起总结培训计划完成情况，评估是否达到预期结果，进而做出 GIS 试运行或上线运行的工作计划。

8.7 GIS 工程试运行

8.7.1 试运行的目的和任务

GIS 工程试运行是数据迁移和系统部署、项目培训完成以后，开始在建设单位测试使用全部 GIS 工程成果的过程，可以对项目的需求开发、系统设计、程序编码、数据库建设和系统部署等工作进行综合性试验和检验。试运行的操作人员主要为建设单位的系统管理人员、业务办理人员等，建设单位应尽可能地按需求分析和业务流程使用和操作 GIS 项目应用系统的所有功能，力求使 GIS 工程满负荷运行。GIS 工程试运行也是产品正式交付使用之前所进行的软件测试活动，通过了试运行测试，GIS 工程产品就会进入正式上线使用阶段。试运行的主要任务包括以下几方面：

(1)试运行过程首先需要检查 GIS 工程开发过程文档是否完成，操作手册是否清晰且覆盖了所有功能，还需要检查开发文档是否涵盖了合同文本规定的全部内容。

(2)根据 GIS 工程开发过程编写的需求文档、设计文档、操作手册等逐项地严格检查和操作产品，评估 GIS 工程产品与需求文档的符合程度。

(3)使用真实业务数据上线测试 GIS 工程产品，检查业务办理过程是否符合实际需要，检查每个办理环节是否存在差错，并做好问题记录。

(4)在试运行中，还需要测试产品性能、抗压能力、兼容性、容错能力和错误恢复能力等，评估使用人员能否接受这些非功能性指标。

(5)建设单位依据试运行记录，写出系统试运行报告。

(6)承建单位须密切监视系统的运行状况，对系统出现的异常情况须及时做出响应和处理。最后，根据试运行报告改进和完善 GIS 工程产品。

8.7.2 试运行过程

GIS 工程试运行和测试过程一样，也需要制定试运行计划，必要时可以制定测试用例。通常，在完成 GIS 项目使用培训以后，所有用户都可以按自己的岗位职责和系统设计的操作方式实施业务办理工作。整个 GIS 工程试运行过程包括以下步骤：

(一)编制计划

由于 GIS 工程的试运行主要通过建设单位办理实际业务来检验，因此试运行计划需要承建方与建设单位负责人共同协商确定。试运行计划内容主要包括：①项目说明和试运行目的；②描述试运行组织指挥系统和人员配备计划，设定试运行部门及人员的职责范围；③规定试运行使用的策略和进度，设计试运行时间计划表，说明试运行的业务流程的安排过程；④设定每个业务流程试用的案例或资料；⑤说明试运行中如何记录操作过程。

(二)试运行动员

编制完试运行计划书以后，GIS 项目试运行指挥人员可以召开参与试运行人员的动员会议，向与会人员印发试运行通知、试运行计划书，明确试运行的目的和纪律要求、试运行时间、地点，以及试运行人员的职责。

(三)组织试运行

按照试运行计划书的要求，正式开始试运行操作，并在实施过程中跟踪检查操作情况，包括：①地图显示内容是否齐全、符号和颜色是否符合要求等，空间数据操作和处理响应时间；②跟踪业务接卷、办理、归档等流程执行状况，记录操作人员操作体验；③跟踪 GIS 项目运行速度及异常表现；④核对表单等关键数据的正确性，等等。

(四)试运行总结

GIS 工程试运行完成以后，汇总各试用人员的试用记录，总结试运行中设备、软件的运行情况，以及试运行中业务流程和操作环节中存在的问题，并编写试运行报告。试运行报告可以按部门分开编写，也可以整个项目汇总成一份报告，报告内容包括：①试运行人员、时间；②操作过程和记录；③存在的问题或建议；④评估 GIS 工程产品与需求规格说明书的确认度或达成度。

8.7.3　GIS 工程完善

GIS 工程试运行完成以后，建设单位和承建单位召开试运行总结会议，结合试运行报告，讨论和沟通试运行中存在的问题或修改建议。承建单位根据试运行报告和总结会议要求，确定修改范围，制定 GIS 工程完善计划，成立修改小组，明确修改时间进度。项目修改小组由承建单位开发人员组成，必要时可以由建设单位人员组织成立指导小组，一起完成项目产品修改工作。

试运行后的 GIS 项目产品修改工作包括错误性修改、完善性修改、适应性修改等。

(1)错误性修改是针对试运行中存在的错误而进行的修改工作。通常错误性修改工作会涉及设计文档、数据库等的修改，因此在进行错误性修改时一定要进行错误定位、评估修改范围，要尽可能减少修改量，避免引起新的错误。

(2)完善性修改是根据试运行中用户提出的非功能性体验需求而进行的修改工作。通常包括处理性能的提高、界面美化、提示友好性的改善等。

(3)适应性修改针对的是由于试运行环境的改变而引起的一些异常性问题，比如图层加载不正常或部分数据加载不全等问题，通常这些问题是由于网络环境、服务器环境、客户端操作环境等引起的。

一般，在修改工作完成以后，还需要再次试运行，以确保修改的正确性。

8.8　GIS 工程验收

8.8.1　验收任务

GIS 工程项目验收是核查项目合同规定范围内各项工作或活动是否已经全部完成、是否符合相关标准的规定，以及交付成果的用户达成度如何，进而录入核查过程及结果的一组活动。项目验收阶段是对项目总体完成情况的评估，通常在试运行结束后，由建设单位会同承建单位、监理单位一起，组织人员对项目进行的总体检验和评估。

在项目验收阶段，验收标准是评估项目是否完成的依据，也是评判项目产品是否合乎目标的依据。项目验收标准包括项目合同书、国家标准、行业标准、行业惯例、国际标准和惯例、国家和行业相关政策法规等。如果 GIS 工程项目合同明确规定了项目产品的规格和指标等条件，首先按照合同规定检验产品；如果合同没有对产品的标准、规格做出明确规定，那么需要按国家或行业标准、规范执行。如果没有相关标准规范，可以参考惯例进行评价。

项目验收时，验收人员需要查看或检查的内容包括项目开发过程中产生的阶段文档、工作成果，以及项目产品测试记录、试运行报告、用户使用说明等。

项目验收过程包括制定验收方案、验收准备、实施验收等。

8.8.2 验收方案

在 GIS 项目开始准备验收之前，承建单位和建设单位需要一起讨论制定项目验收方案，明确验收时间和方式、验收过程等内容，具体包括：

(1)确定验收时间、地点。

(2)确定验收内容。GIS 工程项目涉及内容较多、工作量较大，可以分多次验收，也可以一次性完成验收，所以在验收方案中要明确验收的内容。

(3)编制验收依据。GIS 工程性质和工作内容不同，验收依据会有所差别，因此在验收方案中需要列出项目验收的依据和条款。

(4)拟定验收程序。首先承建单位要向建设单位提交验收申请，并说明验收内容和方式，然后由建设单位和监理单位批复是否同意项目验收。

(5)确定验收方式及步骤。GIS 项目验收方式大致包括：

①验收汇报。承建单位对项目工作进行全面总结，详细介绍项目产品情况，并对项目产品和合同执行情况进行自评。

②现场演示。承建单位对照合同规定或需求确认书，逐项进行演示和讲解，以确认项目产品的达成度。

③汇报和演示结合方式。这种方式既要听取承建方工作总结和产品介绍，也要观看产品演示。

(6)建设单位确定验收组成员，并明确发送邀请函时间及负责人。

(7)承建单位制定验收工作计划，有序做好验收工作准备。

8.8.3 验收准备

根据验收方案确定的验收内容、方式和步骤，承建单位和建设单位双方开始有计划地进行验收准备工作。承建单位在验收之前需要准备 GIS 工程项目合同文本、开发过程中产生的需要交付的文档，如表 8-2 所示。

表8-2 需要验收的可交付文档

项目阶段	阶段组成	可交付成果
启动阶段	签署合同	项目合同书
	编制总体项目计划	总体项目计划或建设方案
需求调研阶段	需求分析报告确认	需求分析报告及确认书
软件实现	软件功能确认	软件功能确认表
	软件测试	软件测试报告
工程实施	系统部署及数据迁移	项目实施项目计划书
	实施检查及总结	系统部署及数据迁移确认书
培训及考核	编制培训计划	培训计划书
	培训总结	培训总结报告
工程试运行	编制试运行计划	试运行计划书
	试运行总结	试运行报告，用户满意度调查表，用户使用意见书
工程验收	总体验收	验收报告

当验收要演示GIS工程产品时，在验收会议开始之前，承建单位还要搭建产品演示环境等。

8.8.4 实施验收

实施验收通常采用召开验收会议、观看GIS项目产品演示、实际操作等方式，其中项目验收会议是最常用的方式。验收会议内容包括：

(1)建设单位介绍验收专家组成员，推选验收组组长。

(2)验收组组长主持验收会议，介绍验收会议流程。

(3)建设单位介绍GIS工程项目目标和建设过程，总结项目工作。

(4)监理单位介绍项目监理目标、方法、过程，总结监理工作。

(5)承建单位详细介绍建设过程及阶段成果，演示项目产品。

(6)建设单位(用户)宣读项目成果使用意见。

(7)验收组讨论验收意见，客观评价项目产品是否达到合同要求、是否符合国家相关标准，评估技术水平，给出具体验收是否通过的明确意见，提出项目改进建议等。

(8)宣读验收意见。

如果GIS工程建设内容包括了从第三方采购的软件、硬件产品或服务，项目验收组还会检查和核对外部采购的产品，确保这些产品符合合同规定的各项参数和技术指标。

思考题

1. GIS工程项目实施包括哪些内容？
2. 请结合具体示例，叙述如何编制GIS工程的实施计划。

3. GIS 工程实施过程中，硬件、软件安装与调试各包括哪些工作？
4. 什么是 GIS 工程数据迁移？数据迁移可以采取哪些方式？
5. GIS 工程数据迁移的工作流程包括哪些步骤？各步骤的工作内容有哪些？
6. 什么是数据服务？它在 GIS 工程中有什么作用？
7. 请列举 4 种 OGC 制定的空间信息服务，并给出定义。
8. 结合具体示例，叙述如何开展 GIS 工程培训工作。
9. GIS 工程试运行的目的和任务有哪些？
10. 请说明 GIS 工程项目验收的流程及各阶段的主要工作有哪些。

参考文献

[1] Dufrasne B, Warmuth A, Appel J, et al. Introducing disk data migration. US：IBM Redbooks, 2017.
[2] ESRI, 2021. ArcGIS server[EB/OL]https：//enterprise. arcgis. com/zh-cn/server/latest/get-started/windows/what-is-arcgis-for-server-. htm.
[3] Morris J. Data Migration：What's All the Fuss?. Practical Data Migration 2nd[M]. London：BCS Learning & Development Ltd, 2012.
[4] 崔铁军. 地理信息服务导论[M]. 第二版. 北京：科学出版社, 2018.
[5] CH/T 1034—2014. 测绘调绘成果质量检验技术规程[S].
[6] CH/T 1035—2014. 地理信息系统软件验收测试规程[S].
[7] CHT 9007—2010. 基础地理信息数据库测试规程[S].
[8] GBT 21740—2008. 基础地理信息城市数据库建设规范[S].
[9] GB/T 33447—2016. 地理信息系统软件测试规范[S].
[10] 吕帅, 刘光明, 徐凯. 海量信息分级存储数据迁移策略研究[J]. 计算机工程与科学, 2009, 31(S1)：163-167.
[11] 乐鹏. 网络地理信息系统和服务[M]. 武汉：武汉大学出版社, 2011.
[12] 王艳东. 空间信息智能服务理论与方法[M]. 北京：科学出版社, 2012.
[13] 姚鹤岭. GIS Web 服务研究[M]. 北京：黄河水利出版社, 2007.
[14] DB33/T 2053—2017. 供排水管网地理信息系统技术规程[S].

第 9 章　GIS 工程维护

GIS 工程项目在交付建设单位使用过程中，由于业务、使用环境、实际地物等发生变化，从而产生软件功能、数据维护等新的需求，或者出现问题缺陷，就需要承建单位完善和修改项目成果，确保 GIS 工程建设成果能够适应新要求且正常使用。

9.1　GIS 工程维护概述

GIS 工程维护从项目产品交付建设单位应用开始，一直持续到项目产品不再使用，是 GIS 工程生命周期中持续时间最长的一个过程。GIS 工程维护（GIS engineering maintenance）是指 GIS 工程的软件产品和数据产品在发布和部署以后，因为建设单位的业务需求和使用环境发生变化，为了满足新需求或者修正产品中的错误或者提升产品性能，承建单位对应用软件、数据产品、支持环境等进行部分或全部的修改工作，其中数据产品维护也可以由建设单位负责。

9.1.1　GIS 工程维护的原因

GIS 工程建设的项目产品在建设单位使用过程中，会由于各种原因导致产品需要维护，这些原因大致包括以下几类：

（1）建设单位业务发生变更。由于政策法规、业务流程、机构人员、职责范围等发生变化，使得原有的项目产品无法满足新的需求，需要对产品进行完善。

（2）软件支持环境发生变更。项目产品输入、输出所使用的其他软件产品发生了变化，导致项目产品接口需要进行调整。项目产品支撑的软件发生改变，也要求项目开发的软件进行相应的修改。例如，基础 GIS 平台软件进行了升级或更换，造成项目软件产品无法正常使用，承建方需要在新的 GIS 平台上进行修改，保证软件产品在新的基础 GIS 平台上能够正常运行。

（3）数据管理方式的变更。数据管理方式的变更包括数据库管理系统的升级或更换、数据标准的升级、数据使用习惯的变化等，这些都会直接导致数据的迁移和维护，从而产生项目软件产品维护的需求。

（4）硬件环境的变更。硬件环境包括系统发布和数据管理所需的服务器、客户端运行使用的计算机设备、数据传输依赖的通信设施等，这些也会导致项目产品功能、运行方式等方面的变化。

（5）数据安全的需求。数据安全不仅涉及数据的安全使用、防止数据非法访问，也包括数据不被破坏等。为了保证数据安全，项目软件产品和数据产品都需要定期地进行安全检查和维护。

（6）数据更新。GIS 工程的数据产品包括基础地理、遥感影像等空间数据，以及业务数据等。现实世界地物的变化要求空间数据随之同步更新，这也是 GIS 工程维护中常规性的维护操作。

9.1.2　GIS 工程维护的难点

由于 GIS 工程维护工作产生的原因较多，维护目的也就多种多样，这给维护工作带来了诸多困难，主要表现在以下几个方面：

(1) 在维护项目软件产品缺陷时，问题产生的原因难以分析，很难定位软件产品的错误位置。

(2) 当建设单位的业务发生变化时，维护组织需要重新进行需求调研和分析，有时很难准确把握新需求。

(3) 承建单位在项目开发和实施过程中管理不规范，开发文档不健全，维护组织不熟悉项目开发和实施过程的相关技术，或者文档内容与产品结果不一致，会误导维护人员的工作。

(4) 在软件维护工作中，维护人员读懂开发人员编写的程序代码也是一件非常困难的事情，这也会影响维护工作效率。

(5) 承建单位不重视维护工作，维护工作不具有创造性，导致维护工作没有吸引力，维护人员缺乏积极性。

(6) GIS 工程维护通常需要在现场操作，维护期间还要保证项目产品的正常运行，这给维护人员增加了很大的工作压力。

(7) GIS 工程维护过程是一个精简版的开发过程，需要快速完成需求—设计—开发—测试等全部环节，时间紧、任务重。

9.1.3　GIS 工程的可维护性

GIS 工程的可维护性是指纠正 GIS 工程软件产品和数据产品的错误或缺陷，或者为满足新需求，而对产品进行修改、扩展、升级等工作的难易程度，包括可修复性和可改进性两个方面。当 GIS 工程项目产品发生故障时，维护组织快速排除和修复故障、使项目恢复正常运行的可能性，称为可修复性，包括检测产品故障、诊断原因、修复错误的难易程度。当 GIS 工程项目产品需要增加新功能或对原有产品进行改进时，维护组织为适应新需求而进行产品修改的可能性，称为可改进性。

可维护性是评价 GIS 工程项目产品可信性、可用性、可靠性的重要标准，是项目产品能够长期运行的重要保障，也是 GIS 工程各阶段活动质量的评价指标。因此，在 GIS 工程生命周期的各个阶段都要采取必要措施保证项目产品的可维护性，在每个阶段结束前的审查中应着重评审可维护性。

(1) GIS 工程前期调研阶段。项目干系人既要考虑当前 GIS 工程使用的政策法规、业务流程、技术背景、支撑环境等因素，也要考虑这些因素可能进行的后期扩展和变化。

(2) GIS 工程需求分析阶段。项目干系人既要考虑当前应用需求，也要在需求规格说明书中说明将来功能需求的扩充和修改。

(3) GIS 工程设计阶段。项目干系人应充分考虑产品的修改和维护因素，选择合适的数据设计、总体设计、详细设计和界面设计方法和工具，并对将来可能修改的部分预先做好准备和说明。例如，在GIS应用软件总体设计时，尽可能选择面向服务的体系框架，降低各功能层之间的耦合度。在设计数据库时，要建立数据库设计规范，约束数据表、数据字段的命名格式等，还要权衡数据表之间的关系和数据约束，不能一味追求存储效率而降低数据库的可理解性和可阅读性。

(4)GIS软件编码阶段。项目开发组织应加强编码风格、文档编写的培训和要求，既要提高程序代码的可读性，也要保证程序的容错性。例如，在编写程序时，可以规范程序员注释的编写风格，要求关键功能块之间添加空行和必要的注释。程序员在提交程序代码时，可以由配置管理员对代码进行评审。

(5)数据库建库阶段。数据库管理员要严格按照数据库设计说明书建立数据库，同时在数据库创建过程中，要给数据表、数据字段添加注释说明等，从而提高数据库的可阅读性。

9.2 GIS工程维护组织与方式

9.2.1 维护组织

GIS工程维护活动涉及的部门和人员较多，过程复杂，因此为了保证维护工作的正常进行，需要建立相应组织，明确各组织和岗位的职责。

(1)维护领导组。维护领导组由建设单位负责人和承建单位负责人组成。建设单位负责人主要负责协调建设单位内部维护需求的收集、整理，以及维护请求报告编写工作。承建单位负责人负责组织人员，明确维护职责，指导维护活动的实施。

(2)变更控制组。变更控制组由承建单位项目负责人、系统分析员、配置管理员等组成，建设单位技术负责人也可以参加。变更控制组负责评审维护请求，分析维护风险，估算维护工作量及维护成本，确定维护范围。在实施维护过程中，监控各项维护活动是否符合维护需求，保证维护质量。

(3)程序维护组。程序维护组由分析设计师、程序员等组成。分析设计师要根据维护需求设计维护方案，修正原有软件设计说明书；程序员要根据维护设计方案修改程序。

(4)数据维护组。数据维护组由数据库管理员和数据管理员组成。数据库管理员负责数据库的维护设计和实施工作，即数据库管理员根据维护需求，分析数据库修改内容及范围，修改数据库设计文档，完成数据库的物理修改；此外，还要负责数据库的安全管理工作，包括数据安全访问、备份和恢复等。数据管理员负责数据库内容的修改和完善，包括数据的导入与导出、编辑和删除等。

(5)维护测试组。维护测试组负责修改后的产品的测试工作，包括功能模块测试、功能测试、集成测试和确认测试等，要保证修改后的项目产品能够满足维护需求。

(6)硬件管理员。硬件管理员负责项目产品运行所需的硬件环境的维护工作，包括服务器维护、工作端硬件维护、网络设备的维护等。

(7)配置管理组。配置管理组负责修改后的代码评审、检查、入库工作，以及开发文档的检查与归档工作。

9.2.2 维护方式

GIS 工程的维护方式包括建设单位维护、承建单位维护、委托第三方维护等。

(一)建设单位维护

建设单位维护是指 GIS 工程产品交付给建设单位以后，由建设单位内部组织人员负责维护工作。建设单位维护部门可以由信息中心牵头，协同软件使用部门、数据生产部门等一起实施维护活动。

这种维护方式要求建设单位要有软件开发、软硬件管理、系统管理、数据管理等各方面的专业人员，这给建设单位维护 GIS 工程带来较大压力，GIS 工程建设单位也很难承担全部的维护工作。这种情况下，建设单位可以承担系统维护、数据安全维护等力所能及的工作，而一些较为专业、复杂的维护工作(如软件维护)可以委托承建单位或第三方实施。

(二)承建单位维护

通常，GIS 工程项目的合同中都会规定项目建设完成以后，承建单位要负责工程免费维护的年限，使 GIS 工程在免费维护年限内及时修复产品存在的缺陷，或者帮助建设单位实施基础性的维护。由于 GIS 工程的数据更新维护工作量较大，免费的基础性维护工作一般不包括此项工作。

在免费维护期过后，建设单位可以继续委托承建单位承担工程维护工作。这时，双方可以签订维护合同，建设单位支付给承建单位维护费用。

承建单位负责工程维护工作不要求建设单位拥有专业人员，且承建单位熟悉工程产品，因此维护工作较高效、及时。对于空间数据更新的维护工作，通常根据建设单位辖区空间数据变更速度，结合业务办理的具体情况，由建设单位提出数据更新目标和周期要求，承建单位制订数据更新方案，并按方案定期实施数据更新工作。

(三)委托第三方维护

GIS 工程的一些常规维护工作，可以通过招标方式委托第三方机构承担。例如，GIS 工程的网络维护是一项较为普通的维护工作，能够承担此项工作的机构较多，这时可以通过招投标方式确定维护单位，不仅可以节省维护成本，还可以提高维护质量。建设单位在委托第三方维护时，需要考察第三方机构的资质、技术人员组成等。如果 GIS 工程涉密，则委托维护的第三方机构应具备涉密系统集成等资质。

为了保证 GIS 工程运行环境的安全，建设单位还可以委托硬件供货商、第三方软件供货商负责相关的维护服务。

9.3 GIS 工程软件系统的维护

9.3.1 软件维护的分类

根据维护产生的原因，可以将 GIS 工程软件维护划分为改正性维护、适应性维护、完善性维护和预防性维护四种类型。

(1)改正性维护。软件产品在开发过程中，由于需求分析、系统设计、数据设计、程序编码等环节不够规范，或者评审不够严格，致使软件开发过程存在一些缺陷或错误。如果测试阶段测试不规范、不彻底、不完全，隐藏在其中的错误将被带到运行阶段，可能就会在运行阶段暴露出来。为了识别和修改软件中存留的错误、缺陷而进行的代码诊断和修改过程，称之为改正性维护(corrective maintenance)。例如，在编写AutoCAD多段线转换入库的程序时，由于设计人员的疏忽，没有考虑到多段线中的样条曲线类型，导致实际转换入库时丢失数据。为了解决该问题，维护人员需要诊断问题产生的原因，阅读原始程序，分析修改步骤，然后对程序进行修改。

(2)适应性维护。由于GIS工程项目产品支撑环境的更新，使得原有软件产品也要随之进行调整，以适应环境的变化，这种软件维护过程称为适应性维护(adaptive maintenance)。例如，GIS工程在开发时，使用ArcGIS的ArcEngine作为基础GIS开发平台，但是在项目产品使用一段时间以后，建设单位决定改用国产SuperMap的iObjects组件。为了适应底层GIS基础软件的变化，承建单位要在新环境下修改原有软件产品。这种适应性维护与改正性维护最大的区别在于：前者不是因为原有软件缺陷而进行修改，而是因为软件运行环境发生变化而进行修改。

(3)完善性维护。项目产品在交付运行以后，由于建设单位业务发展的需要，对软件产品功能和性能等方面提出新的需求，为了满足建设单位的这些新需求而进行的软件修改或新增功能开发工作，包括扩展原有软件的功能、改进计算效率、提高数据安全性等，这种维护称为完善性维护(perfective maintecnance)。完善性维护工作的产生既有早期需求分析不完备的原因，也有业务变化的原因。例如，在"城市地下管网管理系统"工程项目开发时，根据当时的业务管理情况，将电信、联通、有线电视等管线归到通讯管线数据类型；而在后期由于需要将不同类型的通讯管线分成小类加以管理和分析，因此软件中的管线分析功能需要进一步扩充，以满足小类分析的需要。

(4)预防性维护。承建单位为了提高软件的可维护性和可靠性而进行的软件维护工作称为预防性维护(preventive maintenance)。这类维护工作与前3种维护工作不同，不是为了满足建设单位使用的需求，而是为了承建单位后期管理的需要。例如，项目软件产品最初使用过程化编码方法完成了软件开发，但在后期运行维护过程中，建设单位发现维护成本较高，所以将软件程序全部改用面向对象方法重新编写。

9.3.2 软件维护流程

为了保证GIS工程软件维护质量，软件维护流程需要遵循相应规范与实施流程，包括维护请求、维护工作评估、维护实施、维护测试、更新开发文档、升级软件等步骤，如图9-1所示。

(1)维护请求

由于建设单位在使用过程发现了软件存在的缺陷，或者由于建设单位业务发生变化导致软件需要增加新功能等原因，建设单位向承建单位发起软件改正性维护、适应性维护、完善性维护请求。承建单位为了后期维护方便，也可主动发起预防性维护请求。建设单位发起的维护变更请求要以文档形式提交承建单位，承建单位内部发起的维护请求也需要在单位内部编写维护请求。变更请求人员提交的请求文档又称为软件维护申请报告或软件问题报告，报告中要详细说明维护原因和目的，以及维护需要遵循的规范、标准。

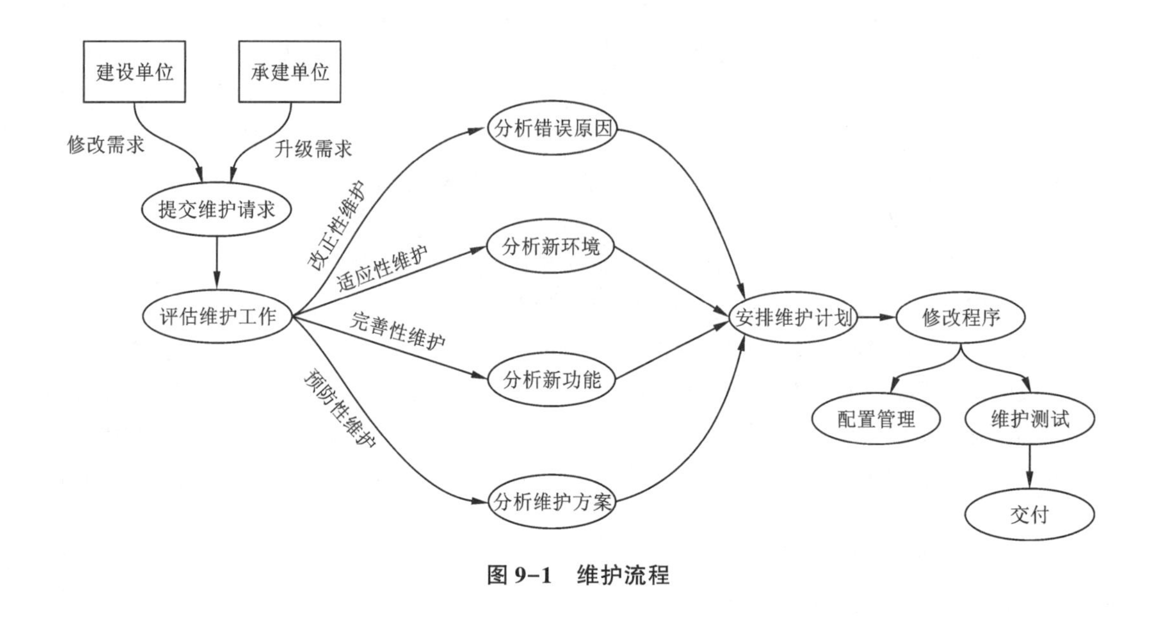

图 9-1 维护流程

(2)维护工作评估

承建单位收到维护请求报告以后，要组织相关人员分析和评估请求。首先要分析维护产生的原因及其影响的范围，明确维护工作目标，设计维护方案，说明维护所需要的技术、方法，分析维护可能产生的风险及影响。进而，评估维护工作量，包括维护所需人力和时长，估算维护工作成本。最后，维护组织要制定软件修改报告，说明程序变化的性质、修改的优先级、工作量、时间计划、人员计划、技术路线等。

(3)维护实施

维护人员要根据维护需求及维护计划，开始实施维护活动。维护实施过程首先要进行维护设计，然后使用正向工程或逆向工程方法，阅读原有程序代码，确定代码变更策略。例如，改正性维护是为了修改程序自身存在的缺陷，所以维护人员在认真阅读和调试代码的基础上，找出缺陷产生的原因，修改程序代码；适应性维护则要分析新环境对软件的影响范围，找出适应新环境的修改办法，进而修补程序代码；完善性维护则需要分析业务新功能模块与原有代码之间的调用关系，再编写功能模块代码；预防性维护经常对开发框架或开发技术进行必要的调整和修改，所以这种维护工作需要深入思考有利于提高可维护性的开发技术。

(4)维护测试

程序代码修改完成以后，维护组织首先要对维护编写或修改的程序代码进行模块测试，确保局部修改的正确性；然后，对照维护需求及目标，对维护工作进行确认测试，保证所有维护需求已全部实施；最后，还需要把修改后的代码整合到原系统中，对系统进行集成测试和确认测试。

(5)更新开发文档

维护测试完成以后，需要将维护过程产生的需求文档、设计文档整合到项目开发文档中，保证开发文档与新版本系统保持一致，且支持以后的升级维护工作。如果新版本软件系统的操作过程进行了修改，维护组织还需要修改操作手册。

(6)升级软件

在完成以上活动以后，维护人员要将新版本软件部署到建设单位，并为使用人员提供培训服务。

9.3.3 软件维护活动

在软件维护过程中，修改程序和维护验证是 GIS 工程软件维护过程中的两个重要活动，下面详细介绍这两项活动的内容。

(1)修改程序

维护人员在修改程序之前，首先要分析原有程序代码，全面准确地理解原程序代码，这是决定维护成败和质量好坏的关键环节。分析原有程序的目的是准确把握程序代码对应的功能需求、代码结构、算法、数据流、接口关系，以及程序代码运行的约束条件等。在此基础上，根据维护需求及设计方案，有计划地修改程序代码。程序员在收到修改任务以后，可以采取自顶向下的方法，在把握原程序使用的体系架构、开发语言、使用组件等的基础上，再深入研究程序功能模块之间的关系，确定是增加还是修改程序模块。

①增加模块。程序员需要考虑新增模块与原有模块之间的输入、输出接口，既要充分利用原有通用功能模块，尽量减少重复工作，降低开发量；还要考虑新功能模块输出数据流和原程序的对接关系，要保证输出的数据流满足原有模块的输入规则。

②修改程序模块。程序员需要详细分析要修改的程序代码可能影响的模块和数据结构，尤其要考虑修改的模块与其他模块的输入、输出接口，不能因为模块的修改，影响父模块的调用，也不能影响子模块输入。在修改代码时，还要尽量保持原程序编写风格，在程序清单上注明改动的代码、修改时间、修改人员和修改目的，不要随意修改程序中的临时变量和全局变量，以免造成其他程序段运行错误。

在程序修改过程中，程序员可以插入错误捕捉语句，增强程序可调试性，提高错误检测效率；程序员还要做好程序修改记录工作，保证修改计划的顺利完成，同时确保修改的程序清单符合设计文档的要求。

(2)维护验证

维护验证活动可以通过一系列的测试活动，验证修改程序的正确性，确认所有维护需求都已完成。验证活动的测试包括修改程序的测试、修改模块与其他模块接口测试、业务流程测试、系统运行稳定性测试等。在测试完成以后，还要组织人员评审维护结果，检验是否所有维护请求都有响应、是否所有维护模块都能正确运行、是否交付了最新软件系统、操作手册是否更新、新功能是否已完成培训等。承建单位的验证工作包括开发文档是否完备，开发文档是否全部更新；所有测试用例是否合理，测试过程是否记录；所有程序代码是否经过评审，是否完成配置管理；总结程序维护工作经验，形成组织资产。

9.3.4 软件维护方法和工具

(一)软件维护方法

软件再工程(reengineering)是软件维护最常用的方法，通过检查和修改原有系统，提高软件自身的可维护性和可用性。软件再工程不是重新构造一套新系统，而是利用新技术和新工具对原有系统进行功能改造、性能改造，使得新系统易于维护。软件再工程的目的是理解已存在软件的规范、设计方案、实施技术，然后重新实现该软件，以期增强它的功能，提高它的性能，降低它的维护难度。软件再工程包括设计恢复、再文档、逆向工程、程序和数据重构、正向工程等一系列活动，其中逆向工程是一项重要且最常用的活动。

逆向工程又称反向工程(reverse engineering)，源于商业及军事领域中的硬件分析，在无法获得产品生产工艺时，可以直接分析成品，推导产品的设计原理。软件逆向工程是指通过研究和分析软件产品，演绎并得出软件产品的设计、组织结构、功能、性能和研发规格等活动。软件逆向工程是在分析目标系统的基础上，识别出系统的各个组件以及它们之间的关系，必要时可以使用其他技术体系重构软件系统。软件逆向工程也可以看成是逆向实施的开发过程，类似于逆行的瀑布模型，也就是从已实现的软件产品开始，反向还原得到设计阶段所做的构思(图 9-2)。

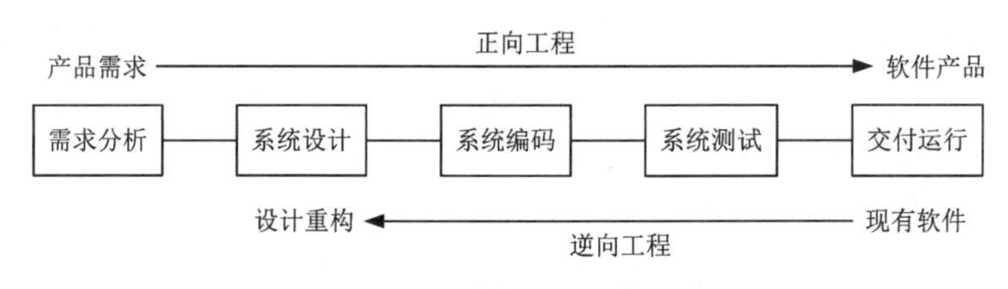

图 9-2　逆向工程示意图

当软件产品缺失开发文档或相关技术资料而又急需维护、升级软件时，维护组织可以采取逆向工程，反向获取开发技术，并在原有系统组织结构、开发技术的基础上进行再设计。软件逆向工程常用于以下几种情形：

(1)软件的源代码可用，设计文档缺失或者描述文档不再适用。这种情形下，维护组织通过运行产品、阅读代码、使用调试技术，尝试着找出代码之间的关系，获取模块的接口定义，尝试复原原有设计文档。

(2)软件源代码不可用，设计文档可用。这种情形主要是由于开发技术或产品运行环境发生较大变化，原有代码已不再适合软件维护。例如，早期使用结构化方法设计、开发的软件，现在要使用面向对象思想重构，这时可以借鉴原有开发文档和源代码，重新设计新系统的结构，并重新编写程序。再比如，原有开发的审批系统使用的客户/服务器(C/S)体系结构，但是新系统需要移植到浏览器/服务器(B/S)环境里运行，不仅体系架构发生了重大变化，而且编码技术也有巨大改变。针对这种情形，维护组织只能借鉴原有系统的功能，选用新体系结构和开发技术重新开发系统。

(3)软件源代码和设计文档均不可用。这种情况下，维护组织可以通过分析原产品，反向获取相关结构，重新设计产品结构，编写开发文档。必要时，可以使用反编译技术，尝试从程序的机器码中重现高级语言形式的源代码。

(二)软件维护工具

软件维护工具主要有版本控制工具、文档分析工具、开发信息库工具等。

(1)版本控制工具。版本控制工具的功能是追踪开发文件的变更，包括程序代码和开发文档的变更，记录这些文件创建时间、人员及其描述，以及文件修改时间、修改人员及修改说明。每次文件被修改时，版本控制工具都会增加文件的版本号。此外，版本控制工具还可以管理多人协作开发，解决版本的同步以及不同开发者之间文件分发问题，能够提高协同开发的效率。

在维护过程中，版本控制工具还可以记录和跟踪软件版本的变化过程。在软件开发完成以后，开发组织都会确定基线版本，在后续维护过程中，版本控制工具能够自动修改被影响的文件版本。根据变更的性质，配置管理员可以继续延伸配置项的版本树，也可以产生新的版本分支，形成新的目标版本。当软件维护错误或者要恢复历史版本时，还可以回退到指定的版本。承建单位在开发若干相近产品时，对原有基础配置项(如空间数据访问公共模块)进行了相应升级，可以利用版本控制工具将配置项合并到其他产品版本树中，将不同分支重新组合、归并，形成新的升级包版本。

例如，承建单位先行开发完成了城市燃气管线巡检软件，其后又承接了成品油管道巡检项目，后者继承了前者的基本框架和许多公共配置项，但是在开发过程中，又对原有的配置项引入了新技术、新方法，进一步提高了公共配置项的性能和可靠性。当完成成品油管道巡检项目时，维护组织可以将公共配置项合并到燃气管线巡检软件中，从而形成燃气管线巡检软件的升级补丁或新版本。

(2)文档分析工具。文档分析工具用来分析软件开发文档，确定软件维护活动影响的范围和所需要维护的内容；利用文档分析工具，还可以得到开发文件的定义及引用情况等。例如，维护组织可以利用组件图分析工具，给出变更功能影响的组件，从而确定所要修改的程序代码。

(3)开发信息库工具。开发信息库用来记录软件项目开发过程的所有信息(如模块或对象的修改信息和演化过程)，有助于维护过程的分析和设计，软件维护过程产生的信息也将记录到信息库中，又为后续维护升级提供支持。此外，开发信息库还会记录软件测试过程中发现的缺陷，组成软件缺陷跟踪信息。软件缺陷跟踪信息在后续的软件修改和维护过程中具有重要指导作用，缺陷集中的模块或对象，在后期维护中也可能是缺陷多发区域，需要重点测试。

9.4 GIS工程数据的维护

9.4.1 数据维护的必要性

在GIS工程应用中，数据包括空间数据和业务数据两大类。业务数据会随着GIS工程项目产品的运行和使用而发生频繁的变化，而空间数据在业务管理中起到空间定位、空间分析、空间决策、地图显示等作用，空间数据的准确性、一致性、现势性、安全性、可靠性直接决定GIS项目产品的可用性。

(1)数据维护是GIS工程应用的保证。在GIS工程应用中存在许多空间分析和决策等业务需求，都需要现实的空间数据作为支持，空间数据的现势性与准确性直接影响分析结果。例如，在电子导航系统中，如果道路网络数据没有及时更新，计算出的导航路线可能与现实情况相差较大，也就不可能用于引导车辆出行。再如，在城市规划审批业务中，道路退让(即建筑物与道路边线的距离)是一个重要的检查指标，如果道路数据不准确或更新不及时，审批结果也将失去可靠性。

(2)数据维护是 GIS 工程应用正常运行的支撑。在 GIS 项目产品中，数据访问性能是 GIS 软件运行的关键。由于空间数据量巨大，定期优化数据结构和存储，更新空间数据索引，是提高数据访问和空间分析性能的重要措施。

(3)数据维护是 GIS 工程安全应用的保障。数据的安全性直接关系 GIS 软件产品的安全运行，既是 GIS 软件开发的核心问题，也是数据维护工作的重点。

(4)数据维护是 GIS 工程维护的基础。GIS 工程应用的维护活动会产生数据存储结构、数据传输方式的改变，这些都会引起数据存储方式的改变。

9.4.2 数据维护的流程

与软件维护流程类似，GIS 工程数据维护流程包括维护请求、维护评估、维护实施、维护测试与验证等过程，如图 9-3 所示。

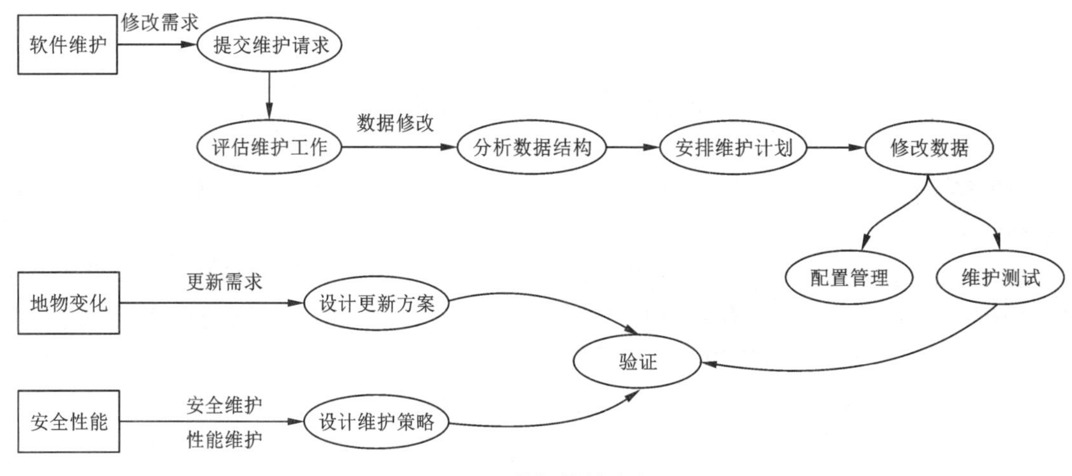

图 9-3 数据维护流程

(1)维护请求。数据维护的来源包括软件维护活动引起的数据变化、现实地物变化要求数据更新维护、日常数据安全和性能管理等。维护组织修改软件过程中修改了数据流结构或存储格式，数据管理员就需要进行相应的数据修改。为了保持数据的现势性，当现实世界地物发生变化时，数据也要同步进行更新。数据安全和性能管理是数据维护的日常性工作。除了软件维护产生的数据维护请求以外，其余的数据维护工作可以依据数据维护方案，有计划、有步骤地展开维护工作。维护方案和计划即可看成是发起的维护请求。软件维护造成的数据维护工作需要软件维护组织制定数据修改清单，向数据维护组织提交数据维护请求报告。

(2)维护评估。评估工作是通过分析软件维护中产生的数据结构变化，获取数据存储格式的变化，明确数据修改的范围，包括新增数据表、数据表结构修改、关联关系修改、数据约束条件的修改等。进而，评估这些数据变化可能对数据访问方式和数据访问性能产生的影响，最后确定数据维护方案和计划。

(3)维护实施。实施过程包括修改因软件维护产生的数据变更，以及定期的数据更新操作、数据安全操作和性能优化操作等。

(4)维护测试与验证。在实施完数据维护工作以后，需要在软件的支持下，测试数据库结构修改的正确性。

9.4.3　数据维护的活动

GIS 数据维护过程中的主要活动包括数据库结构修改、数据库优化、数据安全管理、数据更新、数据服务更新等。

(1)数据库结构修改

数据库结构修改包括数据表、存储过程、完整性、索引等的创建和修改。在实施修改之前，数据库管理员首先要分析、理解数据库设计文档，以及原有数据库的逻辑结构和物理结构，然后根据变更需求和目标，设计数据维护方案，制定数据库修改计划，定义维护目标、范围，以及人员安排、时间计划等。最后，数据库管理员按照维护方案，使用数据库建模工具依次设计数据库概念模型、逻辑模型和物理模型。

在实际 GIS 工程数据维护工作中，空间数据库的维护比业务数据库更为复杂，在修改空间数据结构时，很容易造成数据丢失。因此，在维护空间数据库之前，需要先做好数据库备份工作，再实施修改工作。

(2)数据库优化

随着 GIS 工程的运行，数据的体量不断增大，数据关系越来越复杂，这些将严重影响数据访问的性能。为提高数据访问性能而采取的一系列措施，称为数据库优化。数据库优化涉及数据表结构、索引、系统配置和硬件等方面的调整，以及 SQL 语句的调优等。系统配置主要是优化数据库连接参数，包括 TCP/IP 连接数上限、控制数据表访问上限、设置数据表存储空间、设置合理的数据缓存等参数。硬件优化是对数据库服务器硬件资源进行的优化操作，包括增加 CPU 计算能力、增加内存数量、设置与内存匹配的缓存空间、创建冗余存储等。

(3)数据安全维护

数据安全维护包括数据访问权限维护、数据备份与恢复等。数据访问权限维护包括定期修改数据管理员账号和密码、查阅数据库访问日志、适时修改用户访问权限等。其中，查阅和审计数据库访问日志，分析数据访问的异常活动，评估数据库的安全性。

数据备份和恢复是数据安全管理最常用而且最有效的方法，数据备份包括定时备份和人工备份。定时备份是利用数据库管理系统的计划管理设置定时备份脚本，让数据库管理系统周期性备份数据；人工备份是数据库管理员操作数据库管理系统实施的数据备份。根据备份数据增长类型，可以将备份分为增量备份和完整性备份。前者每次备份时都是在原有备份文件中追加新的数据备份信息，后者每次都会生成新的备份文件。在一些数据安全级别较高的 GIS 工程中，数据备份文件不仅要保存到本地服务器，而且需要异地备份，以降低各种灾害对数据的破坏力。

(4)数据更新

数据更新是 GIS 工程数据维护工作量最大的活动，而且在整个 GIS 工程生命周期中一直持续。GIS 工程数据更新主要是指空间数据的更新，包括数据结构的更新和数据内容的更新。通常，GIS 工程数据更新狭义上是指空间数据内容的更新，在 9.5 节将做详细介绍。

(5)数据服务更新

GIS 工程中，数据的更新通常会带来数据服务的更新，包括业务数据服务更新和空间数据服务更新。在更新空间数据服务时，首先要分析空间数据服务维护的方式，制定服务更新策略，再实施服务更新。空间数据服务更新包括服务元数据更新、服务类型修改、缓冲方案修改等。

9.5 空间数据更新

空间数据更新是为适应现实世界的变化而进行的修改或用新的数据替换历史数据的过程，是 GIS 工程维护中工作量最大的一种活动。由于现实世界变化不止，空间数据更新不停，所以空间数据更新将贯穿 GIS 工程整个生命周期。

根据空间数据类型的不同，可以将空间数据更新划分为矢量数据更新、栅格数据更新、空间元数据更新等类别。空间元数据是描述空间数据的数据，当空间数据更新发生之后，都会相应修改空间元数据，因此元数据的更新活动经常包含在空间数据更新过程中。根据要素的变化类型，可以将数据更新分为新建要素、修改要素、删除要素、合并要素等类型。根据数据量增长类型，可以将数据更新分为增量式更新、版本式更新等。增量式更新是借助时空数据模型，为每个要素添加起止时间戳，标注要素是灭失还是存续。版本式更新是指每次更新都完成一个新版本的空间数据库，可以根据时间版本访问不同时期的数据。

9.5.1 空间矢量数据更新

空间矢量数据由空间要素的几何数据和属性数据组成，所以空间矢量数据更新包括要素几何数据的更新和要素属性数据的更新两部分。矢量数据更新流程包括制定更新方案、检测变化要素、采集变化信息、更新空间数据库、评估更新质量、更新空间元数据、更新空间数据服务等步骤，如图 9-4 所示。

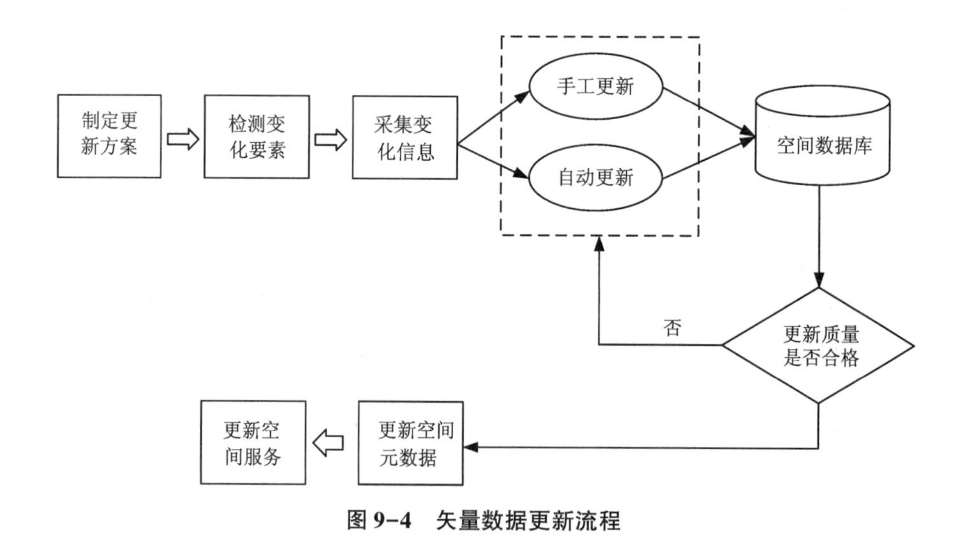

图 9-4　矢量数据更新流程

(一) 制定更新方案

在 GIS 工程项目建设过程中，根据矢量数据使用情况和地物变化的频度，需要制定矢量数据更新方案，内容包括人员组织、更新周期、变化检测方法和技术、数据采集方法和技术、更新方法和技术、质量标准、数据规范等。

矢量数据更新涉及的部门和人员较多，部门包括空间数据管理部门、业务管理部门、测绘部门等，人员包括数据管理人员、测绘人员、制图人员等。而数据更新周期需要综合考虑管理区域建设的速度、业务审批的时效、空间数据的重要性、政策法规等因素。例如，城市基础地理数据中的居民地数据可以设置 3 个月更新一次等。质量标准和数据规范可以直接采用国家或行业的相关标准和规范，也可以制定地方规范或项目规范。

（二）检测变化要素

检测变化要素的方式包括定期巡查、遥感变化检测、竣工验收、社会上报等。

（1）定期巡检可以由城市管理部门组织巡查队伍，定期巡视辖区的实际变化情况，做好记录并上报。

（2）遥感变化检测是目前最常用、最快捷的方法，利用卫星遥感或无人机遥感技术，快速获取全区的遥感数据，经过数据预处理、校准等操作，再使用变化检测算法快速发现变化情况。但是利用遥感变化检测仅能发现几何图形上的变化，如新建房屋、道路、水系，房屋拆除等，而无法发现要素属性数据的变化。

（3）竣工验收是指建设工程项目竣工后，投资主管单位与建设、规划、设计、施工、监理等部门，检查项目工程是否符合规划设计要求、是否达到建筑标准、设施是否符合质量要求的过程。竣工验收资料包含空间要素的新建或修改信息，也可用于变化检测。

（4）社会上报是指公众利用多种媒介上报地物变化情况，也可以是新闻媒体发布的建设工程进展等。例如，公众利用微信公众号举报违章建筑。

（三）采集变化信息

采集变化信息是获取变化地物几何数据和属性数据的过程，常用的方法包括：

（1）人工采集。针对几何和属性都发生变化的地物，可以采用实地测量技术，获取地物几何数据和记录其属性数据。如果仅有要素的属性发生变化，则可以采用实地调查，记录要素的新属性。

（2）交互或自动采集。借助摄影测量、遥感图像处理等技术，在计算机软件上，采集人员手工获取地物变化信息，或者利用影像智能识别与特征提取技术，自动地采集变化信息。这种方式也仅能获取变化要素的几何数据，无法获取属性信息。

（3）竣工验收也是获取变化信息的一个重要来源，由于验收资料内容丰富，可以从中获取要素的几何信息，也可以整理出要素的属性数据。

（四）数据更新

数据更新可以是人工手动更新，也可以是利用计算机程序自动完成更新。人工手动更新方法可以利用制图软件，打开现有空间数据，根据地物变化情况，直接添加、修改空间要素。程序自动化更新方法依赖于更新程序和更新数据的规范化程度，在执行更新程序之前，需要将采集的变化信息组织成程序可以接受的格式。

数据更新方式可以是直接更新或者间接更新。直接更新是指更新时直接操作正式空间数据库，这种做法带有一定风险，所以需要做好更新日志，方便跟踪更新情况，必要时可以回溯历史数据。间接更新是指先把变化信息保存到临时数据库，在质量检查完成以后，再更新到正式数据库。这种方式风险较小，而且不影响空间数据库的正常使用，是实际 GIS 工程中常用的更新方式。

(五)评估更新质量

数据管理人员可以参照国家、行业标准或规范，直接抽查更新数据的质量，包括空间位置、空间关系等的准确性，以及要素属性数据的准确性、完整性、一致性等。

9.5.2 空间栅格数据更新

空间栅格数据包括遥感影像数据、DEM 数据以及地物的各种图像。狭义上，空间栅格数据特指遥感影像数据。遥感影像数据的更新有全域更新和局部更新两种方式。

全域更新就是定期获取辖区的全部影像数据，经过一系列数据处理以后，制作成特定版本的遥感影像数据库。这种更新方式是最常用的更新方法，操作简单，但是需要花费大量资金购买遥感影像数据，在后期处理过程中，需要消耗大量人力和硬件资源，成果数据的管理也需要庞大的数据存储空间。

局部更新是仅获取变化区域的遥感影像数据，将其镶嵌到遥感影像数据库中。更新流程包括制定更新方案、确定变化区域、获取遥感影像、影像处理、裁切与镶嵌、质量检查、更新元数据、更新栅格数据服务，如图 9-5 所示。

(1)制定更新方案。与矢量数据更新类似，在 GIS 工程建设过程中，需要预先制定遥感数据的更新方案，包括人员组织、更新周期、遥感影像数据类型及获取方式、遥感数据处理工艺、更新技术、质量标准等。

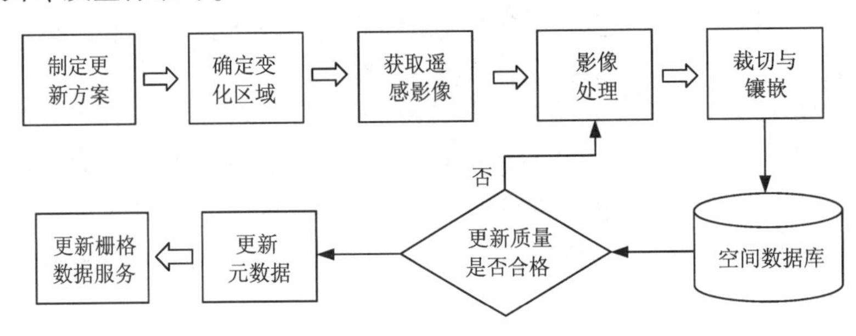

图 9-5 遥感影像局部更新流程

(2)确定变化范围。数据管理部门可以根据辖区地物变化程度，确定需要更新的影像地理范围。

(3)获取遥感影像。获取遥感影像的方式包括免费下载、购买、航拍等。免费下载可以从国家资源卫星应用中心、遥感数据共享网站、NASA 官网等站点下载。购买和航拍都需要支付高昂的费用，但是获取的数据质量远高于共享下载的数据。

(4)裁切与镶嵌。裁切是从影像数据中剪切出变化区域的影像，镶嵌是将裁切数据镶嵌到影像数据库的过程。

思考题

1. 简述 GIS 工程维护的原因，以及主要内容。
2. GIS 工程维护组织包括哪些小组？简要说明各小组的职责。
3. GIS 工程的软件维护类型有哪些？

4. GIS 工程软件维护活动包括哪些内容?
5. 为什么要进行 GIS 工程数据的维护? 数据维护的活动包括哪些?
6. 简述空间矢量数据更新的步骤及其任务。

参考文献

[1] ISO/IEC 14764: 2006 Software Engineering — Software Life Cycle Processes — Maintenance[S].
[2] 毕硕本, 王桥, 徐秀华. 地理信息系统软件工程的原理与方法[M]. 北京: 科学出版社, 2003.
[3] 崔铁军. 地理空间数据库原理[M]. 北京: 科学出版社, 2007.
[4] 李晶洁. 现代软件工程应用技术[M]. 北京: 北京理工大学出版社, 2017.
[5] 张海藩. 软件工程[M]. 第 5 版. 北京: 清华大学出版社, 2008.

第 10 章　GIS 工程管理

为了使 GIS 工程在规定的工期内得到符合质量标准的项目产品，需要用科学的方法和高效的工具管理项目建设的各项活动，从而保证项目能够按照预定成本、时间计划、质量要求完成全部内容。本章首先介绍 GIS 工程管理的内容，然后详细介绍 GIS 工程管理常用的方法和工具。

10.1　GIS 工程管理概述

10.1.1　GIS 工程管理概念

GIS 工程是特定条件下具有特定目标的工程任务。首先 GIS 工程是一项有待完成的任务，受到建设环境的约束，具有明确的任务要求和目标；其次，GIS 工程是在一定的组织机构内，利用人力、物力、财力在规定时间内要完成的任务。GIS 工程管理就是把所需要的资源应用于工程建设，实现工程目标，满足工程的成果性目标和约束性目标。成果性目标包括 GIS 软件、数据库和相关的技术资料与文档等；约束性目标是指工程建设的时间和成本等目标。

GIS 工程管理就是把管理学中的理论和方法用于 GIS 工程建设过程的管理，管理对象是 GIS 工程的建设过程和建设目标。GIS 工程管理由环境、资源、目标和组织四个要素组成。

(1)环境。GIS 工程是在特定环境下进行的建设活动，建设环境包括技术、社会、经济、文化、法律、标准和规范等，这些环境条件直接影响和制约了 GIS 工程的建设。例如，GIS 工程建设所需的技术条件可以决定项目建设的技术路线，一定程度上决定项目建设所需的时间、人力和财力。建设环境还包括 GIS 工程产品部署运行的数据、软件、硬件、网络、使用人员等条件，也会影响目标产品的功能、性能、质量等属性。

(2)资源。资源是指 GIS 工程建设所需要的人力、财力、技术、信息、资料、方法和工具等，还包括建设和目标产品运行所需要的软件、硬件、网络等。资源管理是指有计划地投入建设资源以支持建设活动，目的是要以最小的资源消耗实现 GIS 工程目标。

(3)目标。GIS 工程的建设目标就是满足建设单位功能和性能上的需求，即实现 GIS 工程需求规格说明书定义的全部内容。GIS 工程目标是项目管理的终点，在项目管理过程中起到指导作用，约束活动不能偏离建设方向。

(4)组织。GIS 工程组织就是通过制定项目章程、沟通机制、激励制度等，把项目干系人联系起来，划分不同机构，分配并监控各个机构的活动过程及目标质量。GIS 工程组织具有临时性、目标任务明确等特点。

10.1.2　GIS工程管理特点

GIS工程富有创造性和挑战性，每个GIS工程项目的建设目标、建设内容、项目组织、建设环境、技术路线、方法和工具都不尽相同，不能照搬其他项目的建设模式和经验。因此，GIS工程管理除具有一般项目管理的特点以外，还具有自己的独有特点。

(1)GIS工程组织具有高智力密集性。GIS工程项目最突出的特点就是对技术人才的依赖，技术人员不仅要有计算机和空间信息技术相关的知识，还要具有业务领域知识；不仅要有高超的软件开发能力，而且还要有业务分析和解决问题的创造力。

(2)GIS工程管理的综合性。GIS工程管理涉及目标管理、风险管理、资源管理、计划管理、质量管理、配置管理等方面，涉及众多的业务领域。此外，GIS工程建设周期较长，不同的建设阶段相互交叉，这也要求GIS工程管理人员不仅要具备丰富的专业知识，还需要具备深厚的管理经验、很强的沟通能力、高尚的品德和团队奉献精神。

(3)GIS工程管理目标的多变性。虽然在GIS工程建设伊始进行了深入的工程调研和分析，定义了工程建设需求和目标，但是在建设过程中，业务流程、技术条件、建设环境、建设单位机构、法律法规、人员岗位等都可能发生变化。GIS工程建设目标也会随时发生变更，所以建设范围不易确定，这给GIS工程管理带来了巨大挑战。

(4)GIS工程管理过程的宽泛性。由于GIS工程属于新兴行业，还有许多活动没有标准和规范可以遵循。这也导致各项活动难以规范化管理，质量难以检验，有时会造成许多工作大量返工，影响工程建设进度。

(5)GIS工程管理的高风险性。GIS工程技术高度复杂而且进化较快，使用方法和工具庞杂，人力和财力投入巨大，工程目标难以定义，这些都给GIS工程管理带来了很大风险。

10.1.3　GIS工程管理内容

GIS工程管理的内容包括整体管理、范围管理、时间管理、成本管理、质量管理、配置管理、沟通管理、人力管理、采购管理、风险管理等内容。

(1)整体管理是指为确保GIS工程项目各项工作能够有机地协调和配合所展开的全局性的管理工作，包括工程集成计划的制订、集成计划的实施、工程变动的总体控制等。

(2)范围管理是为了实现GIS工程目标，对建设工作内容进行控制的管理过程，包括范围界定、范围规划、范围调整等。

(3)时间管理是为了确保GIS工程能够按时完成而采取的一系列管理活动，包括具体活动界定、活动排序、时间估计、进度安排及时间控制等。

(4)成本管理是为了保证GIS工程完成的实际投入成本不能超出预算成本的管理过程，包括资源配置、成本费用控制等工作。

(5)质量管理是为了确保GIS工程建设产品达到建设单位规定的质量要求所实施的管理过程，包括质量规划、质量控制和质量保证等。

(6)沟通管理是为了确保GIS工程的干系人之间信息合理、高效传输而实施的管理过程，包括沟通计划、沟通方式、进度报告等。

(7)人力管理是为了保证GIS工程所有干系人的能力和积极性都得到最有效的发挥和利用的管理过程，包括组织规划、团队建设、人员选聘等。

(8)采购管理是为了从 GIS 工程实施组织之外获得所需资源或服务所采取的管理措施，包括采购计划、采购策略、资源的选择，以及合同的管理等工作。

(9)风险管理是分析和管控 GIS 工程建设可能遇到的不确定且可能影响工程建设的各种不利因素而采取的管理措施，包括风险识别、风险量化、制订对策和风险控制等。

10.1.4 GIS 工程管理过程

GIS 工程是由一系列的建设阶段及其具体活动构成的建设过程，包括实施过程和管理过程。GIS 工程管理过程是指在项目实现过程中所开始的决策、组织、协调、沟通、激励和控制等活动，具体包括以下几个过程：

(1)启动过程。GIS 工程启动过程的管理内容包括：①定义项目目标，划分工作阶段，确定项目或项目阶段的启动时间；②定义项目章程，规定项目人员组织，明确岗位职责，制定相关的管理制度等。

(2)计划过程。GIS 工程计划过程是定义和监控项目各阶段目标和任务的过程，包括拟订、修订阶段工作目标、任务、工作方案、资源供应计划、成本预算、风险控制等。

(3)执行过程。GIS 工程的执行过程包括组织协调人力资源及其他资源，协调各项任务的开展，激励项目各个组织按计划完成工作目标。

(4)控制过程。GIS 工程的控制过程包括制订标准、监督和测量各项工作的实际情况，分析工作误差，总结存在的问题，采取纠偏措施，保证各项工作有计划的实施，以及为保证工作成果质量而采取的控制措施。

(5)收尾过程。GIS 工程收尾过程是在项目建设接近尾声时，制订项目移交和验收计划，并完成项目产品移交和验收的过程。

10.2 GIS 工程组织

10.2.1 GIS 工程项目组织形式

GIS 工程的项目组织是建设活动的基础，为了完成项目建设目标和各项任务，由不同部门、不同专业的人员组成的、具有分工与协作的工作组织。相比于传统的管理组织，GIS 工程项目组织具有专业性强、团队紧密合作、形式灵活多样等特色。在实际 GIS 工程建设中，可以根据项目目标、建设类型、建设单位和承建单位的组织机构等情况，选择合适的组织形式，包括职能式、项目单列式和矩阵式等。

(一)职能式项目组织形式

职能式项目组织形式是在现有建设单位和承建单位职能机构设置的基础上，直接将项目目标和任务分配给现有机构，每个职能机构根据任务要求有计划地实施各项建设活动。例如，承建单位都设有单位主管、人力资源部、财务部、开发部、数据工程部、采购部、营销部等机构。当承建 GIS 工程项目时，承建单位负责人会统一协调和分配各机构在工程建设中的分工与任务。营销部首先要与建设单位接洽，分析工程需求、确定建设目标；开发部围绕工程建设目标和需求，完成项目设计和开发工作；数据工程部根据数据需求，完成数据库的建设等工作。职能式项目组织形式如图 10-1 所示。

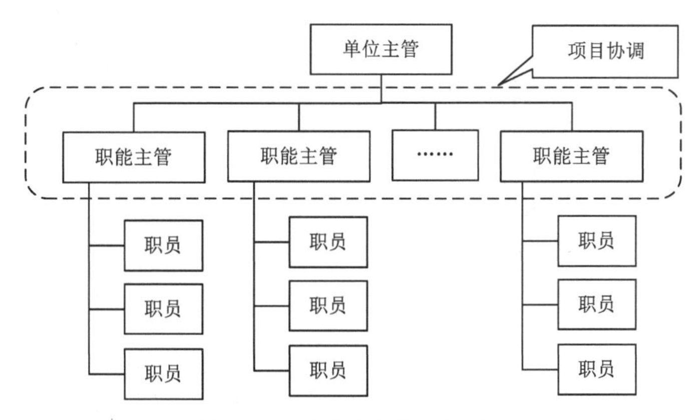

图 10-1　职能式项目组织形式

职能式项目组织形式可以利用现有机构设置，不需要重新建立新机构，有利于发挥单位职能机构的作用；经过长期的磨合和建设，团队关系融洽，原有人员工作关系得以维系，有利于发挥团结协作精神；GIS 工程建设所需的资源仍归原职能部门持有，可以节约建设资源。但是这种组织形式也存在一些缺点，由于 GIS 工程建设活动分配在不同的职能部门里，协调难度较大；GIS 工程的建设人员仅接受职能部门的领导，项目经理很难掌控项目进度。

（二）项目单列式组织形式

项目单列式组织形式是按照 GIS 工程项目类型和目标，承建单位为每个项目单独分配所需资源、设置机构、安排工作任务。项目单列式组织形式里的每个项目组织都有确定的项目负责人或项目经理，直接接受承建单位主管的领导，对下负责本项目资源的协调与分配。在一个承建单位内，每个项目组织之间相对独立，组织形式如图 10-2 所示。

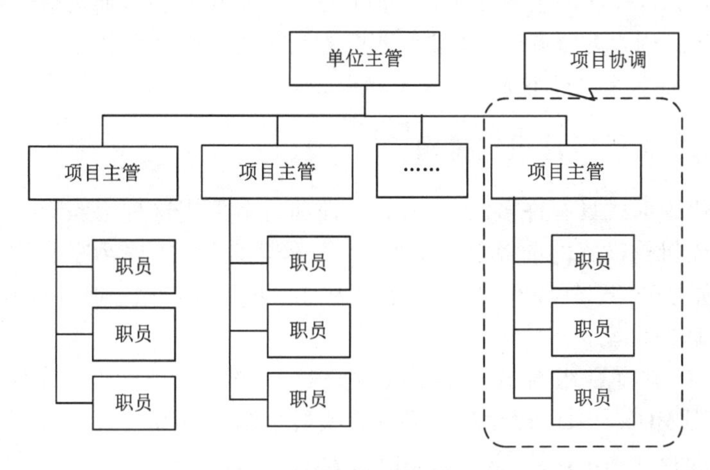

图 10-2　项目单列式组织形式

项目单列组织形式是基于单个 GIS 工程项目而建立的，圆满完成项目任务是项目组织的首要目标，项目成员的责任与目标都来源于项目总目标的分解，任务明确；项目成员只接受一个项目负责人领导，仅从事与项目有关的工作，有利于专业技能的提升；项目负责人在团队内部具有绝对控制权，有利于项目进度、成本、质量等方面的监管。但是这种组织形式面临机构重组、人员流动大，成员没有归属感，不利于团队建设和团队能力的发挥；资源需要重新分配，有时会产生资源重复和浪费的问题。

(三)矩阵式组织形式

矩阵式组织形式结合了功能式组织形式和单列式组织形式的优点，可有效避免各自的缺点。矩阵式组织形式是在保持人员所在职能部门不动(纵向)的情况下，按照 GIS 工程项目建设需要，将各部门的人员横向组织起来，构成项目建设组织，如图 10-3 所示。

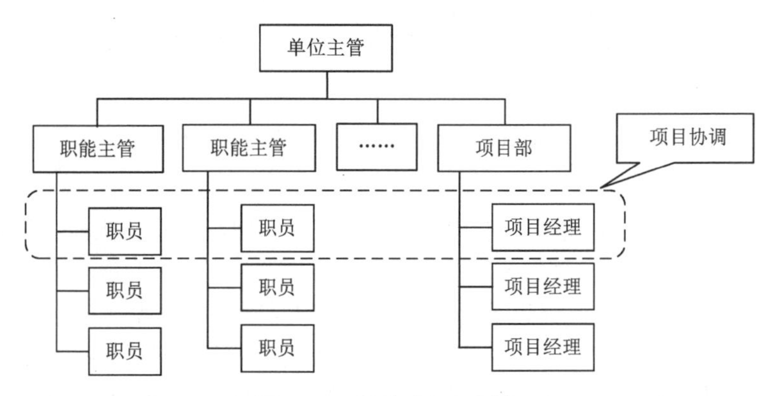

图 10-3　矩阵式组织形式

矩阵式组织形式强调了项目组织是所有项目的责任主体，项目负责人或项目经理可以独立制订工程建设计划，协调分配资源；项目成员仍归属原来的职能部门，当一个项目结束时，又可以分配到其他项目，有利于人力资源的协调和能力的发挥；由于项目成员可以从事多个项目，有利于人才综合技能的培养和提高。但是这种组织形式由于职员接受职能主管的行政领导，项目经理在协调人力资源时，需要和职能主管沟通，增加了沟通成本，影响管理效率；项目经理不容易全面掌握项目组成员的工作负荷及状态，也增加了资源协调成本。

10.2.2　GIS 工程项目组织机构

由于矩阵式组织形式具有许多优点，GIS 工程项目多采用这种组织形式。这种组织形式经常会在原有职能机构设置的前提下，根据 GIS 工程建设活动的类型，设置多个项目管理机构，包括项目管理办公室、软件开发组、数据工程组、项目测试组、项目实施和维护组等。

(一)项目管理办公室

在大型项目或多项目组合式工程建设过程中，都会成立项目管理办公室(project managment office，PMO)。项目管理办公室负责项目组织内部和外部的管理工作，通过制定一系列的项目管理制度和工作流程，协调和分配项目建设资源，制定工作计划和沟通计划，收集项目各类报告，监控项目进展和成果质量，确保工程建设能够顺利完成。项目管理办公室制定的制度包括项目启动制度、报告制度、例会制度、里程碑会议制度、问题管理制度、变更管理制度、文档管理制度、项目结束制度。

(二)GIS 软件开发组

GIS 软件开发组接受开发任务，按照项目管理计划完成软件程序编码和测试工作，具体包括：

(1)软件设计。开发组深入分析 GIS 工程需求和目标，选择合适的方法设计软件，确定软件使用的开发技术、系统框架等。

(2)编写编码规范。编码规范用来定义编码原则和风格，约束程序员编码行为，从而保证编写的程序代码层次清晰、结构分明、易读好懂。

(3)开发语言选择。因为 GIS 软件既包括数据、图形处理及分析，还包括对各种软硬件的控制等，有时使用一种高级语言无法完成所有开发工作，所以开发组在考虑编码和维护成本的前提下，选择合适的高级语言完成软件编码工作。

(4)开发方法选择。应用型 GIS 的二次开发通常有原生开发(独立二次开发)、二次开发。原生开发不依赖任何 GIS 工具软件，独立完成从空间数据的采集、编辑到数据的处理分析及结果输出等全部算法。二次开发借助于基础 GIS 工具软件提供的二次开发接口，通过编写业务处理程序，实现应用 GIS 的开发。开发组需要在成本、开发难度、维护难度等方面综合考虑，选择经济、高效的开发方法。

(5)代码管理。GIS 工程开发的软件系统往往由多个开发人员协作完成，而代码的管理就成为一个重要工作。代码管理最简单的办法就是使用源代码管理工具来管理解决方案、项目和其他共享资源。因此，开发组织需要选择合适的代码管理工具，设置安全策略，既要保证源代码的安全，又要方便开发人员的同步协作开发。

(6)开发文档管理。GIS 工程软件开发过程产生的一系列开发文档在保证软件质量和软件可维护性等方面起到重要作用，这也就使得技术文档的管理成为软件开发管理过程中不可缺少的一部分。

(三)GIS 数据建库组

GIS 工程的数据建库工作量大、人员多、质量要求高，所以成立数据建库组负责管理数据建库目标和范围、制定入库标准和方案、创建数据库、整理数据、数据入库、质量检查等工作。

(1)明确数据建库目标和范围。GIS 工程项目中的数据包括业务数据和空间数据两大类，数据建库工作分业务数据入库和空间数据入库。与业务数据入库相比而言，空间数据入库工作量巨大。因此，数据建库组首先要确定数据入库的目标和范围，包括入库的数据目录与内容、数据的地理范围、数据成果的形式。

(2)制定入库标准和方案。首先要了解、收集国家、行业的数据相关标准和规范，制定入库方案，规定数据入库的操作流程和操作规范，标明入库使用的方法和工具；制定项目数据入库操作指南，规范数据入库活动；制定数据质量检查方法和质量保证计划。

(3)创建数据库。按照制定的规范和方案，以及数据库设计文档，利用相关工具软件，创建物理数据库。例如，数据建库组使用 SQLServer 数据库的 Management Studio 管理器创建数据库。

(4)数据整理。数据建库组要收集所有入库资料，并对资料进行分类编目，针对不同类型的资料采取不同的整理方法。例如，纸张地图需要扫描、校准处理，数字测图数据要进行图层检查和划分、要素检查和编码、坐标转换，等等。

(5)数据入库。数据入库是将整理后的资料使用适当的工具，分类、分层转换存入数据库的过程。入库时需要注意：①依据标准或规范，按要素类别存入对应图层(数据表)；②一个要素只能唯一地划分到一类中；③要素属性要完备，且要保持一致性。

(6)质量检查。这是保证数据入库质量的关键步骤，质量检查包括：①按照数据标准和规范，核对数据分类/分层是否正确；②核对入库前后数据是否一致，空间要素有无遗漏，要素属性是否缺失；③检查空间关系是否与入库前保持一致；④多图幅数据入库时，是否完成接边处理等。

(四)项目测试组

在 GIS 工程软件开发和数据建库工作完成以后，需要将开发软件在建库成果上进行集成和确认测试，尽可能发现软件或数据中存在的缺陷，确认 GIS 工程的所有需求是否都已正确实现，这就是项目测试组的工作任务。测试组的具体工作包括制定测试方案和用例、执行测试、编写测试报告。

(1)制定测试方案和用例。测试方案应包括测试目标和范围、测试方法、测试工具、测试计划等。测试用例是为全面检测工程成果而设计的样例，由输入数据和预期输出结果两部分构成。

(2)执行测试。测试组根据测试方案使用测试用例，实施测试过程，并记录测试结果。

(3)编写测试报告。测试组在完成测试工作以后，要整理测试记录，编写测试报告，评估 GIS 工程建设成果。

(五)项目实施和维护组

GIS 工程建设成果完成确认测试以后，项目实施组负责项目成果交付、部署、培训等工作，具体工作包括编制实施方案、部署软件、迁移数据库、实施验证等。在交付使用以后，维护组要收集建设单位使用意见和维护请求，制定维护方案，开展成果的维护工作，保证建设成果的正常运行。

10.3 GIS 工程整体和范围管理

10.3.1 GIS 工程整体管理

GIS 工程项目的整体管理由项目管理办公室负责，工作内容包括制定项目章程、制定项目管理计划、指导与管理项目执行、监控项目工作、实施整体变更控制、结束项目或阶段。

(1)制定项目章程。项目章程是一份正式批准项目并授权项目负责人(项目经理)在项目中使用组织资源的文件，明确项目启动和结束时间，任命项目经理，定义项目目标、范围和交付成果等。项目章程的具体内容包括项目概况、总体范围和总体质量要求、项目目标、里程碑进度计划、总体预算、项目的审批要求、任命项目经理、项目组织结构、项目文档管理、项目沟通计划、项目变更管理、风险管理、质量控制和验收标准等。

(2)制定项目管理计划。项目管理计划是 GIS 工程建设的整体综合性计划，整合了一系列分项活动的管理计划，用于指导项目活动的执行、监控和收尾工作。

(3)指导与管理项目执行。这项工作是指导 GIS 工程项目各组织执行项目管理计划，审查项目变更可能产生的影响，实施已批准变更的过程。

(4)监控项目工作。这项工作通过跟踪 GIS 工程项目各项活动的启动、规划、执行和结束的全过程，审查项目进展报告，评估项目的阶段绩效，采取纠正或预防措施控制项目的实施效果。

(5)实施整体变更控制。由于 GIS 工程项目在实施过程中时常发生变更，很难准确地按照项目管理计划进行各项活动，所以变更管理与控制贯穿 GIS 项目建设的全部生命周期。变更控制的方式是审查所有变更请求、批准或否决变更，跟踪和监控变更结果是否符合变更请求。

(6)结束项目或阶段。结束工作包括阶段结束和项目结束两种活动。当 GIS 工程项目阶段工作或全部工作完结时，要正式结束阶段或项目的建设过程。GIS 工程结束过程的作用是总结经验教训，为开展新 GIS 工程释放组织资源；验收 GIS 工程建设成果、交付物和工作绩效文件，宣告项目工作正式结束。

10.3.2　GIS 工程范围管理

GIS 工程的项目范围基准是经过批准的项目范围说明书、项目的工作分解结构和工作分解结构词汇表。GIS 工程项目的范围管理能够明确项目的边界，定义项目目标和主要可交付成果，有助于提高项目费用、时间和资源估算的准确性。项目范围管理包括项目范围计划编制、范围定义、创建工作分解结构、范围确认和范围控制等 5 个过程。

(1)范围计划编制。项目范围管理计划的作用是说明项目组织将如何进行项目的范围管理，包括如何进行项目范围定义、如何制定工作分解结构、如何进行项目范围核实和控制等内容。

(2)范围定义。项目和子项目都需要编写项目的范围定义。项目范围定义明确项目的范围，包括项目的目标和主要交付成果等。

(3)创建工作分解结构。工作分解结构(work breakdown structure，WBS)是按照一定规则分解项目范围，明确说明分解后的各个活动范围，进而使得项目组成员能够清楚地理解任务的性质和努力的方向。工作分解结构能够帮助项目降低成本，减少消极因素(如离职等)带来的影响，屏蔽各类干扰因素。

(4)范围确认。范围确认是确认项目的可交付成果是否满足项目建设单位要求的过程，即项目承建单位把项目的可交付成果列表提交给建设单位的同时，也要详细说明项目的进度安排。

(5)范围控制。范围控制就是分析造成范围变化的各类因素，估算这些因素对项目资金、进度和风险等可能产生的影响，判断范围变化是否发生。如果已经发生，那么对变化进行管理。承建单位变更控制范围时，要以工作分解结构、项目进展报告、变更请求和范围管理计划为依据。

10.4　GIS 工程时间和成本管理

10.4.1　GIS 工程时间管理

GIS 工程的时间管理是按计划合理分配开发资源，并使资源发挥最佳工作效率，从而按时、保质完成项目而采取的一系列管理措施。这些措施包括活动定义、活动排序、活动资源估算、活动历时估算、制订进度计划和进度控制等内容。

(1)活动定义是把 GIS 工程建设工作内容分解为更小、更易管理的工作包，每个工作包称为一项活动或任务，每项活动都有详细的工作内容和明确的交付物定义。在 GIS 工程建设中，可以将所有活动表示成清晰的活动清单，使用文档形式进行发布，让项目团队成员清楚活动内容，以方便管理进度。例如，某 GIS 平台的工作分解结构如图 10-4 所示。

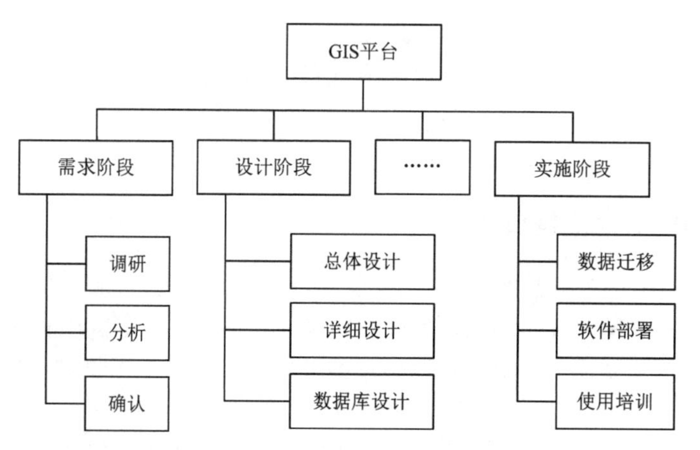

图 10-4　GIS 平台工作分解结构示意图

(2)活动排序是在 GIS 工程活动清单的基础上，根据活动之间的依赖关系，设定活动的先后顺序。依赖关系包括活动的逻辑关系、人力资源分配顺序、活动对其他资源的依赖优先级等。常用的排序方法有前导图法(图 10-5)、箭线图法(图 10-6)等。

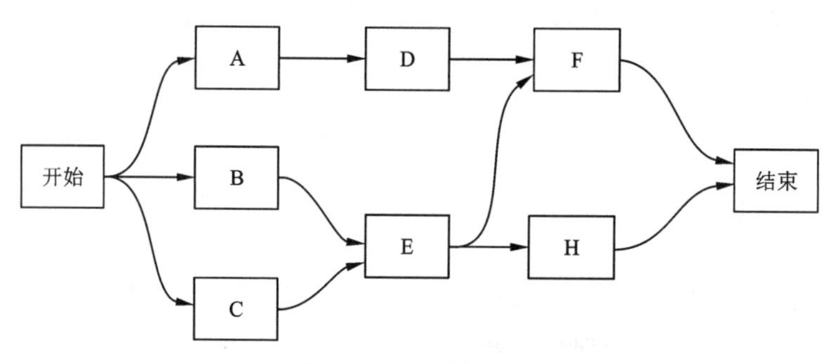

图 10-5　前导图示意

GIS 工程建设的里程碑是活动排序工作中很重要的工作，里程碑是指 GIS 工程中的关键事件及关键目标时间，由若干个活动组成，每个里程碑都有一个主要交付成果，是确保完成项目需求的活动序列中不可或缺的一部分。比如，在开发 GIS 项目时，可以将需求的最终确认、产品移交等关键任务作为项目的里程碑。

(3)活动资源估算是为每个 GIS 工程的每项活动估算所需要的资源及其所需数量，包括人力、设备、数据等，以及安排合理的资源投放时间来有效地执行项目活动。资源分解结构(resource breakdown structure，RBS)是活动资源估算的输出结果，按照资源种类和形式而划分的资源层级结构。资源分解结构可以用资源矩阵来描述，如表 10-1 所示。

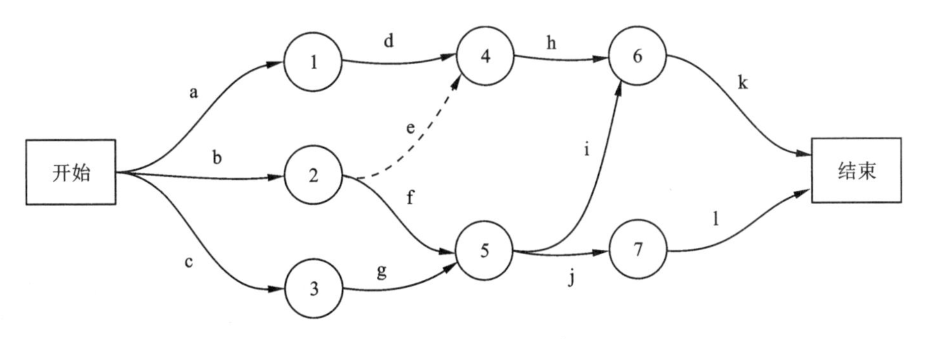

图 10-6 箭线图示意

表 10-1 资源矩阵

活动	资源需求量				备注
	资源 1	资源 2	……	资源 n	
活动 1	a				
活动 2		b			
……					
活动 m	c	d		e	

(4)活动历时估算是根据 GIS 工程的每项活动范围、资源计划，估算每项活动所需工期的过程。在估算工期时，要充分考虑活动清单、合理的资源需求、人员的能力因素、环境因素，以及活动实施的风险因素等。项目工期估算完成后，可以得到量化的工期估算数据。活动历时估算可采取以下几种方式：

①专家评审方式是由有经验的专业人员分析并评估每项活动可能的工期。

②模拟估算是使用以前类似的活动作为未来活动工期的估算基础，计算并评估工期。

③数值计算方法是用定量标准计算工期，即采用计量单位为基础估算活动工期。

④保留时间是在工期估算中预留一定比例的冗余时间，以应对项目风险。随着项目进展，冗余时间可以逐步减少。

(5)制订进度计划是明确定义 GIS 工程各项活动的开始和结束时间的过程。这个过程要充分考虑项目活动及排序、估算的活动工期、资源需求、进度限制、最早和最晚开始/结束时间、风险管理计划等因素。进度限制是指活动排序过程定义的活动之间的进度关系，其中关键事件或里程碑通常是 GIS 工程时间进度安排的决定性因素。

在制定项目进度表时，先以数学分析的方法计算每个活动最早开始和结束的时间，以及最迟开始和结束的时间，从而得出时间进度网络图，再通过资源因素、活动时间和可冗余因素调整活动时间，最终形成最佳活动进度表。

关键路径法(CPM)是项目时间管理中最常使用的一种方法，为每个最小任务单位计算工期、定义最早开始和结束日期、最迟开始和结束日期、按照活动的关系形成顺序的网络逻辑图，找出其中最长的路径，即为关键路径。图 10-7 所示的活动顺序网络逻辑图的关键路径是：开始-A-B-E-F-结束。

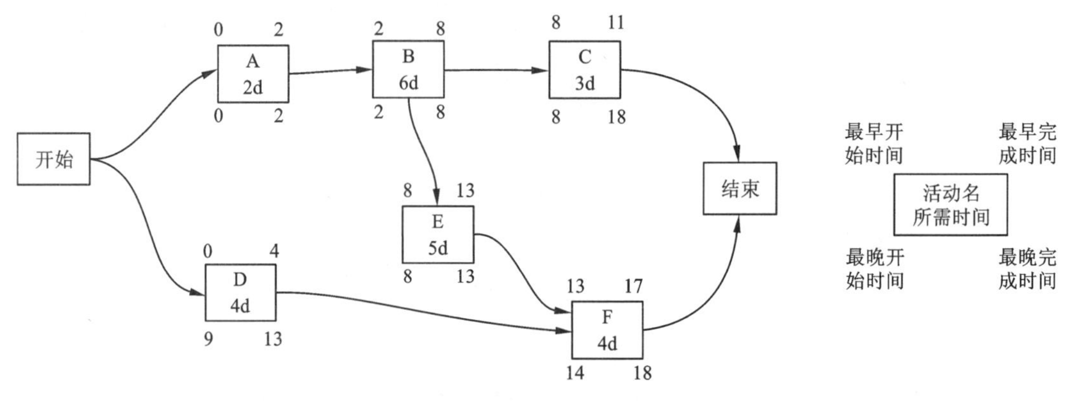

图 10-7　关键路径法示意图

GIS 工程进度表示的方法通常有计划表(表 10-2)和甘特图(表 10-3)等。

表 10-2　GIS 平台研发计划表

起止时间	活动	描述	交付成果
2021 年 1 月至 7 月	需求分析	①调研建设单位业务流程，②绘制业务流程图，③制作数据流图和数据字典，④评审需求分析	需求分析规格说明书
2021 年 8 月至 12 月	系统设计	①设计系统体系结构，②设计系统模块图，③设计模块算法，④设计数据库	系统设计报告
……	……	……	……

表 10-3　GIS 平台研发进度甘特图

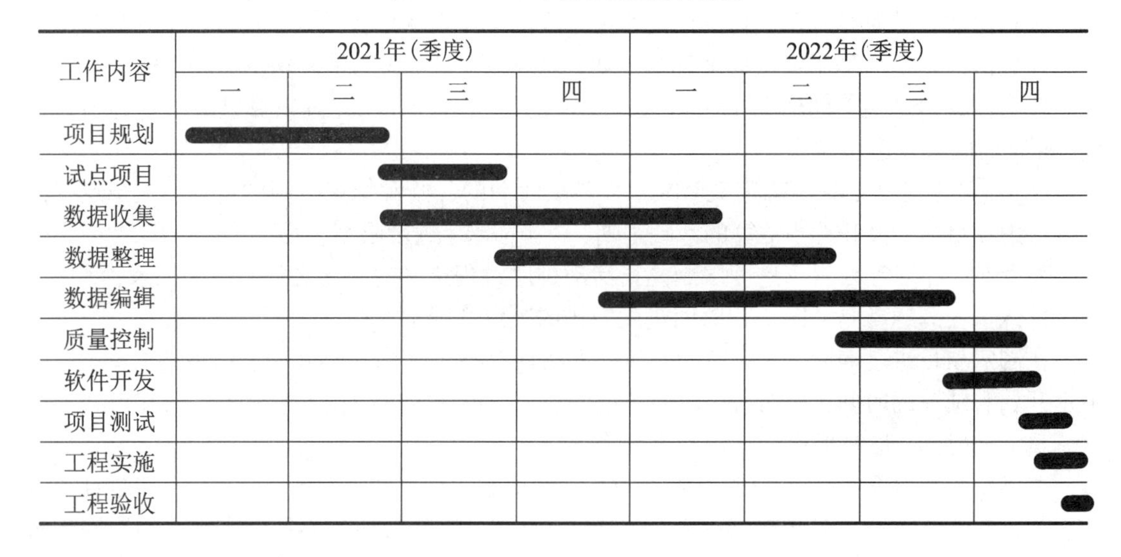

(6)进度控制是监督 GIS 工程各项活动的进度执行状况，包括活动的输出物是否满足目标要求、活动时间是否符合进度计划。当活动的实际进度发生变更时，要评估该活动对其他部分的影响，采取措施及时调整 GIS 工程的进度计划。当实际进度与计划进度偏离较大时，要采取纠正偏差、错误的措施，保证 GIS 工程的顺利开展。

进度控制的内容包括：确定当前进度的状况；对造成进度变化的因素施加影响，以保证这种变化朝着有利的方向发展；确定进度是否已发生变化；在变化实际发生和正在发生时，对这种变化实施管理；重新计算进度，估计计划采取的纠正措施的效果。

10.4.2　GIS 工程成本管理

GIS 工程建设的支出包括软硬件资源、技术开发、人员培训、数据收集和录入、系统维护、材料消耗等的各项费用，投入巨大，因此对 GIS 工程建设的每项活动都要进行科学预算、核算和控制，才能保证 GIS 工程建设的正常开展。GIS 工程成本管理是指在 GIS 工程项目的实施过程中，为了保证完成项目所需花费的实际成本不超过其预算成本而展开的项目成本估算、项目预算编制和项目成本控制等方面的管理活动。

(一)成本估算概述

成本估算是对 GIS 工程的各项活动所需资源的成本做出近似估算，包括前期调研成本、需求分析成本、软件开发成本、数据建库成本、实施和维护成本等。估算成本时首先要识别并分析 GIS 工程成本的构成科目，然后估算每一科目的成本，协调各种成本之间的比例关系，最后估算整个工程的成本。估算每个构成部分的成本时，需要估算①资源要求的品种和数量，②每种资源的单价，③每项资源占用的时间，然后计算 3 个数字的乘积，得到工程成本。

例如，GIS 工程调研需要 3 人，调研时间为 10 天，人力单价为 200 元/(人・天)，则调研成本＝3 人×10 天×200 元/(人・天)＝6000 元。

尽管这种成本估算方法只是一些数字相乘，但是在实际 GIS 工程中，成本估算却存在诸多困难，表现在：

(1)资源与资源消耗时间不能互换，比如上面示例中的资源日历数＝3 人×10 天＝30(人・天)，但不等于 1 个人可以在 30 天内完成。

(2)复杂的资源因素影响了成本估算的精确性，比如人员工作能力、工作状态、工作环境、突发状况等，都给 GIS 工程的成本估算带来巨大困难，资源计划与实际偏差可能随着项目的开展逐渐暴露出来。

(3)快速发展的技术给成本估算带来了诸多不确定性，比如开发工具的快速发展能够提高软件开发的效率，可以节约人力成本；第三方技术或服务的进步允许 GIS 工程直接采购和使用外部技术或服务。

(4)缺少同类项目经验也会给承建单位估算成本带来许多困难。有效的 GIS 工程成本估算需要大量同类工程项目成本结算的经验，否则就很难准确估算成本。

(5)易变的项目范围会直接影响成本估算。实际 GIS 工程项目中，一方面项目范围很难准确定义，另一方面在工程建设过程中范围会时常发生变化，所以易变的项目范围就会使成本估算产生较大偏差。

(二)成本估算方法

GIS 工程成本估算方法包括经验估算法、参数估算法、最小最大最可能估算法等。

(1)经验估算法是在同类 GIS 工程的项目成本结算的基础上，找出要估算项目与已竣工项目各项活动的差异，估计变化部分的成本，即新项目成本=变化成本+类似项目的结算数额+价格变化产生的差价。经验估算法计算简单，相对准确，但是需要前期同类项目经验，而且两项目之间的技术方案要相近。

(2)参数估算法是计算 GIS 工程的各类活动资源消耗量、消耗时间、资源单价，然后利用这些数量相乘计算得到 GIS 工程成本。参数估算法相对较简单，但是需要在完成工程详细设计后才能估算资源量，而且在估算每项活动资源消耗量时需要经验。

(3)最小最大最可能估算法是在咨询相关专家的基础上，得到 GIS 工程各项活动多个可能的成本，然后计算成本偏差，如果偏差超过可接受的范围(如 25%)则重新估算。最后利用德尔菲(Delphi)计算公式得到成本估算。计算公式如式(10-1)所示。

$$估算成本=(最小值+4\times最可能值+最大值)/6 \tag{10-1}$$

尽管成本估算有多种方法，但是最基础的还是资源消耗量日历数的估算，因此 GIS 工程中的软件开发和数据建库的资源消耗日历数的估算方式有所不同，其成本估算方法也有所不同。

GIS 软件开发成本估算方法常采用代码行法和功能点法。代码行法是指从过去开发类似产品的经验和历史数据出发，估算出待开发软件的代码行。代码行估算法是一种直观而又自然的软件规模估算方法，它是对软件和软件开发过程的直接度量。功能点方法是一种估算软件项目大小的方法，它是从用户视角出发，通过量化系统功能来度量软件的规模，这种度量主要基于系统的逻辑设计。功能点规模度量方法在国际上的应用已经比较广泛，并且已经取代代码行并成为最主流的软件规模度量方法。功能点方法的核心思想是把软件系统按照组件进行分解，从而确定系统的功能点数量。

数据建库成本估算方法较为复杂，由于数据建库活动有数据库设计、数据整理、数据处理、数据入库和质量控制等，根据活动的性质及工作类型，可以选用经验法或区域面积法估算活动的成本。在估算数据设计、数据整理、质量控制活动的成本时，可以使用经验法，直接估算活动的资源消耗量，再乘以资源单价得到活动成本。对于数据处理和转换入库的活动多采用区域面积计算成本，即将区域面积与行业规范或计价标准相乘，得到活动成本。例如，在计算基础地理数据转换入库时，可以直接参考行业规范规定的单价，将单价与区域面积相乘得到入库成本。当相关活动没有规范或标准可以参考时，可以根据历史项目经验估算每平方公里的单价，再计算成本。

(三)成本控制

GIS 工程成本控制是指建设单位在建设过程中检查、监督发生的实际成本与计划成本，及时采取纠正措施，尽量使项目的实际成本控制在计划和预算范围内的管理过程。在控制 GIS 工程成本时，首先要检查实际支出与预算计划的偏差，识别可能引起工程实际成本发生变动的因素，采取措施对这些因素施加影响，保证实际成本变化朝着有利的方向发展。

在控制 GIS 工程成本时，还要综合考虑项目范围变更、进度计划变更、质量控制策略变更等原因产生的成本偏差或失控，这时不能仅仅从控制成本出发，而忽略了这些变更对成本的影响，从而导致 GIS 工程出现不可控的风险。

10.5 GIS 工程质量管理

GIS 工程在建设过程中，需要采取必要的措施监控各项活动的实施过程，保证各个环节的成果必须达到质量标准。质量管理是保证 GIS 工程最后交付物能够满足质量要求的管理活动，覆盖 GIS 工程的需求分析、系统设计、软件开发、数据工程、系统测试、部署实施、系统维护等整个生命周期的所有环节。GIS 工程是一个包括软件开发、数据建库、硬件产品、网络环境、实施部署等多方面信息系统的集成化项目，因此质量管理按功能划分，可以分成软件质量管理、数据建库质量管理和集成质量管理等。

10.5.1 GIS 工程的软件质量管理

(一) 软件质量定义

GIS 工程的软件质量是项目需求分析中定义的软件功能和性能符合建设单位需求、国家和行业的软件开发标准的程度。具体地来说，GIS 软件质量包括以下内容：

(1) 与合同和需求分析规定的功能与性能定义的一致性，这是评价软件是否具有质量的基础性判定标准，不符合建设单位需求的软件不具备任何质量。即便软件运行正常、性能可靠，但是如果功能不满足建设单位需求，那么软件对于建设单位而言就没有任何价值。

(2) 与项目开发规范、开发文档定义的技术方案的一致性，也就是开发的软件要按照 GIS 工程制定的设计方案和技术路线进行开发，软件编码和测试等环节要遵循 GIS 工程制定的相关规范。如果软件开发偏离制定的技术方案，新方案没有经过方案评审，成熟度就无法保障。另外，软件编码风格不规范的结果虽然不会对软件的正确运行产生影响，但是会为后期运维带来诸多困难。

(3) 与现行国家和行业标准、规范的一致性。当前在软件开发领域，国家、行业都制定了一系列标准，覆盖软件工程的全部过程以及所有开发文档。GIS 软件开发过程也应当遵循这些标准，要按照这些标准开展工作，编写相应的开发文档。

(4) 与所有专业开发的软件所期望的隐含特性的一致性，这些隐含特性包括界面友好、易理解、易操作、灵活性、容错性等。

(二) 软件质量因素

在软件开发的所有阶段都存在影响软件质量的因素，包括正确性、健壮性、效率、完整性、可用性、风险、可理解性、可维护性、灵活性、可测试性、可移植性、可再用性、互运行性等，详见表 10-4。

表 10-4 软件质量因素

质量因素	定义
正确性	系统满足规格说明和用户目标的程度，即在预定环境下能正确地完成预期功能的程度
健壮性	在硬件发生故障、输入的数据无效或操作错误等意外环境下，系统能做出适当响应的程度
效率	为了完成预定的功能，系统需求的计算资源的多少

续表10-4

质量因素	定义
完整性（完全性）	系统能够控制（禁止）未经授权的人使用软件或数据企图的程度
可用性	系统在完成预定功能时的令人满意的程度
风险	按预定的成本和进度把系统开发出来，并且被用户满意的概率
可理解性	理解和使用该系统的容易程度
可维护性	诊断和改正在运行现场发现的错误所需的工作量大小
灵活性（适应性）	修改或改进正在运行的系统所需工作量的多少
可测试性	软件容易测试的程度
可移植性	把程序从一种硬件配置或系统环境移植到另一种配置或环境时，需要的工作量多少，或者花费的多少
可再用性	在其他应用中软件可以被再次使用的程度（或范围）
互运行性	把该系统和另一个系统结合起来所需工作量的多少

（三）软件质量保证

软件质量影响因素较多，贯穿软件开发全过程，采取必要的质量保证措施来控制所有的开发活动，是一项非常重要的管理工作。软件质量保证（software quality assurance，SQA）就是在软件开发过程中的每个环节都要采取的质量保护性措施，即为保证软件产品和服务满足建设单位要求的质量而进行的有计划、有组织的一系列活动。软件质量保证是面向建设单位使用者的活动，目的是使软件产品实现用户要求的功能和性能。因此，软件质量保证渗透到需求、设计、编码、发布、维护、配置管理、文档管理等各个环节，每一个环节都要施加质量保证措施，才能降低软件质量风险。

软件质量保证活动的内容包括以下几方面：

（1）软件质量方针的制定和实行。

（2）软件质量保证方针和质量保证标准的制定和执行。

（3）质量保证体系的建立和管理。

（4）明确软件开发各阶段的质量保证工作。

（5）软件开发各阶段的质量评审。

（6）确保设计质量。

（7）质量问题的提出与分析。

（8）总结实现阶段的质量保证活动。

（9）整理面向建设单位用户的文档、说明书等。

（10）软件质量鉴定、质量保证系统鉴定。

（11）软件质量信息的收集、分析和使用。

软件质量保证措施包括评审、检验和测试。软件评审是最为有效的质量保证活动之一，能够在发现及改正错误的成本相对较小时及时排除错误，包括审查和走查两种方法。审查过程不仅步数比走查过程多，而且每个步骤较正规。由于在开发大型 GIS 软件过程中所犯的错误大多是规格说明错误或设计错误，所以正式的技术评审能够发现这两类错误，这也是非常有效的软件质量保证方法。测试不仅可用于软件编写过程，也可用于需求和设计等过程。软件质量保证体系如图 10-8 所示。

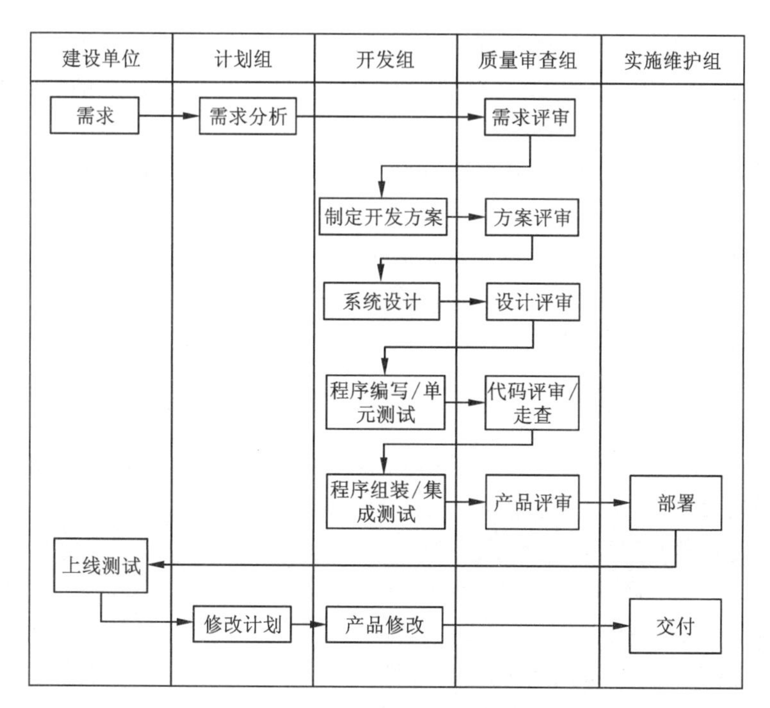

图 10-8　软件质量保证体系

10.5.2　GIS 工程数据质量管理

GIS 工程数据质量是 GIS 工程建设的数据产品(如空间数据库)与工程需求分析中规定的数据内容、承建单位制定的数据标准、国家和行业的数据标准的符合程度，包括以下内容：

(1)与合同和需求分析规定的数据内容的一致性，这是评价数据产品质量的基础判定标准，没有完成建设单位规定的数据内容，数据产品就不存在数据质量。

(2)与项目制定的数据规范、技术方案的一致性，也就是数据建库的过程要按照 GIS 工程制定的数据库建设方案、数据规范和技术路线执行相关操作，数据建库过程不规范就很难保证数据产品质量。

(3)与现行国家和行业标准、规范的一致性。在 GIS 领域，国家、行业都制定了一系列标准，覆盖空间数据采集、加工、制图与建库的全过程。因此，在建立数据库时必须遵循相关标准创建数据库、完成数据入库。当缺乏国家或行业标准或规范时，应当制定建设单位同意的入库规范，然后按照该规范实施数据入库操作。

(4)与数据工程隐含特性的一致性，这些隐含特性包括数据精度、空间关系、数据完整性、数据一致性等。

GIS 工程数据质量的影响因素及保证措施见 7.8 节，此节不再赘述。

10.5.3 GIS 工程集成的质量管理

(一)集成质量定义

GIS 工程集成是指将承建单位开发的软件、建设的数据产品，以及外部采购的软件硬件，使用通信技术组合起来，集成各个部分形成完整有机系统的过程。集成的各部分之间能彼此有机、协调地工作，整个系统能够实现 GIS 工程的建设目标。GIS 工程集成质量是指 GIS 工程集成结果与建设单位需求、集成过程与国家和行业信息化集成标准的符合程度。具体来说，GIS 工程集成质量包括以下内容：

(1)集成的系统与建设单位规定的目标的一致性，这是评价 GIS 工程集成是否具有质量的基础性判定标准。

(2)集成过程与现行国家和行业标准、规范的一致性。当前在信息化集成领域，国家、行业都制定了一系列标准，集成过程必须遵循相关标准。

(3)集成的系统与隐含特性的一致性，这些隐含特性包括数据速率、空间分析效率、空间数据显示效率等。

(二)集成质量因素

GIS 工程建设涉及承建单位开发的软件产品、数据产品，以及外部采购的软硬件产品，以及连接方案等，影响集成质量的因素大致包括：

(1)GIS 工程开发的软件产品质量。

(2)GIS 工程开发的数据产品质量。

(3)外部采购的软件、硬件产品质量。

(4)GIS 工程体系结构、网络结构的合理性。

(5)硬件组装与网络连接的规范性。

(6)集成测试的规范性。

(三)集成质量保证

GIS 工程系统集成覆盖整个建设单位，与建设单位的其他系统协同运行，成为建设单位信息化的重要组成部分，因此必须采取必要的质量保证措施，以保证 GIS 工程的系统集成质量。集成质量管理活动的内容包括以下几方面：

(1)集成质量方针的制定和开展。

(2)集成质量保证方针和质量保证标准的制定。

(3)集成质量保证体系的建立和管理。

(4)集成各阶段的质量评审。

(5)集成方案评审与质量保证。

(6)集成各单元质量保证。

(7)集成质量信息的收集、分析和使用。

GIS 工程系统集成质量保证措施包括验收、评审和测试。验收是检查集成各单元是否符合标准、规范和是否满足设计目标的活动。例如，对于外部采购的设备，要按照合同规定的品名、规格和各项参数分别进行检查。评审是对 GIS 集成方案和相关设计文档进行检查和评估，及时发现问题并能以最小成本改正问题的活动，包括审查和走查两种形式。审查通常由审查小组根据专业知识、技术标准评估、检查技术方案和资料的过程，常以会议形式进行，较为正式。走查是检查小组现场检查设备安装、调试、试运行等环节，以便及时发现集成过程中存在的问题，并采取措施进行改正。

10.5.4 GIS 工程监理

(一) GIS 工程监理概述

信息系统工程监理吸收了传统建筑行业的监理经验和思路，结合了信息技术行业的特点逐渐发展起来的。信息系统工程监理是指在政府工商管理部门注册的、具有信息系统工程监理资质的单位，受建设单位委托，依据国家有关法律法规、技术标准和信息系统工程监理合同，对信息系统工程项目实施的监督管理活动。

近年来，在一些大型 GIS 工程项目中，建设单位为了保证建设质量、建设进度、降低建设成本等目的，也开始引入监理机制。GIS 工程监理的内容包括：

(1) 依据国家有关信息系统工程建设和测绘地理信息相关的法律、法规，利用建设单位批准的建设文件、委托监理合同，以及 GIS 工程合同等，对 GIS 工程建设过程实施专业化的监督管理。

(2) 根据 GIS 工程的建设目标、业务需求和质量标准，对承建单位制定的技术方案、项目管理活动、开发文档、集成和实施活动进行全方位、全过程的审核、监督和控制，保证项目在预算范围内能按时、按质完成，保证 GIS 工程的建设质量，降低项目建设风险。

(3) 根据 GIS 工程的合同，监督 GIS 工程建设质量、建设进度和投资，管理项目合同和文档资料，协调建设单位、承建单位和其相关单位之间的工作关系。

(二) GIS 工程监理分类

GIS 工程项目的监理可以分成三类，即咨询式监理、里程碑式监理和全程式监理。

(1) 咨询式监理只对建设单位就 GIS 工程项目建设过程中存在的问题进行咨询和解答，类似于业务咨询、技术方案咨询。这种方式费用较少，监理单位责任较少，适合于技术实力较强的建设单位。

(2) 里程碑式监理是在 GIS 工程建设的关键里程碑结束时，对里程碑交付物进行检查和监督，评估交付物与进度计划规定的里程碑交付物定义之间的偏差。这种监理通常需要承建方参与并提供里程碑交付物说明，费用较高，责任较大。

(3) 全程式监理是一种复杂的监理方式，监理单位需要派监理人员全程跟踪、收集 GIS 工程建设过程中的各类信息，不断评估承建单位的建设质量和交付物。这种监理方式费用高昂，责任重大，适合信息技术较弱的建设单位。

(三) GIS 工程全程式监理

GIS 工程全程式监理是对 GIS 工程建设全过程进行跟踪、监督的监理方式。按照 GIS 工程的生命周期，可以将监理划分为 4 个阶段。

(1) GIS 工程前期准备阶段的监理。这个阶段的监理工作主要是协助建设单位开展需求调研、完成调研报告，协助编制或评审 GIS 工程项目可行性研究报告、建设书或建设方案；组织潜在的承建单位与建设单位开展技术交流和前期方案编制等。

(2) GIS 工程项目招标阶段的监理。这个阶段的监理工作主要是协助建设单位制订招标计划，编写招标文件；讨论和评审评标标准，参与评标委员会的评标工作；审查或优化中标人的方案；协助建设单位洽谈和签订工程建设合同。

(3) GIS 工程实施阶段的监理。这是监理工作任务最重、工作最繁忙的阶段，监理人员要根据招标文件、合同等编制项目监理计划书，明确本项目控制的质量、进度和费用的目标；对 GIS 工程建设过程进行监督和控制，参与编制和评审建设方案、建设计划、资源配置方案、测试方案、实施方案等，还要参与程序代码、里程碑交付物、测试用例、测试过程、数据整理和加工等过程的检查；针对系统集成工作，监理人员还要评审集成技术方案，审查 GIS 工程各单元的测试报告，评审承建单位交付的各类文档质量，组织网络连通性测试、系统集成测试和性能测试等。

(4) GIS 工程试运行和验收阶段的监理。这个阶段的监理主要是考察 GIS 工程建设成果是否完成部署，试运行结果是否达到合同规定的各项要求、是否满足建设方需求，检查系统试运行的工作日志或记录；审查 GIS 工程各单位的验收测试报告；检验承建单位是否交付了合同规定的所有交付物；协助建设单位编制 GIS 工程验收方案，协助组织 GIS 工程验收会议；编写并提交 GIS 工程监理报告。

10.6 GIS 软件配置管理

10.6.1 配置管理概述

软件配置管理(software configuration management, SCM)是指在开发过程中，管理计算机程序演变的方法和工具，已经成为软件开发和维护的重要组成部分。软件配置管理提供了结构化的、有序化的、产品化的软件工程管理方法，涵盖了软件生命周期的所有领域，是对产品进行标识、存储和控制，以维护其完整性、可追溯性以及正确性的方法和工具。配置管理的内容包括：

(1) 定义配置项。软件配置项是指软件配置管理的对象，也是配置管理的基本单位。在软件开发过程中产生的所有信息构成软件配置，包括代码(源代码、目标代码)以及数据结构(内部数据、外部数据)、文档(技术文档、管理文档、建设单位文档)、报告等，其中每一项都称为配置项。在开发过程中使用的 GIS 基础组件、支撑软件、操作系统等都可以是配置项。

(2) 标识配置项。正确标识软件配置项对整个管理活动非常重要，对软件开发过程的所有软件项目赋予唯一的标识符，便于对其进行状态控制和管理。配置项标识包括文档树、代码标识和运行文件标识等。

(3) 定义基线。基线标志着软件开发过程一个阶段的结束，任一软件配置项，一旦形成文档并通过评审，即可成为基线。基线的作用在于把各阶段的工作划分得更明确，使本来连贯的工作在这些点上断开，以便检验和肯定阶段成果。

(4) 定义软件配置库。软件配置库内容涵盖开发的全过程，包括模型、文档、代码和运行库等。模型包括设计过程产生的各类模型，如界面模型、业务模型以及各种数据模型等；文档包括 GIS 工程全部生命周期产生的各种文档，包括可行性研究报告、技术方案、需求分析规格说明书、系统设计规格说明书、数据字典文档、测试方案、测试报告、实施方案、验收文档、维护记录、操作手册等；代码库包括源程序代码、目标代码、测试用例、运行环境等；运行库包括可执行的代码及运行所需的数据等。

在 GIS 工程项目中使用软件配置管理方法可以节约管理和协调费用，缩短开发周期，减少实施费用；有利于知识库的建立，包括代码对象库、业务库和经验库；可以规范化管理开发过程，能够量化考核开发工作量，规范化测试过程等。

10.6.2　配置管理组织

在一个 GIS 工程项目中，管理人员的角色与分工各有不同，所以在进行配置管理之前，还需要明确项目团队成员在配置管理中的责任与权限。

(1)项目负责人/项目经理(project manager，PM)。项目负责人是整个 GIS 工程项目开发和维护活动的负责人，其配置管理职责包括：制订项目的组织结构和配置管理策略，发布配置管理计划，决定项目起始基线和软件开发里程碑，接受并审阅配置控制委员会报告。

(2)配置控制委员会(configuration control board，CCB)。配置控制委员会负责指导和控制配置管理的各项活动，为项目负责人决策提供建议。具体工作包括：批准配置项的标志，建立项目基线，制订访问控制策略，建立、更改基线的设置，审核变更申请，根据配置报告决定对策。

(3)配置管理员(configuration management officer，CMO)。配置管理员根据配置管理计划执行各项管理任务，定期向配置控制委员会提交报告，具体职责包括：软件配置管理工具的日常管理与维护，提交配置管理计划，各配置项的管理与维护，执行版本控制和变更控制方案，完成配置审计并提交报告，对开发人员进行相应的培训，识别开发过程中存在的问题并制订解决方案。

(4)开发人员(developer，DEV)。开发人员是根据项目组织确定的配置管理计划和相关规定，按照配置管理工具的使用规则来完成开发任务。

10.6.3　配置管理过程

配置管理过程是为了保证整个软件生命周期中产品的完整性而采取的一系列管理活动，是所有成熟的软件组织必需的管理过程。配置管理过程包括制订配置管理计划、创建配置管理环境、配置管理计划的实施等，如图 10-9 所示。

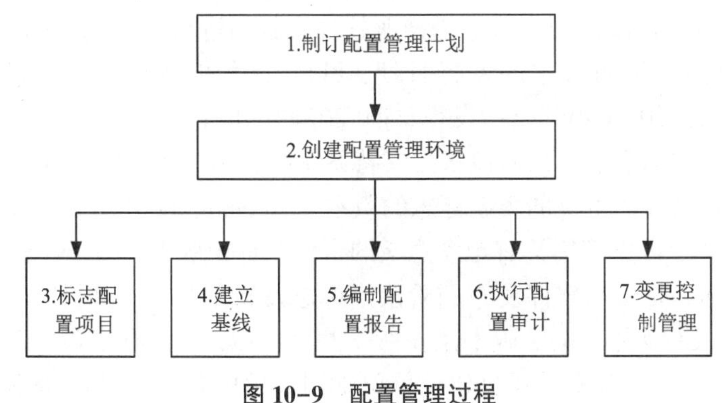

图 10-9　配置管理过程

(一)配置管理计划

一个 GIS 工程项目启动以后，在深入分析工程要求和特点的基础上，需要精心组织策划编制项目文档与配置管理方案。配置管理计划涉及 GIS 工程项目对配置管理的要求，实施配置管理的责任人、组织及其职责，开展的配置管理活动、方法和工具等。

配置管理计划内容包括：①配置管理人员、组织及其职责；②配置管理活动，包括配置标志、变更管理、配置控制、配置状态说明、配置审核等；③配置管理进度安排，包括配置管理活动之间的依赖关系、配置管理的里程碑等；④配置管理所需的资源，包括所采用的工具、使用的设备、应用的技术、所需的培训、对人员的要求等；⑤配置管理计划的维护，包括维护的责任、计划更新的条件和审批、计划变更的交流等。

（二）配置管理中的活动

（1）配置标志。配置标志是配置管理的基础性工作，是确定哪些内容应当进入配置管理并形成配置项，确定配置项如何命名，用哪些信息来描述该配置项。在一个 GIS 工程项目中，配置项通常包括系统规格说明书、项目计划、需求规格说明书、用户手册、设计规格说明书、源代码、测试规格说明书、操作和安装手册、可执行程序、数据库描述、维护文档、工程标准和说明等。

（2）配置项命名。在确定了配置项以后，需要对配置项进行命名。命名应当具有唯一性和可追溯性。

（3）配置项描述。每个配置项用一组特征信息唯一地标识，包括名字、描述、资源、实现等。

（三）版本控制

GIS 工程项目的版本包括①满足建设单位不同使用要求的系列产品，如 Linux 版本、Windows 版本、Android 版、IOS 版等；②在软件产品投入使用以后，产品经过一系列的变更，演化形成的一系列产品。版本控制就是用于管理 GIS 工程中一系列产品的演化过程而进行的活动，版本标志包括号码版本标志、符号版本标志、阶段版本标志。

（1）号码版本标志是以数字表示产品的版本号，如用 1.0、2.0 等表示版本号。一般来说，版本号可以由 3 个部分组成，如 x、y、z，其中 x 表示主版本号或基础版本号，y 表示子版本号或次版本号，z 表示修订版本号。当产品有重大改动或因多次修改导致产品全局性改动时，可以提高基础版本号。当功能有一定的增加或变化，比如增加了对权限的控制、增加自定义视图等功能，可以提高次版本号。当修改软件缺陷而进行了一些小的变动时，可以修改修订版本号。有时为了说明版本的发行日期，可以在号码版本号后面加上日期标志，如 1.8.8.20210405 中的“20210405”是指发行日期“2021 年 4 月 5 日”。

（2）符号版本标志的命名方法可以根据支持系统的版本标志，也可以使用时代名称标志，如“Linux 版本”就是按操作系统的类型标志的版本，“Window2000”就是按年代“2000”标志的 Windows 版本。有时也可以使用具有纪念意义的事件来标识版本，如“WPS 奥运版”等。

（3）阶段版本标志是根据软件发布的阶段来标志发行的软件，如 Alpha 版本用来表示软件内部测试交流的发行版本；Beta 版本是 α 版本测试以后，并已有了很大改进之后发行的建设单位试用测试版本；RC 版本是经过建设单位试用以后已基本成熟的版本；Release 版本是发布的最终版本。

有时，为了详细标识一个软件的版本，可以综合使用不同的版本号，如 1.8.8.20210405Beta，表示“2020 年 4 月 5 日发行的 1.8.8 外部测试版本”。

10.6.4　常用配置管理工具

（一）SVN

SVN(subversion)是一个开放源代码的版本控制系统，它采用了分支管理系统，可用于多人共同开发同一个项目，能够实现资源集中管理和共享。SVN 管理着软件开发过程产生的变化数据，这些数据放置在一个中央资料档案库(repository)中。这个档案库如同一个文件服务器，记载着每一次文件的变动以及变动后的内容，需要时可以把档案恢复到指定的版本，或是浏览文件的变动历史。

SVN 采用客户端/服务器体系，项目的各种版本文档、代码等都存储在服务器上。开发人员在使用 SVN 管理程序时，首先要从服务器上获得一份项目的最新版本，将其复制到本机；在此基础上，每个开发人员都可以在各自客户端上进行独立的开发工作，可以随时将编辑后的代码提交或检入给服务器档案库。当档案库中的代码发生修改时，也可以通过更新或检出操作，重新获取服务器上的最新代码，从而保持与其他开发者所用版本的一致性。

（二）GIT

GIT 是一个开源的没有中央服务器的分布式版本控制系统，每个开发者的电脑都有一个完整的版本库，可以有效、高速地处理从很小到非常大的项目版本管理。分布式的版本控制解决了集中化版本控制的一些问题，客户端并不只提取最新版本的文件快照，而是把代码仓库完整地镜像下来。因此，当任何一处协同工作的服务器发生故障时，都可以用其他镜像出来的本地仓库进行恢复。

GIT 把要管理的档案看作小型文件系统的一组快照。每次提交更新，或在 GIT 中保存项目状态时，GIT 会对全部文件制作一个快照，并保存这个快照的索引。如果文件没有修改，则 GIT 不再重新存储该文件，而是只保留一个链接指向之前存储的文件。

（三）VSS

VSS(visual sourcesafe)是微软开发的版本控制产品，也是.net 开发最常用的源代码管理工具。VSS 能够为独立开发人员和小型开发团队提供适当的管理工具，以便跟踪代码随着用户、项目和时间的变化而经历的更改。VSS 提供了还原点和并行协作功能，从而使应用程序开发组织能够同时处理软件的多个版本。VSS 版本控制系统引入了签入和签出模型，按照该模型，单个开发人员可以签出文件，进行修改，然后重新签入该文件。当文件被签出后，其他开发人员通常无法对该文件进行更改。

10.7　GIS 工程安全管理

随着 GIS 信息系统在政府和大型企业中的广泛应用，GIS 工程建设的安全性日益受到关注，也已成为 GIS 工程正常运行的关键因素。因此，如何规范日趋复杂的 GIS 工程的安全保障体系，是建设单位和承建单位都必须面临的重要问题。

10.7.1　GIS 工程安全体系

GIS 工程的整个生命周期都可能面临着巨大的安全风险，主要包括：

(1)物理安全风险。包括计算机系统的设备、设施、媒体和信息面临因自然灾害(如火灾、洪灾、地震等)、环境事故(如断电、制冷故障等)、人为物理操作失误，以及不法分子通过物理手段进行的非法破坏等风险。

(2)数据安全风险。数据安全风险主要是指 GIS 工程建设的数据产品(包括业务数据和空间数据)被非法访问或泄露、恶意篡改或破坏等的可能性。引起数据安全风险的主要因素包括数据库建设方案不完善、数据库管理系统不成熟、数据安全策略设置不当、数据访问服务不健壮等。

(3)网络安全风险。网络安全风险包括病毒造成的网络瘫痪与拥塞、内部或外部人为恶意破坏造成的网络故障，以及来自互联网的入侵威胁等。此外，还包括网络工程规划与技术方案的不完善产生的安全风险。例如，在设计网络方案时，没有考虑高等级的网络安全防护设施，可能为网络入侵带来潜在风险。

(4)GIS 工程技术方案的风险。这类风险主要是指 GIS 工程建设选用的技术方案或设计方案不完善，给 GIS 工程带来的诸多风险。例如，在选择操作系统时，没有制定系统更新方案，操作系统自身存在的漏洞给 GIS 工程的建设或运行产生威胁。

(5)GIS 工程安全管理方面的风险。无论是在 GIS 工程的建设阶段，还是在 GIS 工程运行维护过程，都要制订健全的安全管理制度，并严格遵守，否则管理制度上的疏漏或制度执行不力，都会给 GIS 工程带来严重的安全隐患。

(6)业务中断风险。这类风险主要是由上述各种风险或威胁导致的 GIS 工程建设成果无法正常运行，进而造成业务办理中断，给建设单位带来不良的社会影响。

为了做好 GIS 工程的安全防护工作，就需要建立安全的防护体系，主要包括：

(1)物理安全防护。首先要根据国家标准、行业规范等规定的安全等级，设计 GIS 工程的物理安全技术方案，尤其是关键的硬件设施要做好安全防护工作，包括计算机设备、应用服务、网络设备、存储介质、机房安全设施等。

(2)GIS 工程支持平台的安全防护。这方面的安全工作主要是对操作系统和数据库系统的安全保障，包括加强系统账号的安全管理、关闭服务器上不必要的网络端口、及时安装安全补丁、配置软件防火墙软件、设置安全访问策略等。

(3)网管安全防护。主要措施是加强访问控制、部署安全保护产品、建立安全管理制度并贯彻执行、实施分级访问与保护等。

(4)GIS 工程应用安全防护。应用安全防护是指保护 GIS 工程应用系统的安全、运行，以保障建设单位的合法权益，主要措施包括建立安全的系统密码策略、实施合适的安全访问技术、制定数据备份与恢复计划等。

(5)加强安全管理与教育。在 GIS 工程规划阶段，需要加强信息安全建设和管理的规划，为安全管理提供人力、财力保证。在 GIS 工程建设阶段，建设单位要将安全需求列入工程建设目标和建设需求，要加强对开发环境、关键代码的安全检查。在 GIS 工程运维阶段，要建立有效的安全管理组织架构，做好信息安全管理制度建设，并认真贯彻执行。

10.7.2 GIS 工程数据安全保证

GIS 工程中的数据安全是整个 GIS 工程安全体系的核心，因此在 GIS 工程安全管理中必须做好数据安全保证工作。GIS 工程的数据安全是数据在收集、使用、存储、传输、发布、迁移、销毁等过程中不被非法访问或破坏的可能性，包括数据的保密性、完整性、可用性、合规性等内容。数据的保密性是指保障数据不被未授权的用户访问或泄露的可能性；数据的完整性是指保障数据不被非法篡改的可能性；数据的可用性是保障已授权用户合法访问数据的可能性；数据的合规性是指数据建设和管理过程符合标准或规范的程度。GIS工程数据安全保证常用的措施包括：

(1)构建GIS工程数据安全管理体系，做好安全防护。首先要规范GIS工程数据访问控制权限，以及数据授权流程和使用手段，提高GIS工程数据管理能力；开展数据分级分类管理，敏感数据的访问要制定审批流程，实行统一授权；配置不同粒度的数据访问权限，控制敏感库表、字段、文件不同层级的用户获取权限；做好数据脱密工作，控制建设单位外部人员的使用范围，控制数据的导出和传播风险；对数据访问过程进行审计，分析异常行为，进行事件溯源。

(2)数据分类分级。国家信息安全法规中规定，应当根据数据对国家安全、公共利益或者公民、组织的不同意义和可能的损害后果，对不同类别的数据分别采取严格保护、内容监管、鼓励流动、强制公开等不同方法的数据利用与保护规则，并对不同级别的数据分别采取不同授权和责任模式的数据处理规则。按照来源可以区分为公共数据、组织数据和个人数据，按照数据的公开程度可以区分为网络公开数据、有限公开数据和秘密保护数据。因此，GIS工程数据要根据业务实际情况进行敏感度、保密等级的分类分级，明确数据权属责任和访问权限，确认GIS工程数据的分类分级、角色及使用权限，形成数据分类分级与角色权限的定义映射矩阵，建立不同密级数据的安全保护等级。

(3)制定数据安全策略。在GIS工程数据敏感度、保密等级的分级、分类基础上，结合数据流转所涉及的场景和风险，制定安全策略，保护数据安全。数据安全策略包括数据存储介质安全策略、数据加密保护策略、数据库管理系统安全策略、数据加密传输策略、数据备份与恢复策略、数据访问审计策略等。

10.8 GIS工程的其他管理活动

10.8.1 人力管理

GIS工程负责人首先要组织项目建设人员，将其划分为若干组织，并规定每个组织的工作目标，设定每个组织成员的角色和责任，然后在GIS工程建设过程中，监控每个组织和成员的工作绩效。人力资源的管理直接关系GIS工程项目建设的成败，包括人力资源规划、组建项目团队、建设项目团队、管理项目团队等内容。

(1)人力资源规划。GIS工程的成功实施必须要有一个紧密的组织作为保障，这个组织的管理目标就是顺利完成GIS工程的建设目标。为此，GIS工程项目负责人(如项目经理)首先要根据GIS工程的建设内容和性质，在承建单位内部抽调相应的技术人员，并按照一定的团队组织形式组成项目开发团队。

(2)组建项目团队。创建项目的组织结构，明确每个工作小组责任和工作目标；然后结合工作分解结构，将团队人员分配到每项工作包中。当人力资源不足时，可以申请从外部获取人力资源，如聘用外部开发人员，或者采用外包形式。团队组建完成以后，通过召开会议宣告GIS工程项目团队的成立，并明确每个小组和岗位人员的职责。

(3)建设项目团队。在完成 GIS 工程项目团队组建以后，由于成员的技术能力参差不齐、成员之间不熟悉、配合不密切等问题，因此为了改进和提高团队成员的个人能力，提高项目团队的信任感和凝聚力，还需要采取一系列的措施建设项目团队。这些措施包括建立奖励和认可制度、增强团队的凝聚力的团队活动、技能培训等。

(4)管理项目团队。在 GIS 工程项目的整个实施过程中，可以利用绩效考核方式评估团队成员的工作，利用激励机制鼓励成员发挥更大积极性；建立良好的沟通环境和方式，加强成员之间的沟通，减少信息交流障碍，提升团队合作能力。

10.8.2 沟通管理

GIS 工程涉及的人员较多，不仅有建设单位的机构和人员，还包括承建单位内部的组织和人员。在众多的干系人之间制定合理的沟通计划和沟通方式，是 GIS 工程建设各个阶段准确把握信息的重要保证。沟通贯穿了整个 GIS 工程生命周期，存在于建设单位与承建单位之间、项目开发团队与承建单位管理层之间、开发团队内部、承建单位与外包第三方单位之间、建设单位与分包单位之间等。沟通可以是正式的会议、报告等形式，也可以是非正式的电话、邮件、口头汇报等形式。

GIS 工程项目中的沟通管理包括保证及时与恰当地搜集、生成、存储、发送、接收、处置项目信息所需的管理过程。内容包括：

(1)干系人管理。项目干系人对 GIS 工程项目的影响很大，顺畅的沟通能提高项目建设效率，否则非良性的沟通就会对项目建设造成严重的影响。项目干系人管理实质上是对 GIS 工程项目沟通进行管理，以满足 GIS 工程项目信息交流的需要，及时解决项目干系人之间的问题，处理项目建设中存在的问题。干系人管理包括识别干系人、规划干系人、管理干系人等。例如，在城市地下管线信息系统建设项目中，干系人包括建设局领导、规划局领导及其业务科室人员，管线权属单位的领导及其管理人员，承建单位领导和项目开发团队成员等。

(2)沟通管理计划。沟通管理计划包括项目干系人的需求和对项目的预期，以及用于沟通的信息形式、沟通计划等。沟通形式用于描述项目需要交流的人员及内容，包括接收者、信息、方法和其他相关信息。沟通计划包括沟通干系人、信息、方法、时间和频度、发送方、沟通假设条件或制约因素、术语或缩略语表等。如果没有制定好的沟通计划，那么项目建设过程中可能会有许多问题得不到及时交流，严重影响项目实施，甚至导致项目失败。比如，承建单位在遇到项目开发问题时，没有及时与建设单位交流，而是擅自采取措施，修改了技术方案，可能会导致项目建设成果严重偏离建设单位的需求目标。再如，在建设团队内部，如果基础模块开发人修改了代码，而没有及时报告给其他开发人员，则可能导致系统集成测试失败。

(3)信息分发。信息分发是指以合适的时间及方式向项目干系人提供所需的信息，包括沟通计划规定的交流活动，以及应对突发状况而需发送和要处置的信息。因此，及时有效的信息分发是项目沟通的关键，而信息交流通畅是项目成功的基础。

(4)绩效报告。绩效报告是一个收集并发布项目绩效信息的动态过程，通常包括项目范围报告、状态报告、进展报告、质量控制和成本预算等方面的信息。项目干系人通过审查项目绩效报告，可以随时掌握项目的最新动态和进展，分析项目的发展趋势，及时发现项目进展过程中可能存在的问题，及时采取纠偏措施。

10.8.3 风险管理

GIS 工程建设之前，项目负责人需要分析技术、法律、费用、人员等方面的风险，并制订相应的防范方案。在工程建设过程中，要监控实际发生的风险，采取必要的处置措施，降低风险对工程项目的影响。由于 GIS 工程项目建设过程中的任何阶段都可能存在诸多不确定性因素，这些因素可能产生诸多问题，甚至导致项目建设失败，因此建设单位和承建单位都要采取措施避免风险的发生，或者尽量减小风险发生后产生的影响。风险管理的目标就是使风险对项目目标的负面影响最小化，增加项目干系人的效益。风险管理的内容包括制订风险计划、识别风险、分析风险、制订风险应对策略、风险跟踪与监控等。

(1) 制订风险计划

制订风险管理计划是风险管理的首要工作，也是风险管理的关键环节。风险管理计划包括风险管理活动、风险级别、风险类型等，以及风险处理的人员组织、处理的方法、处理的预算、风险跟踪和记录、风险报告模板等。

(2) 风险识别

风险识别是风险分析和跟踪的基础，通过风险识别确认项目建设中潜在的风险，并制定风险防范策略。通常，风险识别贯穿 GIS 工程建设全过程，风险识别的结果是制定一份风险列表，记录所有可能发生的风险，包括需求风险、技术风险、团队风险、关键人员风险、预算风险、范围风险等。

(3) 风险分析

风险分析可以是定性分析，也可以是定量分析。定性分析是一种快捷有效的风险分析方法，分析内容包括风险可能性与影响、风险优先级、风险类型等。定量分析是确定因风险而产生的项目预算和进度等方面的影响。

(4) 风险应对

风险应对就是采取合适的手段减少项目风险发生的可能性、降低风险带来的危害、提高风险带来的收益。风险应对的内容包括制订风险防范策略、制定风险响应策略等。

(5) 风险跟踪与监控

风险跟踪与监控不仅是跟踪已经识别出的风险的状态，还包括监控风险生发标志、更深入地分析已经识别出的风险、继续识别新出现的风险、复审风险应对策略执行情况和效果。

思考题

1. GIS 工程管理的标准化实施应该从哪几方面着手？请详细说明。
2. 项目管理的措施有哪几个方面？请详细说明。
3. 什么是 GIS 项目工程质量？什么是 GIS 项目工程质量管理？
4. 如何进行 GIS 项目质量控制？
5. 如何进行 GIS 软件管理配置？
6. 如何估算 GIS 工程的开发时间？
7. 如何保证 GIS 工程的数据安全？有哪些方法？
8. GIS 工程中的人力资源管理的内容有哪些？

9. GIS 工程中的沟通管理的内容有哪些？

10. GIS 工程中的风险管理的内容有哪些？

参考文献

[1] 百度，2021. 代码行的算法[EB/OL]. https：//baike. baidu. com/item/代码行估算法

[2] 百度，2021. SVN[EB/OL]. https：//baike. baidu. com/item/SVN

[3] Sohu，2017. 功能点方法概述[EB/OL]. https：//www. sohu. com/a/129138893_572359

[4] 毕硕本，王桥，徐秀华. 地理信息系统软件工程的原理与方法[M]. 北京：科学出版社，2003.

[5] 毛先成，周尚国，张宝一，等. 锰矿 GIS 分析与评价——以桂西—滇东南地区为例[M]. 北京：地质出版社，2014.

[6] 毛先成，黄继先，邓吉秋，等. 空间分析建模与应用[M]. 北京：科学出版社，2015.

[7] 张宝一，刘兴权，彭先定，等. 面向地学学科的数字填图实践教学探索[J]. 中国地质教育，2012，21(1)：132-137.

[8] 张宝一，李小丽，杨莉，等. 依托竞赛的“GIS 二次开发”课程教学改革[J]. 中国地质教育，2015，24(3)：42-46.

[9] 张宝一，范冲，李光强. ArcGIS 二次开发实验教程——基于 C#语言[M]. 长沙：中南大学出版社，2019.

[10] 张海藩. 软件工程[M]. 第 5 版. 北京：清华大学出版社，2008.

[11] 张友生. 信息系统项目管理师[M]. 第 3 版. 北京：电子工业出版社，2013.

[12] 张新长. 地理信息系统工程[M]. 北京：测绘出版社，2015.

[13] 杨永崇. 地理信息系统工程概论[M]. 西安：西北工业大学出版社，2016.

[14] 郑春燕. 地理信息系统原理、应用与工程[M]. 武汉：武汉大学出版社，2011.

图书在版编目(CIP)数据

GIS工程与应用 / 李光强，张宝一编著. —长沙：中南大学出版社，2021.10(2023.12重印)

普通高等教育新工科人才培养地理信息科学专业“十四五”规划教材

ISBN 978-7-5487-4546-4

Ⅰ. ①G… Ⅱ. ①李… ②张… Ⅲ. ①地理信息系统—系统开发—应用软件—高等学校—教材 Ⅳ. ①P208

中国版本图书馆CIP数据核字(2021)第139669号

GIS工程与应用

GIS GONGCHENG YU YINGYONG

李光强　张宝一　编著

□**责任编辑**　刘小沛
□**责任印制**　唐　曦
□**出版发行**　中南大学出版社
　社址：长沙市麓山南路　　邮编：410083
　发行科电话：0731-88876770　　传真：0731-88710482
□**印　　装**　长沙雅鑫印务有限公司

□**开　　本**　787 mm×1092 mm　1/16　□**印张**　18　□**字数**　456千字
□**互联网+图书　二维码内容**　图片3张
□**版　　次**　2021年10月第1版　□**印次**　2023年12月第2次印刷
□**书　　号**　ISBN 978-7-5487-4546-4
□**定　　价**　52.00元